# 低碳城市发展研究
## ——以南昌市为例

熊继海　席细平　范　敏等　著

科学出版社
北　京

## 内 容 简 介

本书紧扣全球应对气候变化和低碳发展的时代背景，在我国推进低碳城市试点的环境下，以南昌市为例，就城市低碳发展的理论与实践进行了探索。全书在介绍低碳发展理论、国内外低碳城市发展情况、南昌市低碳城市建设进展的基础上，分析了南昌市低碳发展面临的问题及挑战、低碳城市规划评估工具应用，研究了南昌市低碳城市发展模式与路径选择，并通过分析南昌市低碳发展政策现状，提出了南昌市绿色低碳发展政策制度框架建议。最后，针对低碳立法、LED 产业发展、清洁能源利用、低碳示范园区建设四个案例进行了实践分析。

本书可供能源、环境、经济和管理等学科领域的学生、教师及科研人员阅读，也可作为地方政府相关管理部门决策制定的参考用书。

**图书在版编目(CIP)数据**

低碳城市发展研究：以南昌市为例 / 熊继海等著. —北京：科学出版社，2020.3

ISBN 978-7-03-064619-4

Ⅰ. ①低… Ⅱ. ①熊… Ⅲ. ①节能-生态城市-城市建设-研究-南昌 Ⅳ. ①X321.256.1

中国版本图书馆CIP数据核字(2020)第037631号

责任编辑：吴凡洁 陈姣姣 / 责任校对：王萌萌
责任印制：赵 博 / 封面设计：蓝正设计

科 学 出 版 社 出版
北京东黄城根北街 16 号
邮政编码: 100717
http://www.sciencep.com
三河市春园印刷有限公司印刷
科学出版社发行 各地新华书店经销
*
2020 年 3 月第 一 版 开本：720 × 1000 1/16
2025 年 5 月第二次印刷 印张：17 1/2
字数：349 000

**定价：150.00 元**

（如有印装质量问题，我社负责调换）

# 本书撰写组成员名单

**组　长：**

| | | |
|---|---|---|
| 熊继海 | 江西省科学院能源研究所 | 研究员 |

**副组长：**

| | | |
|---|---|---|
| 席细平 | 江西省科学院能源研究所 | 副研究员 |
| 范　敏 | 江西省科学院能源研究所 | 研究员 |

**成　员：**

| | | |
|---|---|---|
| 罗成龙 | 江西省科学院能源研究所 | 研究员 |
| 孙李媛 | 江西省科学院能源研究所 | 助理研究员 |
| 谢运生 | 江西省科学院能源研究所 | 助理研究员 |
| 王贺礼 | 江西省科学院能源研究所 | 副研究员 |
| 石金明 | 江西省科学院能源研究所 | 副研究员 |
| 晏　恒 | 江西省科学院能源研究所 | 助理研究员 |
| 万　斌 | 江西省科学院能源研究所 | 研究员 |

# 前　言

气候变化是全球面临的共同挑战，深刻影响着人类的生存和发展，需要各国本着对子孙后代和全人类高度负责的态度，携手采取更为有力的行动。积极应对气候变化是我国经济社会发展的一项重大战略，也是加快经济发展方式转变和经济结构调整的重大机遇。2009 年 12 月，我国政府提出到 2020 年单位国内生产总值二氧化碳排放比 2005 年下降 40%～45%，作为约束性指标纳入国民经济和社会发展中长期规划。2014 年 11 月，中美两国领导人发表了《中美气候变化联合声明》，在声明中宣布了两国各自 2020 年后应对气候变化行动目标。2015 年 6 月，我国向联合国气候变化框架公约秘书处提交《强化应对气候变化行动——中国国家自主贡献》，确定了 2030 年左右达到二氧化碳排放峰值、单位国内生产总值二氧化碳排放比 2005 年下降 60%～65%等重要目标。确定并宣布达峰目标是我国绿色低碳发展中具有里程碑意义的一件大事，进一步树立了我国在全球气候治理进程中的积极负责任形象，为《巴黎协定》如期达成做出了历史性的贡献。2017 年 12 月，我国正式启动碳排放交易市场，这是我国利用市场机制控制和减少温室气体排放、推动绿色低碳发展的一项重大创新实践。

党的十九大报告提出了新时代中国特色社会主义现代化建设的目标、基本方略和宏伟蓝图，并把气候变化列为全球重要的非传统安全威胁和人类面临的共同挑战，提出要"坚持环境友好，合作应对气候变化，保护好人类赖以生存的地球家园"，建设美丽中国，为全球生态安全做出贡献。《巴黎协定》确定了将全球温升控制在工业化前水平 2℃以内并努力控制在 1.5℃以内，温室气体排放尽早达峰，21 世纪下半叶温室气体排放和吸收相平衡的全球长期目标，彰显了《巴黎协定》绿色低碳发展的国际趋势，这一趋势与我国推动生态文明建设的战略选择相一致。作为世界上最大的发展中国家、第二大经济体和主要碳排放大国，中国积极应对气候变化、落实 2030 年达峰目标并尽早达峰，既是转变经济发展方式、推进能源革命、保护生态环境的内在需要，也是实现全球长期目标、维护全球生态安全、构建人类命运共同体的责任担当。

城市是经济发展和区域增长的重要引擎，也是绿色低碳发展道路的主要探索者和实践者。全球能源活动约 70%的碳排放都在城市这一载体中发生，如何控制城市的碳排放量将成为我国绿色转型发展所面对的重要挑战。当前我国正处于快速城市化发展阶段，城市化意味着产业的聚集和人口的聚集，带来新的经济增长点的同时，必然带来快速增长的能源消费，也就会带来日益严重的生态环境问题。为促进经济发展方式的绿色低碳转型，我国自“十二五”以来开展了三批低碳城市试点工作，试点城市通过制定低碳发展目标和规划，明确低碳发展的主要任务、重点领域和行动计划，加强制度保障建设，节能降碳取得显著成效，促进和加快了经济发展方式的转变。

南昌市是江西省会城市，也是鄱阳湖生态经济区建设的核心城市，作为首批国家低碳试点城市，探索出一条符合南昌市市情的绿色低碳发展之路，对于促进南昌市工业文明、城市文明、生态文明融合共进，建设资源节约型、环境友好型社会，提升城市低碳领导力，实现南昌市“科学发展、绿色崛起”具有十分重要的意义。

本书共六章。第一章绪论，介绍了低碳经济的内涵、国内外低碳城市发展情况、南昌市低碳城市建设进展。第二章南昌市低碳发展面临的问题及挑战，从产业、能源、交通、建筑、政策五个重点领域，分析了南昌市目前低碳城市发展面临的主要问题和挑战。第三章南昌市低碳城市规划评估工具应用，分析了城市低碳发展规划的定位及与其他规划的关系，采用碳排放清单编制、重点企业温室气体排放核算、低碳城市建设指标评估、城市低碳发展政策选择等多种评估工具进行了深入分析，提出了改善低碳城市规划工具应用的建议。第四章南昌市低碳城市发展模式与路径选择，分析了南昌市低碳发展模式和特征，基于 IPAT 模型，预测了南昌市碳排放峰值与减排潜力，探讨实现其排放峰值的转型路径，由此制定了南昌市低碳发展路线图，确立了以低碳立法为引领、以生态为导向，构建以低碳产业、低碳能源、低碳交通、低碳建筑、低碳生活为核心的城市绿色低碳发展模式。第五章南昌市低碳发展政策分析与制度框架建议，通过分析和梳理国内外低碳发展政策，找出了南昌市低碳发展政策的障碍，提出了南昌市绿色低碳发展政策制度框架的建议。第六章南昌市低碳城市建设实践案例分析，从低碳发展的不同角度深入分析了南昌市低碳立法、LED 产业发展、清洁能源利用、低碳示范园区建设等案例，对低碳城市建设进行实践分析，为未来南昌市低碳城市建设提供参考和指导。

2017 年我们完成了全球环境基金(GEF)项目“通过国际合作促进中国清洁绿色低碳城市发展”项目 PSC-5“典型城市(南昌)的挑战、政策工具和制度框架”，课题组将此研究成果整理出版。研究成果得到了江西省生态环境厅应对气候变化处沈丰、龙勤、唐正，南昌市发展和改革委员会何彦军、周怡芳，南昌市生态环境局、南昌市统计局、南昌市交通运输局、南昌市工业和信息化局、南昌市城乡建设委员会、南昌市林业局、南昌市能源局、南昌市人民政府法制办公室等的支持和帮助，在此一并表示感谢。

最后，作为课题负责人，我感谢课题组全体成员的辛勤工作，并希望我们的研究成果能够为南昌市、江西省乃至全国的低碳城市发展贡献力量。由于作者水平有限，书中难免存在疏漏之处，恳请读者批评指正。

熊继海

2019年11月于南昌

# 目　录

前言
第一章　绪论……1
第一节　低碳经济的内涵……1
一、气候变化的科学事实……1
二、低碳经济理念的产生及意义……2
第二节　低碳城市建设的国际背景……4
一、欧盟……4
二、日本……5
三、美国……6
四、国外低碳城市建设的启示……7
第三节　中国低碳城市发展概要……8
一、深圳市……9
二、杭州市……11
三、镇江市……12
第四节　南昌市低碳城市建设进展……14
一、南昌市低碳发展概况……14
二、低碳试点进展和成效……20
三、低碳试点城市目标完成情况……26
第二章　南昌市低碳发展面临的问题及挑战……29
第一节　传统产业面临转型，新兴产业难以占据主导地位……29
一、区域经济竞争激烈……29
二、工业节能减排降碳依赖技术突破……29
三、工业园区产业集聚度不高……30
四、传统产业创新不足……31
五、产业结构调整较缓慢……31
第二节　能源资源匮乏，消费结构短期难以改变……32
一、能源生产单一化……32
二、能源消费高碳化……33
三、能源转化效率有待提升……33
四、燃气供应发展滞缓……33

第三节 区域交通能源消耗大，城市交通需求快速增长……34
一、区域大交通能源消耗大……34
二、城市交通需求快速增长……34
三、公共交通体系尚不完善……35
四、交通运输单耗下降幅度有限……37
第四节 建筑节能改造进展缓慢，可再生能源建筑发展受阻……38
一、建筑节能工作起步较晚……38
二、绿色建筑的碳减排效果不明显……38
三、可再生能源建筑发展制约因素较多……39
四、推进建筑节能存在客观条件限制……40
五、建筑业碳减排压力较大……41
第五节 低碳管理基础工作不扎实，低碳政策体系尚未形成……41
一、低碳工作涉及众多职能部门……41
二、低碳管理基础工作不扎实……42
三、低碳政策体系尚未形成……42
**第三章 南昌市低碳城市规划评估工具应用……44**
第一节 城市低碳发展规划的定位与要求……44
一、城市低碳发展规划的定位……44
二、城市低碳发展规划编制的方法框架……45
第二节 国内外低碳城市规划工具应用……47
一、碳排放核算……47
二、低碳城市规划模型工具……48
三、城市低碳发展路线图……50
第三节 南昌市低碳城市发展规划概况……50
一、低碳发展规划编制过程和内容……50
二、低碳发展规划与相关规划的协调性……51
三、低碳发展规划编制存在的问题……54
第四节 低碳城市规划评估工具应用……55
一、碳排放清单编制……55
二、重点企业温室气体排放核算……60
三、低碳城市建设指标评估……68
四、城市低碳发展政策选择……88
第五节 低碳城市规划工具应用建议……101
一、重视低碳城市规划工具的应用……101
二、提升低碳发展规划……104
三、改善低碳城市规划工具应用的设计……109

**第四章 南昌市低碳城市发展模式与路径选择** …… 113
第一节 低碳城市发展模式分析 …… 113
一、低碳试点城市分类法分析 …… 114
二、低碳城市发展阶段划分法分析 …… 116
三、低碳城市发展模式分类法分析 …… 122
四、分析结论 …… 124
第二节 碳排放峰值预测与减排潜力分析 …… 124
一、能源消费与二氧化碳排放 …… 124
二、碳排放峰值预测 …… 134
三、预测结果分析 …… 140
四、减排潜力分析 …… 143
第三节 南昌市低碳发展模式与路径选择 …… 150
一、低碳发展模式与路线图 …… 152
二、低碳发展路径选择 …… 153
**第五章 南昌市低碳发展政策分析与制度框架建议** …… 170
第一节 国内外低碳发展政策分析 …… 170
一、国外低碳发展政策 …… 170
二、国内低碳发展政策 …… 173
三、南昌市低碳发展政策 …… 183
第二节 南昌市低碳发展政策的障碍 …… 217
一、政策架构不合理 …… 217
二、政策延续性不强 …… 220
三、政策执行乏力 …… 221
第三节 南昌市绿色低碳发展政策制度框架的建议 …… 224
一、完善低碳发展强制性政策 …… 225
二、建立低碳发展激励性政策 …… 229
三、构建低碳发展自愿性政策 …… 232
四、制定政策保障制度 …… 234
**第六章 南昌市低碳城市建设实践案例分析** …… 237
第一节 南昌市低碳立法实践 …… 237
一、制定低碳条例的必要性 …… 237
二、条例起草过程 …… 239
三、低碳条例主要特色 …… 239
四、条例实施面临的挑战 …… 242
第二节 南昌市 LED 产业发展案例分析 …… 242
一、国内 LED 产业发展形势 …… 242

二、南昌市 LED 产业发展现状……245
三、发展举措……246
四、问题与挑战……248
五、对策与建议……250
第三节　南昌市清洁能源利用案例分析……252
一、天然气利用现状……252
二、问题与挑战……256
三、对策与建议……258
第四节　南昌市低碳示范园区建设实践……260
一、园区概况……260
二、园区经济发展和产业基础……261
三、低碳示范园区建设成效……261
四、可推广的经验总结……265
**参考文献**……266

# 第一章 绪　论

工业革命推动了机械化大生产，极大地促进了各国经济的高速发展，但同时也引发了化石燃料的大量消耗。化石燃料的应用在提高生产力、发展科技、促进社会变革的同时，也引发了严重的环境问题，如废气污染、光化学烟雾、水污染和酸雨等危害。1952 年 12 月发生在英国的“伦敦烟雾事件”中仅 4 天时间就有高达 4000 多人死亡，之后的两个月内，又有近 8000 人死于呼吸系统疾病[①]。此外，化石燃料的使用还导致大量的二氧化碳排放，而二氧化碳浓度升高引发的全球气候变化，也开始逐渐影响人类的健康与生存。如何积极应对全球气候变化所带来的严峻挑战，已成为当前世界各国广泛关注的问题。随着世界经济的进一步发展，对能源的需求在一段时间内还将持续增加，气候变化的事实还将持续。为此，各国纷纷提出改变发展模式的思路和理念，减少经济发展对化石能源的依赖，妥善处理人类发展与自然环境的关系，以实现可持续发展。

## 第一节　低碳经济的内涵

### 一、气候变化的科学事实

自工业革命以来，人类大量焚烧化石燃料和毁林，排放的温室气体不断增加，提高了大气中温室气体的浓度，引起温室效应强化，打破了地球气候系统的自然平衡，导致 20 世纪全球明显升温，世界许多地区极端气候事件增加，气候更加变幻无常，给人类的生产和生活、动植物及地球生态系统带来了重要影响。

由于人类活动，大气中的温室气体浓度逐渐上升。在 19 世纪以前的 1000 年中二氧化碳浓度一直稳定在大约 $280\times10^{-6}$ 的水平上，从 19 世纪开始上升，到 2005 年达到 $379\times10^{-6}$。近 50 年来，除南极外，各大陆平均气温显著变暖(庄贵阳等，2009)。20 世纪以来，地球表面年平均气温上升了 0.74℃。2018 年世界气象组织(WMO)发布的《2018 年全球气候状况》(*The State of the Global Climate in 2018*)报告指出：2018 年 1～10 月全球平均温度比工业化前高(0.98±0.1)℃，是有记录以来第四温暖的年份；2018 年开始的拉尼娜现象(也称反厄尔尼诺现象)很短暂，仅持续到了 3 月，然而到 2018 年 10 月，热带太平洋东部的海面温度显示出厄尔尼

① 回顾 1952 年伦敦烟雾事件. http://www.sohu.com/a/26231875_129777。

诺恢复的迹象；如果近期发生厄尔尼诺现象，2019年可能比2018年更加温暖[①]。

中国气象局发布的《2018年中国气候变化蓝皮书》显示：2017年是全球有完整气象观测记录以来的第二暖年份，也是有完整气象观测记录以来最暖的非厄尔尼诺年份；气候系统的综合观测和多项关键指标表明全球变暖趋势仍在持续，而中国是全球气候变化的敏感区和影响显著区；2017年，亚洲陆地表面平均气温是1901年以来的第三高值；中国属异常偏暖年份；1951～2017年，中国地表年平均气温平均每10年升高0.24℃，升温率高于同期全球平均水平；由气候变暖引发的暴雨、高温、干旱等各种极端天气事件正在增多；1961～2017年，中国极端强降水事件呈增多趋势，极端低温事件显著减少，极端高温事件在20世纪90年代中期以来明显增多，北方沙尘日数明显呈减少趋势；20世纪90年代中期以来登陆中国的台风平均强度明显增强。2019年初，美国国家冰雪数据中心(NSIDC)消息称，2018年12月南极周围的海冰面积损失率为有卫星记录以来最快的，它导致进入2019年1月，南极的海冰面积达到了创纪录的低点[②]。

联合国政府间气候变化专门委员会(IPCC)发布的第五次评估报告认为：人类活动原因极有可能是20世纪中期以来全球气候变暖的主要因子。气候作为人类赖以生存的自然环境的一个重要组成部分，气候变暖对人类的影响是全方位的、多层次的，既有正面影响，也有负面影响。但目前它的负面影响更受关注，如带来高温热浪影响、光化学影响，助长病原性媒介疾病的传播，导致过敏性疾病增多，可能激活某些新病毒等。这些负面影响严重危及人类健康，以及人类的生存和发展(邓立，2017)。人类适应气候变化的能力是在数千年时间过程中产生的，当前及未来气候变化的速率表明，人类适应的代价是昂贵的。世界卫生组织(WHO)指出：每年超过10万人因气候变暖而死亡，如果世界各国不能采取有效措施确保气候正常，到2030年，全世界每年死于气候变暖的人数将达30万人(张庆阳，2017)。

## 二、低碳经济理念的产生及意义

“低碳经济”提出的大背景是：全球人口的不断增长和经济规模的不断扩大，引发能源使用量的快速增加，因此导致大气中二氧化碳浓度升高，进而带来全球气候变暖，并明显影响人类生存和发展。为防止传统发展模式导致气候变暖、生态恶化、能源短缺对人类社会造成危害，1992年签署的《联合国气候变化框架公约》，已成为世界各国广泛接受的全球性条约。1997年12月，在日本京都召开的缔约方第三次会议通过了旨在限制发达国家温室气体排放量以抑制全球变暖的

---

① WMO. 2018年全球气候状况. http://www.ideacarbon.org/news_free/48171/?pc=pc。

② 全球变暖？气候异常？南极海冰创 40 年来新低！美国人发出警告. https://www.sohu.com/a/287074533_100022754。

《京都议定书》。中国于1998年5月签署，并于2002年8月核准了该议定书，欧盟及其成员国于2002年5月31日正式批准了《京都议定书》。

低碳概念是基于后工业经济的假设，目标在于将温室气体排放限制在一定水平之下，以降低全球变暖带来的严重负面影响，并在此过程中寻求能源安全、新经济增长点和新国家竞争力来源。发展低碳经济，强调在产业发展、经济增长、消费方式中，最大限度地减少碳的排放，节约能源资源和生态保护。最早出现低碳经济的术语是在20世纪90年代后期的文献中，而其首次出现的官方文件是2003年英国发表的《我们能源的未来——创建低碳经济》的白皮书。2007年3月，英国通过的《气候变化法案》(草案)要求到2050年真正建立低碳经济社会。为应对全球气候变化的严峻挑战，最先是由英国官方提出低碳经济的概念，如今已被众多国家接受，并成为全球主要国家和地区的发展目标。2007年日本提出“低碳社会”的理念，并颁布了《日本低碳社会模式及其可行性研究》。国内专家借鉴、吸收再丰富了低碳经济的内涵。中国社会科学院潘家华等(2010)将低碳经济的概念定义为：在一定碳排放约束下，碳生产力与人文发展均达到一定水平的一种经济形态。在这个概念下，低碳经济被界定为一种经济形态，可以是绝对低碳，也可以是相对低碳。他们认为：对于已达到碳排放峰值的发达国家来说是绝对减碳，对发展中国家来说则是相对减碳。衡量一个经济体向低碳经济转型，需要考虑发展阶段、资源禀赋、消费模式和技术水平四个要素。

2007年3月，欧盟各成员国一致承诺到2020年将欧盟温室气体排放量在1990年基础上至少减少20%。2009年11月，中国在哥本哈根气候大会前夕提出了到2020年单位GDP二氧化碳排放比2005年下降40%～45%的行动目标。2015年6月30日，中国政府向《联合国气候变化框架公约》秘书处提交了国家自主贡献文件，提出到2030年左右二氧化碳排放达到峰值且努力早日达峰，单位GDP二氧化碳排放比2005年下降60%～65%，2030年非化石能源目标达到20%左右(魏一鸣等，2017；王伟光等，2017)。2015年12月12日，在巴黎召开的《联合国气候变化框架公约》第21次缔约方大会上，通过196个缔约方(195个国家+欧盟)代表艰苦地谈判，终于就2020年之后的全球气候变化治理达成共识，通过了人类可持续发展治理历史上具有里程碑意义的《巴黎协定》(薛进军和赵忠秀，2016)。为推动《巴黎协定》，在新的全球气候治理观的引导下，中国致力于把气候变化作为实现可持续发展和绿色低碳发展的内在要求。当前，中国正处于“十三五”规划实现的关键时期，经济发展进入新常态，经济发展模式正在向绿色低碳转型。城市碳排放占全球碳排放总量的70%以上，而且聚集了大部分的人口和经济。因此，如何实现城市的低碳发展始终是各国应对气候变化行动的主要内容(张林，2011)。

## 第二节　低碳城市建设的国际背景

### 一、欧盟

1. 欧盟是推行低碳城市最有成效的区域

自《京都议定书》签订以来，欧盟一直主导着碳减排前进的步伐，不但缓解了就业压力、赢得了在新一轮经济竞争中的初步优势，更是深刻地影响了全球工业产品的格局，掀起了绿色革命，甚至还利用其低碳经济方面的领先优势，在气候谈判中向其他国家施加压力，借机输出“绿色技术”，不断提高进入欧盟的市场产品的标准，设置贸易“绿色壁垒”。欧盟于 2004 年完成主要的应对气候变化法律制定工作，并制定了碳排放权交易计划，接着推出了“欧洲委员会行动计划——实现能效潜力”及“战略能源技术计划”，并最终就欧盟能源气候一揽子计划达成一致，批准的一揽子计划包括欧盟排放权交易机制修正案、可再生能源指令等六项内容。

2. 英国是低碳城市的先行者

2003 年英国政府发表了《我们能源的未来——创建低碳经济》的白皮书，首次提出了低碳经济的概念，引起了国际社会的广泛关注。白皮书指出，低碳经济是通过更少的自然资源和环境污染获得更多的经济产出，创造实现更高的生活标准和更好的生活质量的途径和机会，并为发展、应用和输出先进技术创造新的商机和更多的就业机会。英国政府为低碳经济发展设立了一个清晰的目标：2010 年二氧化碳排放量在 1990 年的水平上减少 20%，到 2050 年减少 60%，从根本上把英国变成一个低碳经济国家。为推动英国尽快向低碳经济转型，英国政府成立了一个私营机构——碳信托基金会（Carbon Trust），负责联合企业与公共部门、发展低碳技术、协助各种组织降低碳排放。碳信托基金会与能源节约基金会（EST）联合推动了英国的低碳城市项目（LCCP）。首批 3 个示范城市（布里斯托、利兹、曼彻斯特）在 LCCP 提供的专家和技术支持下制定了全市范围的低碳城市规划。伦敦市应对全球气候变化提出了一系列低碳伦敦的行动计划，特别是 2007 年颁布的“市长应对气候变化的行动计划”。

3. 德国是低碳经济的有力践行者

德国充分认识到经济政策对低碳产业的调节作用，通过税收制度改革、提高能源使用效率和大力发展可再生能源等措施，低碳经济一直走在世界前列。1999 年德国开始对部分化石燃料征税，提出了实施气候保护的高技术战略，先后出台了五期能源研究计划。2007 年，德国联邦教育及研究部又在“高新技术战略”框架下制定气候保护技术战略，该战略确定了未来研究的四个重点领域，即气候预测和气候保护的基础研究、气候变化后果、适应气候变化的方法和气候保护政策措施研究，同时通过立法和约束性较强的执行机制制定气候保护与节能减排的具体时间表(黄伟光和汪军，2014)。

4. 典型城市哥本哈根

以“绿色能源的领先者”著称的丹麦哥本哈根在2008年被英国生活杂志*Monocle*选为世界20个最佳城市榜首，能获此殊荣，正是由于其对碳减排的大力行动。哥本哈根宣布到2025年将成为世界上第一个碳中性城市，第一阶段是2015年二氧化碳排放在2005年的基础上减少20%，第二阶段是2025年直接降为0。推出的50项措施涉及大力推行风电和生物质能发电及热电联产，电力供应大部分依靠零碳模式；推行高税的能源使用政策，推广建筑节能；发展绿色交通，推广电动车和氢能汽车，鼓励自行车出行；鼓励市民垃圾回收利用；依靠科技开发新能源；等等。

5. 典型城市伦敦

伦敦是世界上第一个出台“碳预算”的低碳城市，在低碳城市建设方面起到了领跑作用，其低碳城市立法更是起到了关键性的作用。在立法方面，伦敦市政府将可持续发展、气候变化等融入《伦敦规划：大伦敦空间发展战略》，还颁布了《伦敦气候变化行动纲要》，制定“伦敦气候变化行动计划”；在工业方面，发展清洁能源技术市场，鼓励可再生能源应用；在生活方面，建设节能建筑，处理固体垃圾；在交通与城市建设方面，制定氢动力交通计划，提出到2025年二氧化碳排放量比1990年减少60%的目标。

## 二、日本

自从英国提出“低碳经济”概念以来，向低碳经济转型已经成为世界经济发展的大趋势，作为《京都议定书》的发起和倡导国，日本提出了打造低碳社会的构想，其基本理念是争取将温室气体排放量控制在能被自然吸收的范围之内，并制定了相应的行动计划。为此，日本需要摆脱以往大量生产、大量消费、大量废弃的社会经济运行模式。2014年4月，日本环境省设立的全球环境基金成立了“面向2050年的日本低碳社会情景”研究计划，该计划提出了到2050年日本碳减排的目标，确定了应该采取的减排措施，从经济影响和技术可能性的角度提出日本2050年低碳社会建设的路线图，确定低碳社会建设对环境的影响，低碳社会的愿景对政策评估指标的影响等。为了实现这些目标，日本对低碳社会做出了详细的规划，规划由原则、目标及为实现低碳社会所采取的战略等内容构成，并且提出了实现目标的12个具体措施。

2008年6月，日本首相福田康夫提出新的防止全球气候变暖对策，即“福田蓝图”。蓝图指出，日本温室气体减排的长期目标是：到 2050 年，日本的温室气体排放量比目前减少 60%～80%。2008 年 7 月 29 日的内阁会议通过了依据“福田蓝图”制定的“低碳社会行动计划”，提出了数字目标、具体措施及行动日程。日本低碳社会规划目标比较灵活，考虑了两种情境模式，可以依据实际情况进行选择。两种情境模式的思维方式不是完全一样，模式 A 侧重于城市集中地区形成高密度、高科技的社会方式。模式 B 侧重于将人口、资源分散化，倡导一种轻松、悠闲的生活方式。低碳社会规划在强调所有部门共同参与原则的同时，在具体实施上有所侧重，尤其是交通、住宅与工作场所、工业、消费行为、林业与农业、土地与城市形态等低碳转型的重点领域。

东京市政府于 2007 年发表《东京气候变化战略——低碳东京十年计划的基本政策》，详细介绍了东京对气候变化问题的看法和策略，定下 2020 年比 2000 年减少温室气体排放 25%的目标。在基于公共设施节能、减少交通二氧化碳排放等方面，着重调整一次能源消费结构，以商业减排和家庭减排为重点，提高新建建筑节能标准，提高家电产品的节能效率，推广低能耗汽车，进行高效水资源管理，防止水资源热流失。

### 三、美国

美国作为曾经的世界第一排放大国，现在的第二排放大国，虽然没有签订《京都议定书》，并且还退出了《巴黎协定》，但其在低碳领域还是有一定作为的。美国选择以开发新能源、发展低碳经济作为应对危机、重新振兴美国经济的战略取向，短期目标是促进就业、推动经济复苏，长期目标是摆脱对外国的石油依赖，促进经济战略转型。美国主张通过技术途径解决气候变化问题，美国参议院提出了《低碳经济法案》，表明低碳经济还是有望成为美国未来的重要战略选择。奥巴马宣布的“美国复兴和再投资计划”，以发展新能源作为投资重点，正式出台的《美国复苏与再投资法案》，更是将新能源作为重要内容，包括发展高效电池、智能电网、碳存储和碳捕获、可再生能源等。此外，为应对气候变暖，美国力求通过一系列节能环保措施来发展低碳经济。低碳、减排已经成为美国大部分州政府的重要发展战略之一（黄伟光和汪军，2014）。

西雅图是美国低碳城市的典范，也是温室气体减排的标准城市。1990～2008 年，西雅图城市排放量减少了 8%。西雅图之所以能在美国这样一个工业高度发达的地区取得低碳城市建设的成功，关键在于地方政府的立法规划保障和开展的低碳行动。西雅图市政府建立了由政府部门和气候专家组成的气候保护绿丝带委员会，该委员会提出了 18 项建议，为西雅图 2006～2012 年如何减少温室气体排放献计献策，并最终形成了“西雅图应对气候变化行动方案”，该方案有效地推动了城市的低碳化步伐。此外，西雅图在低碳城市建设中促进了一些新兴产业的诞生和发展，一是绿色建筑，二是可再生能源发电，三是新材料和新技术的应用。

## 四、国外低碳城市建设的启示

近年来，国外许多城市都已开展了以低碳经济、低碳社会和低碳消费理念为基本目标的实践行动。欧盟以及日本、美国等发达国家的低碳城市规划、战略和具体行动方案也有许多值得借鉴之处(吴优，2015)。但结合我国的基本国情，我国的低碳城市建设不能完全遵循发达国家的低碳城市建设模式。

首先，与发达国家不同，中国的低碳经济建设不是后工业化的低碳发展，而是要探索一条工业化过程中的低碳发展模式。这要求我们必须遵守以下原则：低碳城市的发展不能以牺牲经济发展为代价，低碳城市的发展必须要与经济发展相结合，做到双赢。发展低碳经济需要政府、企业和居民三方通力合作，需要各部门共同参与。发展低碳城市既不是简单的市场行为，也不可能是完全的政府行为，而是公共治理的三方主体相互影响、相互作用共同参与的过程。政府在低碳城市的发展中主要起到规划、引导和领导的作用，居民和企业对低碳城市的发展也有不可或缺的作用。

其次，我国的低碳城市发展包含国外经验不具备的内容，要我们不断探索和创新。低碳城市应当包括低碳经济发展和低碳社会发展两个层面。低碳经济发展主要关注在经济发展中排放最少量的温室气体，同时获得整个社会最大的经济产出。这涉及低碳能源、低碳技术和低碳产品的开发和利用，强调城市生产活动的低碳化和有助于全球减排的低碳产业发展。低碳社会发展强调城市日常生活和消费的低碳化，强调从理念和行为方式的转变，以达到人类社会与自然系统的和谐发展。从国内外经验比较来看，在城市不同的发展阶段，低碳经济和低碳社会的轻重关系存在差别。

最后，由于发展阶段不同，且存在以下差异，国内低碳城市建设不能完全照搬国外低碳城市的建设模式。

(1)国外处于后工业阶段，国内处于城市化进程加速发展阶段。中外发展低碳城市的背景不同，国内城市与国外先进城市处于不同的发展阶段。国外先进城市如纽约和哥本哈根，本身的城市建设已经相当成熟，在此基础上进行低碳建设相当于改进城市的发展模式，整合已有资源，加以更加有效率的利用。而我国正处于快速城市化进程中，很多城市还在不断扩张，此时开展低碳城市建设可以更好地将低碳理念融入初期城市规划中。

(2)国外整体规划，国内局部试探。以国家政策为指导、以城市自主探索为主要渠道是我国在低碳城市初级发展阶段的基本模式。相比之下，国外的低碳城市建设更重视综合型发展，以制定全面的城市发展规划为基础，重点实现交通和建筑减排。

(3)国外细分目标及具体政策，国内配套措施缺乏。国外大都制定量化细分的减排目标及衡量体系，并实施配套的激励政策和财政政策。国内低碳城市建设的一些领跑城市也在该地区规划中提出了节能减排的目标，形式基本上以降低单位GDP二氧化碳排放强度为主，缺少进一步的目标细分和量化，很难在具体实施中起到实质性作用。

(4)国外将低碳环保意识融入生活，国内急需加强相关探索。城市的经济、文化、市民生活方式与消费习惯等也应在低碳城市中体现出来。国外先进城市市民的环保意识极为强烈，如哥本哈根，市民会积极主动参与到环保、低碳行动中。相比之下，我国市民低碳环保意识较为薄弱，相关常识也较为贫乏，急需进一步加强。

## 第三节　中国低碳城市发展概要

2009年11月，我国政府提出了2020年单位GDP二氧化碳排放较2005年降低40%～45%的行动目标，绿色低碳可持续发展逐渐成为国民经济和社会发展的核心主题。在这一主题的引领下，2010年7月19日，国家发展和改革委员会发布《国家发展改革委关于开展低碳省区和低碳城市试点工作的通知》(发改气候〔2010〕1587号)，确定首先在广东省、辽宁省、湖北省、陕西省、云南省五省和天津市、重庆市、深圳市、厦门市、杭州市、南昌市、贵阳市、保定市八市开展试点工作。南昌市是中部省份唯一入选的省会城市，具有非常强的代表性。第一批低碳试点城市，主要承担了以下主要任务：①编制低碳发展规划；②制定支持低碳绿色发展的配套政策；③加快建立以低碳排放为特征的产业体系；④建立温室气体排放数据统计和管理体系；⑤积极倡导低碳绿色生活方式和消费模式。

2012年12月，国务院颁布的《"十二五"控制温室气体排放工作方案》(国发〔2011〕41号)提出，通过低碳试验试点，形成一批各具特色的低碳省区和城市，建成一批具有典型示范意义的低碳园区和低碳社区，推广一批具有良好减排效果的低碳技术和产品，控制温室气体排放能力得到全面提升，并对各省下达了明确的减排目标。国家发展和改革委员会发布《国家发展改革委关于开展第二批国家低碳省区和低碳城市试点工作的通知》(发改气候〔2012〕3760号)，进一步将北京市、上海市、海南省、石家庄市、秦皇岛市、晋城市、呼伦贝尔市、吉林市、大兴安岭地区、苏州市、淮安市、镇江市、宁波市、温州市、池州市、南平市、景德镇市、赣州市、青岛市、济源市、武汉市、广州市、桂林市、广元市、遵义市、昆明市、延安市、金昌市和乌鲁木齐市列为第二批国家低碳省区和低碳试点城市。第二批低碳试点比第一批低碳试点的覆盖范围更加广泛。此外第二批低碳试点提出了以下任务：①明确工作方向和原则要求；②编制低碳发展规划；③建立以低碳、绿色、环保、循环为特征的低碳产业体系；④建立温室气体排放数据统计和管理体系；⑤建立控制温室气体排放目标责任制；⑥积极倡导低碳绿色生活方式和消费模式。

2017年1月，国家发展和改革委员会发布《国家发展改革委关于开展第三批国家低碳城市试点工作的通知》（发改气候〔2017〕66号），将乌海市、沈阳市、大连市、朝阳市、逊克县、南京市、常州市、嘉兴市、金华市、衢州市、合肥市、淮北市、黄山市、六安市、宣城市、三明市、共青城市、吉安市、抚州市、济南市、烟台市、潍坊市、长阳土家族自治县、长沙市、株洲市、湘潭市、郴州市、中山市、柳州市、三亚市、琼中黎族苗族自治县、成都市、玉溪市、普洱市思茅区、拉萨市、安康市、兰州市、敦煌市、西宁市、银川市、吴忠市、昌吉市、伊宁市、和田市、第一师阿拉尔市列为第三批低碳城市试点。低碳试点扩展至87个，成为推动我国温室气体减排、实现绿色低碳可持续发展进程中的核心力量。典型城市深圳市、杭州市、镇江市充分发挥各自区域特色，大胆创新、先行先试，形成了具有各自特色的城市低碳发展模式。

## 一、深圳市

### （一）深圳市低碳试点工作进展与成效

深圳市自成为国家首批低碳试点城市以来，积极贯彻落实试点工作的要求，充分发挥经济特区改革创新的优势，探索低碳发展模式，加强温室气体统计核算能力建设，创新新能源汽车推广模式、碳市场碳减排机制，试点工作取得了较好的成效（国家应对气候变化战略研究和国际合作中心等，2017）。

一是坚持规划引领，加快构建促进低碳发展的体制机制。2010年制定了《深圳市低碳城市试点工作实施方案》，从政策法规、产业低碳化、低碳清洁能源保障、能源利用、低碳科技创新、碳汇能力、低碳生活、示范试点、低碳宣传、温室气体排放统计核算和考核制度、体制机制11个方面明确了五年内推进低碳发展的具体目标和56项重点行动，明确了具体工作任务。2012年3月，出台了《深圳市低碳发展中长期规划（2011—2020年）》，阐明了2011～2020年深圳低碳发展的指导思想和战略路径，成为深圳低碳发展的战略性、纲领性、综合性规划，十年规划谋划了深圳长远低碳发展蓝图。从《深圳市国民经济和社会发展第十二个五年规划纲要》开始，设置“绿色低碳发展”专项，将绿色低碳融入城市发展全局，将应对气候变化和绿色低碳发展纳入经济社会发展各方面和全过程。2017年7月，编制了《深圳市应对气候变化“十三五”规划》，在充分评估深圳低碳发展的基础上，提出深圳应对气候变化和绿色低碳发展的指导思想、目标要求和主要任务。建立健全低碳发展的组织架构体系，成立市政府层面的深圳市应对气候变化及节能减排工作领导小组，全面统筹应对气候变化和低碳发展工作。建立低碳发展实施机制，对中长期规划中的各项考核指标及试点实施方案明确的56项重点任务逐级分解、逐项落实，明确责任主体和进度要求，建立动态分类考核机制，强化督办督查。建立与国家、省和兄弟城市工作协调机制，主动加强与国家发展和改革委员会及省相关部门的沟通，积极参与国家应对气候变化和低碳发展各项活动，主动加入国家城市达峰联盟。

二是强化立法先行，不断探索低碳发展模式。通过几年的低碳试点城市建设和探索，深圳逐步形成了市场驱动、企业主体、点面结合、优势突破、全民参与、开放合作的全方位推进低碳发展的模式和做法。强化立法先行思路，颁布全国首个《深圳经济特区碳排放管理若干规定》，出台《深圳市碳排放权交易管理暂行办法》，明确了应对气候变化和低碳发展的总体思路、基本形成法律法规、规划政策、标准规范等自上而下具有强制引导性和可操作实施性的政策法规体系。充分发挥市场机制的驱动作用，以企业为主体，在全国第一个启动碳交易市场，有力促进城市达峰目标的实现。围绕现有优势，坚持办好不同层面、不同类型的试点，发挥试点叠加效应，努力探索优势突破、特色发展新路径。启动深圳国际低碳城市建设，将低碳理念全面融入开发建设全过程。在全国率先开展新建民用建筑100%绿色建筑标准，大力推进绿色建筑规模化和建筑工业化。大力发展绿色交通，建立多元网络交通格局、大力推广新能源汽车，有力推动相关产业发展，将交通碳排放纳入全市碳交易体系，有力促进城市碳减排。

三是加强基础工作能力建设，不断夯实低碳发展管理工作机制。健全了温室气体清单编制组织架构，组织编制了2005～2015年城市温室气体清单，基本摸清了能源活动、工业生产过程、农业活动、土地利用变化和林业、废弃物处理五个领域的碳排放，为碳交易开展和碳排放强度目标实现奠定了基础。建立健全了温室气体统计核算和报告制度，建立了工业控排企业、建筑物、交通运输企业温室气体统计核算制度，规定企业每年需提交第三方核查报告，温室气体统计核算体系和相关考核制度初步建立。建立了碳核查技术规范和方法学体系，在全国率先制定《组织的温室气体排放量化和报告规范及指南》和《组织的温室气体排放核查规范及指南》等标准化技术指导文件及配套的专业行业核查方法学。出台了《深圳市碳排放权交易核查机构及核查员管理暂行办法》（深市监联〔2014〕3号），推动了深圳市碳核查机构和人员管理的法治化和制度化，建立并备案了28家碳核查机构和654名核查员。

四是落实目标任务，产业低碳转型及温室气体排放控制成效显著。围绕《深圳市低碳城市试点工作实施方案》的要求，各项任务顺利推进，8项低碳发展主要指标、2015年目标完成情况良好，单位GDP二氧化碳排放量从0.95t/万元下降到0.66t/万元，处于全国大城市最低水平，累计下降率超过21%，碳排放得到进一步控制。2015年深圳市电源装机容量1306万kW，其中核电、气电等清洁电源装机比重达 85.37%，清洁电源供电量占全社会用电量的比例达 90.5%。低碳型新兴产业快速增长，战略性新兴产业增加值占 GDP 比重达到 40%，战略性新兴产业平均碳排放强度仅为 0.24t/万元；服务业产值比重由 2010 年的 52.4%提高到 2015 年的 58.8%；621 家先进制造业碳排放管控企业碳排放强度下降到 0.37t$CO_2$/万元，较 2010 年下降 34.2%，产业低碳化特征日益显现。

（二）深圳市低碳试点工作特色与亮点

作为全国首批低碳试点城市和碳排放权交易试点城市，深圳充分发挥经济特区先行先试的优势，除探索全面发展模式的创新之外，还在碳交易机制、新能源汽车推广模式、资源性产品价格机制、低碳产品标识和认证制度等方面进行了大胆实践。在碳交易市场总体设计上摒弃了国外通行的总量控制方法，采用了“总量+强度”的双控模式；在配额分配中，创造性地应用了有限理性重复博弈理论，提出独特的碳配额预分配方法，较好地达到了总量和强度的双控目标；在碳排放监测、报告与核查（MRV）等碳交易关键环节，坚持用市场化的手段引导第三方核查市场。634 家管控单位按时足额完成年度碳排放履约，企业履约率达到 99.7%，履约配额率达到 99.98%。截至 2015 年底，深圳碳交易市场配额总量累计超过 654 万 t、成交金额突破 3 亿元。创造性地引入社会各方参与的新能源汽车推广模式，在公交领域推行“整车租赁、充维一体”的商业模式，实现资产轻化、购租结合，里程保障、分期付租，自行充电、利益共享，全市公交车 100%实现电动化。出台燃油出租车正常更换电动出租车“10+1”奖励政策，有效实现新增电动出租车牌照由高额拍卖制向低额年费制的转变。实施差别电价、惩罚性电价及居民用电阶梯价格政策，建立废弃物排放的收费制度和对循环利用资源、清洁生产、治理环境的补贴制度。创造性地采用了“企业融资、区级政府建设”的模式对深圳国际低碳城启动区进行综合开发。制定了产品碳足迹评价通则，积极开展低碳产品认证应用研究及试点工作，完成企业低碳产品认证可行性分析和低碳产品管理体系构建。

## 二、杭州市

（一）杭州市低碳试点工作进展与成效

杭州市是第一批低碳试点城市，在试点期间探索出了一条以低碳产业为主导、以低碳生活为基础、以低碳社会为根本的低碳发展道路，试点工作取得了明显成效[①]。

---

① 刘恒伟，丁丁，徐华清. 杭州市国家低碳城市试点工作调研报告，2015。

在规划编制与实施方面，初步形成了“六位一体”的城市低碳发展模式。在全国率先探索打造低碳经济、低碳交通、低碳建筑、低碳生活、低碳环境、低碳社会“六位一体”的低碳城市模式。全面实施了建设低碳产业集聚区、推广利用低碳能源、加大森林城市建设、加强低碳技术研发应用、优化城市功能结构、建设低碳示范社区、发展公共交通、推行特色试点工程八大建设任务。

在试点探索与示范方面，基本形成了“五区二行业”城市低碳试点格局。杭州市将推行不同类型的特色试点与示范作为构建示范城市的重要载体，尊重和发挥区县、部门和社区群众首创精神，采用地方申报、全市统筹、分头推进的办法，明确试点方向，推动特色试点，凝聚低碳城市建设合力，从实践中寻找最佳方案。全市先后开展了低碳城区、低碳县、低碳乡(镇)、低碳社区、低碳园区和低碳交通、低碳建筑的“五区二行业”试点工作。

在清单编制与管理方面，研究开发了“三合一”的城市碳排放管理平台。杭州市在全国低碳试点城市中率先通过了 2005～2010 年分年度温室气体清单编制验收工作，此后，杭州市级温室气体清单编制工作已经进入常态化，且将温室气体清单编制工作覆盖到所有区县。在市温室气体清单数据库的基础上，杭州市研究开发了企业温室气体排放核算和报告系统，初步建成了全市统一的碳排放综合管理平台。

### (二)杭州市低碳试点工作特色与亮点

杭州市在低碳试点工作中积极探索一条城市“以低碳经济为发展方向、市民以低碳生活为行为特征、政府公共管理以低碳社会为建设蓝图”的绿色低碳发展道路，着力建设“六位一体”的低碳示范城市，率先形成有利于低碳发展的政策体系和体制机制，为全国低碳城市建设积累了经验。在全国率先提出低碳城市发展模式，着力打造低碳发展之城。在全国率先开展低碳社区试点，大力打造低碳生活品质之城。率先探索强化制度和配套政策创新，努力打造低碳产业之城。率先探索协同低碳城市与交通试点，积极打造低碳交通之城。“免费单车”是杭州低碳试点中的一张靓丽的名片。

## 三、镇江市

### (一)镇江市低碳试点工作进展与成效

镇江市是 2012 年 11 月被国家发展和改革委员会列为全国第二批低碳试点的城市，在市委、市政府的领导下，镇江市围绕“强基础、抓示范、明路径、造氛围、优机制”的工作思路，通过低碳发展目标的倒逼机制，积极探索城市低碳发展路径与机制，试点工作取得了明显成效。

一是全面实施“九大行动”，持续推进低碳试点各项工作。全面实施了优化空间布局、发展低碳产业、构建低碳生产模式、碳汇建设、低碳建筑、低碳能源、低碳交通、低碳能力建设、构建低碳生活方式九大行动共102项目标任务，启动实施了25个低碳示范项目以及165家低碳企业、低碳交通、低碳小区、低碳学校等试点工作[①]。

二是率先开展碳平台建设，积极探索低碳制度创新。镇江市将碳管理云平台作为低碳城市建设的重要抓手，并积极探索城市碳排放峰值、项目碳排放评估、区县碳排放考核与碳管理云平台同步推进的“四碳”同建工程，经过实践，城市低碳能力建设及制度创新体系构建成效显著，为全国城市低碳发展做出了榜样。

三是以低碳试点为突破口，大力推动生态文明建设试点工作。镇江市以低碳试点为契机，率先探索低碳试点和生态文明建设的申报与试点工作的同步推进、融合发展。

四是加强组织领导，落实项目化推进机制。镇江市成立了以市长为组长的低碳城市建设领导小组，负责协调各领域低碳工作的开展，统筹解决在低碳城市建设工作中遇到的重大问题，对低碳城市建设开展情况进行监督和评估。领导小组办公室通过《镇江低碳城市建设目标任务分解表》，将低碳城市建设九大行动计划分解细化为102项目标任务，每个目标任务都排出具体的支撑项目，并且将低碳城市建设重点指标、任务和项目分解落实，纳入市级机关党政目标管理考核体系。市、区两级都分别成立低碳城市建设工作领导小组，明确分管领导和专门负责人，形成了“横向到边、纵向到底”的工作网络，以着力推进低碳建设项目的切实开展。同时强化低碳领导小组办公室的职能，按月督查、每季调度低碳建设项目，确保项目按序、时推进，并以简报形式及时通报相关情况，至2015年已发布了低碳试点工作简报48期。

### (二)镇江市低碳试点工作特色与亮点

镇江市在低碳试点工作中敢于担当、勇于探索、精于管理，目前已经初步形成了以城市碳排放管理平台为载体，以碳排放峰值目标为导向，以项目碳排放评估和区县碳排放目标考核为突破口的管理体制和工作机制，努力为全国低碳城市建设探索制度、积累经验、提供示范。在全国首创城市碳排放核算与管理平台，为碳排放精细化管理和科学决策奠定了基础。在全国率先提出碳排放峰值目标，探索利用碳峰值形成低碳发展倒逼机制。率先探索实施项目碳评估与准入制度，从源头上控制高能耗、高碳排放项目。率先探索低碳发展目标任务考核评估体制，发挥考核评估指挥棒导向作用。

---

① 刘恒伟，丁丁，徐华清. 镇江市国家低碳城市试点工作调研报告，2015。

# 第四节　南昌市低碳城市建设进展

## 一、南昌市低碳发展概况

### (一)地理环境与区位优势

南昌市地处江西省中部偏北，赣江、抚河下游，紧临我国最大的淡水湖——鄱阳湖，位于东经 115°27′～116°35′，北纬 28°09′～29°11′之间。全市总面积 7402.36km$^2$，南北最大纵距约 112.1km，东西最大横距约 107.6km。全市以平原为主，东南地市平坦，西北丘陵起伏，全境最高点梅岭主峰洗药湖中的洗药坞，海拔 841.4m。

南昌市下辖 6 区(东湖区、西湖区、青云谱区、湾里区、青山湖区、新建区)、3 县(南昌县、进贤县、安义县)、3 个国家级开发区(高新技术开发区、经济技术开发区、小蓝经济技术开发区)、1 个国家级新区(江西赣江新区，包括青山湖区、新建区、永修县、共青城市部分)，共有 29 个街道、47 个镇、33 个乡，499 个社区、1141 个行政村。截至 2016 年 11 月末，南昌市户籍总人口 522.79 万人，其中城镇人口 289.50 万人，占人口总数的 55.38%，常住人口城镇化率达到 72.29%，年末城镇居民人均住房建筑面积 35.42m$^2$，较上年均有所提高。

南昌市具有“西山东水”的自然地势，是一座名副其实的东方水城。全市水网密布，赣江、抚河、玉带河、锦江、潦河纵横境内，湖泊众多，有青岚湖、军山湖、金溪湖、瑶湖、白沙湖、南塘湖等数百个大小湖泊，市区湖泊主要有城外四湖(青山湖、艾溪湖、象湖、黄家湖)，以及城内四湖(东湖、西湖、南湖、北湖)。南昌市气候湿润温和，属于亚热带季风区，雨量充沛，四季分明，一年中春秋季短，夏冬季长，是典型的“夏热冬冷”城市。受东亚季风影响，全市夏季多偏南风，冬季多偏北风。2015 年全市年平均气温 18.7℃，极端最高气温 36.7℃，极端最低气温 0.2℃，年降水量 2204.7mm，降水日 192 天，年平均相对湿度 75%，年日照时间 1651.4h，年平均风速 1.7m/s，年无霜期 308 天。

南昌市基础条件较好、发展潜力较大，是中国最早的航空工业基地、光电产业基地、世界级的光伏产业基地，唯一与长江三角洲、珠江三角洲和海峡西岸经济区毗邻的省会中心城市，具有独特的战略地位和枢纽性区位优势，在高铁时代成为沪昆高铁、京九高铁、昌景黄高铁、昌九城际、昌福高铁交汇的重要全国综合交通枢纽，是中部地区正在加速形成的增长极之一，国家战略鄱阳湖生态经济区建设的中心城市，在我国区域发展格局中具有重要地位。

### (二)经济结构与发展水平

南昌市是江西省第一大城市，进入 21 世纪以来，经济快速发展，《南昌统计年鉴 2006—2015》数据显示，2006～2015 年南昌市 GDP 年平均增长率达 12%以上，2015 年 GDP 突破 4000 亿元，约占全省的 1/4。《南昌市 2016 年国民经济和社会发展统计公报》(南昌市统计局，2017)数据显示，2016 年南昌市 GDP 比上年增长 9.0%，达到 4354.99 亿元，人均 GDP 达到 81598 元，是 2006 年的 3.3 倍，如图 1-1 所示。2016 年城市居民人均可支配收入为 34619 元，农村居民人均可支配收入为 14952 元，近年来均有明显提高，如图 1-2 所示。

南昌市是江西省最大的工业城市，以制造业为主导。改革开放以来，南昌市的工业经济有了快速发展，已形成汽车、医药、冶金、食品、机电、航空、家电、纺织服装、电子信息、化工、新材料等比较完整的工业体系。进入 21 世纪以来，南昌市坚持以大开放为主战略，实施建设先进制造业重要基地核心战略，工业迈入了跨越式发展新时期。2015 年南昌市完成规模以上工业总产值 5485.2 亿元，规模以上工业增加值 1451.84 亿元，同比增长 9.4%，规模以上工业产品销售率为 98.8%，实现利税总额 585.33 亿元，全市工业经济效益综合指数达到 313.9%。2016 年南昌市规模以上工业增加值 1611.50 亿元，同比增长 9.2%，规模以上工业产品销售率为 99.0%，如图 1-3 所示。2016 年全市主要工业产品产量除饲料、精制食用植物油、光电子器件、生铁、粗钢及汽车外，较上年均有所降低，见表 1-1。

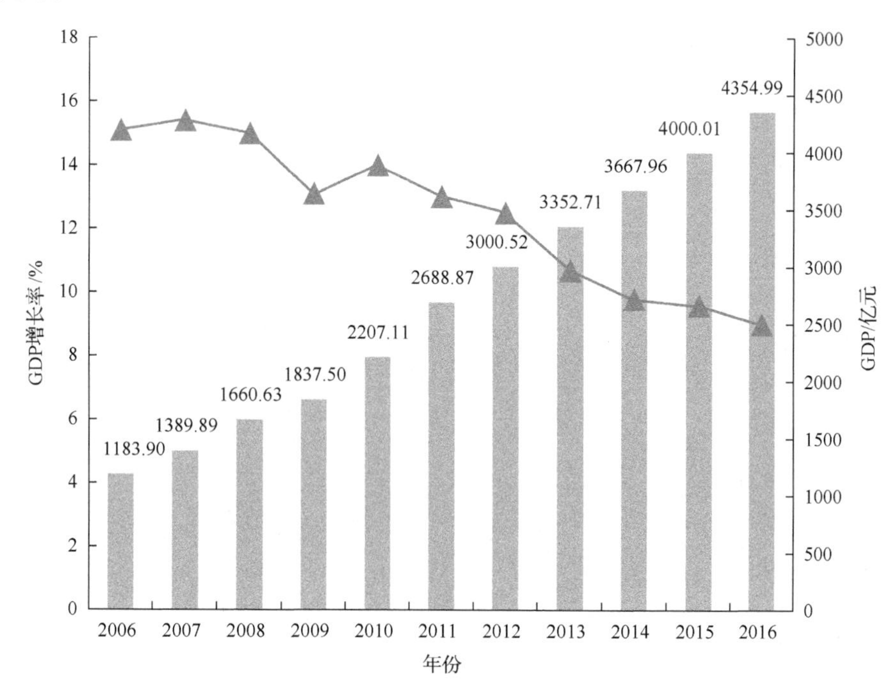


图 1-1 南昌市 2006～2016 年 GDP 及其增长率

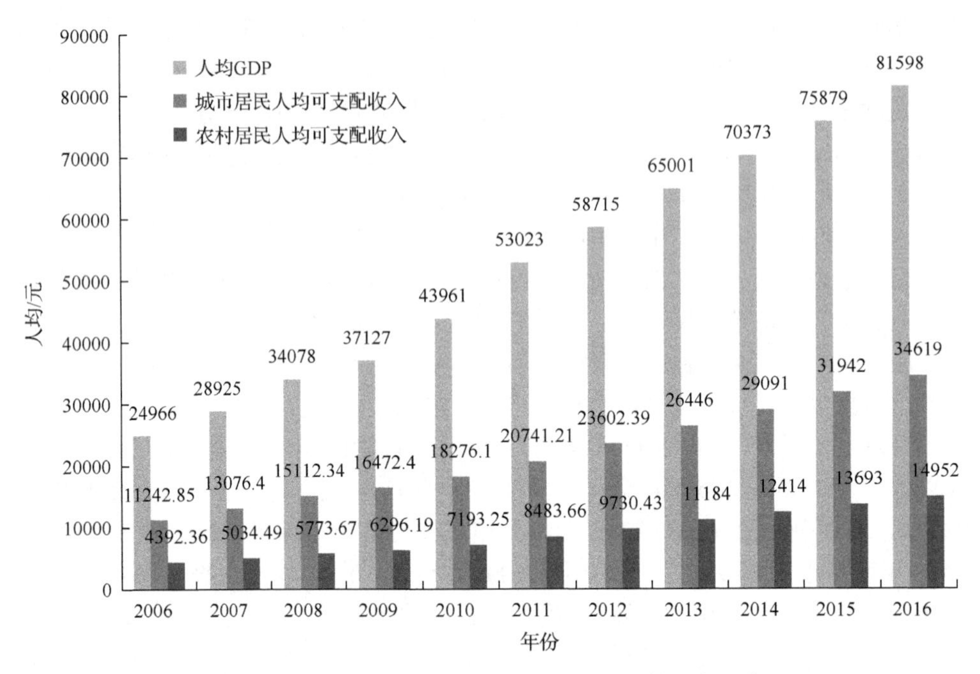


图 1-2　南昌市 2006～2016 年人均 GDP、人均可支配收入

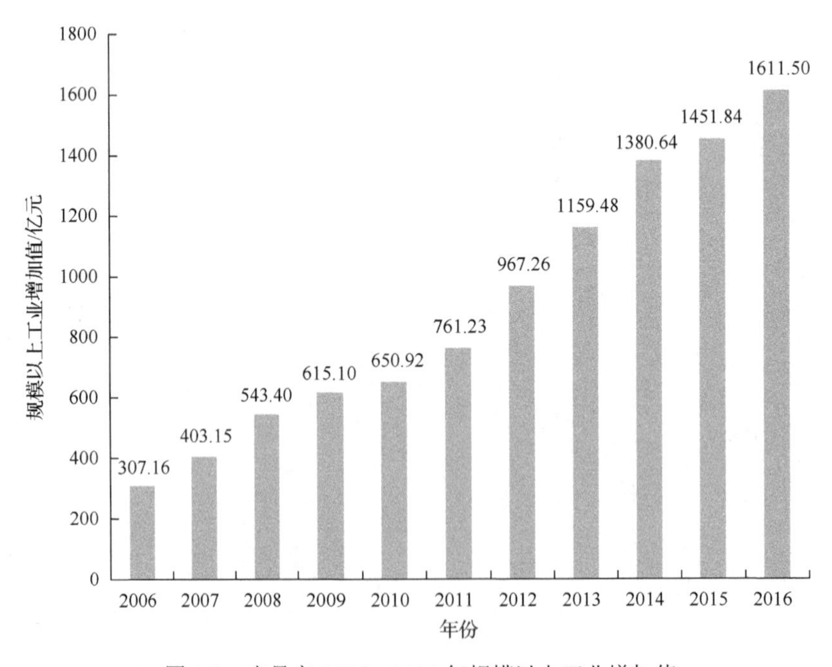


图 1-3　南昌市 2006～2016 年规模以上工业增加值

**表 1-1 南昌市 2016 年主要工业产品产量及其增长速度**

| 产品名称 | 单位 | 绝对量 | 比上年增长/% |
|---|---|---|---|
| 饲料 | 万 t | 1138.5 | 5.4 |
| 精制食用植物油 | 万 t | 35.4 | 12.3 |
| 软饮料 | 万 t | 199.9 | –24.8 |
| 卷烟 | 亿支 | 646.1 | –4.7 |
| 布 | 万 m | 6032.6 | –17.6 |
| 光电子器件 | 亿只(片) | 11.5 | 23.8 |
| 化学药品原药 | 万 t | 1.2 | –17.6 |
| 彩色电视机 | 万台 | 20.1 | –14.9 |
| 水泥 | 万 t | 747.5 | –3.3 |
| 商品混凝土 | 万 $m^3$ | 1331.7 | –22.6 |
| 生铁 | 万 t | 314.9 | 0.6 |
| 粗钢 | 万 t | 359.6 | 1.5 |
| 钢材 | 万 t | 371.3 | –1.2 |
| 交流电动机 | 万 kW | 46.8 | –20.6 |
| 汽车 | 万辆 | 41.1 | 26.6 |
| 房间空气调节器 | 万台 | 349.5 | –6.3 |

2016 年南昌市七个省级以上工业园区累计完成工业增加值 1351.65 亿元，同比增长 9.3%；主营业务收入 5185.05 亿元，同比增长 8.3%；实现利润总额 318.27 亿元，增长 18.1%。高新技术开发区、经济技术开发区和小蓝经济技术开发区主营业务收入均过千亿元，排名分别在全省工业园区第一、二、四位。

从南昌市经济结构中各产业所占的比例来看，2006 年以来南昌市经济结构稳步调整，三产结构比例由 2006 年的 6.5∶54.3∶39.2 逐步调整为 2016 年的 4.2∶53.0∶42.8。可以看到，近些年南昌市第三产业稳步发展，但发展速度较为缓慢，年均仅提高 0.33 个百分点，第二产业仍然占据主导地位，如图 1-4 和图 1-5 所示。

近年来，以光伏、电子信息、生物工程、新材料、服务外包等为代表的新兴高新技术产业在南昌市也具有一定的水平。2016 年南昌市高新技术产业增加值首次突破 400 亿元，达到 416.19 亿元，总量位列江西省第一位，占规模以上工业增加值比重达 25.8%，占 GDP 的比重为 9.6%，分别较 2015 年提高了 2 个百分点和 1 个百分点。此外，2016 年南昌市规模以上战略性新兴产业增加值较 2015 年同比增长 22.6%，其中，新一代信息技术产业高速发展，完成工业增加值 154.06 亿元，同比增长 54.2%，高出战略性新兴产业 31.6 个百分点，总量占战略性新兴产业的比重达到 50.2%，这些低碳产业的发展将在南昌市低碳城市发展中发挥重要的作用。

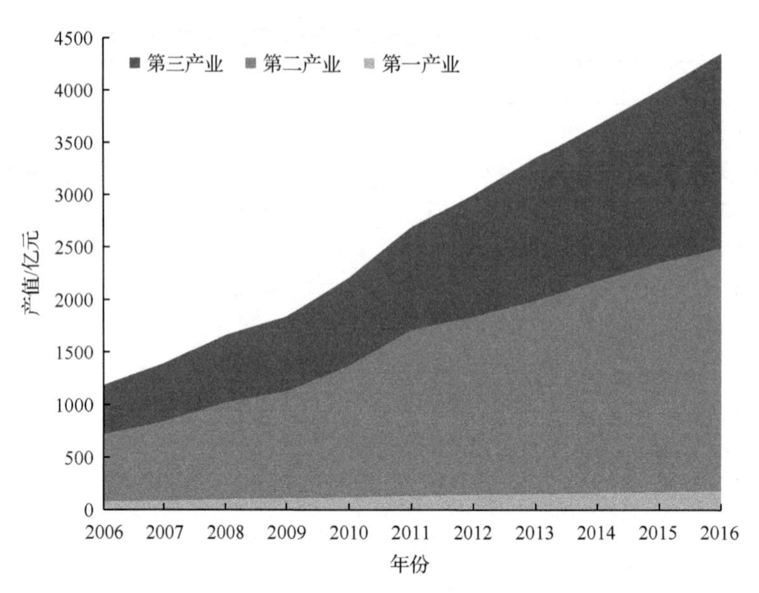


图 1-4　第一、二、三产业在 GDP 中所占份额趋势图

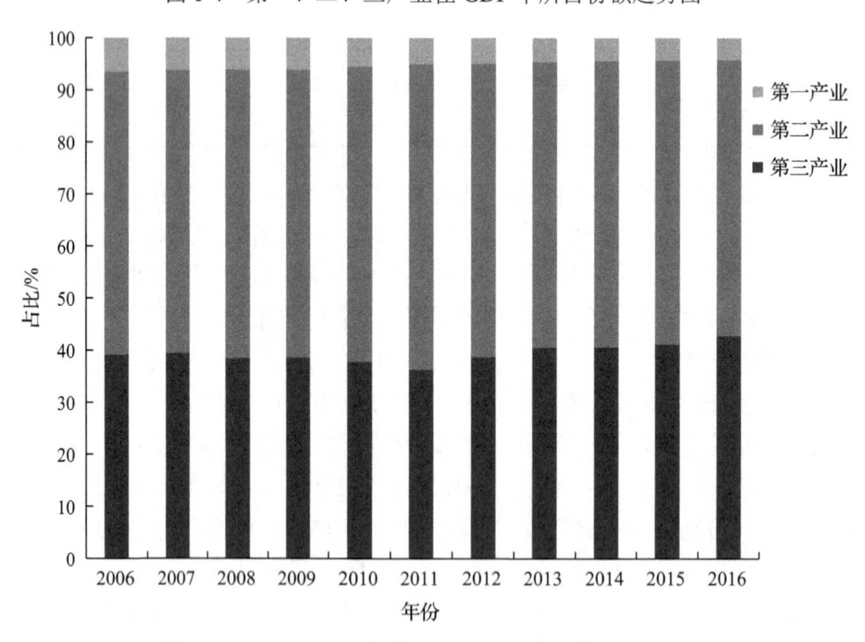


图 1-5　2006～2016 年第一、二、三产业占 GDP 比重

(三)城市资源与生态环境

南昌市是一座风光旖旎的滨江城市、绿色城市、生态城市，作为城市的灵

魂，南昌市的水可概括为“一江、两河、八湖”，水域面积约占全市总面积的30%。2015年，南昌市水资源蕴藏量为7.18万kW，可供开发的资源为3.42万kW，占蕴藏量的47.6%。全市耕地面积27.93万$hm^2$，其中有效灌溉面积19.11万$hm^2$，占总耕地面积的68.42%；林地面积13.9万$hm^2$，森林覆盖率21.96%，活立木蓄积量522.1万$m^3$，野生动、植物资源品种繁多。

全市矿产资源以非金属建矿为主，兼有燃料、矿泉水等各类矿产28余种；已发现的矿点、矿化点100处，建筑用砖、砖瓦黏土、饰面石材、石英石、石灰石和矿泉水等具有较好的开发前景；花岗石、砂卵石、砖瓦黏土储量巨大，开采历史悠久。在能源资源方面，南昌市属于资源短缺地区，一次能源主要是少量的水电，煤炭、石油、天然气尚未发现可供开采的工业储量。

近年来，南昌市秉持着“环境就是民生，青山就是美丽”的理念，深入推进“花园城市、绿色南昌”和“鄱阳明珠·中国水都”建设，将环境保护放在更加重要的位置，将不损害生态环境作为发展的底线，走出了一条经济发展与生态文明相辅相成、相得益彰的道路。截至2016年底，南昌市拥有国家级生态示范县2个、国家级生态区1个、国家级生态乡镇18个，省级生态县(区)4个、省级生态乡(镇)51个、省级生态村69个，市级生态村712个；自然保护区11个，总面积16.08万$hm^2$(含两个野生动物类自然保护区总面积)；园林绿地面积12279.5$hm^2$，绿化覆盖面积12958.5$hm^2$，公园绿地3235$hm^2$，城市绿化覆盖率达40.84%，人均公共绿地面积11.81$m^2$，空气质量优良天数达到318天，空气质量优良率达到86.9%，列中部六个省会城市第一。赣江、抚河南昌段14个段面水质达标率均为100%，集中式饮用水质达标率为100%；区域环境噪声昼间等效声级为53.6dB，道路交通噪声等效声级路段长度加权均值为67.6dB；城市生活污水集中处理率达到93.5%。

南昌市拥有国际花园城市、国家森林城市、国家园林城市、全国文明城市、国家卫生城市、全国卫生先进城市、全国创建文明城市、全国优秀旅游城市、全国城市市容环境整治先进城市等荣誉称号，2017年入选中国十大最年轻城市。凭借“背靠西山山脉，面对浩瀚赣江”的生态优势，目前南昌市正致力于打造成一个“城在湖中、景在水中、人在画中”的亲水花园低碳城市。虽然南昌市具有低碳发展的生态优势，但是南昌市的能源资源稀缺，成为南昌市低碳发展的一大瓶颈。表1-2所示为南昌市主要的能源资源现状，该表直观表明：南昌市属于能源资源极为短缺的地区，一次能源仅有少量的水电，煤炭、石油、天然气尚未发现可供开采的工业储量，太阳能、风电资源一般。

**表 1-2　南昌市能源资源现状**

| 能源资源 | 资源情况 | 开发利用情况 |
| --- | --- | --- |
| 煤炭 | 保有资源储量 138.81 万 t，累计查明资源储量 264.09 万 t | 无开发 |
| 石油 | 无 | 外调 |
| 天然气 | 无 | 西气东输，川气东送双气源保障，2015 年储气能力 156 万 $m^3$，供气总量 23932 万 $m^3$ |
| 太阳能 | 平均太阳辐射量 4279.02MJ/$m^2$，年日照时间 1723～1820h，属于四类地区，太阳能资源一般 | 新建县厚田沙漠的 5MW；开展“万家屋顶”光伏示范活动，建成 748 户居民屋顶光伏发电设备，总计容量达 3873kW；2016 年太阳能发电量预计达 0.26 亿 kW·h |
| 风能 | 南昌、新建、进贤有部分地区临鄱阳湖，风力较大，属风能可利用区 | 无统计数 |
| 地热水 | 保有资源储量 11504$m^3$/d | 未大规模开发利用 |
| 水电 | 水资源蕴藏量为 7.18 万 kW，可供开发的资源为 3.42 万 kW | 水电贫乏，只在安义和进贤有小水电站，2016 年发电量为 3300 万 kW·h |
| 生物质能 | 积极推广沼气利用、垃圾焚烧发电等生物质能利用，提高生物质能发电比重；推广固化成型、秸秆气化、生物柴油等生物能 | 昌北麦园沼气发电装机 3×957kW；泉岭生活垃圾焚烧发电装机容量装机 2×12MW。2016 年生物质能发电量有 1.63 亿 kW·h |

## 二、低碳试点进展和成效

### （一）以低碳发展规划及立法为主导，构建城市发展的体制机制

一是加强组织领导。2010 年，南昌市就成立了以南昌市人民政府主要领导任组长的低碳城市试点工作领导小组及办公室，负责组织和推动南昌市全市低碳试点工作，并成立了低碳城市试点工作专家咨询组，对南昌市低碳城市试点工作提供技术指导和支持；与此同时，南昌市还成立了南昌市低碳发展促进会，在企业层面和民间层面推动低碳发展。南昌市不仅组织参加国家、省以及国内外有关机构的低碳培训，还与英国领事馆组织了两期面向本地企业的低碳专项培训，与世界气候组织、自然基金组织、环境基金组织等国际组织也保持着业务交流，目前已经有越来越多的企业自觉研讨碳减排背景下企业战略。同时，自 2014 年起，南昌市人民政府每年安排 500 万元（已列入财政预算）作为南昌市低碳城市建设专项资金，鼓励低碳示范企业招商引资、上市融资、发行债券，支持低碳重点工程、低碳新技术推广和低碳产品的生产应用。为科学有效使用该项专项资金，南昌市还参照广东、江门、温州等先进省市的经验做法，制定了《南昌市低碳发展专项资金管理办法（试行）》（洪发改规字〔2015〕28 号）。

二是统筹规划编制。南昌市在推进低碳试点中，十分重视低碳生态领域的规划、政策等方面的研究工作。2009 年，南昌市启动了为期一年的碳盘查项目，对南昌市碳排放进行了初步摸底，同时入选“英国战略方案基金低碳城市”试点；

2011 年底，南昌市与奥地利国家科学院联合编制了《南昌市低碳城市发展规划(2011—2020 年)》；该规划用欧洲先进的低碳理念，对南昌市的城市空间结构、城市景观格局、建筑形态格局、交通体系、产业选择及布局、能源结构、政策支撑体系等进行了全方位规划，提出全面推进建筑、能源、产业、交通、城市结构、生态、生活七大领域低碳行动计划，期待引领南昌市从国家低碳城市试点走向低碳生态示范城市[①]。目前南昌市已按照江西省建设国家生态文明先行示范区的要求，编制了生态城市规划。

三是创新规范低碳立法。作为首批国家低碳试点城市，南昌市一直积极探索低碳发展道路，特别是在依法治国的大背景下如何破解低碳发展的法制建设问题。根据《中共中央关于全面推进依法治国若干重大问题的决定》中“要加快建立低碳发展的生态文明法律制度”的相关要求，《南昌市低碳发展促进条例》正式纳入南昌市 2015 年立法计划。在起草、修改过程中，南昌市研究了国内外相关经验，考察了国内低碳试点城市案例，在全国尚无先例的情况下，组织专家和实际工作部门开展创新性法规研制。最终，《南昌市低碳发展促进条例》经 2016 年 4 月 27 日南昌市第十四届人民代表大会常务委员会第三十六次会议通过、2016 年 6 月 8 日江西省第十二届人民代表大会常务委员会第二十五次会议批准，于 2016 年 9 月 1 日正式施行。

四是实行严格总量控制。南昌市将控制温室气体排放纳入南昌市“十二五”规划和“十三五”规划，提出了《南昌市低碳发展行动计划》，明确了南昌市温室气体减排目标。同时，南昌市对《南昌市国家低碳城市试点工作实施方案》涉及的重大任务分解到各县(区)、开发区(新区)和市直有关部门，将万元 GDP 能耗降幅、万元 GDP 二氧化碳排放量降幅、二氧化硫排放量降幅、化学需氧量排放量降幅等年度降低目标指标纳入南昌市 2014～2017 年国民经济和社会发展计划，并分解落实到各县(区)、开发区(新区)。此外，南昌市人民政府还制定并印发了《南昌市 2015 年节能减排低碳发展行动工作方案》，对全市能源总量(增量)控制目标进行了分解下达。

五是建立温室气体排放统计核算报告制度。为掌握温室气体排放总量与构成以及主要行业、重点企业和区域温室气体排放分布状况，南昌市组织开展了温室气体排放清单研究和编制工作，对温室气体的历史排放特别是 2006～2010 年的能源活动、工业生产过程、农业活动、土地利用变化和林业、废弃物处理五大领域排放情况按江西省的要求编制了温室气体排放清单报告，并于 2017 年启动了南昌市 2014 年和 2016 年的温室气体排放清单报告编制工作。同时，南昌市建立了温室气体排放统计核算制度，根据江西省发展和改革委员会、江西省统计局《关于

① 南昌市人民政府. 南昌低碳城市发展规划, 2012。

建立应对气候变化基础统计与调查制度及职责分工的通知》的精神，南昌市下发了《关于建立应对气候变化基础统计与调查制度及职责分工的通知》(洪发改规字〔2014〕48 号)，对建立应对气候变化基础统计与调查制度及职责分工等任务进行了安排部署，为应对气候变化统计工作提供切实保障。此外，南昌市还建立了温室气体排放数据报告制度，按照国家、江西省发展和改革委员会《关于请报送重点企(事)业单位碳排放相关数据的通知》要求，积极组织本地区主要排放行业重点企(事)业单位按时报送碳排放相关数据，做好国家和省碳排放配额总量测算、研究确定合理的配额分配方法的支撑工作。

### (二)以转型升级为突破口，构建以低排放为特征的低碳产业体系

近年来，南昌市以发展低碳产业、提高能源使用效率、增强可持续发展能力为重点，全面促进“传统产业低碳化、低碳产业支柱化”。2015 年，南昌市服务业增加值占 GDP 比重已达到 41.2%，2016 年更是达到 43%。农产品生产基本达到绿色化。在制造业领域，南昌市已全面控制并基本淘汰了高耗能产业，战略性新兴产业占比大幅提高，高新技术产业总产值过千亿元，高新技术企业总数接近 300 家，约占全省的 80%，专利申请量和专利授权量占全省比重均超 30%，以低碳排放为特征的产业体系初步建立。

一是大力发展战略性新兴产业。在低碳理念引领下，围绕着实施《南昌市工业三年强攻计划》，南昌市突出发展电子信息、航空制造、生物医药、新能源等战略性新兴产业；2016 年，南昌市战略性新兴产业增加值同比增长 22.6%，高于全市工业平均水平 13.4 个百分点。南昌市以获国家技术发明奖一等奖的硅衬底 LED 技术为基础，以南昌市委、市政府的名义陆续出台了《关于促进 LED 产业发展的若干政策措施》(洪府发〔2016〕8 号)、《中共南昌市委 南昌市人民政府关于打造“南昌光谷”的决定》(洪发〔2016〕9 号)等政策文件，全面推动南昌市 LED 产业发展，并确定了“南昌光源技术国家实验室”、“硅衬底 LED 中下游技术联合研究院”、“大尺寸硅衬底 LED 产业化开发平台”、“开展太阳能电池正面银浆方面基础研究”、“设立超薄、高色域 LED 背光源产品研发技术专项”和“建设国家半导体及显示产品检验检测和认证中心”六大重大科技项目，全力打造“南昌光谷”。同时，经过积极的争取和努力，江铃汽车已成为全国拥有新能源汽车牌照的 7 个企业之一。此外，南昌市近些年现代服务业逐渐蓬勃兴起，服务经济大踏步发展，对经济增长贡献率提高到 47.7%，区域性的交通中心、金融中心、创意中心、消费中心、运营中心建设已初具规模，“南昌服务”品牌效应不断彰显。2016 年，南昌市投资和建设规模最大的文化产业项目——万达文化旅游城正式开业，该项目的运营将南昌市文化旅游产业发展推到了一个新的高峰。

二是提升了改造传统产业。南昌市近年来一直着力于抓食品、纺织、机电等传统产业提升，强化产业链条的完善和延伸，推动传统产业和新经济形态互动发展；通过运用大数据、物联网、智能制造等技术改造提升传统产业，推动传统产业向高端高质高效方向发展。同时，南昌市通过引进落户了洪都航空制造机器人项目和上海宝群智能装备制造等一批互联网+智能装备项目，不断加大对顶津食品有限公司“年产 50 万 t 矿物质水、150 万 t 茶饮料”项目、南钢集团“铁钢系统改造”项目等一批传统项目技术改造，稳步减少了能源消耗和二氧化碳排放，使南昌市传统产业焕发新的活力。另外，南昌市坚决淘汰了年产 30 万 t 机立窑生产线、年产 5000 万 m 印染生产线、年产 1.3 万 t 造纸生产线各一条，拆除改造 34 台高污染燃料锅炉，关闭地方小企业 9 户，逐步迈出了传统产业提升改造的步伐。

三是大力引进了优质低碳项目。南昌市以严格环境准入促产业结构调整，对高污染、高耗能、高排放的产业和项目实行零容忍。在引进新项目及对新项目的环保审批上坚持环境影响评价制度早期介入、建立规划环评和项目环评审批联动机制，实行环保一票否决制；对投入产出低、附加值低、科技含量低，不符合产业布局的项目，一概拒之门外；对高能耗、高排放、高污染的园区内企业，坚决清理出区，关停造纸、塑料、漂染、蓄电池等五小企业。同时，南昌市积极引进了中节能区域总部和中节能低碳产业园、江西新昌源建材有限公司年产 80 万 t 粉煤灰烘干粉磨生产项目、江西中鑫威格节能环保有限公司年产 100 万张再生循环利用木模覆塑板生产项目等一批低碳优质项目，中国金融国际投资有限公司、中节能(深圳)投资集团有限公司也与南昌高新技术产业开发区管委会三方共同发起成立了 10 亿元的低碳环保产业基金。

四是大力促进了循环发展。继 2014 年南昌高新技术产业开发区被列入国家园区循环化改造名单之后，南昌经济技术开发区 2016 年又被国家列入园区循环化改造重点支持园区。同时，南昌市麦园垃圾餐厨处理厂已建成达产达能并运转良好。另外，经国家有关部委组织专家评审，南昌市成为全国第一批 33 个餐厨废弃物资源化利用和无害化处理试点城市中，首批通过验收的 6 个城市之一。此外，江西江铃汽车集团实业有限公司发动机再制造国家试点项目也基本建设完成，试点工作获得国家专家评审组好评。

### (三)以重点领域为突破口，大力推进可视化低碳城市建设

低碳试点城市建设以来，南昌市注重把低碳发展与市民生活有机结合起来，大力发展低碳交通、推广绿色建筑、提供清洁能源，让市民共享低碳发展成果。

(1)低碳交通方面。南昌市在赣江两岸建成了城市慢行系统，并完成了首轮机动车环保检验合格标志核发工作，积极推广应用了节能与新能源汽车 1000 辆。同时，南昌市轨道交通也取得了突破性的进展，地铁 1 号线于 2015 年正式投入运营，

地铁 2 号线、3 号线也开工建设。全国百强县南昌市南昌县在全国首开了县级城市公共自行车租赁的先河，红谷滩新区、高新技术产业开发区随后也逐步实行自行车免费租赁。截至 2016 年，南昌市在红谷滩新区、高新技术产业开发区以及南昌县共投放免费公共自行车近 9000 辆，建成便民服务站点 112 个，日节省燃油约 8000L，减少二氧化碳排放约 50t。此外，南昌市还建成智能交通出行信息共享平台，为市民提供各种不同交通方式的最佳出行方案和路径引导、购票、换乘、实时路况等出行信息服务[①]。

(2)低碳建筑方面。南昌市在城区积极推广太阳能一体化建筑、太阳能集中供热工程，大力推进建筑节能和可再生能源应用，所有新建建筑均严格执行节能强制性标准。目前，南昌市被评为国家可再生能源建筑应用示范城市，紫金城、新地·阿尔法等住宅小区被评为国家可再生能源示范工程，满庭春住宅区、南昌万科润园、南昌红谷滩万达广场等 9 个项目单位获得绿色建筑设计评价标识，总建筑面积达 128 万 $m^2$。

(3)低碳能源方面。南昌市通过大力实施“十城万盏”工程，安装节能路灯近 10 万盏、景观灯 100 万盏，大大减少了公共能源消费量。稳步拓宽天然气应用领域，建成高新 CNG 固定站、碟子湖大道、昌南迎宾大道 LNG 撬装站等 9 个车用天然气加气站。积极鼓励使用清洁能源，目前已有多个光伏示范项目建成并投入使用，如在新建县厚田沙漠兴建了一座具有国内领先水平的光伏示范电站，目前已经实现并网发电，还有高新赛维 BEST 厂房屋顶光伏示范工程、南昌十九中屋顶光伏示范工程等中小型光伏示范工程建成并逐渐实现电力供应自供给或发电并网。此外，南昌市还不断提高了生物质能或其他非化石能源发电比重，江西省首个焚烧发电项目“泉岭垃圾焚烧发电厂项目”已建成投产，可日处理垃圾 1200t，发电 1.2 亿 kW·h/a；江西省首个餐厨垃圾处理项目“麦园餐厨垃圾处理项目”也在南昌市建成运营[②]。

(4)有序推进增加森林碳汇。南昌市坚持高位推动、政策驱动、上下联动，大力实施“森林城乡、花园南昌”建设，各项增加森林碳汇工作有序推进。2010 年以来总共完成造林面积近 5 万 $hm^2$，新栽各类苗木 6000 多万株，完成绿化资金投入 62.7 亿元，实现了造林绿化规模、质量、效果、品味前所未有的历史性跨越，获国家森林城市称号。2016 年，南昌市森林覆盖率达到了 22.9%，剔除湿地面积后的森林覆盖率达 35.04%；全市林地面积 13.35 万 $hm^2$，人工造林面积 3960$hm^2$，湿地自然保护区面积共计 15.3 万 $hm^2$，市中心城区绿化覆盖率达 40.84%，进一步巩固了国家森林城市创建成果。目前，南昌市人均公共绿地面积达到了 11.81$m^2$，基

① 南昌市交通运输局. 南昌市建设绿色低碳交通城市区域性项目验收总结报告, 2016。

② 南昌市发展和改革委员会. 南昌市低碳城市试点工作总结报告, 2016。

本实现城中林荫气爽、河湖鸟欢鱼跃、山区修竹茂林、乡村花果飘香，已初步建设成为一个森林生态体系完备、生态文化体系繁荣、生态产业体系发达的生态型城市。

(5)多层次开展试点示范。南昌高新技术产业开发区低碳产业园2014年被列为国家低碳工业园区试点名单，并于2014年编制了《南昌高新区国家低碳工业园区试点实施方案》，旨在按照低碳发展观和循环经济理念，不断完善园区规划，加快园区开发建设，大力开展招商，积极落实低碳试点工作方案各项目标任务，建设一个“实践循环经济理念、走生态工业道路”的全新型低碳工业示范园区。同时，南昌市积极响应江西省发展和改革委员会的号召，组织参与低碳示范社区创建活动。满庭春社区通过推进低碳社区、低碳小镇示范建设，推动低碳建设可视化、市民化，大力推进建筑节能和可再生能源应用，荣获“江西省省级低碳示范社区”称号。

此外，南昌市在全市范围内开展市级低碳专项试点，确定了红谷滩生态居住和服务业中心区、高新技术产业开发区低碳产业高科技园区、湾里森林碳汇生态园林区、军山湖低碳农业生态旅游区四大低碳示范区。

### (四)全力倡导绿色生活方式，低碳发展理念深入人心

南昌市大力倡导居民低碳消费、低碳生活，通过推广免费租赁自行车、新能源公交车、绿色照明等活动，逐步将绿色低碳理念渗入南昌市民生活的各个角落。按照低碳理念优化和深化城市规划，坚持采取产城融合、组团推进的方式扩大城市规模，坚持把就业和生活等集束多功能的城市综合体作为城市开发的主要载体；规划建设低碳绿道网络，通过强调太阳能屋顶、太阳能路灯、立体花园、电动汽车站、绿色建筑、垃圾分类等低碳设施布局，建设可视化低碳城市；结合1号线轨道建设及轨道交通规划，配套建设低碳交通设施，强化慢行系统与公共轨道交通无缝接驳，提高步行及公交出行比例。严格落实国家“十城万盏”和“十城千辆”工程规划，目前LED路灯和隧道灯使用数量达到10万盏。启动实施光伏扶贫工作，安排专项资金8400万元，计划资助2000户农村贫困户和80个贫困村集体安装光伏电站，2016年已资助20个贫困村和240户，投入资金1320万元。

同时，南昌市不断加强低碳能力建设，每年均会开展“全国低碳日”主题活动，大力营造出一种全社会共同促进低碳发展的良好氛围；每年南昌市人民政府还编印低碳城市发展画册和低碳城市生活手册免费发放给市民、政府机关及企事业单位，使各级政府、企业和公众明确自己的责任和义务，在全社会普及低碳理念。先后组织了三批次政府和企业管理人员赴奥地利参加低碳培训，并通过与英国驻广州总领事馆合作，不定期开展中小企业低碳发展能力培训。此外，南昌市还组织了一系列专题活动，涵盖工业、农业、商务、建筑、交通运输、公共机构等重点节能领域，覆盖机关、学校、企业、社区等各个方面，旨在提升全社会节

能低碳意识，弘扬人与自然相互依存、相互促进、共存共荣的生态文明理念。

## 三、低碳试点城市目标完成情况

2010 年，南昌市获批成为国家首批低碳试点城市后，南昌市人民政府于 2011 年正式印发《南昌市国家低碳城市试点工作实施方案》，此后每年都下达了《南昌市低碳试点城市推进工作实施方案》，以督促全市各部门完成预定目标。根据作者对南昌市各部门低碳发展情况所获得的调研资料分析，经过这几年低碳试点工作的推进，南昌市在产业发展、建筑节能、低碳交通以及能源利用等方面均进行了相应的改变，在绿色发展、循环发展、可持续发展的低碳建设道路上进行了一些探索，基本落实了低碳试点工作方案各项目标任务，二氧化碳排放强度有了明显下降，经济发展质量获得明显提高，产业结构和能源结构得到进一步优化，低碳观念逐渐在全社会树立和普及，低碳发展法规保障体系、政策支撑体系、技术创新体系和激励约束机制逐步得到建立和完善。

### （一）试点城市预期目标

根据《南昌市国家低碳城市试点工作实施方案》的要求，南昌市制定了低碳城市试点相应的约束性指标，主要包括以下方面。

（1）到 2015 年，单位 GDP 二氧化碳排放较 2005 年降低 38%，非化石能源占一次能源消费比重达到 7%，森林覆盖率达到 24%，活立木蓄积量达到 380 万 $m^3$。

（2）到 2020 年，单位 GDP 二氧化碳排放较 2005 年降低 45%～48%，非化石能源占一次能源消费比重达到 15%，森林覆盖率达到 28%，活立木蓄积量达到 420 万 $m^3$，建立二氧化碳排放监测统计和监管机制，公众低碳意识较高。

### （二）低碳试点目标达标情况

近年来，南昌市绿色低碳发展成效显著，“森林大背景、空气深呼吸、江湖大水面、湿地原生态”的南昌特色得到了国内外越来越多人的认可和好评，城市生态环境得到进一步改善。随着“三去一降一补”任务的稳步推进，南昌市超额完成了低碳试点方案确定的目标，2015 年单位 GDP 能耗为 0.34tce/万元，较 2005 年的 0.58tce/万元降低了 41.38%，单位 GDP 二氧化碳排放为 0.74t$CO_2$/万元，较 2005 年的 1.39t$CO_2$/万元降低了 46.76%。

同时，南昌市着力发展了一批二氧化碳排放强度相对更低的产业，并有序取代二氧化碳排放强度相对更高的产业，基本实现了传统产业低碳化、低碳产业支柱化，并建立了全市低碳企业信息库、低碳重大项目库。在城市建设方面，按照绿色低碳发展理念完善了城市规划，100$km^2$ 的九龙湖城市新区完全就是按照“低碳、生态、文化、智慧”理念进行规划建设的。在城市交通方面，南昌市作为全国第一批低碳交通试点城市，将以公共交通为导向的城市规划理念全面贯穿于城市交通建设过程中，建设了一批城市绿道和步行道、一批重大低碳示范工程，低碳交通试点城市建设达到预设目标并通过验收。

总之，南昌市近年来积极从调整产业结构、优化能源结构、发展低碳交通、推进建筑节能、增加森林碳汇、发展低碳农业、创新体制机制、开展低碳示范建设等领域开展低碳行动，探索可持续的绿色低碳发展道路，积极落实了低碳试点工作方案各项目标任务，取得了一些进展，为进一步深化城市绿色低碳发展工作打下了坚实的基础。南昌市低碳城市试点工作各项目标任务达标情况如表 1-3 所示。

**表 1-3　南昌市低碳城市试点工作各项目标任务达标情况**

| 序号 | 目标项 | 目标/实际 | 2010 年 | 2015 年 | 2020 年 |
|---|---|---|---|---|---|
| 1 | 单位 GDP 二氧化碳排放比 2005 年下降率/% | 目标值 | 25 | 38 | 45～48 |
| | | 实际值 | 28.5[a] | 46.4[a] | — |
| | | 是否达标 | 是 | 是 | — |
| 2 | 高新技术产业增加值占全市规模以上工业增加值的比重/% | 目标值 | 29 | 35 | 45 |
| | | 实际值 | 24[b] | 23.8[c] | — |
| | | 是否达标 | 否 | 否 | — |
| 3 | 服务业占生产总值的比重/% | 目标值 | 39 | 43 | 48～50 |
| | | 实际值 | 37.8[d] | 41.2[d] | — |
| | | 是否达标 | 否 | 否 | — |
| 4 | 非化石能源占一次能源消费比重/% | 目标值 | 3 | 7 | 15 |
| | | 实际值 | 3[e] | 7[e] | — |
| | | 是否达标 | 是 | 是 | — |
| 5 | 森林覆盖率/% | 目标值 | 21 | 24 | 28 |
| | | 实际值 | 21.96[d] | 21.96[d] | — |
| | | 是否达标 | 是 | 否 | — |
| 6 | 活立木蓄积量/万 $m^3$ | 目标值 | 240 | 380 | 420 |
| | | 实际值 | 522.1[d] | 522.1[d] | — |
| | | 是否达标 | 是 | 是 | — |

a. 该类数据来源于南昌市发展和改革委员会提供的相关统计数据核算后得到。

b. 该类数据来源于 2010 年南昌市人民政府工作报告。

c. 该类数据来源于《南昌市 2015 年国民经济和社会发展统计公报》。

d. 该类数据来源于《南昌统计年鉴 2011》和《南昌统计年鉴 2016》。

e. 该类数据来源于《南昌市国民经济和社会发展第十三个五年（2016—2020）规划纲要》。

### （三）主要结论

从南昌市低碳试点城市目标任务达标情况可以看到，经过这几年低碳试点工作的推进，南昌市绿色低碳发展取得了一些成效，但是也有一些方面未达到预期目标，主要表现在以下几个方面。

(1) 总体目标方面。南昌市单位 GDP 二氧化碳排放方面很好地完成了预定目标，2015 年单位 GDP 二氧化碳排放比 2005 年下降了 46.76%，超额完成了既定目标。

(2) 产业结构调整方面。高新技术产业增加值占全市规模以上工业增加值的比重和服务业占生产总值的比重这两个指标均未达到预期目标，高新技术产业增加值占全市规模以上工业增加值的比重与预期目标的差距尤为巨大，需要引起南昌市委、市政府的高度重视，不断加大产业结构调整力度。

(3) 能源结构调整方面。南昌市基本达到预期目标，但是后续还有很长的路要走，需要积极开发利用非化石能源，逐步提高非化石能源在一次能源消费中的比例。

(4) 森林覆盖率和活立木蓄积量方面。从 2015 年的目标来看，南昌市森林覆盖率为 21.96%，未达到预期目标，需要紧抓城市绿化造林工作。南昌市在 2010 年时的活立木蓄积量就达到了 522.1 万 $m^3$，超额完成了 2020 年的既定目标。

综上所述，绿色低碳发展是一条全新的发展之路，也是一条需要持续进行的长远之路，虽然南昌市目前取得了一些成绩，但是还有很多的问题未解决，将来也会面临更大的挑战，这需要南昌市继续坚定不移地推动城市绿色低碳发展工作，从而在不远的将来真正实现“科学发展、绿色崛起”。

# 第二章　南昌市低碳发展面临的问题及挑战

2016 年 9 月，南昌市继石家庄市之后发布了《南昌市低碳发展促进条例》，在国内较早以低碳立法为引导，促进城市低碳发展。成立低碳试点以来，南昌市通过促进产业发展方式、城乡建设方式和能源利用方式的转变，不断探索绿色发展、循环发展和可持续发展的道路，持续多年实现温室气体减排目标和低碳发展目标，提升了城市低碳领导力，取得了一定的成绩。但南昌市目前还处于城市化和工业化中期，在自身城市规模和经济总量快速增加的前提下，未来城市绿色低碳发展之路并非一路坦途。本章主要从产业、能源、交通、建筑、政策五个重点领域，分析南昌市目前低碳城市发展面临的主要问题和挑战。

## 第一节　传统产业面临转型，新兴产业难以占据主导地位

### 一、区域经济竞争激烈

由于周边城市快速发展，南昌市经济发展在中部区域竞争中一直处于被动状态，竞争压力不断加大。中原城市群、长株潭城市群、武汉都市圈、皖江城市带等快速崛起，中部省会城市均在加快发展。在日趋激烈的竞争中，南昌市不甘落后，只能选择“弯道超车”，其产业的发展压力非常大。南昌市经济发展底子较薄，制约着南昌市在转型中迅速形成新的规模化产业优势和竞争优势。各地产业结构趋同，进入门槛不断提高。随着国内产业结构的不断调整，各地都在纷纷发展战略性新兴产业，但是因为产业趋同，目前具有一定基础的汽车、钢铁、医药、光伏、LED 等都暴露出比较严重的产能过剩问题。同时，随着国家对环境要求的不断提高，节能减排的约束不断强化，诸多不利因素影响着南昌市加快产业集聚和低碳转型。

### 二、工业节能减排降碳依赖技术突破

南昌市工业节能工作已经持续了多年，表现中规中矩，在取得成绩的同时，也存在一些不足。主要表现在：①能源结构不合理，一次能源供应结构中煤炭仍然占据主导地位，主要工业用能设备效率偏低，能源利用仍有潜力可挖；②科技支撑能力不强，创新能力弱，先进适用的节能技术开发不够；③节能技术和产品推广应用力度不大，产业化水平不高；④工业节能长效保障机制尚不健全，在节能科研、节能改造、节能应用等方面的激励机制尚不完善，节能技改项目融资比

较困难等。且以上问题均难以在短期内取得改善，南昌市工业节能降碳依赖技术突破面临较大挑战。

## 三、工业园区产业集聚度不高

经过多年的发展，南昌市现已建成 8 个工业园区，日益成为吸纳就业的主渠道、投资创业的主平台、经济发展的增长极。南昌市工业园区推进产业聚集发展，提升产业发展水平，园区经济总量不断扩张，运行质量不断提高，逐步走出了一条科学规划—开发建设—经济发展的新路子，为南昌市打造核心增长极打下了坚实基础[①]。取得成绩的同时，也存在不少的问题，主要表现在：①特色不突出，产业集聚度不高。受多种发展因素的制约，全市多数园区发展模式模糊，产业布局欠合理，产业定位不明晰，特色不鲜明，主导产业的辐射带动作用不强，缺少龙头企业，园区间的功能分工、互补性较差。园区内的企业只是地理空间的聚集，产业关联度不高，尚未形成带动区域发展的产业集群。②土地瓶颈制约突出，发展空间不足。由于园区规划与相关规划的衔接不够到位，新增建设用地指标不足，加上拆迁难度大、补偿成本高等不利因素，工业园区的存量土地严重不足，一大批急需用地的项目难以及时落地开工建设，园区发展面临拓展空间的现实需求。③资金筹措能力弱，制约发展后劲。工业园区开发模式单一，以政府主导的开发模式为主，运用市场手段建设园区的激励机制滞后，民间投资严重不足、融资渠道少以及筹措资金能力弱等。面向创新型企业，特别是面向高科技项目的风险投资平台不完善，制约了高新技术项目的孵化和投产。④园区管理职责分工不明，体制机制有待改善。随着工业园区建设的不断推进，体制机制等一些深层次问题逐渐显现，园区管理的职责分工不明晰、责权利不能真正落实到位等因素，已对园区发展造成束缚，影响到园区的正常开发、建设与管理。

面临的挑战主要包括：①各类资源要素供应总体偏紧。“十三五”期间，南昌市将面临更为严峻的资源能源和生态环境压力，钢铁、水泥等部分传统产业发展空间压缩。国家严格控制非农土地供给，园区征地面临更大困难。既有的发展模式难以满足当前经济可持续发展的要求，对调整结构和转变发展方式增加了更大的压力。②产能过剩问题凸显。随着新常态下全国经济增速从高速向中高速发展阶段转换，以及经济结构优化调整的不断推进，市场需求必将有所放缓，需求结构也因之而调整。与此同时，由于国家工业化和城镇化战略的不断深入推进，内需战略效果的逐步显现，市场需求规模必将扩大，需求结构将发生较大变化，由于有效需求不足，出现产能过剩与有效需求不足的深层次矛盾日趋加大。然而，化解产能过剩矛盾在短期内不可能一蹴而就，尤其是一些传统行业的产能严重过剩问题将在经济增长放缓、市场需求走弱的情况下加剧。③园区发展基础依然薄

① 南昌市工业和信息化委员会. 南昌市工业园区“十三五”规划(2016—2020),2016。

弱。工业园区工业化基础较为薄弱，部分园区规模偏小，实力不强，基础设施滞后，配套设施与服务体系不健全，人才供给的结构性矛盾突出，自主创新能力不强，对南昌工业园区加快发展增加了难度。

## 四、传统产业创新不足

南昌市材料制造产业以钢铁、有色金属及稀有金属加工、铝型材、水泥、建材和化工等传统产业为主，基本形成了以方大特钢科技股份有限公司为龙头的钢铁产业、以江西铜业集团有限公司为龙头的铜精深加工产业、以江西雄鹰铝业股份有限公司为龙头的铝塑型材产业、以江西南昌南方水泥有限公司为龙头的建材产业，具有产业规模较大、产业集聚明显、产品影响力较大、产业链较为完整、部分子行业工艺技术领先等发展特点[①]。但传统行业作为支柱产业，存在诸多问题和挑战，主要表现在：①不利于环境保护、资源保障。材料制造产业属于高耗能、高排放、资源高度依赖型产业。钢铁、铝型材等产业在资源利用、环境保护等方面，与新型工业化的要求和国内外先进水平相比仍有较大差距，“粗放型”发展模式未得到根本改变。②产业集中度不高。上下游企业衔接不紧密，产业链不完善，产品档次不高，产品相对单一，产业链后端产品缺乏。③自主创新能力不足。企业缺乏领军人才，产业技术装备水平较低，产品技术含量低，缺乏核心技术，资源和环境负担重。食品、纺织服装、材料制造、机电制造四个特色传统产业面临淘汰部分行业过剩产能的威胁，急需高新技术、先进适用技术和信息技术改造提升，改造提升传统产业面临转型危机。

## 五、产业结构调整较缓慢

南昌市坚持战略性新兴产业与传统优势产业“双轮驱动”，改造提升传统优势产业，大力发展战略性新兴产业，一方面以信息技术、先进制造技术为代表的高新技术在南昌市传统产业中广泛推广应用，推动了冶金和新材料、电子信息和绿色家电、机电制造、纺织服装、食品传统优势产业向高端高质高效方向发展。另一方面，聚焦航空制造、新能源汽车、光伏光电、软件和服务外包、生物医药等战略性新兴产业发展，着力构建以低排放为特征的新型产业体系，战略性新兴产业不断壮大[②]。南昌航空城、江西五十铃整车和发动机、欧菲光触摸屏等一大批科技含量高、带动作用强的重大产业项目的实施，提升了南昌市传统产业的水平，提高了南昌市新技术产业的比重，促进了南昌市产业结构的优化升级。但是南昌市战略性新兴产业的比重依然偏低，对 GDP 的贡献比例不高，尚不足以成为产

① 南昌市工业和信息化委员会. 南昌市工业转型升级及战略性新兴产业“十三五”发展规划, 2016。

② 陈瑛, 刘小花等. 鄱阳湖生态经济区背景下南昌产业结构调整研究, 2014。

业支柱，2016 年南昌市高新技术企业总数接近 300 家，全市高新技术产业增加值占 GDP 的比重为 9.6%，比上年仅提高 1 个百分点。作为衡量一个城市发展的第三产业，南昌市经过近十年的发展，第三产业比例仅提高了 2 个百分点，2015 年第二产业比例为 41.2%，产业结构调整十分缓慢①。

几个具有代表性的新兴产业均存在各自的问题，如 LED 产业配套基础薄弱、产业规模偏小、产业服务体系不完善。光伏产业规模以上企业只有赛维 LDK 太阳能高科技(南昌)有限公司等 5 家，主营业务收入仅 14.76 亿元，面临技术创新和投入不足、企业总体实力偏弱、高端人才缺乏等多方面差距。生物医药产业作为南昌市重点打造的战略性支柱新兴产业，也是税收贡献大、发展前景广阔的朝阳产业、民生产业，存在产业延伸不够、产业融合有待提高、行业创新氛围不浓、发展后劲略显不足、人才储备不够、企业缺乏研发热情等问题。

总之，南昌市工业发展取得成绩的同时，要实现工业向低碳化转型还存在一些突出的矛盾和问题。从南昌市实际来看，作为欠发达省份的省会城市，南昌市工业经济规模总量与中部省会城市相比偏小，工业经济运行基础尚不牢固，传统产业和新兴产业的发展衔接并不顺畅，表现为高新技术产业如新能源汽车、生物医药、电子信息行业运行情况较好，传统产业如钢铁、有色金属等发展环境仍然没有好转。在当前经济发展新常态下，经济增长下行压力持续加大，工业产业转型升级将面临“未富先转”及“做大总量与提升质量”的双重挑战。同时，一些工业企业经营困难、部分重大重点项目推进缓慢、投资增长和消费需求双重乏力等挑战仍不同程度存在，工业低碳化发展任务十分艰巨。

## 第二节　能源资源匮乏，消费结构短期难以改变

### 一、能源生产单一化

南昌市能源资源十分匮乏，不产煤炭、石油、天然气等一次能源，仅产少量电力，70%以上的能源需求需要从外地购入，能源对外依存度较大。太阳能和风能勉强可供开发，太阳能平均太阳辐射量 4279.02MJ/$m^2$，年日照时间 1723～1820h，属于四类地区。水电、地热、生物质资源也不丰富，水电蕴藏量为 7.18 万 kW，可供开发的资源仅为 3.42 万 kW，地热保有资源储量 11504$m^3$/d，开发利用量偏小。能源生产的电力绝大部分来自煤电。以 2016 年为例，南昌新昌发电厂全年发电 67.64 亿 kW·h，水电发电量仅为 0.33 亿 kW·h，生物质能发电 2.83 亿 kW·h，太阳能发电量 0.26 亿 kW·h，非化石能源电力仅占 4.8%，这意味着南昌市生产的电力能源中 95.2%为高碳排放的煤电。

① 南昌市工业和信息化委员会. 南昌制造 2025, 2016。

## 二、能源消费高碳化

从近十年南昌市工业能源最终需求来看，煤炭始终占据主力地位，其消费量占规模以上工业能源消费总量的比例始终维持在60%以上，能源消费结构以煤炭为主的模式短期内难以改变。由于江西省电力生产以火力发电为主，电力的大部分能源消费是煤炭。从实际调查数据分析来看，南昌市的煤炭消费比例约占70%，非化石燃料所占的比例非常低，这对于南昌市低碳转型、降低二氧化碳排放和提前达峰都非常不利。煤炭消费比例过高带来的必然是高碳排放，以目前化石燃料二氧化碳排放因子(煤炭2.66t$CO_2$/tce，石油1.76t$CO_2$/tce，天然气1.59t$CO_2$/tce)分析，在保持能源消费总量不变的前提下，单位能源碳强度的范围为1.59～2.66t$CO_2$/tce，纯气相对纯煤的减排效果高达40.22%，按照2015年南昌市能源消费结构来估算(煤炭64%、石油21%、天然气15%)，南昌市单位能源碳强度高达2.34t$CO_2$/tce，通过能源结构调整的最大减排潜力达到了32.05%。

## 三、能源转化效率有待提升

虽然通过“上大压小、节能减排”等有关政策，新上火力电厂采用目前世界先进的超超临界机组，利用高效静电除尘器、高效烟气脱硫、脱硝装置、低氮燃烧装置等先进技术和设备措施来提高能源综合利用效率，但已存在的高能耗、污染重的小火电机组并未全面关停，能源转化效率还有提升的空间。火电减排、新能源汽车、建筑节能、工业节能和循环经济、资源回收，以及房屋建筑工地节能、新建建筑的建筑节能、既有公共建筑节能改造、绿色照明的推广等一系列节能和提高能效工作还需进一步推进，节能降碳仍有较大空间。

## 四、燃气供应发展滞缓

南昌市燃气供应发展滞缓，输送存有改善空间，主要表现在：①燃气管网发展虽快，但供气规模偏小，2015年底气化率仅为57.1%，管道燃气设施处于未充分利用的状态。②川气东送天然气现有月度供气量与每年预测月度需求量之间存在较大缺口，冬季用气高峰时段尤为明显。③缺少完善的调峰设施。④缺乏大型管道燃气工业用户，目前只有洪都航空和江铃汽车，大多企业炉窑以煤炭、燃油和谷糠为燃料。⑤市区瓶装液化石油气储配站设置偏多，存在供应规模小、设备陈旧、分布不合理、土地资源浪费严重等问题。

总之，南昌市是一个典型的“缺油少煤乏气”的城市，加上近年来对清洁能源和低碳产业缺乏有效引导和开发，目前全市能源利用仍处于粗放型消费格局，能源结构中煤炭仍占主要地位，短期内难以得到改变，且能源消费结构相对单一、对外依存度过高的现状严重制约了经济的可持续发展。

## 第三节 区域交通能源消耗大，城市交通需求快速增长

### 一、区域大交通能源消耗大

南昌市地处长江中下游，鄱阳湖西南岸，与长江三角洲、珠江三角洲和闽东南经济区相毗邻，京九、沪昆、皖赣三条铁路线交汇于此，G105、G320、G316纵贯南昌市，昌北国际机场可达全国各地，水运经赣江入长江出东海，使南昌市成为全国铁路网和水陆联运的重要枢纽，具有承东启西、纵贯南北的区位优势。2016年全市共完成客运量和客运周转量分别达到3001万人次和302357万人·km，货运量和货运周转量分别达到11067万t和2422783万t·km，水路货运量1058万t、水路货物周转量399577万t·km、南昌港口吞吐量2727.1万t[①]。

作为江西省会城市，交通基础建设经过几十年的发展，南昌市基本形成了以铁路、高速公路、高等级航道、航空为主体的综合运输体系。根据《国家公路运输枢纽布局规划》，南昌市为江西省6个国家运输枢纽之一，体系成型后，公路运输网络将进一步提升，航道运输条件改善明显，网络运输功能也会得到进一步完善和发挥。但由于南昌市交通基础设施建设任务依然繁重，加上运输需求旺盛，能源消耗较大，2015年客运、货运和水运能源消耗量分别达到9.8万tce、198万tce和3.36万tce，减排任务依然艰巨。

### 二、城市交通需求快速增长

南昌市未来大都市发展格局是以昌九一体化和新建区的设立为基础，顺应国家级赣江新区的设立，将引导城市走向沿北纵深推进，从“跨江发展、沿江拓展”转向“跨江临湖、揽山入城，城市主轴线定位赣江”，使南昌市从“赣江时代”走向“鄱阳湖时代”、从内陆滨江之城走向世界大湖名城。在城市规划格局的引领下，城市边界将不断扩大，未来规划城市集中建设区域的边界为北至桑海开发区与永修县边界，南至G60沪昆高速公路，东至塘南，西至石埠，边界范围内总用地面积约1500km$^2$。目前南昌市建成区仅为335km$^2$，意味着城市面积将扩大近5倍，人口规模也将进一步扩大[②]。南昌市大都市规划纲要提出：到2020年，大都市区常住人口规模达到1255万人，城镇化率达到约65%，城镇人口达到815万人；到2030年，常住人口规模达到1400万人，城镇化率达到70%～75%，城镇人口超过1000万[③]。而目前南昌市区划内人口仅520.38万。可以预见，随着南昌市走大都市化的发展道路，未来城市边界面积将扩大近5倍，市内常住人口增加至近

① 南昌市交通运输局. 南昌市建设绿色低碳交通城市区域性项目实施方案(2012—2015年), 2013。

② 江西省住房和城乡建设厅. 环鄱阳湖生态城市群规划(2015—2030), 2016。

③ 南昌大都市区规划(2015—2030). http://www.doc88.com/p-9436965363207.html。

3倍。如按人口基数扩大3倍，城市边界扩大5倍，活动范围增加按边界增长50%来估算，人均交通需求量按增长150%计算，则未来交通需求量将是现在的11倍左右，呈爆发式增长，未来的交通压力可想而知。

## 三、公共交通体系尚不完善

城市公共交通关系到城市的市民生活、整体形象、文明程度和环境质量，在城市发展中有着举足轻重的作用。经过多年的努力，南昌市公交事业正步入快速发展轨道，但城市公交良性循环的发展态势尚未形成，公共交通在城市交通系统中的优先地位没有完全体现，公交服务体系尚不能满足城市发展和公众出行要求，公共交通体系尚不完善，在建设低碳城市公交发展过程中南昌市仍面临着一系列亟待解决的问题。

### （一）公交车

南昌市2011年2月被列为交通运输部低碳交通运输体系首批十个试点城市之一，经过低碳试点城市建设，南昌市绿色公交取得了不错的成绩。2015年公交专用道设置比率为3.1%，清洁能源和新能源公共交通车辆比率为28.5%，公共交通机动化出行分担率为47.3%，中心城区公共交通站点500m覆盖率90.7%，万人公共交通车辆保有量17.8标台/万人，2016年绿色公交车比率已达到了33.23%[①]。但同时还存在以下问题：①天然气加气站配套建设落后。天然气加气站的建设与天然气车辆的推广使用之间仍存在较大的矛盾，加气站的建设数量和规模仍无法满足天然气车辆投入的需求。②天然气供应量得不到保障。主要表现在冬季时供气非常紧张，供气的渠道少，无法有效保障公交的正常使用，公共交通行业供气及价格方面缺少优先政策。③新能源汽车维护成本较高。由于技术等原因新能源公交车（混动、电动）较传统公交车在日常运营和维护时需要更大的投入，对维护团队要求也更高，特别是纯电动公共汽车，其运行里程短，运行维护成本最高。④城市公交路线规模扩大，地铁配套等，使得线路明显增长。目前有181条公交线路，但是客流量近几年却在减少，从2014年日均客运量170万人减少至2016年的120万人，实际上的公交出行分担率在下降，人均出行的碳排放有增长的趋势。

### （二）地铁

南昌市轨道交通处于起步阶段，其发展潜力和出行分担能力被寄予很高的期待。轨道交通线网规划为网格+放射状结构，由5条线路构成，全长198km，共设站146座。目前1号线已于2015年底建成通车，2号线首通段已于2017年8月

① 南昌市“公交都市”创建工作领导小组. 南昌市创建国家公交都市2016年度工作报告，2017。

建成通车，日均客运量约23万人次。3号线已全面开工建设，计划于2020年12月通车，4号线相关前期工作已经启动，计划于2021年通车。在现有线路运行的状况下，轨道交通存在不少问题，主要表现在：①轨道交通投资高，总体规划建设时间非常长；②轨道交通在施工期对原有路面交通造成严重影响，一般地铁维修路段都是繁忙路线，施工期的封路、减道等往往造成局部地区严重拥堵，如八一大道、洪都大道、南京路、北京路、孺子路、中山路等路段；③由于1～5号线的持续规划建设，南昌市路面长期处于交通拥堵状态，特别是中心城区主干道、过江桥梁的早晚高峰时段，如八一大桥、南昌大桥在平时上下班高峰时段会出现1h左右的拥挤状况。而短期内轨道线路未形成网络，出行分担能力不能完全发挥出来。

### (三)出租车

作为公共交通的重要组成部分，出租车对方便市民和游客出行，促进经济社会发展起到了积极作用。到2016年底，南昌市拥有出租车的数量高达5053量，出租车经营的企业36家，按照城镇人口总数284.29万人来计算，平均每万人的出租车拥有量为17.77辆。随着经济社会的快速发展和城市交通低碳化建设的不断深入，出租车行业各种新情况、新问题不断出现。主要表现在：①行业管理问题，政策法规建设相对滞后。主要表现在拒载、违章驾驶和出租车运营规范性较差。出租车是城市交通的一种公共资源，政府将经营权转让，这样也就使得经营权当成了一种非常重要的工具，同时在这一过程中，出租车管理的难度和障碍也越来越大。②出租车需求比例偏低。根据一份针对南昌市出租车市场调查的结果，在调查的800人中，选择出租车出行的只占17.36%，在每周乘坐出租车的频次统计上，3次以下的人占67.41%，这说明南昌市市民乘坐出租车出行的较少。同时，因为份子钱的存在，出租车比网约车经营成本更高，目前还受到共享单车的强力挑战，出租车运营困难重重。③“油改气”出租车的加气难问题。目前南昌市“油改气”出租车数量不多，仅占出租车总量的10%左右，虽然有着“油改气”的外表，却“有其表无其实”。由于LNG加气站少、供应量不足，不少使用双燃料(汽油与天然气)的出租车只能当汽油车用，甚至出现“一天跑三趟，都加不到气”的现象，出租车行业真正实现低碳化发展还需要一个较长的过程。

### (四)私家车

私家车是交通的强力增长点，其能源消费呈直线增长。近些年来，南昌市私家车数量增加迅猛，并呈现越来越大的增长趋势。按目前私家车发展的势头，到2015年底，南昌市私家车保有量将达到42万辆，以每天近200辆的速度增加，到2020年将达到顶峰。按照国际标准，每公里道路汽车保有量达到270辆时，本地区汽车容量已经达到饱和。南昌市2013年城市道路总长度1647.2km，增长

5.8%；城市道路总面积达到 3458.3 万 $m^2$，增长 8.3%。以 2013 年南昌市民用汽车保有量与城市道路总长度比，每公里达 383 辆，处于超饱和状态；仅以民用汽车保有量与城市道路比，也接近每公里 200 辆。南昌市交通运输需求总量不断上升，交通运输能力需求不断提高。交通运输业将迎来一个持续发展的时期，这也意味着交通碳排放面临的挑战将随之增大。由于周转量增长较快，能源消费总量增长迅速，排放增长是刚性的[①]。

（五）共享单车

作为公共交通的补充部分，南昌市共享单车在互联网的推动下，发展迅速。目前共享单车企业主要有乐骑行、永安行、ofo、摩拜、青桔、哈罗 6 家。共享单车蓬勃发展的同时也带来了一系列的问题，主要表现在：①随意停放导致无序占用公共空间；②缺乏用户行为监控影响社会秩序；③配套规范未能及时跟进；④城市执法管理难度较大。

## 四、交通运输单耗下降幅度有限

随着交通技术的进步，南昌市交通运输单耗有所下降，但面对爆发式的交通需求量增长，交通能耗仍将快速增长。在“十二五”期间，南昌市交通的单耗在各个领域均有 3%～11%的下降[②]，见表 2-1。但从数据分析来看，就算以 15%的下降速度也完全没法抵消未来成倍增长的交通需求。

**表 2-1　2010 年和 2015 年南昌市交通运输能耗和碳排放能耗情况表**

| 类型 | | 序号 | 指标名称 | 单位 | 2010年 | 2015年 |
|---|---|---|---|---|---|---|
| 强度性指标 | 能耗强度 | 1 | 营运货车单位运输周转量综合能耗 | kgce/(万 t·km) | 680 | 610 |
| | | 2 | 营运客车单位运输周转量综合能耗 | kgce/(万人·km) | 134 | 129 |
| | | 3 | 营运船舶单位运输周转量综合能耗 | kgce/(万 t·km) | 144 | 128 |
| | | 4 | 港口生产单位吞吐量综合能耗 | tce/万 t | 3.9 | 3.7 |
| | | 5 | 城市公交单位客运量综合能耗 | tce/万人次 | 1.73 | 1.67 |
| | | 6 | 城市出租车单位客运量综合能耗 | tce/万人次 | 7.2 | 6.9 |
| | 二氧化碳排放强度 | 7 | 营运货车单位运输周转量二氧化碳排放 | $kgCO_2$/(万 t·km) | 1530 | 1400 |
| | | 8 | 营运客车单位运输周转量二氧化碳排放 | $kgCO_2$/(万人·km) | 271 | 258 |
| | | 9 | 营运船舶单位运输周转量二氧化碳排放 | $kgCO_2$/(万 t·km) | 374 | 337 |
| | | 10 | 港口生产单位吞吐量二氧化碳排放 | $tCO_2$/万 t | 2.4 | 2.2 |
| | | 11 | 城市公交单位客运量二氧化碳排放 | $tCO_2$/万人次 | 3.7 | 3.4 |
| | | 12 | 城市出租车单位客运量二氧化碳排放 | $tCO_2$/万人次 | 20.3 | 19.5 |

① 对南昌市城市交通现状的思考. http://www.360doc.com/content/17/0723/19/19306214_673578036.shtml。

② 南昌市交通运输局. 南昌市建设绿色低碳交通城市区域性项目验收总结报告, 2016。

总之，尽管近年来南昌市交通运输节能减碳工作取得了一定成绩，但与国家日益严峻的能源环境形势和不断提高的节能减排要求相比，与南昌市委、市政府关于“建设低碳城市、实现绿色崛起”的战略目标相比，南昌市交通运输节能减排与绿色低碳发展除面临以上问题外，还应理顺交通管理职能。由于南昌市的机场、高铁、高速等分属于不同的机构管理，市内交通主管部门也较为分散，市内出租车管理归属于南昌市交通运输局，市内公交车归属于市政集团，地铁归属于轨道交通公司。管理体制机制性的障碍仍然存在，也必将导致政府主导、多部门协同合力推动交通低碳发展的现实，短时间内难以改变。

## 第四节　建筑节能改造进展缓慢，可再生能源建筑发展受阻

### 一、建筑节能工作起步较晚

2010 年，南昌市城乡建设委员会内设了建筑节能与科技处，开始全面开展和推动建筑节能相关事宜，包括建筑节能监管体系、可再生能源利用、绿色建筑发展、民用建筑能耗监测、建筑节能技术应用与推广、既有建筑改造等各方面的工作。南昌市的新建建筑节能工作从 2006 年起步，主要通过建筑节能设计审查备案制度和对在建工程建筑节能专项检查工作机制，以及建筑节能专项验收核查制度，来实现对建筑围护结构保温系统包括外墙保温、屋面保温、门窗系统等的监督管理。南昌市建筑节能工作起步相对较晚，后续推进工作对新建建筑执行有力，但是对已存在的老建筑节能改造进展缓慢。南昌市启动了对大型公共建筑节能改造，尤其是对国家机关办公建筑的节能改造，建立国家机关办公建筑及大型公共建筑的能耗统计、能源审计及能效公示制度，建立和完善大型公共建筑节能监管体系及能耗监测体系，但至今效果一般，建筑节能工作任重而道远。

### 二、绿色建筑的碳减排效果不明显

南昌市绿色建筑发展工作之初，正值南昌市打造核心增长极、建设低碳城市工作之际，绿地、万达、万科等一批大型房地产开发企业带来了节能低碳、绿色发展的建设理念。2012 年 12 月，南昌市人民政府印发了《转发市建委关于南昌市绿色建筑发展工作实施方案的通知》（洪府厅发〔2012〕163 号），正式启动绿色建筑发展工作。2014 年 1 月，南昌市城乡建设委员会及南昌市发展和改革委员会联合印发了《南昌市推进绿色建筑发展管理工作实施细则（试行）》（洪建发〔2014〕1 号），提出“2014 年 1 月 1 日起，政府投资的国家机关、学校、医院、博物馆、科技馆、体育馆等建筑，保障性住房；单体建筑面积超过 2 万 $m^2$ 的机场、车站、宾馆、饭店、商场、写字楼等大型公共建筑；新建建筑面积 10 万 $m^2$ 以上

的住宅小区按绿色建筑的标准进行规划设计、建筑和管理”，对应当按照绿色建筑要求建设的项目，在立项、设计、施工图审查、施工、竣工验收等阶段，提出了具体的要求。2014年底，南昌市人民政府办公厅印发了《南昌市节能专项资金（发改口）管理暂行办法》（洪府厅发〔2014〕123号），对达到国家绿色建筑评价标准二星级建筑的项目单位，给予20万元一次性奖励；对达到国家绿色建筑评价标准三星级建筑的项目单位，给予40万元一次性奖励，以此鼓励更高星级绿色建筑的建设，进一步完善了激励机制。2015年12月1日，《南昌市建筑市场管理规定》经南昌市第十四届人民代表大会常务委员会第三十一次会议通过，江西省第十二届人民代表大会常务委员会第二十次会议批准正式出台，将建筑节能和绿色建筑强制的要求列入条款，极大地推动了建筑节能和绿色建筑工作的长效发展。2015年12月16日，江西省人民政府颁布了《江西省民用建筑节能和推进绿色建筑发展办法》，为全省绿色建筑发展再添助力，随着办法的出台，南昌市全面贯彻落实、不断完善机制、采取有力举措，加大宣传培训力度，推动南昌市建筑节能与绿色建筑朝着健康有序的方向发展①。

从近几年南昌市建筑节能与绿色建筑发展的推进过程来看，取得了阶段性的成果，但在促进过程中也不同程度地存在一些问题，南昌市自然资源局、南昌市城乡规划局、南昌市住房保障和房产管理局、南昌市工业和信息化局等各部门之间的协同机制还有待加强，内部管理机制还有待提高，建设行业包括设计、审图、施工等各单位水平还有待提升，市场化推进的体制机制还未建立，绿色建筑发展工作还需全面加强。目前南昌市绿色建筑还处于鼓励推广阶段，在管理办法上取得了较好的进展，但也只限于对新建公共建筑加以规范引导，以鼓励为主、处罚措施相对较少，对新建建筑业只是偏重绿色设计，对绿色运营几乎没有抓手，对已有建筑的绿色改造则处于空白状态，一方面缺乏强力的政策推动，另一方面缺乏改造资金支持，想要在绿色建筑方面发挥碳减排效果，还需要较长的时间。

## 三、可再生能源建筑发展制约因素较多

南昌市的可再生能源建筑应用工作是从最初申报国家可再生能源示范工程为起点，以点带面，发挥示范引领作用，逐步加大宣传和推广。在初具规模之后，2011年4月，南昌市组织申报了国家可再生能源建筑应用示范城市，成为全国第三批可再生能源建筑应用示范城市，获得补助资金8000万元。此后，南昌市先后研究编制了《南昌市可再生能源建筑应用示范实施方案》和《南昌市可再生能源建筑应用专项规划》（2010—2015），出台了《南昌市推进可再生能源建筑应用实施意见》、《关于在全市推广使用太阳能热水系统的通知》、《南昌市关于在民用建

---

① 江西省住房和城乡建设厅. 江西省建筑节能与绿色建筑发展“十三五”规划, 2017。

筑领域推广应用可再生能源与建筑一体化的管理规定》和《南昌市可再生能源建筑应用管理细则》等相关引导激励政策。2013 年 1 月，南昌市出台了《南昌市可再生能源建筑应用专项资金管理办法》(洪财建〔2013〕7 号)、《南昌市可再生能源建筑应用示范工程管理办法》(洪建发〔2012〕95 号)、《南昌市可再生能源建筑应用示范项目评审办法》(洪建发〔2013〕12 号)和《南昌市可再生能源建筑应用示范项目专项验收暂行办法》(洪建发〔2013〕13 号)，以保证可再生能源建筑应用示范项目的顺利实施，降低运营成本，并对采用可再生能源应用技术的项目单位给予资金支持，提供技术保证。2015 年 2 月，南昌市城乡建设委员会印发了《关于加快推进可再生能源建筑应用示范城市工作的通知》(洪建发〔2015〕8 号)，要求所有按照绿色建筑标准设计的项目，建设单位应当选择至少一种以上合适的可再生能源，用于采暖、制冷、照明和热水供应等，进一步加大了对可再生能源建筑应用的实施力度。

作为全国第三批可再生能源建筑应用示范城市，南昌市可再生能源建筑是继建筑节能和绿色建筑后的又一大亮点，配套出台了一系列管理办法，用试点资金在短期内推动了可再生能源建筑在南昌市的发展。可再生能源建筑对缓解大型建筑高能耗、高排放有非常好的替换减排效果，但在发展过程中也存在可再生能源分布不均衡、可再生能源建筑的开展需要一些硬性条件等问题，如建筑光伏发电或光热利用需要占用屋顶面积，地源热泵开发需要地下水温和土壤蓄热等条件，无法通过强制措施一刀切来推进，况且可再生能源建筑开发成本较高，短期内的经济和减排效益难以显现，政府实施鼓励措施耗费大量财力，在新建建筑中推进尚存在困难，在老建筑中改造升级可再生能源就更吃力。

## 四、推进建筑节能存在客观条件限制

南昌市在推进建筑节能减排的过程中做了大量工作，也取得了一定的成绩，但是还存在客观条件的限制，导致其难以发挥更大的成效，主要表现在：①缺少推动建筑节能和绿色建筑发展的专项资金。目前南昌市城乡建设委员会推动项目单位建设绿色建筑和应用可再生能源，主要还是靠宣传、建设单位的自主意愿以及一些强制性文件，没有有效的经济激励机制，无法形成规模化发展和高水平建设的格局。相关的规划和科研技术包括公共建筑能耗监测平台建设、既有建筑节能改造等工作也没有资金推动。②南昌市城乡建设委员会未参与项目前期工作，缺少各相关责任部门的联动协调机制，重大问题难以得到解决。目前南昌市城乡建设委员会没有参与项目设计方案初步审查，南昌市城乡规划局也没有执行国家《民用建筑节能条例》中“城乡规划主管部门依法对民用建筑进行规划审查，应当就设计方案是否符合民用建筑节能强制性标准征求同级建设主管部门的意见”

的相关规定，许多建筑节能和绿色建筑的基本要求无法在设计初步阶段得到告知和落实。③组织机构人员匮乏。在南京、上海、长沙、合肥等地建筑节能工作主要联合墙体材料革新建筑节能推广办公室，或者是就设在墙体材料革新建筑节能推广办公室，共同隶属于城乡建设委员会，在资金拨付、执法监督、综合协调等方面都有较强优势。而南昌市建筑节能管理部门，机构相对单一、人员少，各县区建设行政主管部门都还没有设立独立的建筑节能管理部门，相关的绿色建筑、可再生能源、能耗统计等推动工作难以综合协调实施。

### 五、建筑业碳减排压力较大

南昌市正处于发展升级、绿色崛起的关键时期，为建筑节能和绿色建筑发展带来了重大的历史性发展机遇，也带来了严峻的挑战。南昌市城市化进程与沿海发达城市相比有较大差距，城镇化建设需求旺盛，按南昌市“十三五”规划的旧城复兴和新城打造，版图扩大近5倍，如此大规模的城市建设必然为建筑业市场带来巨大的发展空间，建筑面积的急速增长是显而易见的。必然面临大规模的建筑业转型发展，科技创新，同时还要将建筑节能、绿色建筑、可再生能源建筑等理念贯彻到实际行动中，引导城镇化建造方式根本转变的挑战；如果在执行过程中技术落实不到位，在单位建筑面积排放“质”方面无法取得进步，其减排压力将非常大。同时，在建筑技术发展方面也面临着挑战，低碳建筑业的发展是在确保建筑能耗不过快增长的前提下，满足居民对建筑品质大幅提升的需求，在建筑能耗总体增长的前提下，提高建筑技术含量是节能减排势在必行的路径，而建筑节能、绿色建筑、可再生能源建筑技术的研发和引进还面临着不小的挑战。

## 第五节 低碳管理基础工作不扎实，低碳政策体系尚未形成

### 一、低碳工作涉及众多职能部门

在低碳组织方面。南昌市以政府组织为主，低碳城市试点工作领导小组及办公室是政府内部组织，低碳试点城市专家咨询组、南昌市低碳发展促进会是半政府性质的组织，以上三个组织均由政府主导，覆盖面较窄，绿色低碳发展涉及全社会，需要更多的组织在企业层面和民间层面推动低碳发展。另外，在政府管理端，低碳发展涉及发展和改革委员会、工业和信息化局、城乡建设局、环境保护局、交通运输局、城乡规划局等众多政府部门，职能的分散造成低碳发展非常依赖各部门合力推进，容易造成相互掣肘；组织覆盖面窄与管理职能分散成为低碳发展管理面临的挑战。

## 二、低碳管理基础工作不扎实

在实行严格总量控制方面，南昌市提出了《南昌市低碳发展行动计划》，明确了温室气体减排目标。在建立温室气体排放统计核算报告制度方面，开展了温室气体排放清单研究和编制工作，初步建立了温室气体排放统计核算制度、温室气体排放数据报告制度，建立应对气候变化基础统计与调查制度及职责分工等任务进行了安排部署，为应对气候变化统计工作提供切实保障。南昌市编写了2006～2010年温室气体清单，低碳管理工作稳步有序推进，但还有些基础性的工作缺失，如“十二五”之后未及时编制温室气体清单、未明确碳排放达峰路线图、未开展能源消费总量与碳排放总量双控及温室气体排放与大气污染物协调控制战略研究等。低碳发展基础工作的缺失对南昌市低碳城市发展的定位、控制碳排放总量、制定低碳政策等工作开展造成了不小影响，也给南昌市未来的低碳发展工作带来了严峻的挑战。

## 三、低碳政策体系尚未形成

南昌市在立法方面大胆创新，于2016年9月1日正式施行《南昌市低碳发展促进条例》。虽然南昌市在产业、交通、建筑等重点领域均发布了多种多样的涉及低碳的通知、办法、意见等政策性文件，但低碳政策体系尚未形成，要真正实现低碳条例和各部门政策在低碳领域形成合力，还需要在各部门、各行业针对性地调整或制定配套的政策、意见、办法、方案等，以及相应的推进措施。在资金支持方面，南昌市政府每年安排500万元(列入财政预算)作为低碳城市建设专项资金，占财政支出比重为0.011%，相对于沿海发达城市，在资金数量和比例两方面都不占优势，就算和前期规划中提出的“市财政每年安排低碳发展的专项资金8000万元，用于支持低碳工程建设和技术研究工作”的目标也有不小的差距。作为开展低碳工作的一个非常重要的条件——资金的缺乏，对南昌市绿色低碳转型工作将带来不少挑战。同时，由于资金的缺乏，南昌市对低碳产品的补贴、低碳项目引进的鼓励政策也难以落实。

综上，在中部地区乃至全国，南昌市具备一定的生态优势，但如果无法将生态优势转化为竞争胜势，生态优势也将在其他城市追赶中慢慢缩小。如果将绿色低碳发展分解为“控量”和“提质”两个关键因素，则对于南昌市来说，其所处的社会经济发展阶段和所处的区域竞争环境赋予的强烈发展需求，导致其影响因素中“量”的快速上升；其所具备的资源禀赋和历史发展所形成的能源结构和产业结构，决定了其碳排放影响因素中的“质”难以在短期内得到提升。而其所拥有的低碳政策、管理体系、财政资金支持等则是将两个关键因素的影响效果进行缩放的系数。由此可以分析得出：由于处于工业化、城市化的发展阶段和中部区域竞争环境下落后的态势，南昌市有强烈的经济发展需求和城市扩张需求，从而驱动产业、能源、建筑、交通、消费等各行业快速发展，形成基础排放的增长，以及历史发展所形成的产业结构及能源结构带来的高碳排放格局难以在短时间内改善，是南昌市绿色低碳发展所面临的根本问题及挑战，而南昌市在低碳政策、管理体系、财政资金支持、民众低碳意识等方面存在的不足则放大了这种挑战。

# 第三章　南昌市低碳城市规划评估工具应用

科学地制定低碳城市发展规划，是低碳城市建设的首要前提和重要保证。制定低碳城市规划，首先需要处理好与综合性规划及其他专项规划的关系；其次，可以采用多种规划评估工具，如温室气体清单编制工具、碳排放核算工具、城市规划模型工具等，根据城市的资源、产业、基础设施等条件科学制定低碳城市目标，考虑不同减碳情景下的成本制定低碳发展路线图，提出实现特定减碳情景目标下的政策建议等。南昌市作为首批国家低碳试点城市，在低碳城市目标、碳排放清单及核算、低碳城市规划等方面开展了较好的前期工作，但低碳规划的科学性和系统性仍有待提升。本章试图厘清低碳规划的地位及与其他规划的关系，并应用多种低碳规划评估工具深入分析评估南昌市低碳发展，为“十四五”乃至以后制定低碳城市规划提供指导和依据。

## 第一节　城市低碳发展规划的定位与要求

### 一、城市低碳发展规划的定位

城市低碳发展规划作为城市低碳发展的行动纲领，从城市当地情况出发，结合上级政府和国家要求，对一定时期内城市辖区内能源转换、工业、建筑、交通、城市基础设施、城市形态等关键领域的目标、措施、任务和项目进行战略部署，具有综合性、地域性、系统性、目标性、科学性、技术操作性和政治可行性等特点。城市低碳发展规划属于城市公共政策范畴，是国家低碳发展的政策和战略的具体体现，实行应对气候变化目标管理的基本依据(刘文玲和王灿，2010；路超君，2016)。

“十二五”期间，国家低碳试点城市已经开展了探索性实践，将规划定位为专项规划，按照现行城市规划的组成部分进行编制。地方发展和改革系统作为低碳规划的主要编制机构。低碳发展规划是隶属于城市国民经济和社会发展规划框架体系的专项发展规划，但又不同于其他具体领域内的专业性规划。低碳发展规划覆盖了多个领域，其面临问题涉及城市行政区域内的能源、产业、交通、建筑、市政实施、土地利用和空间形态、公众消费行为等城市建设方方面面(图 3-1)。低碳发展规划需要与其他规划相协调，表 3-1 列出了南昌市低碳发展规划应支撑的相关国家政策文件。

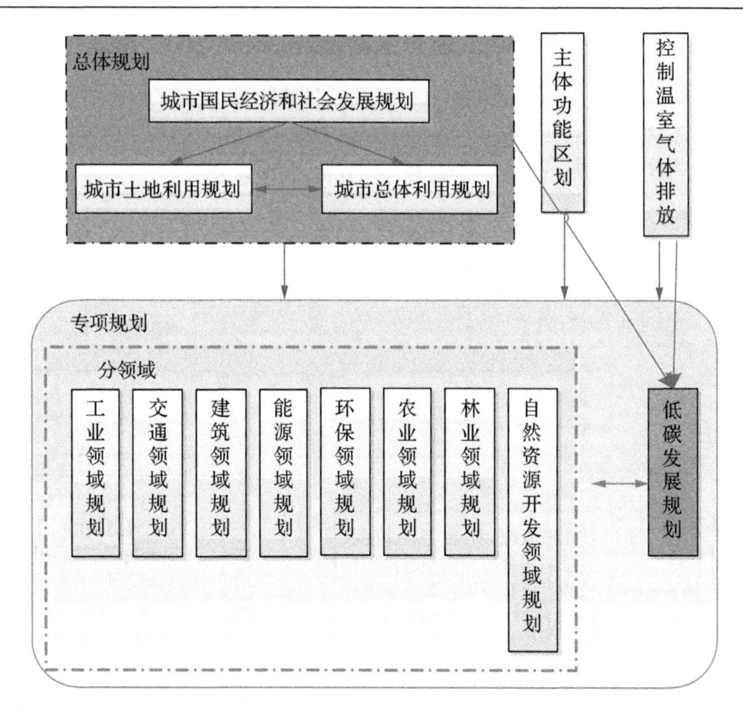


图 3-1　低碳发展规划在现行城市规划体系中的定位

**表 3-1　国家低碳发展规划相关的主要政府文件**

| 政策类型 | 文件名称 | 时间 |
| --- | --- | --- |
| 应对气候变化方案 | 《中国应对气候变化国家方案》（国发〔2007〕17 号） | 2007 年 |
| 控制温室气体排放工作方案 | 《“十二五”控制温室气体排放工作方案的通知》（国发〔2011〕41 号） | 2011 年 |
| | 《“十三五”控制温室气体排放工作方案的通知》（国发〔2016〕61 号） | 2016 年 |
| 国家应对气候变化规划 | 国家发展和改革委员会公布《国家应对气候变化规划（2014—2020 年）的通知》（发改气候〔2014〕2347 号） | 2014 年 |
| 开展低碳省区和低碳城市试点工作文件 | 国家发展和改革委员会发布《国家发展改革委关于开展低碳省区和低碳城市试点工作的通知》（发改气候〔2010〕1587 号） | 2010 年 |
| | 国家发展和改革委员会发布《国家发展改革委关于开展第二批国家低碳省区和低碳城市试点工作的通知》（发改气候〔2012〕3760 号） | 2012 年 |
| | 国家发展和改革委员会发布《国家发展改革委关于开展第三批国家低碳城市试点工作的通知》（发改气候〔2017〕66 号） | 2017 年 |

## 二、城市低碳发展规划编制的方法框架

编制城市低碳发展规划是一个系统性工作。在编制城市低碳发展规划之前，应基于城市低碳规划要素，绘制出编制城市低碳发展规划的逻辑框架图，以反映城市低碳发展规划的流程、要素、要素间的逻辑关系以及与实现各要素目标相适

应的方法学（工具）。低碳规划编制建议采用绿色创新发展中心 PSC-3①课题组推荐的城市低碳发展规划编制步骤和方法框架②，如图 3-2 所示。

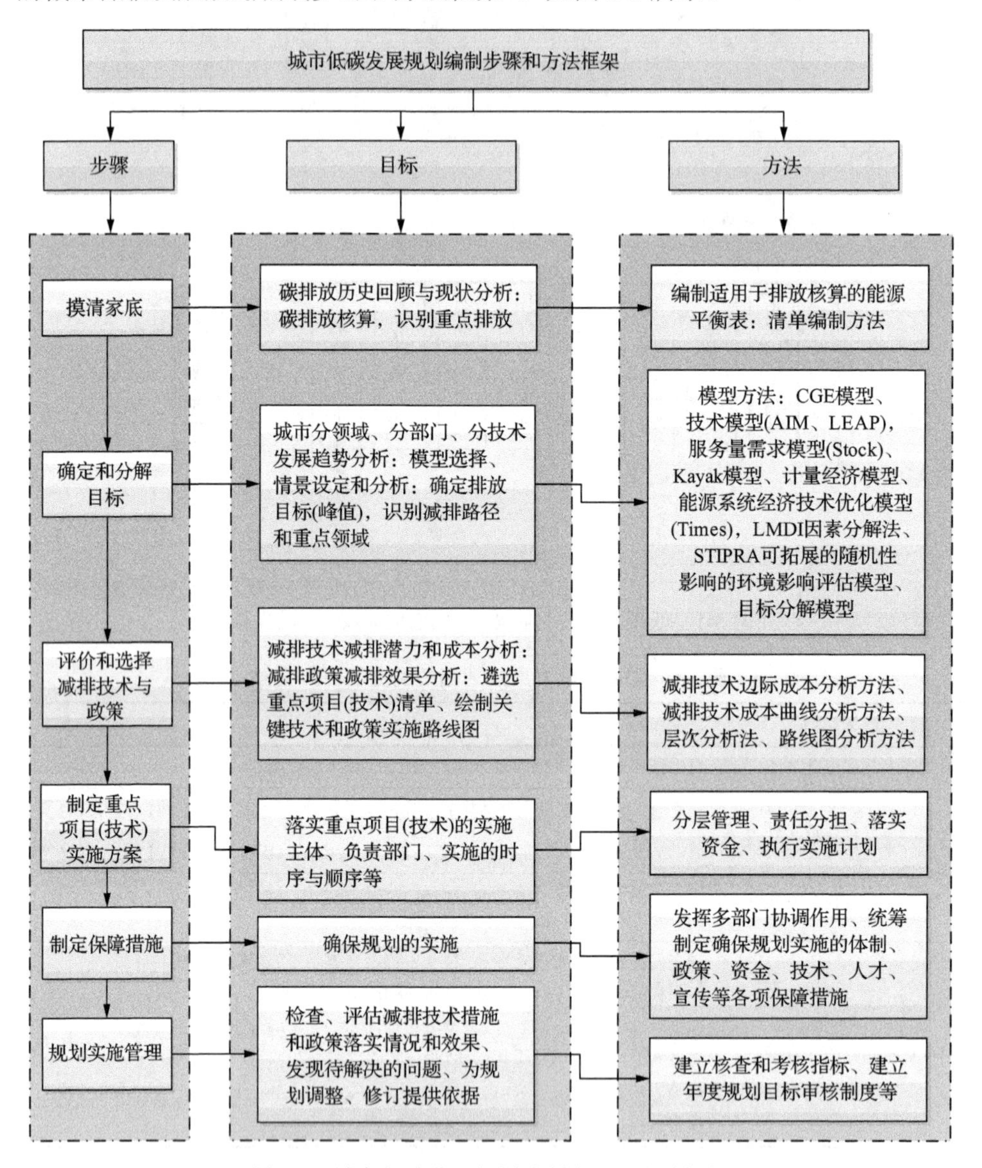


图 3-2　城市低碳发展规划编制步骤和方法框架

① PSC-3，全球环境基金“通过国际合作促进中国清洁绿色低碳城市发展”项目“低碳城市发展的规划工具和制度框架(综合)”。

② 绿色创新发展中心. 中国低碳城市规划工具报告指南、中国低碳城市规划工具综述, 2017。

# 第二节　国内外低碳城市规划工具应用

城市作为高耗能、高排放的经济载体，在全球变暖的危机下，城市建设必须在城市规划中融入低碳发展理念，并不断创新低碳规划的理念、工具、方法及管理手段等方方面面。低碳城市从宏观层面讲是指经济增长与能源消耗增长及二氧化碳排放相脱钩。从微观层面讲，低碳经济包括在经济过程的进口环节，要用可再生能源替代化石能源等高碳性的能源；在经济过程的转化环节，要大幅度提高化石能源的利用效率，包括提高工业能效、建筑能效和交通能效等；在经济过程的出口环节，要通过植树造林、保护湿地等增加地球的绿色面积，吸收经济活动所排放的二氧化碳，即碳汇(王丹丹，2016)。

低碳城市规划应该在摸清城市定位，以及梳理城市的碳排放特征、低碳发展的优势与挑战的基础上，采用情景分析方法和数学模型工具对未来能源系统和碳排放现状趋势进行分析，作为量化的技术手段对低碳发展目标确定和分解，围绕低碳经济的进口、转换和出口三个环节制定适合城市的减排措施，从法规政策制定、技术选择、项目安排等方面确定实现目标的具体发展模式及路线，将碳排放的约束纳入城市规划和管理中。为推动城市低碳发展，全球的研究机构纷纷开发出各种核算体系、计算模型及低碳政策库，各城市基于城市自身的基础、条件选择使用不同的工具对城市进行了定性、定量化分析，并应用到城市的建设规划中。目前，低碳城市规划的技术及工具主要包括碳排放清单编制与核算、碳排放情景分析、指标评估、低碳规划策略选择与政策制定等。

## 一、碳排放核算

碳排放核算是城市摸清家底的核心方法，是碳排放情景分析模型构建的基础。国际共识要求温室气体清单编制遵循“TACCC 标准”，所有级别的温室气体清单都是遵循 IPCC 清单编制指南的基本方法学。各国、各研究机构开发出各种温室气体清单编制的方法、工具，都必须以 IPCC 的清单编制指南作为基础。表 3-2 所列涵盖了国内外主要的清单编制方法学，包括《2006 年 IPCC 国家温室气体清单指南》，共计 10 种。

根据核算范围，碳排放核算包括省级温室气体清单编制、城市温室气体清单编制及企业碳排放核算，因此涉及城市层面的碳排放核算应包括城市温室气体清单编制和重点企业碳排放核算。

据不完全统计，截至 2016 年底，中国至少有 160 多个城市已完成或正在编制城市温室气体清单，核算方法主要参考 IPCC 的《国家温室气体清单指南》和《省级温室气体清单编制指南(试行)》以及 24 个行业企业温室气体排放核算方法与报告指南等。

**表 3-2　国内外主要的清单编制方法**

| 序号 | 国内外组织 | 方法学、工具 | 发布时间 |
| --- | --- | --- | --- |
| 1 | 国际组织和机构编制的方法 | 联合国政府间气候变化专门委员会(IPCC)：《2006 年 IPCC 国家温室气体清单指南》 | 2006 年 |
| 2 | | ISO14064 温室气体系列标准 | 2006 年 |
| 3 | | 欧盟：EMEP/EEA 大气污染物和温室气体排放清单指南 | 2009 年 |
| 4 | | 世界资源研究所(WRI)：温室气体核算体系——减排目标核算与报告标准 | 2012 年 |
| 5 | | C40、宜可城—地方可持续发展协会(ICLEI)、世界资源研究所(WRI)：社区排放全球核算体系 | 2012 年 |
| 6 | | 世界资源研究所(WRI)、中国社会科学院城市发展与环境研究所、世界自然基金会(WWF)和可持续发展社区协会(ISC)针对中国城市开发了“城市温室气体核算工具(测试版 1.0)”，并在 2015 年发布了“城市温室气体核算工具 2.0” | 2013 年 |
| 7 | 国内组织及研究单位编制的方法 | 国家发展和改革委员会针对省级温室气体核算发布的指南：《省级温室气体清单编制指南(试行)》 | 2011 年 |
| 8 | | 国家发展和改革委员会制订的 24 个行业企业温室气体排放核算方法与报告指南 | 2013～2015 年 |
| 9 | | 国家发展和改革委员会起草，中国国家标准化管理委员会发布《工业企业温室气体排放核算和报告通则》等 11 项温室气体管理国家标准 | 2015 年 |
| 10 | | 中国社会科学院城市发展与环境研究所：《中国城镇温室气体清单编制指南》 | 2015 年 |

## 二、低碳城市规划模型工具

根据绿色创新发展中心 PSC-3 课题组的研究结果(表 3-3)，低碳城市规划模

**表 3-3　国内外主要的低碳城市规划模型工具**

| 模型工具 | 排放目标(峰值)情景分析 | 减排技术评价与选择 | 减排政策评价与选择 |
| --- | --- | --- | --- |
| 能源弹性系数法、部门需求预测法、时间序列分析、因果关系回归分析等 | √ | | |
| KAYA 恒等式及扩展模型(如 IPAT，STRIPAT)等 | √ | | |
| 长期能源可替代规划系统模型(LEAP) | √ | √ | √ |
| 绿色资源与能源分析工具(GREAT) | √ | √ | √ |
| 亚太地区气候变暖对策评价模型(AIM)/能源技术模型 | √ | √ | √ |
| 长期能源市场分配优化模型(MARKAL) | √ | √ | √ |
| 投入产出模型 | √ | | √ |
| 能源经济可计算一般经济模型(CGE) | √ | | √ |
| AIM/拓展快照模型(ExSS) | √ | | √ |
| 系统动力学 | √ | | √ |
| 中国省市级低碳发展规划编制工具(LCD) | √ | | √ |
| 城市低碳发展政策选择工具(Best Cities) | | | √ |

型工具按照规划编制的关键环节可分为三类：①适用于排放目标(峰值)情景分析的模型工具；②适用于减排技术评价和选择的模型工具；③适用于减排政策评价和选择。碳排放情景分析工具包括自下而上、自上而下的模型共计11种。低碳规划策略选择与政策制定的工具，目前主要有10种，而专门针对中国城市低碳规划编制开发的政策选择和评价模型主要有中国省市级低碳发展规划编制工具(LCD)，以及城市低碳发展政策选择工具(Best Cities)。另外绿色创新发展中心开发的在线低碳政策库，也为城市提供了可借鉴的低碳政策库。

表3-4为国内外各类模型的方法学、适用范围及数据需求等特征的简要说明，低碳研究工作者及规划、政策制定者可根据城市研究需要及城市自身的数据基础、能力水平选择使用合适的模型工具。

**表3-4　国内外各类模型工具特征简要说明**

| 模型工具 | 模型名称 | 开发者/机构 | 方法学 | 覆盖区域 | 时间跨度 | 覆盖系统 | 数据需求 |
|---|---|---|---|---|---|---|---|
| IO模型 | 投入产出模型 | Wassily Leontief | 自上而下-投入产出模拟 | 国家、地区、城市 | 中期、长期 | 宏观经济 | 需求量大，投入产出表 |
| ExSS模型 | 拓展快照模型 | 京都大学和日本国立环境研究所 | 自上而下-投入产出模拟 | 国家、地区、城市 | 中期、长期 | 宏观经济 | 需求量大，投入产出表 |
| Kaya恒等式及扩展(IPAT、STIRPAT) | 环境负荷模型 | Paul R. Ehrlich, John P. Holdren | 自上而下-计量经济学模拟 | 国家、地区、城市 | 短期、中期 | 宏观经济 | 需求量较少 |
| ECK模型 | 环境库兹涅茨曲线 | G. Grossman, A. Kruger | 自上而下-计量经济学模拟 | 国家、地区、城市 | 短期、中期 | 宏观经济 | 需求量较少，时间系列数据 |
| CGE模型 | 能源经济可计算一般均衡模型 | 约翰森 | 自上而下-一般均衡方法(CGE)模拟 | 国家、地区、城市 | 中期、长期 | 宏观经济 | 需求量巨大，社会核算矩阵 |
| SD模型 | 系统动力学模型 | Jay W. Forrester | 自上而下-系统动力学(SD)模拟 | 国家、地区、城市 | 中期、长期 | 宏观经济 | 只需少量精度不高的数据 |
| MARKAL模型 | 长期能源市场分配优化模型 | 国际能源署能源技术和系统分析项目(IEA-ETSAP) | 自下而上-优化 | 国家、地区、城市 | 中期、长期 | 能源系统 | 能源技术数据需求量非常大 |
| TIMES模型 | 综合MARKAL-EFOM(能源流动优化)系统 | 国际能源署能源技术和系统分析项目(IEA-ETSAP) | 自下而上-优化 | 国家、地区、城市 | 中期、长期 | 能源系统 | 能源技术数据需求量非常大 |
| AIM-能源排放 | 亚太地区气候变暖对策评价模型 | 日本国立环境研究所 | 自下而上-优化 | 国家、地区、城市 | | 能源系统 | |
| AIM-Enduse | 亚太地区气候变暖对策评价模型 | 日本国立环境研究所 | 自下而上-优化 | 国家、地区、城市 | | 能源系统 | |
| AIM-Local中国 | 区域能源环境经济综合评价模型 | 中国能源研究所与日本国立环境研究所 | 自下而上-优化 | 国家、地区、城市 | 中期、长期 | 能源系统 | 能源技术数据需求量非常大 |

续表

| 模型工具 | 模型名称 | 开发者/机构 | 方法学 | 覆盖区域 | 时间跨度 | 覆盖系统 | 数据需求 |
|---|---|---|---|---|---|---|---|
| LEAP 模型 | 长期能源可替代规划系统模型 | 瑞典斯德哥尔摩环境研究所 | 自下而上-核算 | 国家、地区、城市 | 中期、长期 | 能源系统 | 数据需求量和类型灵活 |
| GREAT 模型 | 绿色资源与能源分析工具 | 美国劳伦斯伯克利国家实验室中国能源研究室 | 自下而上-核算 | 国家、地区、城市 | 中期、长期 | 能源系统 | 数据需求量较大 |
| LCD 工具 | 中国省市级低碳发展规划编制工具 | CCS、GEI、中国科学院科技战略咨询研究院(ISD) | 政策筛选、自下而上-核算 | 国家、地区、城市 | 中期、长期 | 能源系统 | 数据需求量较大 |
| Best Cities | 城市低碳发展政策选择工具 | 美国劳伦斯伯克利国家实验室中国能源研究室 | 政策筛选、自下而上-核算 | 地区、城市 | 短期 | 能源系统 | 需求量相对较少 |

### 三、城市低碳发展路线图

据作者所了解的资料情况，目前还没有开发出制定城市发展路线图的相关工具。目前的城市低碳发展规划编制中，通常由城市在清单编制核算的基础上分析碳排放特征、抓住重点领域，并结合碳排放情景分析以及减排技术评估和低碳发展政策评估的研究结果，分解减排任务并设定发展目标、提出采取的减排技术以及实现目标的重点政策方向，从而勾勒出适合城市的低碳发展技术、政策路线图。或者通过文献资料搜集，设立专家组并听取各方意见来绘制行业性路线图进而整理出低碳发展路线图。

## 第三节　南昌市低碳城市发展规划概况

### 一、低碳发展规划编制过程和内容

作为经济欠发达省会城市，南昌市在加快发展的过程中，始终坚持“既要金山银山、更要绿水青山”的发展理念，深入实施“生态立市、绿色发展”战略，坚持走新型工业化发展道路，大力推进重大生态工程建设，积极发展低碳、生态经济，切实加强节能减排工作，绿色发展的特色更加凸显。2011 年底，南昌市与奥地利国家科学院联合编制了《南昌市低碳城市发展规划(2011—2020 年)》，并于 2012 年以南昌市人民政府的名义正式发布。

该规划用欧洲先进的低碳理念对南昌市建设低碳城市的政策措施以及主要手段进行了全面综合的分析。规划中对南昌市的城市空间结构、城市景观格局、建筑形态格局、交通体系、产业选择及布局、能源结构、政策支撑体系进行全方位规划，提出全面推进建筑、能源、产业、交通、城市结构、生态、生活七大领域低碳行动计划，引领南昌市从国家低碳城市试点走向低碳生态示范城市。这一重大战略不仅对南昌市的发展具有里程碑意义，还对探索生态与经济融合的发展模式，破解经济与生态协调发展这一世界性难题，具有重大创新和示范意义。核心内容包括如下几个方面：

(1)确定南昌市低碳发展主体思路。在发展低碳经济构想的引领下，南昌市确定做强LED、光伏、服务外包、文化旅游四大产业，做优新能源环保电动汽车、绿色家电、环保设备、新型建材、民用航空和生态农业六大产业群，并确定了红谷滩及扬子洲生态居住和服务业中心区，高新技术产业开发区生态高科技园区，湾里生态园林区，军山湖低碳农业生态旅游区四大低碳示范区。南昌市要发展好低碳经济必须抓好“五化”，即产业化、可视化、国际化、品牌化、市民化。要实现低碳发展产业化，就要加快服务业发展的步伐，促进产业结构调整，尤其是现代服务业。在工业方面，要紧紧围绕“传统产业低碳化、低碳产业支柱化”做文章。南昌市的自然生态环境得天独厚，水域面积约占全市总面积的1/3，城市绿化覆盖率达42%。为了保护这些宝贵的自然景观，南昌市在强调低碳城市建设要兼顾市民就业与生活需求的同时，力求打造“可视化”的低碳设施网络，包括太阳能屋顶和路灯、立体花园、绿色建筑等低碳设施在内，结合低碳轨道交通规划，使城市的“低碳化”可闻可见。

(2)构建低碳排放的新兴产业体系，推动低碳产业实现良性循环。建立以发展光伏光电、航空制造、电子信息、生物医药等先进制造业和软件与服务外包为主，以国际商务、文化会展、现代物流、低碳地产为辅助的低碳产业示范区，加强节能减排和循环经济的发展。同时，按照休闲度假旅游娱乐为特色的现代生态园林区定位，增强森林碳汇能力建设，以高新技术产业、旅游服务业和教育产业为支撑，发展低碳经济。创建新能源和节能环保产业技术创新中心、研发基地，建设国家 LED 工程技术研究中心，组建南昌市光伏技术研究中心和光伏产业工程中心，加强江西低碳经济技术研究中心的建设。加快低碳技术人才引进和培养、加快低碳技术的研发和成果转化。综合提升南昌市低碳产业实现良性循环发展的能力建设水平。

(3)落实低碳试点建设，提升南昌市低碳发展水平。抓住国家低碳城市试点机遇，建设低碳生态示范城市。从试点走向示范，就是要通过加快转变经济发展方式，实现一个特大城市发展质的提升；通过调整结构，实现一个发展中城市的追赶之梦；通过融入国际潮流，实现一个内陆城市更大的开放。全面提高南昌市生态文明水平，赢得创新发展的广泛认同和国际口碑。

## 二、低碳发展规划与相关规划的协调性

目前与南昌市低碳发展规划相关主要政策文件主要涉及低碳专项规划、低碳试点示范规划、区域综合规划、城市建设规划、经济综合规划及专项规划、产业

规划六大类(表 3-5)。其中，国家发展和改革委员会发布《国家发展改革委关于开展低碳省区和低碳城市试点工作的通知》(发改气候〔2010〕1587 号)的文件将南昌市纳入低碳省区和低碳城市试点(第一批)，而南昌市低碳规划相关地方性政策文件的出台也是其中一项工作实施方案的落实。

**表 3-5　南昌市低碳规划相关地方性政策文件**

| 规划类型 | 政策文件 |
| --- | --- |
| 低碳专项规划 | 南昌市低碳城市发展规划(2011—2020 年)<br>南昌市国家低碳城市试点工作实施方案 |
| 低碳试点示范规划 | 南昌市低碳交通运输体系建设试点实施方案<br>生态文明先行示范区：《环鄱阳湖生态城市群规划(2015—2030)》和《南昌大都市区规划(2015—2030)》<br>南昌高新技术开发区国家低碳工业园区试点实施方案<br>南昌市餐厨废弃物资源化利用和无害化处理试点城市建设实施方案 |
| 区域综合规划 | 昌九一体化发展规划(2013—2020 年)<br>鄱阳湖生态经济区规划<br>江西赣江新区总体方案<br>促进中部地区崛起“十三五”规划<br>长江经济带发展规划纲要<br>江西省生态文明先行示范区建设实施方案 |
| 城市建设规划 | 南昌市城市总体规划(2016—2030)<br>南昌市土地利用总体规划(2006—2020 年)<br>南昌市城市公共空间专项规划<br>南昌市燃气专项规划<br>南昌市综合管廊规划<br>南昌市城市绿地系统规划(修编)<br>南昌市绿道网总体规划 |
| 经济综合规划及专项规划 | 南昌市国民经济和社会发展第十三个五年(2016—2020)规划纲要<br>南昌市生态环境保护“十三五”规划<br>南昌市“十三五”工业节能规划 |
| 产业规划 | 南昌市服务业发展倍增行动计划<br>南昌市“十三五”都市现代农业发展规划<br>南昌市工业转型升级和战略性新兴产业“十三五”发展规划<br>南昌工业四年倍增行动计划(2017—2020 年)<br>南昌市工业园区和产业集聚区“十三五”发展规划<br>南昌制造 2025<br>南昌市“十三五”智慧城市建设发展规划<br>关于打造“南昌光谷”、建设江西 LED 产业基地的实施方案<br>昌九一体化综合交通发展规划(2013—2020 年)<br>南昌市城市快速轨道交通建设规划(2014—2020)<br>南昌市城市综合交通规划 |

2012 年以南昌市人民政府名义发布的《南昌市低碳城市发展规划(2011—2020 年)》明确表示“未来 5 到 10 年，南昌市将全面推进建筑、能源、产业、交通、城市结构、生态、生活七大领域低碳行动计划，力争从国家低碳试点城市走向低碳生态示范城市。”作为与《南昌市低碳城市发展规划(2011—2020 年)》一

样的唯一两项低碳专项规划之一的《南昌市国家低碳城市试点工作实施方案》，由《南昌市人民政府办公厅关于印发南昌国家低碳试点城市工作任务分解表的通知》（洪府厅发〔2012〕122 号）精神和《国家发展改革委关于同意南昌市低碳城市试点工作实施方案的通知》（发改气候〔2012〕956 号）明确。《南昌市国家低碳城市试点工作实施方案》明确规定“围绕将南昌建设成为中部地区绿色低碳发展的示范城市目标，不断完善体制机制，力争在低碳产业、低碳建筑、低碳能源、低碳交通和低碳生活等方面有所突破，重点抓好十项工作，推进十大低碳项目建设，加快形成以低碳为特征的产业体系和消费模式。”可以看出，《南昌市国家低碳城市试点工作实施方案》提到的五大领域全部都包含在《南昌市低碳城市发展规划(2011—2020 年)》提到的七大领域中。

2016 年 9 月 1 日起《南昌市低碳发展促进条例》施行，为南昌市鼓励支持低碳发展，减少温室气体排放，保护生态环境，推进绿色发展提供了法律支撑，是我国省市促进低碳发展的第二部立法。根据《南昌市低碳发展促进条例》，南昌市将引导发展大装备、大数据、大流通、大文化、大环保和大农业六大低碳产业，有计划地将市区老工业基地升级改造或者转移搬迁，实行低碳发展和温室气体减排目标行政区域首长责任制等。《南昌市低碳发展促进条例》明确了 8 个方向重点促进低碳发展，即推动低碳产业发展、提高能源效率和优化能源结构、提升生态保护中的碳汇能力、推广绿色建筑和建设绿色市政基础设施、加强水资源管理、构建可持续和安全的城市交通、加强固体废物管理和引导居民低碳生活。《南昌市低碳发展促进条例》的实施为南昌市低碳规划的实施提供法律保障和支撑。

此外，按照江西省建设国家生态文明先行示范区要求，南昌市人民政府组织开展了生态城市规划内容要求的《环鄱阳湖生态城市群规划(2015—2030)》和《南昌大都市区规划(2015—2030)》两项规划编制工作，并于 2016 年发布，这些规划的制定都基于南昌市低碳规划规定的精神。《关于打造“南昌光谷”、建设江西 LED 产业基地的实施方案》（赣府发〔2015〕61 号）以及《南昌高新技术开发区国家低碳工业园区试点实施方案》等编制工作也是基于南昌市低碳规划的工作框架内容实践。

综合来看，南昌市目前与其低碳发展规划相关的主要政策文件都在文件内容框架或精神上有所体现或支撑，但不足之处是由于目前南昌市低碳发展规划在量化指标上支撑不够，南昌市其他规划的制定难以找到与其兼顾的量化指标匹配，如《南昌市“十三五”发展规划》规定的“十三五”期间地区生产总值年均增长 9%～10%，2020 年超过 7000 亿元，三次产业比重由 2015 年的 4.3∶54.5∶41.2 调整为 2020 年的 3.5∶49.0∶47.5，难以在南昌市低碳规划中找到匹配指标或关系。因此，南昌市未来低碳规划的修订和完善应把量化指标作为重点完善内容之一。

## 三、低碳发展规划编制存在的问题

从近年来南昌市的发展轨迹来看，《南昌市低碳城市发展规划(2011—2020年)》的编制实施对推动南昌低碳经济建设在发展目标明确、调整主导政策和创新低碳实践等主要方面的改善和提高起到了很好的指导性作用。南昌市以从集中可控到节能减排，再到快速工业化治理为政策主线，推动了《南昌市低碳发展促进条例》的立法。抬高了南昌市“绿色门槛”，明确要求所有建设项目的能耗、物耗、污染排放水平都必须达到国内先进水平，高耗能、高污染的项目一律不能实施。南昌市也一直将生态立市、生态发展作为南昌市发展的根本原则，用低碳的发展模式来指导城市的发展，努力打造历史文化名城与山水绿色都城相呼应的独特魅力城市。同时，南昌市低碳发展还注重国际化，目前已和英国、美国、奥地利等国研究机构开展低碳建设合作和交流，南昌市与奥地利国家科学院共同编制，并以南昌市人民政府名义发布的《南昌市低碳城市发展规划(2011—2020年)》也是我国低碳城市建设领域的重大国际合作项目。尽管南昌市低碳规划编制工作积累了很多成功经验和成就，但也存在着一些局限和不足，主要包括以下方面：

(1)对低碳发展的认识有待进一步提高，低碳城市建设的考核体系尚未完善。尽管南昌市已经成立了低碳城市建设工作领导小组，但是县区级政府对低碳发展的现实性、影响的深远性、任务的紧迫性认识有待进一步提高，地区间的认识程度也不均衡，导致对转变经济发展方式重视程度不够。目前低碳发展的资金来源主要依靠政府投入，融资渠道较窄，社会资本在低碳城市建设中的投入比例偏低，低碳项目建设的投资格局过于单一。思想认识不深入导致南昌市未能建立起比较完善的低碳城市建设的考核模式。低碳涉及发展模式的转变，涉及节能、生态、新能源等很多部门，对低碳城市的考核不只要考核低碳指标本身，对整个城市的考核体系都应该进行改革。

(2)低碳政策需持续创新，政策实施需到位。推动低碳经济发展的重要驱动因素是政策制度的创新。南昌市在低碳城市试点中，制定了财税政策并建立了相应的资金保障机制，并推动了《南昌市低碳发展促进条例》的立法。但是政策的持续创新并不断完善修正的工作不可懈怠，各项政策、立法的落实也需强有力的机制保障与效果评估。

(3)规划编制的科学性和系统性有待提升。为进行《南昌市低碳城市发展规划(2011—2020年)》的编制，2010年南昌市就在全国城市中第一个做了碳排放摸底，对其中10个碳排放大户进行监控，为该规划编制的量化分析提供了一定支撑。但也由于该规划出台较早，对于当前低碳规划中常用量化分析方法和工具涉及不足。截止到2017年12月，南昌市还未进行碳排放清单编制、达峰路径分析，未确定减排目标分解，减排技术的成本分析、对措施的适用性、技术性、经济性等相关定性和定量研究也未进行。缺少对规划中政策措施和技术项目方案的量化评估，对投资需求的估算、项目可行性分析，社会经济影响预评估等也缺乏研究。

## 第四节　低碳城市规划评估工具应用

基于南昌市目前的低碳发展规划现状分析显示，南昌市在前期的低碳发展规划中，仅少量应用到简单的能源碳排放核算，碳排放情景分析应用属于简单推算，对于各类主流的规划技术和工具应用比较缺失。其原因主要有以下三点：

(1)在南昌市实施低碳试点初期，相关规划技术、工具的开发与传播影响还不够。

(2)在南昌市实施低碳试点初期，低碳相关技术人员自身的低碳技术理论相对较弱，对于相关规划技术、工具了解不多。

(3)南昌市相关统计数据基础薄弱，缺乏多年持续、可靠的能源统计数据，对于模型工具所需分部门的详细资料、数据的搜集有困难，尤其一些数据要求较多的模型工具可应用性较低，需要不断完善碳排放相关的统计体系。

根据调研情况，针对南昌市已有的工作基础和数据基础，作者从碳排放清单编制、重点企业温室气体排放核算、低碳城市建设指标评估、低碳城市政策选择四个方面对南昌市进行了评估工具应用研究。

### 一、碳排放清单编制

#### (一)碳排放清单编制方法学

IPCC 清单编制指南一般对每种排放源估算的基本方法都是

$$排放量=活动水平\times排放因子$$

因此，城市清单编制需要收集的主要数据包括排放源活动水平，以及相应的排放因子两大类。目前，我国尚没有颁布统一规范的城市碳排放核算或温室气体排放清单编制方法。因此，多数城市在进行碳排放核算和编制排放清单时，参考《省级温室气体清单编制指南(试行)》开展城市的碳排放清单编制工作。

《省级温室气体清单编制指南(试行)》中确定温室气体清单编制工作需核算的温室气体种类包括二氧化碳($CO_2$)、甲烷($CH_4$)、氧化亚氮($N_2O$)、氢氟碳化物(HFCs)、全氟化碳(PFCs)和六氟化硫($SF_6$)六种，覆盖的部门为能源活动、工业过程排放、农业活动、土地利用变化和林业及废弃物处理五个领域。活动水平数据来源有《中国能源统计年鉴》、省/市统计年鉴、省/市煤炭工业统计年报、中国海关年鉴、中国海关统计资料、工业行业统计年鉴、农业部门统计资料、林业普查数据、城建统计年鉴等。排放因子优先采用当地实测值，也可参考《省级温室气体清单编制指南(试行)》、IPCC《国家温室气体清单指南》中部分缺省因子以及国家温室气体清单中调研、估算的全国平均排放因子。表 3-6 所示为省级温室气体清单编制和报告范围，包括核算部门、活动范围及气体种类。

**表 3-6　省级温室气体清单编制和报告范围**

| 核算部门 | 活动范围 | 气体种类 |
| --- | --- | --- |
| 能源活动 | 化石燃料燃烧活动 | $CO_2$、$CH_4$、$N_2O$ |
| | 生物质燃烧活动 | $CH_4$、$N_2O$ |
| | 煤矿和矿后活动 | $CH_4$ 逃逸 |
| | 油和天然气系统 | $CH_4$ 逃逸 |
| 工业生产过程 | 水泥生产 | $CO_2$ |
| | 石灰生产 | $CO_2$ |
| | 钢铁生产 | $CO_2$ |
| | 电石生产 | $CO_2$ |
| | 己二酸生产 | $N_2O$ |
| | 硝酸生产 | $N_2O$ |
| | 一氯二氟甲烷生产 | HFC-23 |
| | 铝生产 | $CH_4$、$C_2F_6$ |
| | 镁生产 | $SF_6$ |
| | 电力设备生产 | $SF_6$ |
| | 半导体生产 | $CH_4$、$CHF_3$、$C_2F_6$、$SF_6$ |
| | 氢氟烃生产过程 | HFCs |
| 农业活动 | 动物肠道发酵 | $CH_4$ |
| | 动物粪便管理 | $CH_4$、$N_2O$ |
| | 稻田 | $CH_4$ |
| | 农用地 | $N_2O$ |
| 土地利用变化和林业 | 森林和其他木质生物质碳储量变化 | $CO_2$ |
| | 森林燃烧转化碳排放 | $CO_2$、$CH_4$、$N_2O$ |
| | 森林分解转化碳排放 | $CO_2$ |
| 废弃物处理 | 生活垃圾填埋处理 | $CO_2$、$CH_4$ |
| | 生活污水处理 | $CH_4$、$N_2O$ |
| | 工业废水处理 | $CH_4$、$N_2O$ |

### (二)南昌市2014年和2016年温室气体清单

根据合理的方法学编制碳排放清单是全球气候变化模拟、气候模型构建、制定减排政策的基础，摸清城市的“碳家底”是城市低碳发展的基础，作为低碳试点城市的南昌市应完成这项工作。目前，国内许多城市大多基于省级清单编制的方法学展开了清单核算工作，有的城市已完成2012年和2014年的清单编制工作，部分城市和地区甚至已实现清单编制常态化(每两年编制一次)。

南昌市在前期低碳工作中，碳排放量计算均采用能源消费折算碳排放，根据江西省“十二五”设区市温室气体排放目标责任考核的数据及核算方法，对南昌市能源消费的二氧化碳排放现状进行了分析；同时基于南昌统计年鉴及能源平衡表对分领域、重点工业行业的排放现状进行了解析。2018年10月，南昌市按照省级清单编制的方法学编制完成了2014年和2016年的温室气体清单。

#### 1. 南昌市2014年温室气体排放清单

2014年南昌市温室气体清单报告了二氧化碳、甲烷、氧化亚氮和六氟化硫四种温室气体，不存在氢氟碳化物和全氟化碳。报告涉及能源活动、工业生产过程、农业活动、土地利用变化和林业、废弃物处理五个领域。

根据100年全球增温潜势数值，甲烷、氧化亚氮、六氟化硫的增温潜势数值分别为21、296和22200，将甲烷、氧化亚氮和六氟化硫的排放折算为二氧化碳当量之后，计算得到2014年南昌市温室气体排放总量为2573.12万 $tCO_2e$，见表3-7。其中土地利用变化和林业的碳汇吸收为39.80万 $tCO_2e$；不包括土地利用变化和林业碳汇吸收，2014年南昌市温室气体净排放2612.92万 $tCO_2e$。

**表3-7　2014年南昌市温室气体排放总量**

| 排放类别 | 二氧化碳/万 $tCO_2$ | 甲烷/万t | 氧化亚氮/万t | 氢氟碳化物/万 $tCO_2e$ | 全氟化碳/万 $tCO_2e$ | 六氟化硫/万 $tCO_2e$ | 合计/万 $tCO_2e$ |
|---|---|---|---|---|---|---|---|
| 温室气体排放量(包括土地利用变化和林业) | 2125.74 | 15.82 | 0.37 | — | — | 0.10 | 2573.12 |
| 能源活动 | 2085.97 | 0.32 | 0.04 | — | — | — | 2104.10 |
| 工业生产过程 | 77.85 | 0.00 | 0.00 | — | — | 0.10 | 77.96 |
| 农业活动 | 0.00 | 10.68 | 0.31 | — | — | — | 321.54 |
| 废弃物处理 | 1.78 | 4.82 | 0.02 | — | — | — | 109.33 |
| 土地利用变化和林业 | –39.87 | 0.00 | 0.00 | — | — | — | –39.80 |
| 温室气体排放量(不包括土地利用变化和林业) | 2165.61 | 15.82 | 0.37 | — | — | 0.10 | 2612.92 |

2014年南昌市由电力净调入产生的间接排放量为355.66万 $tCO_2$。2014年南昌市能源活动占整体温室气体排放量(不包括土地利用变化和林业)的80.53%，工

业生产过程占整体总排放量比例为 2.98%，农业活动和废弃物处理占比分别为 12.31%和 4.18%。

2014 年南昌市温室气体排放构成见表 3-8。可以看出，包括土地利用变化和林业的碳汇吸收，2014 年南昌市温室气体总排放 2573.12 万 $tCO_2e$，其中二氧化碳排放 2125.74 万 $tCO_2$，占总量的 82.61%；甲烷排放 332.31 万 $tCO_2e$，占总量的 12.91%；氧化亚氮排放 114.97 万 $tCO_2e$，占总量的 4.47%；含氟气体(六氟化硫)排放 0.10 万 $tCO_2e$，占总量的 0.01%。

**表 3-8　2014 年南昌市温室气体排放构成**

| 温室气体 | 包括土地利用变化和林业 | | 不包括土地利用变化和林业 | |
|---|---|---|---|---|
| | 二氧化碳当量/万 $tCO_2e$ | 比重/% | 二氧化碳当量/万 $tCO_2e$ | 比重/% |
| 二氧化碳 | 2125.74 | 82.61 | 2165.61 | 82.88 |
| 甲烷 | 332.31 | 12.91 | 332.25 | 12.71 |
| 氧化亚氮 | 114.97 | 4.47 | 114.96 | 4.40 |
| 含氟气体 | 0.10 | 0.01 | 0.10 | 0.01 |
| 合计 | 2573.12 | 100 | 2612.92 | 100 |

不包括土地利用变化和林业的碳汇吸收后，2014 年南昌市温室气体总排放 2612.92 万 $tCO_2e$，其中二氧化碳排放 2165.61 万 $tCO_2$，占总量的 82.88%；甲烷排放 332.25 万 $tCO_2e$，占总量的 12.71%；氧化亚氮排放 114.96 万 $tCO_2e$，占总量的 4.40%；含氟气体(六氟化硫)排放 0.10 万 $tCO_2e$，占总量的 0.01%。

根据《南昌统计年鉴 2015》，南昌市 2014 年地区生产总值(GDP)为 3667.96 亿元，常住人口 524.02 万人，能源消费总量为 819.08 万 tce。在不考虑净调入电力的情况下，当计入土地利用变化和林业时，2014 年南昌市温室气体排放总量为 2573.12 万 $tCO_2e$，单位 GDP 二氧化碳排放为 0.70$tCO_2$/万元，人均温室气体排放为 4.91$tCO_2e$，人均二氧化碳排放为 4.06$tCO_2$；当不计入土地利用变化和林业时，2014 年南昌市温室气体排放总量为 2612.92 万 $tCO_2e$，单位 GDP 二氧化碳排放为 0.71$tCO_2$/万元，人均温室气体排放为 4.99$tCO_2e$，人均二氧化碳排放为 4.13$tCO_2$。单位能源消费二氧化碳排放为 2.54$tCO_2$/tce。

在考虑净调入电力的情况下，当计入土地利用变化和林业时，2014 年南昌市温室气体排放总量为 2928.77 万 $tCO_2e$，单位 GDP 二氧化碳排放为 0.8$tCO_2$/万元，人均温室气体排放为 5.59$tCO_2e$，人均二氧化碳排放为 4.74$tCO_2$；当不计入土地利用变化和林业时，2014 年南昌市温室气体排放总量为 2968.58 万 $tCO_2e$，单位 GDP 二氧化碳排放为 0.81$tCO_2$/万元，人均温室气体排放为 5.67$tCO_2e$，人均二氧化碳排放为 4.81$tCO_2$。单位能源消费二氧化碳排放为 2.98$tCO_2$/tce。

2. 南昌市2016年温室气体排放清单

2016年南昌市温室气体清单报告了二氧化碳、甲烷、氧化亚氮和六氟化硫四种温室气体，不存在氢氟碳化物和全氟化碳。报告涉及能源活动、工业生产过程、农业活动、土地利用变化和林业、废弃物处理五个领域。表3-9列出了二氧化碳当量为单位的温室气体排放总量，采用全球增温潜势数值，把甲烷、氧化亚氮和六氟化硫折算为二氧化碳当量之后，计算得到2016年南昌市温室气体排放总量为2569.79万$tCO_2e$，其中土地利用变化和林业的碳汇吸收为41.54万$tCO_2e$；不包括土地利用变化和林业碳汇吸收，2016年南昌市温室气体净排放2611.33万$tCO_2e$。

**表3-9 2016年南昌市温室气体排放总量**

| 排放类别 | 二氧化碳/万t $CO_2$ | 甲烷/万t | 氧化亚氮/万t | 氢氟碳化物/万$tCO_2e$ | 全氟化碳/万$tCO_2e$ | 六氟化硫/万$tCO_2e$ | 合计/万$tCO_2e$ |
|---|---|---|---|---|---|---|---|
| 温室气体排放量(包括土地利用变化和林业) | 2149.22 | 14.88 | 0.35 | — | — | 0.10 | 2569.79 |
| 能源活动 | 2105.32 | 0.35 | 0.03 | — | — | — | 2123.06 |
| 工业生产过程 | 77.83 | 0.00 | 0.00 | — | — | 0.10 | 77.93 |
| 农业活动 | 0.00 | 10.08 | 0.29 | — | — | — | 302.50 |
| 废弃物处理 | 7.80 | 4.45 | 0.02 | — | — | — | 107.85 |
| 土地利用变化和林业 | −41.72 | 0.01 | — | — | — | — | −41.54 |
| 温室气体排放量(不包括土地利用变化和林业) | 2190.94 | 14.88 | 0.35 | — | — | 0.10 | 2611.33 |

2016年南昌市由电力净调入产生的间接排放量为516.16万$tCO_2$。2016年南昌市能源活动占整体温室气体排放量(不包括土地利用变化和林业)的81.30%，工业生产过程占整体总排放量比例为2.98%，农业活动和废弃物处理占比分别为11.58%和4.14%。

2016年南昌市温室气体排放构成见表3-10。可以看出，包括土地利用变化和林业的碳汇吸收，2016年南昌市温室气体总排放2569.79万$tCO_2e$，其中二氧化碳排放2149.22万$tCO_2$，占总量的83.63%；甲烷排放312.56万$tCO_2e$，占总量的12.16%；氧化亚氮排放107.91万$tCO_2e$，占总量的4.20%；六氟化硫排放0.1万$tCO_2e$，占总量的0.01%。

不包括土地利用变化和林业的碳汇吸收后，2016年南昌市温室气体总排放2611.33万$tCO_2e$，其中二氧化碳排放2190.94万$tCO_2$，占总量的83.90%；甲烷排放312.39万$tCO_2e$，占总量的11.96%；氧化亚氮排放107.90万$tCO_2e$，占总量的4.13%；六氟化硫排放0.1万$tCO_2e$，占总量的0.01%。

**表 3-10　2016 年南昌市温室气体排放构成**

| 温室气体 | 包括土地利用变化和林业 | | 不包括土地利用变化和林业 | |
|---|---|---|---|---|
| | 二氧化碳当量/万 $tCO_2e$ | 比重/% | 二氧化碳当量/万 $tCO_2e$ | 比重/% |
| 二氧化碳 | 2149.22 | 83.63 | 2190.94 | 83.90 |
| 甲烷 | 312.56 | 12.16 | 312.39 | 11.96 |
| 氧化亚氮 | 107.92 | 4.20 | 107.90 | 4.13 |
| 六氟化硫 | 0.10 | 0.01 | 0.10 | 0.01 |
| 合计 | 2569.79 | 100 | 2611.33 | 100 |

根据《南昌统计年鉴 2017》，南昌市 2016 年地区生产总值(GDP)为 4401.65 亿元，常住人口 537.14 万人，能源消费总量为 857.5 万 tce。在不考虑净调入电力的情况下，当计入土地利用变化和林业时，2016 年南昌市温室气体排放总量为 2569.79 万 $tCO_2e$，单位 GDP 二氧化碳排放为 0.58$tCO_2$/万元，人均温室气体排放为 4.78$tCO_2e$，人均二氧化碳排放为 4$tCO_2$；当不计入土地利用变化和林业时，2016 年南昌市温室气体排放总量为 2611.33 万 $tCO_2e$，单位 GDP 二氧化碳排放为 0.59$tCO_2$/万元，人均温室气体排放为 4.86$tCO_2e$，人均二氧化碳排放为 4.08$tCO_2$。单位能源消费二氧化碳排放为 2.46$tCO_2$/tce。

在考虑净调入电力的情况下，当计入土地利用变化和林业时，2016 年南昌市温室气体排放总量为 3085.96 万 $tCO_2e$，单位 GDP 二氧化碳排放为 0.7$tCO_2$/万元，人均温室气体排放为 5.75$tCO_2e$，人均二氧化碳排放为 4.96$tCO_2$；当不计入土地利用变化和林业时，2016 年南昌市温室气体排放总量为 3127.50 万 $tCO_2e$，单位 GDP 二氧化碳排放为 0.71$tCO_2$/万元，人均温室气体排放为 5.82$tCO_2e$，人均二氧化碳排放为 5.04$tCO_2$。单位能源消费二氧化碳排放为 3.06$tCO_2$/tce。

## 二、重点企业温室气体排放核算

### (一)温室气体核算指南

#### 1. 核算范围

根据《国家“十二五”规划纲要》提出的“建立完善温室气体统计核算制度，逐步建立碳排放交易市场”以及《“十二五”控制温室气体排放工作方案》(国发〔2011〕41 号)提出的“构建国家、地方、企业三级温室气体排放基础统计和核算工作体系，加强能力建设，建立负责温室气体排放统计核算的专职工作队伍和统计队伍，实行重点企业直接报送能源和温室气体排放数据制度”的要求，为保证实现 2020 年单位国内生产总值二氧化碳排放比 2005 年下降 40%～45%的目标，国家发展和改革委员会组织编制了三批共 24 个行业企业温室气体排放核算方法与报告指南，以帮助各行业企业准确核算自身的温室气体排放、更好地制定温室气体排放控制计划或碳排放权交易策略，为主管部门建立并实施重点企业温室气体报告制度奠定基础，为掌握重点企业温室气体排放情况，制定相关政策提供支撑。

温室气体核算指南主要包括正文及附录，其中正文内容包括指南的适用范围、相关引用文件和参考文献、所用术语、核算边界、核算方法、质量保证和文件存档，以及企业温室气体排放报告的基本框架。按照《江西省发展改革委关于开展全省重点碳排放企业历史排放报告核查及抽查工作的通知》（赣发改气候〔2016〕901 号）的要求，南昌市 2016 年开展的 2013～2015 年重点企业温室气体排放报告涉及钢铁、水泥、电网、发电、化工、造纸和纸制品、有色金属冶炼和压延加工业、食品/饮料/烟草/茶业、电子设备制造业、机械设备制造业、工业其他行业 11 类行业，温室气体核算和报告范围如表 3-11 所示。报告主体以企业法人为边界，核算和报告边界内所有生产设施产生的温室气体排放。生产设施范围包括直接生产系统、辅助生产系统以及直接为生产服务的附属生产系统，其中辅助生产系统包括动力、供电、供水、化验、机修、库房、运输等，附属生产系统包括生产指挥系统（厂部）和厂区内为生产服务的部门和单位（如职工食堂、车间浴室、保健站等）。电网企业温室气体排放核算边界以直辖市或省电力公司作为独立法人单位进行核算。如果报告主体除本行业外还存在其他产品生产活动且存在温室气体排放的，则应参照相关行业企业的温室气体排放核算和报告指南核算并报告。

2. 核算方法

报告主体进行企业温室气体排放核算与报告的完整工作流程包括以下步骤：

(1) 确定报告主体的核算边界；

(2) 识别企业所涵盖的温室气体排放源类别及气体种类；

(3) 选择相应的温室气体排放量计算公式；

(4) 收集活动水平数据；

(5) 选择和获取排放因子数据；

(6) 分别计算化石燃料燃烧排放量、过程排放量、企业净购入的电力与热力消费的排放量等各个排放源的温室气体排放量；

(7) 汇总计算企业温室气体排放总量，按照规定的内容和格式撰写企业温室气体排放报告。

**表 3-11　重点企业温室气体核算和报告范围**

| 序号 | 所属行业 | 核算和报告范围 |
|---|---|---|
| 1 | 钢铁 | (1)燃料燃烧排放<br>(2)工业生产过程排放<br>(3)净购入使用的电力、热力产生的排放<br>(4)固碳产品隐含的排放 |
| 2 | 水泥 | (1)化石燃料的燃烧<br>(2)替代燃料和协同处置的废弃物中非生物质碳的燃烧<br>(3)原材料碳酸盐分解<br>(4)生料中非燃料碳煅烧<br>(5)净购入使用的电力与热力<br>(6)其他产品生产的排放 |
| 3 | 电网 | (1)使用六氟化硫设备修理与退役过程产生的排放<br>(2)输配电损失所对应的电力生产环节产生的二氧化碳排放 |
| 4 | 发电 | (1)化石燃料燃烧产生的二氧化碳排放<br>(2)脱硫过程的二氧化碳排放<br>(3)净购入使用电力产生的二氧化碳排放 |
| 5 | 化工 | (1)燃料燃烧排放<br>(2)工业生产过程排放<br>(3)二氧化碳回收利用量<br>(4)净购入的电力与热力消费引起的二氧化碳排放<br>(5)其他温室气体排放 |
| 6 | 造纸和纸制品 | (1)化石燃料燃烧排放<br>(2)过程排放<br>(3)净购入电力产生的排放<br>(4)净购入热力产生的排放<br>(5)废水厌氧处理的甲烷排放 |
| 7 | 有色金属冶炼和压延加工业 | (1)燃料燃烧排放<br>(2)能源作为原材料用途的排放<br>(3)过程排放<br>(4)净购入电力产生的排放<br>(5)净购入热力产生的排放 |
| 8 | 食品/饮料/烟草/茶业 | (1)化石燃料燃烧二氧化碳排放<br>(2)工业生产过程产生的二氧化碳排放<br>(3)废水厌氧处理产生的二氧化碳排放<br>(4)净购入使用电力及热力产生的二氧化碳排放 |
| 9 | 电子设备制造业 | (1)化石燃料燃烧排放<br>(2)工业生产过程排放<br>(3)净购入电力、热力产生的排放 |
| 10 | 机械设备制造业 | (1)化石燃料燃烧排放<br>(2)工业生产过程排放<br>(3)净购入电力、热力产生的排放 |
| 11 | 工业其他行业 | (1)化石燃料燃烧二氧化碳排放<br>(2)碳酸盐使用过程二氧化碳排放<br>(3)工业废水厌氧处理甲烷排放<br>(4)甲烷回收与销毁量<br>(5)二氧化碳回收利用量<br>(6)净购入电力与热力隐含的二氧化碳排放 |

温室气体排放量核算方法和计算公式需根据不同行业的核算指南进行选取，通常采用的核算方法如下：

$$E_{CO_2}=E_{燃烧}+E_{过程}+E_{电和热}+E_{其他}-R_{回收}$$

式中，$E_{CO_2}$为企业温室气体 $CO_2$ 排放总量，$tCO_2$；$E_{燃烧}$为企业所有净消耗化石燃料燃烧活动产生的 $CO_2$ 排放量，$tCO_2$；$E_{过程}$为企业在生产过程中产生的 $CO_2$ 排放量，$tCO_2$；$E_{电和热}$为企业净购入的电力和净购入热力所对应的 $CO_2$ 排放量，$tCO_2$；$E_{其他}$为企业其他排放源所对应的 $CO_2$ 排放量，$tCO_2$，如有色金属冶炼和压延加工业中能源作为原材料用途的排放、工业其他行业中工业废水厌氧处理 $CH_4$ 排放、造纸行业中废水厌氧处理产生的排放量等；$R_{回收}$为企业回收利用的 $CO_2$ 排放量，$tCO_2$，如工业其他行业的 $CH_4$ 回收与销毁量。

（二）重点企业温室气体排放报告分析

1. 重点企业名单及所属行业

根据江西省发展和改革委员会提供的综合能源消费 5000tce 以上的重点企业名单，南昌市共有 56 家企业，其中有 19 家企业列入 2016 年开展的全省重点单位 2013～2015 年温室气体排放报告核查及抽查范围，包括钢铁企业 2 家、水泥企业 2 家、电网企业 2 家、发电企业 1 家、化工企业 1 家、造纸和纸制品企业 1 家、有色金属冶炼和压延加工业企业 3 家、食品/饮料/烟草/茶业企业 1 家、电子设备制造业企业 1 家、机械设备制造业企业 2 家、工业其他行业企业 3 家。

按照江西省发展和改革委员会对重点企业温室气体排放报告的要求，报告和核查对象为拟纳入全国碳排放权交易的石化、化工、建材、钢铁、有色金属、造纸、电力、航空八大重点排放行业，2013 年、2014 年和 2015 年中任意一年综合能源消费总量达到 10000tce 以上（含）的企业法人单位或独立核算企业。报告和抽查对象为已纳入全省重点温室气体排放核算报告的企（事）业，2015 年温室气体排放达到 $13000tCO_2$，或 2015 年综合能源消费总量达到 5000tce 的法人企（事）业，或视同法人的独立核算单位。南昌市所属的具体企业名单和行业如表 3-12 所示。

2. 重点企业排放报告分析

从重点核查企业 2013～2015 年温室气体排放量来看，发电、钢铁、电网三大行业企业是南昌市温室气体排放量前三位。化石燃料燃烧排放和净购入电力排放是最主要的排放源。除江西洪都钢厂有限公司以外，其他企业排放量较为稳定，不存在异常波动，主要原因是江西洪都钢厂有限公司从 2013～2015 年有生产线陆续停产关闭。

**表 3-12　南昌市 2013～2015 年温室气体排放报告企业名单**

| 序号 | 企业 | 所属行业 | 核查/抽查 |
|---|---|---|---|
| 1 | 方大特钢科技股份有限公司 | 钢铁 | 核查 |
| 2 | 江西洪都钢厂有限公司 | 钢铁 | 核查 |
| 3 | 江西赣江海螺水泥有限责任公司 | 水泥 | 核查 |
| 4 | 南昌亚东水泥有限公司 | 水泥 | 核查 |
| 5 | 国网江西省电力有限公司 | 电网 | 核查 |
| 6 | 国网江西南昌县供电有限责任公司 | 电网 | 核查 |
| 7 | 国家电投集团江西电力有限公司新昌发电分公司 | 发电 | 核查 |
| 8 | 江西晶安高科技股份有限公司 | 化工 | 核查 |
| 9 | 江西晨鸣纸业有限责任公司 | 造纸和纸制品 | 核查 |
| 10 | 江西铜业集团有限公司 | 有色金属冶炼和压延加工业 | 核查 |
| 11 | 江西省江铜——耶兹铜箔有限公司 | 有色金属冶炼和压延加工业 | 抽查 |
| 12 | 江西铜业集团铜板带有限公司 | 有色金属冶炼和压延加工业 | 抽查 |
| 13 | 江西中烟工业有限责任公司 | 食品/饮料/烟草/茶业 | 抽查 |
| 14 | 江西联创电子有限公司 | 电子设备制造业 | 抽查 |
| 15 | 南昌市宏达铸锻有限公司 | 机械设备制造业 | 抽查 |
| 16 | 江铃汽车集团公司 | 机械设备制造业 | 抽查 |
| 17 | 江中药业股份有限公司 | 工业其他行业 | 抽查 |
| 18 | 双胞胎(集团)股份有限公司 | 工业其他行业 | 抽查 |
| 19 | 汇仁集团有限公司 | 工业其他行业 | 抽查 |

从重点抽查企业 2015 年温室气体排放量来看，机械设备制造业、工业其他行业、有色金属冶炼和压延加工业是南昌市重要的温室气体排放行业。净购入电力排放和化石燃料燃烧排放是最主要的排放源。重点企业温室气体排放量核算存在的主要问题、原因分析及措施如表 3-13 所示。

**表 3-13　重点企业温室气体排放量核算存在的问题、原因分析及措施汇总表**

| 重点企业 | 序号 | 温室气体排放量核算存在的问题 | 重点排放单位原因分析及措施 |
|---|---|---|---|
| 方大特钢科技股份有限公司 | NC01 | 焦化、炼铁、转炉等工序碳排放存在重复计算 | 扣除重复计算部分数据，重新计算工序碳排放 |
| | NC02 | 其他外购合金未计入 | 建议按照指南要求纳入报告范围 |
| | NC03 | 炼焦工序中洗精煤选用了入厂数据 | 建议使用入炉数据 |
| | NC04 | 2014 年、2015 年汽油和柴油消耗数据与报表数据有偏差 | 建议重新核定柴油、汽油消耗数据 |
| | NC05 | 2013～2015 年碳排放报告中的电力数据未扣除居民用电和转供用电 | 建议扣除居民用电和转供用电后，重新计算电力碳排放数据 |

续表

| 重点企业 | 序号 | 温室气体排放量核算存在的问题 | 重点排放单位原因分析及措施 |
|---|---|---|---|
| 江西洪都钢厂有限公司 | NC01 | 排放报告中煤炭、天然气能源消费数据有待进一步核实 | 建议企业设备能源部统计数据和实际生产数据重新核定 |
| | NC02 | 排放报告中电力消耗数据来源未统一 | 企业统计中生产用电只针对生产车间，其余食堂、保健站等辅助生产用电包含在全厂用电中，建议统一使用全厂用电数据 |
| | NC03 | 2013～2015 年的碳排放有关数据有待进一步核实 | 根据煤炭核实数据，按照指南相关要求，重新进行核算 |
| 江西赣江海螺水泥有限责任公司 | NC01 | 企业 2013～2015 年月度电力数据存在记录上的滞后 | 按照企业电力记录数据，重新核定三年中每月的电力消费，使电力消费数据覆盖全年 |
| | NC02 | 企业柴油统计数据中有部分需扣减，计算柴油排放时采用的密度数据来源存在不确定性 | 核实企业柴油数据，按照国家相关标准数据重新进行核算 |
| | NC03 | 2013～2015 年的排放数据计算有偏差 | 三年的电力、柴油的排放数据重新进行计算 |
| 南昌亚东水泥有限公司 | NC01 | 煤炭加权平均低位发热值计算有误 | 根据每批次煤炭进厂数据和相应吨位，以及自测低位发热值，重新核算全年低位发热值的加权平均值 |
| | NC02 | 计算柴油排放时采用的密度数据来源存在不确定性 | 按照柴油国Ⅳ标准数据重新进行核算 |
| | NC03 | 供电公司对 2014 年 10 月的电力消费有追加电费通知单，电力消费数据存在漏算 | 重新核算该月份电力消费数据及 2014 年度排放量 |
| | NC04 | 煤炭碳氧化率数值取值不符合水泥行业核算指南的要求 | 根据受核查方热风炉所属类型，重新对煤炭碳氧化率数值取值进行核定，并核算 2013～2015 年的化石燃料排放量 |
| 国网江西省电力有限公司 | NC01 | 补充数据表未按照电网企业温室气体排放报告模板填写 | 建议排放单位按照电网企业温室气体排放报告模板重新填写 |
| | NC02 | 排放单位在 2013～2015 年初始排放报告中供电量、售电量以及电厂上网电量、自外省输入电量、向外省输入电量填写有误 | 排放单位在填报初始排放报告时未按照报表精确填写。建议排放单位按照报表重新精确填写 |
| | NC03 | 排放单位在 2013～2015 年初始排放报告中输配电损耗的电量、输配电引起的二氧化碳排放以及总排放量数据有误 | 排放单位在填报初始排放报告时未按照报表精确填写。建议排放单位按照报表重新精确填写 |
| | NC04 | 排放单位在 2013～2015 年初始排放报告中的补充数据有误 | 排放单位在填报初始排放报告时未按照报表精确填写，建议排放单位按照报表重新精确填写 |
| 国网江西南昌县供电有限责任公司 | NC01 | 排放单位补充数据表等内容未按照电网企业温室气体排放报告模板填写 | 建议排放单位按照电网企业温室气体排放报告模板重新填写 |
| | NC02 | 排放单位在 2013～2015 年初始排放报告中供电量、售电量以及自省网输入电量填写有误 | 排放单位在填报初始排放报告时未按照报表精确填写，建议排放单位按照报表重新精确填写 |
| | NC03 | 排放单位在 2013～2015 年初始排放报告中输配电损耗的电量、输配电引起的二氧化碳排放以及总排放量数据有误 | 排放单位在填报初始排放报告时未按照报表精确填写，建议排放单位按照报表重新精确填写 |
| | NC04 | 排放单位在 2013～2015 年初始排放报告中未按要求填写补充数据表 | 排放单位在填报初始排放报告时未按照要求填写补充数据表，建议排放单位按照要求补充填写补充数据表 |

续表

| 重点企业 | 序号 | 温室气体排放量核算存在的问题 | 重点排放单位原因分析及措施 |
| --- | --- | --- | --- |
| 国家电投集团江西电力有限公司新昌发电分公司 | NC01 | 排放单位在 2013 年、2014 年、2015 年中碳排放总量均计算有误 | 化石燃料碳排放计算错误 |
|  | NC02 | 排放单位在 2013 年、2014 年、2015 年中化石燃料碳排放计算错误 | 柴油的消耗量为锅炉用油与生产用车耗油之和，建议扣除办公用车消耗汽油 |
| 江西晶安高科技股份有限公司 | NC01 | 排放报告中对活动水平、排放因子无文字描述 | 排放单位对排放报告的填报要求不清楚，建议补充对活动水平和排放因子的文字描述 |
|  | NC02 | 电力排放因子使用错误 | 排放单位不了解相关填报要求，建议按照华中电网 2012 年电力排放因子计算 |
| 江西晨鸣纸业有限责任公司 | NC01 | 煤炭低位发热值数据与生产日报表部分不一致 | 建议根据企业实际重新核定低位发热值数据 |
|  | NC02 | 2013～2015 年的入炉煤数据、2015 年天然气消费数据提供不完全 | 建议企业重新统计入炉煤和天然气相关数据 |
|  | NC03 | 企业排放报告中工业过程排放计算有误，生产中使用的石灰石不分解，油墨渣无法计量 | 按照指南要求重新核算工业过程排放 |
|  | NC04 | 报告中煤炭单位热值含碳量和碳氧化率使用了造纸行业核算指南提供的推荐值数据 | 煤炭用于企业自备电厂，采用发电行业指南煤炭缺省值重新进行核算 |
|  | NC05 | 甲烷回收排放计算有误 | 企业对指南的理解有误，建议按照指南要求重新计算甲烷回收排放 |
|  | NC06 | 电力排放量未按照指南要求的净购入电力数据进行计算 | 企业对外购电、自发电、转供电的数据处理有误，建议按照指南要求进行修改 |
|  | NC07 | 柴油排放数据只计入了电厂点炉用油数据，未将厂用车柴油使用产生的排放计入总量 | 重新统计企业使用柴油数据 |
|  | NC08 | 2013～2015 年的碳排放有关数据有待进一步核实 | 按照指南相关要求，重新进行核算 |
| 江西铜业集团有限公司 | NC01 | 核算边界不明确：初始报告对核算边界定位于江铜集团全部子公司，其子公司有 7 个为独立法人，另外 5 个统称江西铜业集团有限公司，且这 5 个子公司可视同法人 | 非独立法人的 5 家子公司仅贵溪冶炼厂 1 家为铜冶炼企业，其他 4 家为采矿企业；建议此次核查碳交易产品的排放量仅核查贵溪冶炼厂的碳排放数据即可 |
|  | NC02 | 贵溪冶炼厂生产用净购入电量的计算中，生产外用电量江铜宾馆的电力消耗未扣除 | 建议将江铜宾馆的用电量进行扣减 |
|  | NC03 | 贵溪冶炼厂化石燃料燃烧、能源做原料使用及生产过程排放数据未做汇总 | 因部分物料排放因子无法获取，所以未进行数据汇总，建议重新进行计算和汇总 |
|  | NC04 | 补充数据表中仅报告了生产用净购入电量的隐含排放量，未报告冶炼工序的燃料燃烧排放量 | 补充完成全部的排放数据 |
| 江西省江铜——耶兹铜箔有限公司 | NC01 | 柴油的消耗量中未计算年采购量，导致初期报告中计算的化石燃料燃烧的排放量偏少 | 遗漏了年度采购物料的消耗，按照核查机构要求补充数据 |
|  | NC02 | 碳酸镍的分解排放未核算 | 因指南查询不到相关的排放因子，所以未做核算；建议按照产品成分折算其排放因子计算排放量进行补充 |

续表

| 重点企业 | 序号 | 温室气体排放量核算存在的问题 | 重点排放单位原因分析及措施 |
|---|---|---|---|
| 江西铜业集团铜板带有限公司 | NC01 | 原报告中生产过程排放中填写了纯碱的使用排放，经确认使用的是片碱进行废水站的中和反应，不产生二氧化碳排放 | 报告时未核实片碱的化学成分，误以为是碳酸盐而算入排放源 |
| | NC02 | 净购入电量的计算数据小数点移位，造成数值错误，柴油的低位发热值填写有误 | 填写错误，已纠正净购入电力数值，低位发热量已按照指南默认值填写 |
| | NC03 | 柴油的单位热值含碳量填写有误 | 填写错误，建议按照指南默认值进行修改 |
| | NC04 | 企业净购入电力统计中遗漏了6月17～20日的电费结算数据 | 数据统计有误，建议重新进行核算 |
| 江西中烟工业有限责任公司 | NC01 | 排放单位在2015年初始排放报告中化石燃料数据和净购入电量填写有误 | 化石燃料数据填写有误和赣州卷烟厂的办事处(不在厂区内)用电量要删除，建议按照排放单位实际情况，将排放报告中的化石燃料和电量数据填写完整 |
| | NC02 | 排放单位在2015年初始排放报告中废水甲烷排放计算有误 | 排放报告中废水甲烷排放计算有误，建议按照指南计算修改 |
| 江西联创电子有限公司 | NC01 | 能源消耗数据核算边界不准确，以法人为单位的企业边界应包括联创万年的能源使用量(电力、柴油)，并应扣除厂区内外租公司、宿舍楼的电力消耗 | 建议按照指南要求更正能源消耗数据 |
| | NC02 | 核算方法有误，未按指南要求计算 | 建议按照指南要求计算填写 |
| | NC03 | 报告文本填写不足，需要完善每个章节的文字描述 | 建议完善报告要求的相关内容 |
| 南昌市宏达铸锻有限公司 | NC01 | 排放单位在2015年初始排放报告中化石燃料使用量和净购入电量数据有误 | 排放单位在2015年初始排放报告中化石燃料使用量和净购入电量统计出现失误，建议重新核算；排放单位对照原始凭据进行重新统计填写 |
| | NC02 | 排放单位在2015年初始排放报告中化石燃料的单位热值含碳量数据有误 | 单位热值含碳量单位换算错误，建议排放单位按照指南要求正确选取单位热值含碳量数据 |
| | NC03 | 排放单位在2015年初始排放报告中化石燃料燃烧产生的二氧化碳排放、净购入使用的电力产生的二氧化碳排放以及总排放量数据有误 | 排放单位在2015年初始排放报告中化石燃料使用量和净购入电量统计出现失误，建议排放单位对照原始凭据进行重新统计填写 |
| 江铃汽车集团公司 | NC01 | 排放单位在2015年中的碳排放总量计算有误 | 天然气填报数据有误，电力的单位转换错误导致消耗数据错误，建议重新核算数据 |
| | NC02 | 排放单位在2015年中的碳排放总量计算有误 | 二氧化碳气体保护焊产生的二氧化碳排放未统计进碳排放总量中 |
| 江中药业股份有限公司 | NC01 | 排放单位在2015年初始排放报告中遗漏汽油排放量的数据 | 排放单位在排放报告附件中化石燃料燃烧未填写完整，建议按照排放单位实际情况，将汽油燃料的使用量添加进入 |
| | NC02 | 排放单位在2015年初始排放报告中化石燃料柴油、天然气、净购入电力统计数据有误 | 排放单位化石燃料柴油、天然气、净购入电力统计数据有误，建议按照排放单位实际情况，将化石燃料数据进行修改 |

续表

| 重点企业 | 序号 | 温室气体排放量核算存在的问题 | 重点排放单位原因分析及措施 |
| --- | --- | --- | --- |
| 双胞胎(集团)股份有限公司 | NC01 | 2015 年 5 月、9 月、12 月电力消费数据存在统计错误 | 重新统计和校对各月份的电力消费数据，正确核算净购入电力排放 |
| | NC02 | 核算的电力消费数据包括集团总部的建筑办公用电，应予以扣减 | 扣减非工业生产用电，按照指南要求重新核算排放数据 |
| 汇仁集团有限公司 | NC01 | 排放单位在 2015 年初始排放报告中未填写完整企业的基本情况 | 建议按照排放单位实际情况，将排放报告中的企业基本情况填写完整，包括企业排放源识别过程和结果的详细说明等 |
| | NC02 | 排放单位在 2015 年初始排放报告中外购电力未扣除转供给外单位的电力 | 建议将转供给外单位(交通指示灯、中国移动天线塔、江西东锐、房地产公司)的电量扣除 |

2016 年企业温室气体排放报告工作在江西省首次开展，虽然在江西省气候变化主管部门、企业和第三方核查机构的通力合作下圆满完成了任务，但从重点企业报送的碳排放报告及碳核查中发现，南昌市在温室气体排放核算中存在一些总体和共性的问题，需要在今后的工作中解决，主要表现在如下方面：

(1)企业普遍缺乏温室气体排放报送的能力。虽然江西省发展和改革委员会组织了多次面向全省企业的温室气体排放报告培训，但由于温室气体排放报告属于新鲜事物，南昌市重点企业普遍没有经验。除少数技术力量较强的企业基本达到报送的要求，多数企业的报告不能满足要求。并且由于企业人员流动性较大，经常出现已培训的人员离职后新进人员接不上的问题。

(2)企业对行业核算指南方法学掌握不到位。大部分企业对核算指南方法学的理解不够，出现概念不清楚、核算边界界定不清、重复计算或漏算、活动水平数据和碳排放量计算错误、排放因子选取不合理等情况，同时也暴露出南昌市在组织重点企业学习行业核算指南、加强企业能力建设方面做得不够。

(3)企业碳排放管理注视不够。部分企业未高度重视碳排放管理工作，甚至不参加省里组织的培训。有的企业内部能源消费及碳排放管理混乱，没有制定相应规则制度，出现填报的活动水平与生产报表不一致、数据丢失或遗漏等现象。

## 三、低碳城市建设指标评估

### (一)低碳城市建设指标体系

低碳城市是在全球气候变化和能源危机下产生的新型发展方式，是人与自然协调发展的基本要求和必然趋势，是人类应对国际社会大量消耗化石能源、大量排放二氧化碳引起全球气候灾害性变化而提出的新社会发展方式和社会形态，是以低能耗、低污染、低排放、低碳含量和高效能、高效率、高效益以及环境优化、人与自然和谐发展为基本特征的经济社会发展模式。低碳城市强调以低碳理念为发展指导，在一定的规划、政策和制度建设的推动下，以低碳技术和低碳产品为基础，以低碳能源生产和应用为主要对象，以经济增长方式和城市发展方式为重点，通过低碳技术和能源技术创新及制度创新，优化能源结构，节约能源，提高能效，开发低碳产品，从根本上转变生产、消费和生存观念。

1. 指标体系研究现状

自 2003 年英国提出发展低碳经济概念以来，国内外各个领域的学者都进行了大量的研究(Rose and Liao，2005；Rhee and Chung，2006；Chin and Wee，2007；Crawford and French，2008；Gomi et al.，2009；Phdungsilp，2010)。中国学者从多个角度阐述了发展低碳经济的重要性，提出了低碳经济发展战略，将低碳经济的发展提到了国家核心竞争力的高度，主张积极应对低碳经济全球挑战，并提出了中国发展低碳经济的若干建议(庄贵阳，2007；吴晓青，2008)。同时，还对低碳经济的发展路径和策略进行了研究，分析了中国在国际气候制度构建中面临的巨大的国际压力和许多市场及制度障碍，呼吁发展低碳能源技术，加强能源技术创新和制度创新，建立低碳发展模式和消费模式，优化产业结构，发展低碳农业，建设低碳城市和基础设施，建立碳交易市场，促使企业承担低碳社会责任(何建坤，2015)。对低碳技术方面的研究，有的学者认为提出低碳发展应从产业和能源结构调整、科技创新、消费过程优化及政策法规支持等方面着手，有的认为关键在于低碳技术创新，需大力发展碳埋存技术和煤基液态燃料技术创新，尽快形成低碳能源技术的大规模产业化体系，外争合理碳排放空间，内求积极应对。低碳城市建设不仅依靠先进技术，还须依托“低碳生活”才能实现减排，需要养成低碳经济的生活方式。有学者还对低碳经济制度进行了研究，指出发展中国家应在发展战略、政策机制、技术创新等方面积极做好向低碳经济转型的准备，应加快完善中国相关的法律与政策，建立一个有利于低碳经济发展的政策法律体系。

《中国低碳生态城市发展战略》(中国城市科学研究会，2009)探讨性地从居住环境、土地利用和交通出行三个准则层提出了低碳城市规划编制的核心指标；陈飞和诸大建(2009)提出城市的碳排放指标从建筑、交通和生产三个方面建立了低碳城市发展模型和指标构成；付允等(2010)总结了低碳城市评价的主要指标法和复合指标法，并建立了 5 个支撑体系。中新天津生态城、曹妃甸生态城、无锡中瑞低碳生态城规划、黄河三角洲低碳生态产业园区等规划中的指标体系有着较好的系统性、空间指向性与地域性，为低碳生态城市建设发展的理念和模式提供借鉴。另外，欧洲绿色城市指数是由独立的科学情报机构对 30 个欧洲城市的环境影响进行衡量的指标体系，在城市尺度展开评价影响较广，该体系包括 8 个类别和 30 个单项指标。

虽然目前低碳研究是热点问题，但以往的研究主要是从各个领域多角度的进行分析，对低碳社会的评价指标也有研究，但成果多种多样，也因为评价标准不一而难以形成环比意见(马军等，2010；孙菲和罗杰，2011；王赢政等，2011；辛玲，2011)。对大多数城市来说，具体指标数据的调查搜集较困难，指标的计算方法本身有很大争议。

2. 低碳城市建设指标

任福兵等(2010)研究并概括了低碳社会的核心要素，对二氧化碳排放的主要来源、影响二氧化碳排放的主要因素进行考察，参照国际能源署(IEA)2009 年二氧化碳报告和国际上衡量低碳社会发展水平的各种可能指标包括人均碳排放水平、碳生产力水平、技术标准、清洁能源占一次能源消费比例、碳排放弹性及进出口贸易等，构建了低碳社会发展水平的衡量指标体系。低碳社会指标体系分为目标层、准则层和指标层三个层次。第一层目标层为低碳社会发展水平；第二层准则层则由能源利用结构、产业经济发展、农业发展支撑、科学技术支持、建筑支撑、交通支撑、消费方式和政策法规 8 个方面构建低碳社会统计指标体系；第三层指标层在上述 8 个方面核心要素项下设立若干个评价目标，最终设立终极指标。通过借鉴国内外相关研究文献及专家建议，对低碳社会统计指标进行了初选与完善，最后构建的低碳社会统计指标体系由 52 项指标组成，见表 3-14。

**表 3-14　城市低碳发展评价指标体系 1**

| 准则层 | 指标层 | 数值 | 指标方向 | 权重 |
|---|---|---|---|---|
| 能源利用结构指标(0.180) | 化石能源占总能源比例 | 0.28 | 负 | 0.1276 |
| | 洁净煤占煤能源比例 | 0.34 | 正 | 0.0612 |
| | 新能源再生能源占总能源比例 | 0.38 | 正 | 0.0684 |
| 产业经济发展指标(0.140) | 万元 GDP 碳排放量 | 0.15 | 负 | 0.021 |
| | 传统产业低碳改造率 | 0.12 | 正 | 0.0168 |
| | 高新技术产业 GDP 比重 | 0.14 | 正 | 0.0196 |
| | 现代服务业 GDP 比重 | 0.13 | 正 | 0.0182 |
| | 再生能源产业 GDP 比重 | 0.13 | 正 | 0.0182 |
| | 环保产业 GDP 比重 | 0.14 | 正 | 0.0196 |
| | 生产流程改造率 | 0.09 | 正 | 0.0126 |
| | 资源循环利用率 | 0.12 | 正 | 0.0168 |
| 农业发展支撑指标(0.070) | 土地植被覆盖率 | 0.23 | 正 | 0.0161 |
| | 单位面积碳排放量 | 0.21 | 负 | 0.0147 |
| | 优良品种普及率 | 0.17 | 正 | 0.0119 |
| | 低碳农药化肥使用率 | 0.25 | 正 | 0.0175 |
| | 农业副产品废弃物资源化率 | 0.19 | 正 | 0.0133 |

续表

| 准则层 | 指标层 | 数值 | 指标方向 | 权重 |
|---|---|---|---|---|
| 科学技术支持指标(0.160) | 科学研究与试验发展(R&D)经费占GDP比重 | 0.14 | 正 | 0.0224 |
| | 清洁煤高效利用技术 | 0.12 | 正 | 0.0192 |
| | 再生能源及新能源技术 | 0.13 | 正 | 0.0208 |
| | 高性能电力存储技术 | 0.09 | 正 | 0.0144 |
| | 重污染行业清洁生产技术 | 0.13 | 正 | 0.0208 |
| | 智能节能技术 | 0.08 | 正 | 0.0128 |
| | 生态产品设计技术 | 0.10 | 正 | 0.0160 |
| | $CO_2$捕获与埋存技术 | 0.09 | 正 | 0.0144 |
| | 新型动力汽车相关技术 | 0.10 | 正 | 0.0160 |
| 建筑支撑指标(0.124) | 单位面积碳排放量 | 0.21 | 负 | 0.02604 |
| | 建筑碳零排放率 | 0.19 | 正 | 0.02356 |
| | 隔热保温环保建材使用率 | 0.17 | 正 | 0.02108 |
| | 低碳装饰材料利用率 | 0.13 | 正 | 0.01612 |
| | 太阳能利用率 | 0.14 | 正 | 0.01736 |
| | 建筑生态设计率 | 0.17 | 正 | 0.02108 |
| 交通支撑指标(0.146) | 万里行程碳排放量 | 0.17 | 负 | 0.02482 |
| | 公交承担客流量比重 | 0.23 | 负 | 0.03358 |
| | 新能源汽车所占比重 | 0.14 | 正 | 0.02044 |
| | 步行骑自行车人数比重 | 0.14 | 正 | 0.02044 |
| | 私家车年行程公里数 | 0.14 | 负 | 0.02044 |
| | 公交系统便捷程度 | 0.16 | 正 | 0.02336 |
| 消费方式指标(0.088) | 户均年碳排放量 | 0.16 | 负 | 0.01408 |
| | 低碳意识认同度 | 0.15 | 正 | 0.01320 |
| | 低碳手册告知度 | 0.09 | 正 | 0.00792 |
| | 绿色出行居民比率 | 0.16 | 正 | 0.01408 |
| | 家电节能标识 | 0.18 | 正 | 0.01584 |
| | 节能消费习惯 | 0.14 | 正 | 0.01232 |
| | 节能社区管理系统 | 0.12 | 正 | 0.01056 |
| 政策法规指标(0.092) | 政策法规完善度 | 0.18 | 正 | 0.01656 |
| | 绿色信贷率 | 0.10 | 正 | 0.0092 |
| | 碳信息披露制度 | 0.10 | 正 | 0.0092 |
| | 碳排放累进税制 | 0.14 | 正 | 0.01288 |
| | 低碳产品标准 | 0.16 | 正 | 0.01427 |
| | 低碳产品排行榜 | 0.10 | 正 | 0.0092 |
| | 碳交易金融市场体系 | 0.12 | 正 | 0.01104 |
| | 高碳产业市场限入政策 | 0.12 | 正 | 0.01104 |

刘海猛和任建兰(2011)在结合城市硬环境和软环境条件下，以经济、社会和生态环境三个子系统作为系统层，根据三个子系统的相互关联性选取了 14 个指标，尝试建立了一个操作性较高的指标体系，见表 3-15。

**表 3-15　城市低碳发展评价指标体系 2**

| 系统层 | 指标层 | 指标性质 | 指标参考值* | 依据 |
|---|---|---|---|---|
| 经济系统 | 人均 GDP/万元 | 正 | ≥12 | 中国科学院 |
| | 单位 GDP 能耗/(tce/万元) | 负 | ≤0.45 | 中国科学院 |
| | 第三产业比重/% | 正 | ≥60 | 中国科学院 |
| | 居民价格消费指数/% | 负 | ≤2.0 | 国内外比较 |
| 社会系统 | 恩格尔系数/% | 负 | ≤25 | 中国科学院 |
| | 人均汽车数/辆 | 负 | ≤0.1 | 国内比较 |
| | 职工养老保险参保率/% | 正 | ≥60 | 国内比较 |
| | 万人拥有公交车辆/辆 | 正 | ≥20 | 中国科学院 |
| | 人口自然增长率/% | 负 | ≤2.0 | 国内比较 |
| 生态环境系统 | 城市森林覆盖率/% | 正 | ≥40 | 中国科学院 |
| | 空气质量良好以上天数/天 | 正 | ≥280 | 中华人民共和国生态环境部 |
| | 人均绿地面积/$m^2$ | 正 | ≥20 | 中国科学院 |
| | 集中供热普及率/% | 正 | ≥95 | 国内比较 |
| | 工业固废综合利用率/% | 正 | ≥94 | 中华人民共和国生态环境部 |

*指标参考值是评价对象确立的理想的发展目标，是进行评价与比较的参照体。笔者在选取参考值的过程中，尽量参照已有的权威研究机构数据和国际、国内先进城市发展水平，确定合理的发展目标，其中主要参考了中国科学院可持续发展战略研究组(2009)提出的 2009～2020 年中国低碳城市发展战略目标，中华人民共和国生态环境部制定的生态城市或国家环保模范城市建设指标的达标值，同时参考或类比国内外具有良好特色的城市或区域的现状值作为参考值。

谈琦(2011)认为城市低碳水平包含经济、生活、社会、生态等多方面，因此，根据以上原则将低碳城市评价指标体系分为三个层次共 13 个指标，从碳排放的产生、处理到最终结果给予综合评价，见表 3-16。

有的研究者甄选了大量的文献，主要包括发表于北大中文核心期刊、CSSCI 期刊的论文和明确提出评价指标并形成评价指标体系的论文，通过排除综述类以及提出个别评价指标类论文，从中选择出现频次超过 8 次的评价指标共计 36 个作为优选对象，再扣除其中难以从公开渠道获取的参数，最终选择了 30 个评价指标分成 6 个不同评价方面，分别为经济发展(8 个指标)、社会支撑(4 个指标)、自然环境(4 个指标)、低碳排放(4 个指标)、低碳能耗(5 个指标)和低碳技术(5 个指标)，见表 3-17。

**表 3-16　城市低碳发展评价指标体系 3**

| 指标类型 | 序号 | 指标 |
| --- | --- | --- |
| 技术经济指标 | 1 | 万元 GDP 二氧化碳排放量倒数 |
| | 2 | 亿元 GDP 二氧化硫排放量倒数 |
| | 3 | 人均 GDP |
| | 4 | 工业废水污水排放达标率 |
| | 5 | 工业固体废物综合利用率 |
| | 6 | 第三产业比重 |
| 空气环保指标 | 7 | 二氧化硫浓度年均值倒数 |
| | 8 | 二氧化氮浓度年均值倒数 |
| | 9 | 空气质量优良率 |
| | 10 | 环境保护投资占 GDP 百分比 |
| 城市建设指标 | 11 | 建成区绿化覆盖率 |
| | 12 | 万人拥有公交车数 |
| | 13 | 生活垃圾无害化处理率 |

**表 3-17　城市低碳发展评价指标体系 4**

| 维度 | 指标 | 权重 |
| --- | --- | --- |
| 经济发展 | GDP/万元 | 0.13 |
| | 人均 GDP/万元 | 0.12 |
| | GDP 增长率/% | 0.11 |
| | 第二产业比重/% | 0.15 |
| | 第三产业比重/% | 0.09 |
| | 城市居民人均可支配收入/元 | 0.14 |
| | 农民人均纯收入/元 | 0.12 |
| | 科学研究与试验发展(R&D)投入占财政支出比例/% | 0.14 |
| 社会支撑 | 城市居民家庭恩格尔系数/% | 0.26 |
| | 城市化率/% | 0.22 |
| | 每万人私家车拥有量/辆 | 0.26 |
| | 每万人公共汽车拥有量/辆 | 0.26 |
| 自然环境 | 森林覆盖率/% | 0.23 |
| | 城市绿化覆盖率/% | 0.25 |
| | 建成区绿化覆盖率/% | 0.31 |
| | 自然保护区面积占比/% | 0.21 |

续表

| 维度 | 指标 | 权重 |
| --- | --- | --- |
| 低碳排放 | 碳排放总量/$tCO_2$ | 0.26 |
| | 人均 $CO_2$ 排放量/$tCO_2$ | 0.24 |
| | 单位 GDP 二氧化碳排放/($tCO_2$/万元) | 0.29 |
| | 单位 GDP 硫排放量/(t/万元) | 0.21 |
| 低碳能耗 | 单位 GDP 能耗/(tce/万元) | 0.21 |
| | 单位 GDP 电耗/(万 kW · h/万元) | 0.19 |
| | 能源消费弹性系数 | 0.19 |
| | 人均能源消费量/tce | 0.22 |
| | 单位工业增加值能耗/(tce/万元) | 0.19 |
| 低碳技术 | 生活垃圾无害化处理率/% | 0.19 |
| | 城镇生活污水处理率/% | 0.17 |
| | 工业三废综合利用产品产值/万元 | 0.27 |
| | 工业固体废物综合利用率/% | 0.21 |
| | 工业废水排放达标率/% | 0.16 |

中国社会科学院城市发展与环境研究所 PSC-1[①]课题组制定的低碳城市建设评估指标体系及评分细则，包括宏观指标和 8 个重点领域，共制定了 20 个核心指标，见表 3-18。

**表 3-18　低碳城市建设评估指标体系及评分细则**

| 重要领域 | 权重 | 核心指标 | 权重 | 单位 | 评分标准 |
| --- | --- | --- | --- | --- | --- |
| 宏观指标 | 40% | 碳排放总量 | 10% | 万 $tCO_2$ | 出现下降趋势，得 1 分 |
| | | | | | 出现上升趋势，得分为 1–上升率 |
| | | 人均 $CO_2$ 排放量 | 10% | $tCO_2$ | 人均 GDP<5 万元：人均 $CO_2$ 排放>6.6t 的两倍，得 0 分 |
| | | | | | 人均 GDP<5 万元：人均 $CO_2$ 排放>6.6t，但不超过两倍，得分为 1–超出率 |
| | | | | | 人均 GDP<5 万元：人均 $CO_2$ 排放<6.6t，得 1 分 |
| | | | | | 人均 GDP>5 万元：人均 $CO_2$ 排放>6.6t，且超过幅度不高于人均 GDP 超出全国平均水平幅度的一半，得分为 1–超出率，否则得 0 分 |
| | | | | | 人均 GDP>5 万元：人均 $CO_2$ 排放<6.6t，得 1 分 |
| | | | | | 注：6.6t 是中国人均 $CO_2$ 排放水平，5 万元是 2015 年全国人均 GDP 水平 |

① PSC-1，全球环境基金"通过国际合作促进中国清洁绿色低碳城市发展"项目"低碳城市建设的政策实践进展与综合评估指标体系"。

续表

| 重要领域 | 权重 | 核心指标 | 权重 | 单位 | 评分标准 |
|---|---|---|---|---|---|
| 宏观指标 | 40% | 能源消费总量 | 10% | 万 tce | 出现下降趋势，得 1 分 |
| | | | | | 出现上升趋势，得分为 1－上升率 |
| | | 单位 GDP 二氧化碳排放 | 10% | $tCO_2$/万元 | 单位 GDP 二氧化碳排放达到或低于所在城市分类领跑者城市水平得 1 分 |
| | | | | | 超过城市分类的目标值，则按照分类目标值与实际值的比值即为得分 |
| | | | | | 消费型城市：以北京市 0.60$tCO_2$/万元为目标值 |
| | | | | | 工业型城市：以南昌市 0.77$tCO_2$/万元为目标值 |
| | | | | | 综合型城市：以成都市 0.70$tCO_2$/万元为目标值 |
| | | | | | 生态型城市：以广元市 0.96$tCO_2$/万元为目标值 |
| | | | | | 注：城市分类方法见本书表 4-2 |
| 产业低碳 | 10% | 战略性新兴产业占 GDP 比重 | 5% | % | 实际值/控制目标值（15%）的比值即为得分 |
| | | | | | 注：控制目标值 15%是“十三五”国家战略性新兴产业发展规划的目标值 |
| | | 规模以上工业增加值能耗下降率 | 5% | % | 规模以上工业增加值能耗下降率达到或超过所在城市分类的平均水平（目标值）得 1 分 |
| | | | | | 未达到所在城市分类的平均水平（目标值），则实际值/目标值的比值即为得分 |
| | | | | | 若出现上升趋势，得 0 分 |
| | | | | | 消费型城市：目标值为 8.52% |
| | | | | | 工业型城市：目标值为 11.28% |
| | | | | | 综合型城市：目标值为 8.48% |
| | | | | | 生态型城市：目标值为 6.57% |
| 能源低碳 | 10% | 非化石能源占一次能源消耗比重 | 5% | % | 达到或超过各城市所在省份的控制目标值，得 1 分 |
| | | | | | 未达到各城市所在省份的控制目标值，则实际值与控制目标值的比值即为得分 |
| | | | | | 若所在省份未设置控制目标，则达到或超过全国平均水平（12%），得 1 分 |
| | | | | | 若所在省份未设置控制目标，且未达到全国平均水平，则实际值与全国平均水平（12%）的比值即为得分 |
| | | | | | 注：全国平均水平 12%为 2015 年非化石能源占一次能源消耗的实际比重 |
| | | 煤炭占一次能源消耗比重 | 5% | % | 达到各城市省级及以上控制目标值，得 0.5 分 |
| | | | | | 未达到各城市省级控制目标值，则控制目标值与实际值的比重/2 |
| | | | | | 若未设置控制目标值，则 1－煤炭消费量实际占比/2 即为得分 |

续表

| 重要领域 | 权重 | 核心指标 | 权重 | 单位 | 评分标准 |
| --- | --- | --- | --- | --- | --- |
| 交通低碳 | 6% | 城市公共交通站点500m覆盖率 | 3% | % | 实际值即为得分 |
| | | 万人公共汽(电)车拥有量 | 3% | 辆 | 万人公共汽(电)车拥有量达到或超过所在城市分类水平的平均值，得1分 |
| | | | | | 未达到城市分类的平均值，则按照实际值与分类平均值的比值即为得分 |
| | | | | | 城区常住人口1000万以上：万人公共汽(电)车拥有量达到或超过15辆 |
| | | | | | 城区常住人口500万～1000万：万人公共汽(电)车拥有量达到或超过13辆 |
| | | | | | 城区常住人口300万～500万：万人公共汽(电)车拥有量达到或超过10辆 |
| | | | | | 城区常住人口300万以下：万人公共汽(电)车拥有量达到或超过7辆 |
| 建筑低碳 | 6% | 城市居住建筑节能率 | 3% | % | 居住建筑节能率即为得分 |
| | | 绿色建筑占新建建筑比例 | 3% | % | 绿色建筑占新建建筑比例即为得分 |
| 消费低碳 | 6% | 城市居民人均日用水量 | 3% | L | 达到《城市居民生活用水量标准》(GB/T 50331—2002)中分区标准，得1分 |
| | | | | | 未达到《城市居民生活用水量标准》(GB/T 50331—2002)的分区标准值或超过分区标准值，得分为1－超出率(未达标率) |
| | | | | | 一区：黑龙江、吉林、辽宁、内蒙古城市居民人均日用水量为80～135L |
| | | | | | 二区：北京、天津、河北、山东、河南、山西、陕西、宁夏、甘肃城市居民人均日用水量为85～140L |
| | | | | | 三区：上海、江苏、浙江、福建、江西、湖北、湖南、安徽日用水量为120～180L/人 |
| | | | | | 四区：广西、广东、海南城市居民人均日用水量为150～220L |
| | | | | | 五区：重庆、四川、贵州、云南城市居民人均日用水量为100～140L |
| | | | | | 六区：新疆、西藏、青海城市居民人均日用水量为75～125L |
| | | 人均生活垃圾日产生量 | 3% | kg | 低于或达到全国平均水平1kg，得1分 |
| | | | | | 高于全国平均水平，则全国平均水平(1kg)与实际值的比值即为得分 |
| | | | | | 注：全国平均水平1kg为2015年人均生活垃圾实际日产生量 |

续表

| 重要领域 | 权重 | 核心指标 | 权重 | 单位 | 评分标准 |
|---|---|---|---|---|---|
| 环境低碳 | 6% | 人均公园绿地面积 | 3% | $m^2$ | 达到或超过各城市所在省级控制目标值，得1分 |
| | | | | | 未达到各城市所在省级控制目标值，则实际值与控制目标的比值即为得分 |
| | | $PM_{2.5}$浓度 | 3% | $\mu g/m^3$ | 目标值（$35\mu g/m^3$）与城市$PM_{2.5}$浓度的比值即为得分 |
| | | | | | 注：$35\mu g/m^3$为国家《环境空气质量标准》（GB/T 309—2012）二级标准的年均浓度值 |
| 土地利用低碳 | 6% | 单位面积$CO_2$排放 | 3% | 万t/（$km^2\cdot a$） | 目标值［0.65万t/（$km^2\cdot a$）］与城市单位面积$CO_2$排放量的比值即为得分 |
| | | | | | 注：目标值为三批低碳试点城市的平均值 |
| | | 森林覆盖率 | 3% | % | 森林覆盖率实际值即为得分 |
| 低碳政策 | 10% | 节能减排和应对气候变化资金占财政支出比重 | 5% | % | 实际值与目标值（5.8%）的比值即为得分 |
| | | | | | 注：深圳是全国低碳城市建设较好的城市之一，因此目标值5.8%以深圳节能减排和应对气候资金占财政支出的实际比重作为目标值 |
| | | 碳排放管理情况 | 5% | — | 建立低碳发展领导小组，市委书记/市长是低碳发展领导小组成员，得0.2分 |
| | | | | | 城市规划明确指出了碳排放达峰目标，得0.1分 |
| | | | | | 城市规划明确指出了温室气体排放总量控制及强度“双控”目标，得0.2分 |
| | | | | | 能源消费和碳排放的指标纳入当地统计公报，得0.1分 |
| | | | | | 编制温室气体清单，并常态化，得0.2分 |
| | | | | | 建立碳排放目标责任制，包括温室气体排放指标分解、监测、考核，并开展评估工作，得0.2分 |

3. 低碳城市的评价方法

（1）统计指标的正向化和无量纲化处理。在建立的评价指标中，由于各指标的产生方法不同，量纲不同，不能进行简单的综合运算，需要对其进行标准化处理。由于有些是正向指标，有些是逆向指标，同时各个指标之间的量纲不同，如果直接运用这些指标对低碳社会进行评价就存在不合理性，因此，有必要对这些指标进行正向化和无量纲化处理。具体步骤如下：

第一步，指标的正向化处理。根据所选择的低碳社会评价指标，指标不可能取值为零，因此，对逆向指标可以通过如下公式进行正向化处理：

$$x^* = \frac{1}{x'}$$

式中，$x'$为逆向指标的原始数；$x^*$为该指标的正向化指标值。对于适度指标，则可以运用下面公式进行正向化处理：

$$x^{*}=\sqrt{\left(x'-x^{0}\right)^{2}}$$

式中，$x'$ 为逆向指标的原始数值；$x^{*}$ 为该指标的正向化指标值；$x^{0}$ 为该指标的适度值。通过上述数值正向化处理，就能体现出该指标的数值越大，反映该区域低碳社会发展水平越高。

第二步，指标的无量纲化处理。通过对区域社会发展评价指标的正向化处理，各个指标的离散程度发生了很大的变化，同时，由于各个指标之间量纲的不同，也就是各个指标之间的数值大小缺乏可变性。为了使各个指标数值有可比性，需要对所有的评价指标进行无量纲化处理。

$$X=\frac{x^{*}-x_{\min}^{*}}{x^{*}-x_{\max}^{*}}$$

式中，$X$ 为指标归一化后的指数；$x^{*}$ 为该指标的正向化指标值；$x_{\max}^{*}$ 和 $x_{\min}^{*}$ 分别为该指标区域各评价个体的最大值和最小值。

(2)指标权重的确定。评价指标的权重是对各个评价指标在整个评价指标体系中相对重要性的数量表示，权重确定的科学合理与否对综合评价结果和评价工作质量有决定性的影响。因此，权重的确定过程是综合评价过程中的核心环节。由于各评价指标在指标体系中的重要程度不同，需要根据各指标对目标层的影响程度赋予其权重。

针对赋权这一问题，已有研究主要采取两种方法：一种取向是德尔菲法，即通过调查专家对指标多轮评价，反复征询、分析归纳、修改完善，最后形成专家基本一致的权重数；另一种取向是数据导向，采用探索式因子分析或数据包络分析来计算各指标之间的相互关系，通过对这些相互关系进行比较来获得各指标的权重。其中，德尔菲法操作复杂，适合没有任何参照的研究。低碳发展评价体系建构方面已有了很多前期积累，很多早期研究正是采取了德尔菲法；对于数据取向的两种方法来说，数据包络分析是一种极其严谨的数学过程，实际可操作性较低；而探索式因子分析虽然操作简便又不失严谨性，但其最大的缺点是维度的不可预测性，也就是说，探索式因子分析无法保证每次均能获得经济发展、社会支撑、自然环境、低碳能耗、低碳排放和低碳技术六个评价方面，因此，仅适用于对评价指标所属维度进行初步探索，另外，对已经建立清晰的因子结构或维度的项目，可以采用验证性因子分析来获得各指标的权重，在此基础上进一步探讨每个因子或维度中各个指标相互的重要性，从而获得每个指标的权重。

(3)指标值的综合合成方法。指标值的综合合成方法有许多，常用的有线性加

权合成法、乘法合成法、加乘混合合成法等，以 $X$ 表示发展程度，则

$$X = \sum X_{ij} Y_{ij}$$

式中，$X_{ij}$ 为标准化后的无量纲指标；$Y_{ij}$ 为相应指标权重。

以下是中国社会科学院城市发展与环境研究所 PSC-1 课题组的低碳城市建设评价方法主要思路：

由于各个数值反映了不同指标的大小，而且不同指标在整个评价体系中的地位和重要程度也不尽相同，特别是不同指标的计量单位存在较大差异，这使得不同指标之间没有直接的可比性。因此，需要对原始数据进行标准化处理，以消除指标量纲影响。

本节主要采用线性无量纲方法，即

$$Y_i = \frac{X_i - \min X_i}{\max X_i - \min X_i} k + q$$

转换步骤：

第一步，对每项指标分别计算各城市的最大值 $\max X_i$ 和最小值 $\min X_i$；

第二步，计算极差：$R = \max X_i - \min X_i$；

第三步，计算各项评价指标的无量纲化值 $(Y_i)$。

上述公式可以根据数值大小的不同含义分为正向指标和逆向指标。

其公式为

正向指标(越大越好)，$Y_i = \frac{X_i - \min X_i}{\max X_i - \min X_i} \times 40 + 60, \quad Y_i \in [60,100]$

逆向指标(越小越好)，$Y_i = \frac{\max X_i - X_i}{\max X_i - \min X_i} \times 40 + 60, \quad Y_i \in [60,100]$

式中，$X_i$ 为指标的实际值；$Y_i$ 为评价指标的无量纲标准化值。

### (二)南昌市低碳城市建设指标

为促进南昌市低碳城市建设，从发展低碳城市的内涵和特点出发，按照指标体系的构建原则，本书依据中国社会科学院城市发展与环境研究所 PSC-1 课题组产出的低碳城市评估指标体系及评分细则，对南昌市各领域的指标进行详细分析和评估。

#### 1. 宏观指标

2011～2015 年南昌市的 GDP 稳步增长，能源消费总量也在持续增加，2015 年达到 1377.84 万 tce，人均 GDP 为 75879 元。2008 年之后，二氧化碳排放总量和

人均 $CO_2$ 排放量逐年升高，2015 年分别为 2971.43 万 $tCO_2$ 和 5.71$tCO_2$。随着技术的进步和节能减排工作的推进，南昌市单位 GDP 二氧化碳排放在逐年下降，由 0.974$tCO_2$/万元下降为 0.780$tCO_2$/万元，如图 3-3 所示。但从单位 GDP 二氧化碳年度下降率可以看出，2013 年的下降率较低，2013 年之后南昌市人民政府严抓二氧化碳的控排，单位 GDP 二氧化碳排放下降率保持在 6%左右。

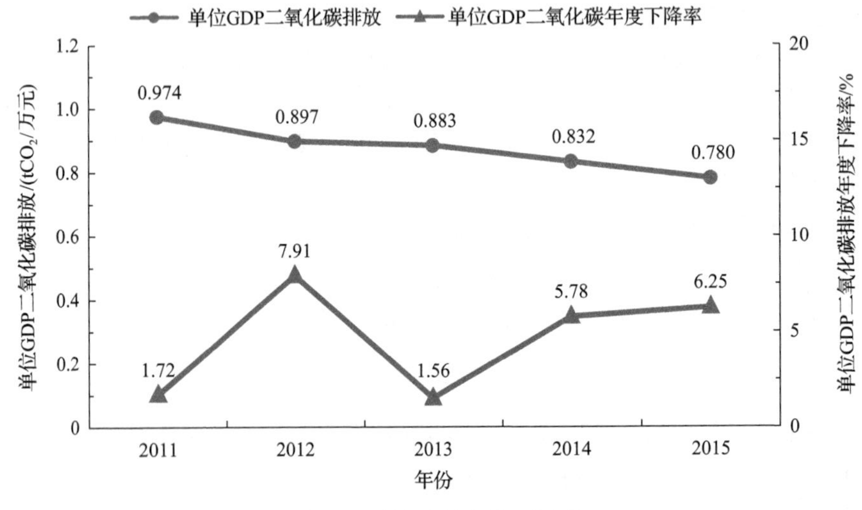


图 3-3　碳强度及年均下降率

从南昌市的二氧化碳排放结构看，煤炭消费依然是二氧化碳排放的主要来源，如图 3-4 所示。虽然 2011～2015 年二氧化碳排放总量在逐年增加，在排放结构中

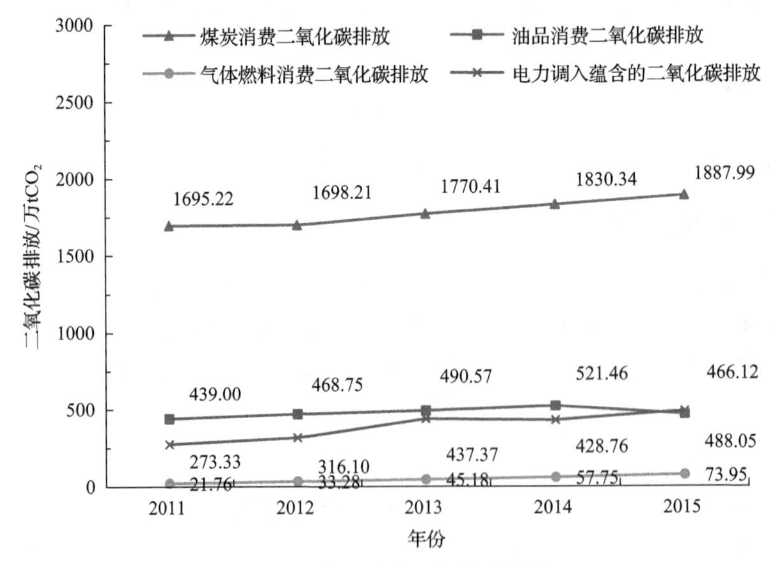


图 3-4　主要领域二氧化碳排放

所占份额在逐年降低，不过依然占全部碳排放的64%以上，油品消费产生的二氧化碳排放量在2015年下降到466.12万$tCO_2$。电力调入蕴含的二氧化碳排放量逐年增长，2015年为488.05万$tCO_2$，占比16.7%。虽然气体燃料消费产生的二氧化碳排放量也逐年增长，但是所占比例较低，2015年仅为2.5%。

2. 产业发展指标

2015年，全市规模以上工业35工业大类中农副产品加工业、计算机、通信和其他电子设备制造业、化学原料和化学品制造业、汽车制造业等15个行业增速高于全市平均水平。大力发展战略性新兴产业，有利于南昌市的快速发展和经济腾飞，但是南昌市的战略性新兴产业还处于发展初期。

2015年江西省战略性新兴产业增加值占规模以上工业的13%，按照这个比例可以推算南昌市2015年战略性新兴产业增加值占GDP比重。2015年南昌市规模以上工业增加值1451.84亿元，南昌市地区生产总值为4000.01亿元，则2015年南昌市战略性新兴产业增加值188.7392亿元，占GDP比重为4.72%，距国家2015年8%的标准还有一段距离，距2020年15%的标准相差甚远。这主要是南昌市的传统工业比重大，战略性新兴产业比重小的产业结构造成的。目前，要提高南昌市战略性新兴产业增加值占GDP比重，必须优化产业结构，大力发展战略性新兴产业，提高产业比重。

2011～2015年，南昌市在经济稳步发展的同时，三产结构也在逐步改变，其中二产比重在以小幅度下降，三产以小幅度增长，2015年三产结构为4.3∶54.5∶41.2。规模以上工业单位工业产值能耗呈逐年下降的趋势，2015年规模以上工业单位工业产值能耗略有增长，增长率为4.85%。

3. 能源利用指标

在《南昌市国民经济和社会发展第十三个五年(2016—2020)规划纲要》中提到，2015年非化石能源占一次能源比重7%，而《江西省国民经济和社会发展第十三个五年规划纲要》中指出江西省2015年的规划指标为10%。在《江西省“十三五”能源发展规划》能源结构优化调整目标中提出，2015年煤炭在能源消费总量中的比重仍然高达69.7%。按照江西省统计局提供的南昌市能源平衡表数据，一次能源按照煤炭、石油、天然气、可再生能源中的秸秆和薪柴量、清洁能源计算，非化石能源按照秸秆和薪柴量、清洁能源计算。2015年南昌市煤炭消费总量为709.77万tce，一次能源消费总量为1094.98万tce，则2015年南昌市的煤炭消费占一次能源消耗的比重为64.82%。

4. 交通发展指标

依据2014年7月15日江西省正式发布的《江西省新型城镇化规划(2014—2020年)》，提出到2020年，南昌等城市实现中心城区公共交通站点500m全覆盖。

到 2018 年，南昌市公交站点 500m 覆盖率由 86.19%提高到 100%，按照平均值估算 2015 年城市公共交通站点 500m 覆盖率至少达到 90%。2015 年南昌市拥有公共汽(电)车 3305 量，城区常住人口为 300.5 万人，万人公共汽(电)车拥有量为 11 辆，居全国第 70 位。

5. 建筑发展指标

南昌市的新建建筑节能工作从 2006 年起步，主要通过建筑节能设计审查备案制度和对在建工程建筑节能专项检查工作机制，以及建筑节能专项验收核查制度，来实现对建筑围护结构保温系统包括外墙保温、屋面保温、门窗系统等的监督管理。截至 2016 年累计完成建筑节能工程建设约 6500 万 $m^2$，设计和施工阶段执行建筑节能强制性标准比例均达到 100%。《南昌市推进绿色建筑发展管理工作实施细则(试行)》(洪建发〔2014〕1 号)中第二条提出，到 2015 年，全市绿色建筑面积占新建建筑面积的 20%以上。

6. 消费方式指标

按照《2016 中国省市经济发展年鉴》中城市人均日生活用水量的数据显示，2015 年南昌市的城市居民人均用水量为 230.9L，居全国 36 位，用水普及率达到 98.88%，居全国 168 位。按照南昌市某水体达标方案设计指标，城镇人口人均每日产生生活垃圾 1kg，农村人口人均每日产生生活垃圾 0.5kg 来计算，2015 年南昌市城镇人口 3794765 人，农村人口 1508149 人，则南昌市人均生活垃圾日产生量为 0.86kg。

7. 环境发展指标

按照《2016 中国省市经济发展年鉴》中城市公园绿地面积(辖区)的数据显示，2015 年南昌市公园绿地面积为 11963 万 $m^2$，全国排名 37，城区人均公园绿地面积 12.04$m^2$，接近江西省人均公园绿地面积 13$m^2$。城镇生活污水处理率为 91.85%、生活垃圾无害化处理率为 100%。根据 2012～2015 年南昌市环境质量概要，2015 年 $PM_{2.5}$ 浓度值为 43μg/$m^3$。空气质量达标率为 86.3%，主要空气污染物中二氧化硫(19μg/$m^3$)、二氧化氮(31μg/$m^3$)达到国家二级标准，但细颗粒物(43μg/$m^3$)和可吸入颗粒物(75μg/$m^3$)仍超过国家二级标准。与 2014 年相比，空气质量继续向好，全市空气质量达标率上升，细颗粒物、可吸入颗粒物、二氧化硫、二氧化氮等空气污染物浓度有不同程度的下降。

8. 土地利用发展指标

根据南昌市的区划面积 7402.36$km^2$ 和 2015 年的碳排放总量 2971.43 万 $tCO_2$，可计算得到 2015 年南昌市的单位面积 $CO_2$ 排放为 0.40 万 t/$km^2$。2015 年南昌市的森林覆盖率达到 21.96%、活立木蓄积量为 522.1 万 $m^3$，《南昌市国家低碳城市试点工作实施方案》确定的目标均超额完成，各项主要指标均已达到或超过《国家森林城市评价指标》（GB/T 37342—2019）。

9. 政策法规指标

在低碳政策领域，南昌市制定了《南昌市低碳发展促进条例》，报省人大审议后已批准通过并于 2016 年 9 月 1 日起正式施行，成为我国第二个制定促进低碳发展立法的城市。根据《南昌市“十三五”工业节能规划》（洪府厅发〔2016〕16 号），南昌市在“十二五”期间市本级共投入财政资金 5000 万元，平均每年 1000 万元。获得中央财政关闭小企业补助资金、淘汰落后产能中央财政奖励资金、省级节能专项资金、省级工业清洁生产专项资金共计 5929 万元，平均每年 1185.8 万元。根据《南昌市 2016 年度控制温室气体排放目标责任评价考核自评估报告》，自 2014 年起南昌市设立了低碳发展专项资金，每年从市级财政安排 500 万元专项推动南昌市低碳发展。同时为规范专项资金使用、管理，提高财政资金使用效益，制定了《南昌市低碳发展专项资金管理办法(试行)》（洪发改规字〔2015〕28 号），并于 2015 年底正式印发。因此，2015 年，节能减排和应对气候变化资金综合约为 2685.8 万元，南昌市财政一般公共预算支出 5431789 万元，占财政支出比重为 0.05%。碳排放管理情况如下：

(1) 2010 年，南昌市成立了市政府主要领导任组长的低碳城市试点工作领导小组及办公室，负责组织和推动全市低碳试点工作；成立了低碳试点城市专家咨询组，对全市低碳试点工作提供技术指导和支持；成立了南昌市低碳促进会，在企业层面和民间层面推动低碳发展。

(2) 南昌市已经积极开展达峰等相关工作，已正式加入中国“率先达峰城市联盟”，承诺于 2018 年左右实现二氧化碳排放峰值，并力争在 2025 年达到峰值，这一年份设置的主要依据为：一是排放强度下降速率；二是服务业增加值占 GDP 比重提高速率；三是工业增加值增幅与工业用电量增幅比例的变化；四是节能减排与温室气体减排目标；五是市 GDP、城镇化及产业发展目标。

(3) 在推进低碳试点中，十分重视低碳生态领域的规划、政策等方面的研究工作。2009 年启动了为期一年的碳盘查项目，对碳排放进行了初步摸底，同时入选“英国战略方案基金低碳城市”试点；2011 年底，南昌市与奥地利国家科学院联合编制了《南昌市低碳城市发展规划(2011—2020 年)》。

(4) 根据国家发展和改革委员会批复，南昌市 2010 年成为国家首批低碳试点城市，2011 年正式印发了《南昌市国家低碳城市试点工作实施方案》，其后，每年市政府都下达《南昌市低碳试点城市推进工作实施方案》。

(5) 为掌握温室气体排放总量与构成，以及主要行业、重点企业和区域温室气体排放分布状况，南昌市组织开展了温室气体排放清单研究和编制工作，对温室气体的历史排放特别是 2006～2010 年的能源活动、工业生产过程、农业活动、土地利用变化和林业、废弃物处理等五大领域排放情况按省里要求提出了清单报告。

(6)根据江西省发展和改革委员会、江西省统计局《关于建立应对气候变化基础统计与调查制度及职责分工的通知》精神，南昌市下发了《关于建立应对气候变化基础统计与调查制度及职责分工的通知》(洪发改规字〔2014〕48号)，对建立应对气候变化基础统计与调查制度及职责分工等任务进行了安排部署，为应对气候变化统计工作提供切实保障。

(7)按照国家、省发展和改革委员会《关于请报送重点企(事)业单位碳排放相关数据的通知》要求，南昌市积极组织本地区主要排放行业重点企(事)业单位按时报送碳排放相关数据，做好国家和省碳排放配额总量测算、研究确定合理的配额分配方法的支撑工作。

(8)南昌市已将控制温室气体排放纳入南昌市“十二五”和“十三五”规划，提出了《南昌市低碳发展行动计划》，明确了温室气体减排目标。同时，南昌市对《南昌市国家低碳城市试点工作实施方案》涉及的重大任务分解到各县(区)、开发区(新区)和市直有关部门。将万元GDP能耗降幅、万元GDP二氧化碳排放量降幅、二氧化硫排放量降幅、化学需氧量排放量降幅等年度降低目标指标纳入南昌市2014年、2015年和2016年国民经济和社会发展计划，并分解落实到各县(区)、开发区(新区)。此外，南昌市人民政府制定并印发了《南昌市2015年节能减排低碳发展行动工作方案》，对全市能源总量(增量)控制目标进行了分解下达。

### (三)指标评估

#### 1. 评价结果

根据中国社会科学院城市发展与环境研究所PSC-1课题组制定的低碳城市建设指标评分体系进行评估，南昌市低碳城市建设得分为71.63分，具体评分情况见表3-19。

从南昌市低碳城市建设评估指标评分表可以看出，南昌市在能源低碳、交通低碳、环境低碳和土地利用低碳领域取得不错的成绩，特别是在环境和土地利用领域。在产业低碳领域、建筑低碳领域、低碳政策领域方面的评分不高。这些指标的得分高低均反映了南昌市在低碳方面的发展现状，所以南昌市低碳城市建设应该抓重点领域的低碳建设，有的放矢，同时，在取得一定成果的低碳领域稳步推进。

在宏观领域，随着经济的增长，能源消费总量和碳排放总量均有增长趋势。能源消费总量从2011年的1096.30万tce增长到2015年的1377.84万tce，平均每年增长5.88%，二氧化碳排放总量则以平均每年4.46%的速率增长，控制能源消费总量，提高能效，提高产品附加值，达到控制单位GDP二氧化碳排放的目标。

**表 3-19　低碳城市建设评估指标评分表**

| 重要领域 | 权重 | 核心指标 | 权重 | 单位 | 评分 | 得分/% |
|---|---|---|---|---|---|---|
| 宏观指标 | 40% | 碳排放总量 | 10% | 万 $tCO_2$ | 0.953 | 9.53 |
| | | 人均 $CO_2$ 排放量 | 10% | $tCO_2$ | 1 | 10 |
| | | 能源消费总量 | 10% | 万 tce | 0.94 | 9.40 |
| | | 单位 GDP 二氧化碳排放 | 10% | $tCO_2$/万元 | 0.987 | 9.87 |
| 产业低碳 | 10% | 战略性新兴产业占 GDP 比重 | 5% | % | 0.315 | 1.575 |
| | | 规模以上工业增加值能耗下降率 | 5% | % | 0 | 0 |
| 能源低碳 | 10% | 非化石能源占一次能源消耗比重 | 5% | % | 0.7 | 3.5 |
| | | 煤炭占一次能源消耗比重 | 5% | % | 0.5 | 2.5 |
| 交通低碳 | 6% | 城市公共交通站点 500m 覆盖率 | 3% | % | 0.9 | 2.7 |
| | | 万人公共汽(电)车拥有量 | 3% | 辆 | 1 | 3 |
| 建筑低碳 | 6% | 城市居住建筑节能率 | 3% | % | 0.5 | 1.5 |
| | | 绿色建筑占新建建筑比例 | 3% | % | 0.2 | 0.6 |
| 消费低碳 | 6% | 城市居民人均用水量 | 3% | L/d | 0.717 | 2.151 |
| | | 人均生活垃圾日产生量 | 3% | kg | 1 | 3 |
| 环境低碳 | 6% | 人均公园绿地面积 | 3% | $m^2$ | 0.926 | 2.778 |
| | | $PM_{2.5}$ 浓度 | 3% | $\mu g/m^3$ | 0.814 | 2.442 |
| 土地利用低碳 | 6% | 单位面积 $CO_2$ 排放 | 3% | 万 t/($km^2 \cdot a$) | 1.625 | 4.875 |
| | | 森林覆盖率 | 3% | % | 0.2196 | 0.659 |
| 低碳政策 | 10% | 节能减排和应对气候变化资金占财政支出比重 | 5% | % | 0.009 | 0.045 |
| | | 碳排放管理情况 | 5% | — | 0.3 | 1.5 |
| 合计 | | | | | | 71.63 |

在产业领域，南昌市的战略性新兴产业占 GDP 比重为 4.72%，可以看出南昌市的战略性新兴产业还处于发展阶段。规模以上工业增加值能耗在 2015 年略有增加，按照评分标准不予以得分。如果考虑减排措施，则应该从提高能效或优化企业用能类型等因素着手，战略性新兴产业占 GDP 比重和规模以上工业增加值能耗下降率评分结果分别为 0.315、0。

在能源消费领域，2015 年非化石能源占一次能源比重为 7%，没有完成江西省 2015 年国民经济和社会发展第十二个五年规划 10%的指标，但是煤炭消费占一次能源消耗的比重在下降，超出预期的 69.7%，下降近 5%左右。但是江西省能源消费以煤炭为主，比重长期在 70%左右，高于全国平均水平，而电煤消费占煤炭消费总量比重仅 40%左右，低于全国平均水平。全省水能资源已开发量达到技术可开发量的 84%，后续发展空间有限，风能、太阳能资源在全国均处于中下水平，生物质能蕴藏量虽较为丰富，但可利用规模小，内陆核电建设形势尚不明朗，非化石能源产能提升乏力，能源消费结构调整任务艰巨。因此，南昌市的煤耗主要是在工业领域，要控制煤炭消费量，就要在工业领域提高能效水平，淘汰落后产能和高耗能设备。

在建筑领域，南昌市的既有居住建筑节能率、绿色建筑占新建建筑比例均采用政府部门或者新闻网页数据，从数据上看，既有居住建筑节能率、绿色建筑占新建建筑比例均不高，评分结果分别为 0.5、0.2。

在消费领域，2015 年，南昌市城市居民人均用水量为 230.9L/d，按照《城市居民生活用水量标准》(GB/T 50331—2002)，南昌市的城市居民人均用水量超出率为 28.3%，人均生活垃圾日产生量为 0.86kg，低于全国平均水平，所以评分结果分别为 0.717、1。

在环境领域，南昌市森林覆盖率高，绿化面积较高，2015 年 $PM_{2.5}$ 浓度值为 43μg/m$^3$，超过世界卫生组织(WHO)提出的过渡期目标 1 的年均浓度值 35μg/m$^3$。人均公园绿地面积和 $PM_{2.5}$ 浓度的评分结果分别为 0.926、0.814。

在低碳政策领域，2015 年，节能减排和应对气候变化资金综合约为 2685.8 万元，南昌市财政一般公共预算支出 5431789 万元，占财政支出比重为 0.05%。根据南昌市碳排放管理情况，在南昌市启动低碳城市试点实施方案之后，南昌市已经建立低碳发展领导小组，市委书记/市长是低碳发展领导小组成员；在南昌市“十二五”单位地区生产总值二氧化碳排放降低目标责任考核中突出了 2015 年各县区(开发区、新区)的单位 GDP 二氧化碳排放降幅，对各地进行了碳排放指标分解。但是，至今南昌市还未进行碳排放达峰分析预测研究，在城市规划中不能明确碳排放达峰目标；没有进行正式的、系统的、全面的温室气体清单编制工作；在南昌市人民政府的统计公报中，还未涉及能源消费和碳排放相关信息；对碳排放目标责任制，南昌市还需要对温室气体进行监测和考核，并开展评估工作。所以南昌市要系统的、全面的管理碳排放工作，还需要把上述工作逐步完善，这也是南昌市低碳城市建设必须完成的任务。南昌市在此领域的两个指标考核范围内所做的工作不够，原因有二：一是南昌市经济欠发达，财政收入不足，造成了节能减排和应对气候变化资金不足；二是在碳排放管理方面，南昌市 2012 年和 2014 年温室气体清单、碳排放达峰路线图、明确“双控”目标等工作都还没有开展，主要体现在低碳意识不强和对低碳政策研究不足。节能减排和应对气候变化资金占财政支出比重和碳排放管理情况的评分结果分别为 0.009、0.3。

另外，南昌市进行低碳社会发展水平还存在很多问题和困难，如民众低碳意识和认识水平不强，应对低碳城市建设的相关数据整理、归档工作程序还不够完善，许多相关统计资料严重欠缺，或者缺乏相应的计量手段。只有当这些问题得到解决，才能为南昌市低碳城市建设的客观评价铺平道路。完善碳排放量的统计，以便为国家碳减排的科学决策提供客观依据，发挥正确引导作用。

依据中国社会科学院城市发展与环境研究所 PSC-1 课题组的项目产出成果，对低碳城市评价结果做出如下划分：考核评估结果分为优秀、良好、合格、不合格四个等级，考核评估得分 90 分及以上为优秀，80～89 分为良好，60～79 分为合格，60 分以下为不合格，其对应评价即为城区评级结果，如表 3-20 所示。因此，南昌市低碳城市评估等级为合格。

**表 3-20　低碳城市评价结果**

| 星级 | ★★★ | ★★ | ★ | 非低碳城区 |
| --- | --- | --- | --- | --- |
| 等级 | 优秀 | 良好 | 合格 | 不合格 |
| 分数 | 90 分及以上 | 80～89 分 | 60～79 分 | 0～59 分 |

2. 主要发现

在宏观指标评价中，碳排放总量、人均 $CO_2$ 排放量、能源消费总量、单位 GDP 二氧化碳排放四个核心指标得分均较高(90%以上)，与沿海发达城市相比，由于南昌市目前处于欠发达阶段，碳排放总量和人均 $CO_2$ 排放量以及能源消费总量较低是预料中的事情，在碳排放达峰以前，除单位 GDP 二氧化碳排放指标继续维持平稳外，其他指标均面临经济总量快速增长的挑战。

在产业低碳评价中，南昌市的战略性新兴产业占 GDP 比重评分仅为 31.5%，规模以上工业增加值能耗下降率不降反升，评分为 0，这两个指标明确地显示了产业发展所面临的挑战，即战略性新兴产业还处于发展阶段难以支撑大局，而传统支柱产业还处于高能耗高碳排放的增长阶段，产业结构调整是南昌市面临的重要挑战之一。

在能源低碳评价中，非化石能源占一次能源消耗比重评分为 0.7，煤炭占一次能源消耗的比重下降，评分为 0.5。指标显示水能、风能、太阳能、生物质能等非化石能源的分担率还是过低，煤炭结构虽然得分高(下降)，但是江西省能源消费以煤炭为主，比重长期在 70%左右，高于全国平均水平的现状依然没有改变，能源结构调整是南昌市面临的重要挑战之一。

在交通低碳评价中，城市公共交通站点 500m 覆盖率和万人公共汽(电)车拥有量两个指标的评分都较好，作为低碳交通试点城市之一，经过试点时间的建设，公共交通确实有了很大进步，但是依然改变不了南昌市交通资源短缺、交通需求旺盛的局面，在南昌市大都市规划的城市版图急速扩大和人口增长的驱动下，未来南昌市的交通低碳必定成为南昌市绿色低碳转型面临的重要挑战之一。

在建筑低碳评价中，城市居住建筑节能率、绿色建筑占新建建筑比例均不高，分别为 50%、20%，建筑低碳工作处于起步阶段，南昌市不仅面临低碳建筑发展的问题，更是面临大规模城市化建设的挑战，基础差和任务重双重压力让建筑低碳成为南昌市绿色低碳转型面临的重要挑战之一。

在消费低碳评价中，南昌市城市居民人均用水量和人均生活垃圾日产生量两个指标评分分别为71.7%和100%，作为水资源较为丰富的南方城市，消费低碳所面临的问题目前还暴露较少。

在环境低碳评价方面，南昌市作为生态优势城市，森林覆盖率高，绿化面积较高，人均公园绿地面积和$PM_{2.5}$浓度的评分都不错，分别为92.6%和81.4%，生态优势凸显。

在低碳政策评价中，节能减排和应对气候变化资金占财政支出比重和碳排放管理情况两个指标的评分都比较低，分别为0.9%和30%，南昌市经济欠发达，财政收入不足，造成了节能减排和应对气候变化资金不足，碳排放管理方面，一些基础性工作的缺失导致后续低碳工作难以开展，可以肯定的是低碳政策将成为南昌市绿色低碳转型面临的重要挑战之一。

另外，南昌市在消费低碳、环境低碳、土地利用低碳方面评分较高，南昌市在这些方面的基础较好，但或多或少地还存在一些问题，在低碳发展过程中，潜在的问题会随着社会的发展而逐渐暴露，原有的优势有可能会变成劣势，城市低碳建设更应该关注全局，视全领域为挑战，才不至于出现更多问题。

## 四、城市低碳发展政策选择

美国劳伦斯伯克利国家实验室与世界银行合作研发的城市低碳发展政策选择工具(Best Cities)在设计过程中考虑到了中国城市的数据可得性，所以数据的收集工具相对其他工具更容易，适合目前南昌市低碳相关数据的统计基础。作者应用Best Cities的数据分析结果，对南昌市低碳发展现状进行城市对标，并考虑行业提升潜力、政府权限、城市能力的情况对未来低碳城市发展的影响，从而对南昌市低碳领域进行优先排序并优选出适合南昌市的低碳发展政策清单。

### (一)Best Cities方法学

Best Cities是一种被用来为中国城市的地方政策制定者和城市规划人员提供节能减排政策参考的工具，采用的步骤包括编制能耗和碳排放清单、进行基准化分析以便制定目标、开展政策分析帮助中国城市选择并实施低碳发展战略。

Best Cities是一种动态决策工具，覆盖工业、公共建筑、居住建筑、交通、电力与热力、公共照明、水和废水、市政固体废弃物和城市绿地9个行业，可帮助中国政府地方政策制定者和城市规划人员从城市层面优化制定节能减排的战略，由3个功能模块组成：

(1)排放清单与基准化分析。该模块可以根据目标城市提供的相关信息生成温室气体排放清单。带有内置的数据库，拥有200多个城市的数据，可以将目标城市与数据库中的其他城市按照不同的城市特征进行比较，帮助目标城市确定节能减排的基准。并根据数据库所有的覆盖 9 个行业的 35 个关于节能减排的关键绩效指标(KPI)对目标城市进行基准化的分析，呈现目标城市的发展现状。

(2)行业优先排序。在上一个模块的基础上，该模块通过 3 个标准，即行业改进潜力、行业的碳排放、城市管理部门的权限，来对可以节能减排的行业进行优先排列。

(3)低碳发展政策分析。这个模块主要评估和分析目标城市在各行业可以采取的节能减排政策,并对政策进行优先排列。该模块带有针对 9 个行业的 72 项政策，通过对城市能力的评估，分析政策的碳减排潜力、政府初始成本和实施速度 3 项特征，并依据 3 项标准(城市在满足各项政策对人力资源需求方面的能力、财力状况及执行力)进行政策优先排序。

### (二)南昌市低碳发展政策选择

#### 1. 数据收集与整理

根据作者调研所得的南昌市相关部门资料和数据，参考中国统计年鉴、中国城建年鉴、南昌统计年鉴、能源平衡表、中国省市经济发展年鉴、南昌市环境质量概要、职能部门工作报告等资料，整理得到工具所需的南昌市经济、能源、环境、各行业能耗、产值等相关数据如表 3-21 所示。

**表 3-21　南昌市全市及各行业参数输入**

| | 指标参数 | 数值 | 单位 | 数据来源 | 年度 |
|---|---|---|---|---|---|
| 南昌市 | 总人口数 | 5302900 | 人 | 南昌统计年鉴 2016<br>(南昌市统计局，2016) | 2015 |
| | 一次能源消耗总量 | 1377.8 | 万 tce | 2015 年能源平衡表 | 2015 |
| | 温室气体排放总量 | 2971.43 | 万 $tCO_2e$ | 一次能源消费数据核算 | 2015 |
| | GDP | 40000140 | 万元 | 南昌统计年鉴 2016 | 2015 |
| | 人类发展指数得分 | 0.787 | — | 网络搜索 | 2016 |
| | 工业占 GDP 比重 | 41 | % | 南昌统计年鉴 2016 | 2015 |
| | 服务业占 GDP 比重 | 41 | % | 南昌统计年鉴 2016 | 2015 |
| | 城市人口(城市核心区) | 2418400 | 人 | 2016 中国省市经济发展年鉴 | 2015 |
| | 总占地面积 | 35890 | 万 $m^2$ | 2015 中国城建年鉴 | 2015 |
| | 城市占地面积(城市核心区) | 30730 | 万 $m^2$ | 2015 中国城建年鉴 | 2015 |
| | $PM_{2.5}$ 浓度 | 43 | $\mu g/m^3$ | 南昌市环境质量概要 | 2015 |
| | 氮氧化物浓度 | 31 | $\mu g/m^3$ | 南昌市环境质量概要 | 2015 |
| | 二氧化硫浓度 | 19 | $\mu g/m^3$ | 南昌市环境质量概要 | 2015 |
| | 空气质量(二级空气质量达标天数百分比) | 86 | % | 南昌市环境质量概要 | 2015 |

续表

| | 指标参数 | 数值 | 单位 | 数据来源 | 年度 |
|---|---|---|---|---|---|
| 工业 | 煤消费量 | 514.0698 | 万 t | 南昌统计年鉴 2016 | 2015 |
| | 焦炭消费量 | 136.4435 | 万 t | 南昌统计年鉴 2016 | 2015 |
| | 柴油消费量 | 3.8061 | 万 t | 南昌统计年鉴 2016 | 2015 |
| | 燃料油消费量 | 0.6424 | 万 t | 南昌统计年鉴 2016 | 2015 |
| | 汽油消费量 | 1.2453 | 万 t | 南昌统计年鉴 2016 | 2015 |
| | 煤油消费量 | 0.0229 | 万 t | 南昌统计年鉴 2016 | 2015 |
| | 液化石油气消费量 | 0.5858 | 万 t | 南昌统计年鉴 2016 | 2015 |
| | 天然气消费量 | 8871 | 万 $m^3$ | 南昌统计年鉴 2016 | 2015 |
| | 电力消费量 | 1287496 | 万 kW · h | 南昌统计年鉴 2016 | 2015 |
| | 热力消费量 | 49.7185 | $10^{10}$kJ | 南昌统计年鉴 2016 | 2015 |
| | 工业增加值 | 14518438 | 万元 | 南昌统计年鉴 2016 | 2015 |
| | 钢铁生产终端能源消耗量 | 270.514 | 万 tce | 南昌统计年鉴 2016 | 2015 |
| | 钢铁产量 | 354.2624 | 万 t | 南昌统计年鉴 2016 | 2015 |
| | 建材行业终端能源消费量 | 17.0784 | 万 tce | 南昌统计年鉴 2016（非金属制品业） | 2015 |
| | 建材行业增加值 | 583237 | 万元 | 南昌统计年鉴 2016（非金属制品业） | 2015 |
| | 水泥生产终端能源消费量 | 3 | 万 tce | 核查公司能耗折算 | 2015 |
| | 水泥产量 | 766.1475 | 万 t | 南昌统计年鉴 2016 | 2015 |
| | 化学生产终端能源消费量 | 8.6455 | 万 tce | 南昌统计年鉴 2016 | 2015 |
| | 化学行业增加值 | 858407 | 万元 | 南昌统计年鉴 2016 | 2015 |
| | 纺织生产终端能源消费量 | 7.5895 | 万 tce | 南昌统计年鉴 2016 | 2015 |
| | 纺织行业增加值 | 1018276 | 万元 | 南昌统计年鉴 2016 | 2015 |
| | 食品行业生产终端能源消费量 | 2.715 | 万 tce | 南昌统计年鉴 2016 | 2015 |
| | 食品行业增加值 | 299516 | 万元 | 南昌统计年鉴 2016 | 2015 |
| 公共建筑 | 煤消费量 | 6.42 | 万 t | 2015 年能源平衡表推算 | 2015 |
| | 燃料油消费量 | 1.66 | 万 t | 2015 年能源平衡表推算 | 2015 |
| | 液化石油气消费量 | 2.6 | 万 t | 2015 年能源平衡表推算 | 2015 |
| | 天然气消费量 | 6357 | 万 $m^3$ | 南昌天然气公司 | 2015 |
| | 电力消费量 | 313000 | 万 kW · h | 2015 年能源平衡表推算 | 2015 |
| | 公共建筑总面积 | 85545800 | $m^2$ | 年鉴、城建年鉴推算 | 2015 |
| | 城市有绿色标识的建筑总面积 | 7160000 | $m^2$ | 南昌市城乡建设委员会 | 2016 |
| | 城市所有建筑物总面积 | 320382465 | $m^2$ | 年鉴、城建年鉴推算 | 2015 |
| | 全市区域供热总量 | 95.38 | $10^{10}$kJ | 2015 年能源平衡表推算 | 2015 |

续表

| | 指标参数 | 数值 | 单位 | 数据来源 | 年度 |
|---|---|---|---|---|---|
| 居住建筑 | 煤消费量 | 3.1 | 万 t | 2015 年能源平衡表 | 2015 |
| | 液化石油气消费量 | 4.1359 | 万 t | 2015 年城市建设统计年鉴 | 2015 |
| | 天然气消费量 | 6997 | 万 $m^3$ | 南昌天然气公司 | 2015 |
| | 电力消费量 | 333400 | 万 kW·h | 2015 年能源平衡表 | 2015 |
| 交通 | 公共交通线路的范围 | 2.15 | km/$km^2$ | 南昌市创建国家公交都市 2016 年度工作报告 | 2016 |
| | 公交出行比重 | 35 | % | 南昌市创建国家公交都市 2016 年度工作报告 | 2016 |
| 电力与热力 | 城市电力来自可再生能源的供应量 | 122000 | 万 kW·h | 推算代入 | 2015 |
| | 全市电力供应总量 | 1532000 | 万 kW·h | 2015 年能源平衡表 | 2015 |
| 公共照明 | 城市公共照明(电网连接)的用电量 | 7500 | 万 kW·h | 2013 江西城建年鉴数据推测 | 2015 |
| | 城市有灯光照明道路的总长度 | 1411 | km | 2015 中国城市建设统计年鉴 | 2015 |
| 水和废水 | 柴油消费量 | 0.0198 | 万 t | 南昌统计年鉴 2016 | 2015 |
| | 汽油消费量 | 0.0265 | 万 t | 南昌统计年鉴 2016 | 2015 |
| | 电力消费量 | 25882 | 万 kW·h | 南昌统计年鉴 2016 | 2015 |
| | 供水相关的能耗总量 | 3.2487 | 万 tce | 南昌统计年鉴 2016 | 2015 |
| | 全市年度供水量 | 39829.23 | 万 t | 中国城建统计年鉴 | 2015 |
| | 全市年度废水处理量 | 31641 | 万 t | 中国城建统计年鉴 | 2015 |
| 固体废弃物 | 垃圾填埋 | 63.69 | 万 t | 中国城建统计年鉴 | 2015 |
| | 堆肥 | 0.22 | 万 t | 中国城建统计年鉴 | 2015 |
| 城市绿地 | 城市绿地总面积 | 11963 | 万 $m^2$ | 2016 年中国省市经济发展年鉴 | 2015 |

在数据收集整理过程当中，公共建筑能源消耗及公共建筑总面积数据最难获取。

1）公共建筑能耗数据处理

在能源平衡表中：公共建筑能耗主要集中在第三产业的“批发、零售业和住宿、餐饮业”和“其他”子类别里，但“交通运输、仓储和邮政业”还包含部分公共建筑能耗；而“批发、零售业和住宿、餐饮业”和“其他”中也包含部分交通能耗。因此，作者参考中国建筑节能协会联合能耗统计专业委员会发布的《中国建筑能耗研究报告(2016)》计算公共建筑能耗：

公共建筑能耗=“批发、零售业和住宿、餐饮业”能耗+“其他”能耗–“批发、零售业和住宿、餐饮业”交通能耗–“其他”交通能耗+“交通运输、仓储和邮政业”建筑能耗，式中，“批发、零售业和住宿、餐饮业”交通能耗和“其他”交通能耗主要为汽油消耗量的 95%和柴油消耗量的 35%；“交通运输、仓储和邮政业”部门的能源消耗中所有的煤炭消耗和 70%的电力消耗为该部门的公共建筑能耗。

2) 公共建筑面积数据处理

在 2000 年城建年鉴中有南昌市年末全市实有房屋建筑面积及年末全市实有住宅建筑面积的数据，此后的年鉴中均无记载。2001～2015 年的城建年鉴中仅有分类建筑的用地面积的统计数据，南昌统计年鉴中则有历年新增房屋建筑面积和新增住宅建筑面积。实际上城镇年末实有房屋建筑面积和住宅面积之差包含了公共建筑和工业建筑(或称生产性建筑)两类。因此，本书根据 2000 年的基准数据逐年累加新增建筑面积并适当扣减房屋拆改面积，从而确定 2001～2015 年南昌市全市实有房屋建筑面积及年末全市实有住宅建筑面积，2001～2015 年全市公共建筑与工业建筑面积之和从此获取，计算公式为

城镇公共建筑面积+工业建筑面积=年末房屋建筑面积–住宅建筑面积

因而只需确定城镇公共建筑和工业建筑面积比例，即可得到 2001～2015 年公共建筑面积数据，而此比例与公共建筑用地和工业用地存在如下关系式：

$$\frac{S_c}{S_I}=\frac{k_c L_c}{k_I L_I}=\frac{k_c}{k_I}\cdot\frac{L_c}{L_I}$$

式中，$S_c$ 为城镇公共建筑面积；$S_I$ 为城镇工业建筑面积；$L_c$ 为城镇公共建筑建设用地面积；$L_I$ 为城镇工业建设用地面积；$k_c$ 为城镇公共建筑平均容积率；$k_I$ 为城镇工业建筑平均容积率。

$L_c$ 和 $L_I$ 可从城乡建设统计年鉴中获取，因此式中只存在 $S_c/S_I$ 和 $k_c/k_I$ 两组变量。而城市公共建筑或工业建筑平均容积率在短时间内变化很小，这会使得 $k_c/k_I$ 变化范围很小。根据这一特点，通过对 $S_c/S_I$ 进行模拟计算，选择使得 $k_c/k_I$ 在 2001～2015 年变化最小的 $S_c/S_I$，从而得到 2001～2015 年的公共建筑面积。最终处理所得到的 2011～2015 年分类建筑面积如表 3-22 所示。

**表 3-22　南昌市 2011～2015 年分类建筑面积**

| 年份 | 全市住宅建筑面积/万 $m^2$ | 公共建筑面积/万 $m^2$ | 生产性建筑面积/万 $m^2$ |
|---|---|---|---|
| 2011 | 9692.58 | 3470.13 | 2642.71 |
| 2012 | 11431.98 | 4724.90 | 2703.17 |
| 2013 | 13732.97 | 5663.52 | 3222.26 |
| 2014 | 16413.65 | 7226.30 | 3185.36 |
| 2015 | 19637.10 | 8554.58 | 3846.57 |

2. 排放清单和基准化分析

输入城市与行业数据后，Best Cities 会生成城市的能耗和碳排放清单，得出9个行业各自的最终能耗和二氧化碳排放当量(工具中计算包括二氧化碳和甲烷)。根据作者调研所得的南昌市相关部门资料和数据，参考中国统计年鉴、中国城建年鉴等资料，整理工具所需的相关基础数据输入 Best Cities，从而得到南昌市的能耗和碳排放清单。排放清单显示工业行业排放量最大，公共建筑、居住建筑和交通分别排名第二、三、四位。工业行业消费能源 927.69 万 tce，排放二氧化碳 2503.85 万 $tCO_2e$；公共建筑消费能源 410.44 万 tce，排放二氧化碳 356.02 万 $tCO_2e$；居民建筑消费能源 123.29 万 tce，排放二氧化碳 308.65 万 $tCO_2e$；交通消费能源 96.71 万 tce，排放二氧化碳 207.25 万 $tCO_2e$，如表 3-23 所示。

**表 3-23　南昌市 2015 年能源消费及碳排放清单**

| 终端使用行业 | 能源消费量/万 tce | 二氧化碳排放量/万 $tCO_2e$ |
| --- | --- | --- |
| 工业 | 927.69 | 2503.85 |
| 公共建筑 | 410.44 | 356.02 |
| 居住建筑 | 123.29 | 308.65 |
| 交通 | 96.71 | 207.25 |
| 公共照明 | 2.35 | 6.16 |
| 水和废水 | 11.44 | 21.55 |
| 固体废弃物 |  | 1.63 |
| 城市绿地 |  | –119.63 |

注：能源消费量及二氧化碳排放量的计算是基于一次能源。行业能源消费量及二氧化碳排放量已包含电力与热力的消费量及二氧化碳排放量。

根据 Best Cities 计算的碳排放清单结果，选取北京市、天津市、深圳市、石家庄市、杭州市、上海市和广州市 7 个城市 2015 年的碳排放情况与南昌市进行对比分析(选取说明：基于 PSC 项目所研究的北京市、天津市、深圳市、石家庄市、贵阳市和南昌市 6 个城市进行比较，但 Best Cities 中缺少贵阳市 2015 年的数据，因此未列入对比；另考虑国内低碳试点城市工作成效较为突出的杭州市、上海市、广州市加入对比)。

图 3-5 和图 3-6 分别对人均一次能源消费量和人均温室气体排放量进行城市对比，分析显示：2015 年，南昌市的人均一次能源消费量为 5.11tce，在所选的 8 个城市中较高，排名第二；但人均温室气体排放量为 6.63$tCO_2e$，在所选的 8 个城市中最低。这说明南昌市的单位能源碳排放量较低，能源消费相比较而言属于低碳化能源结构。

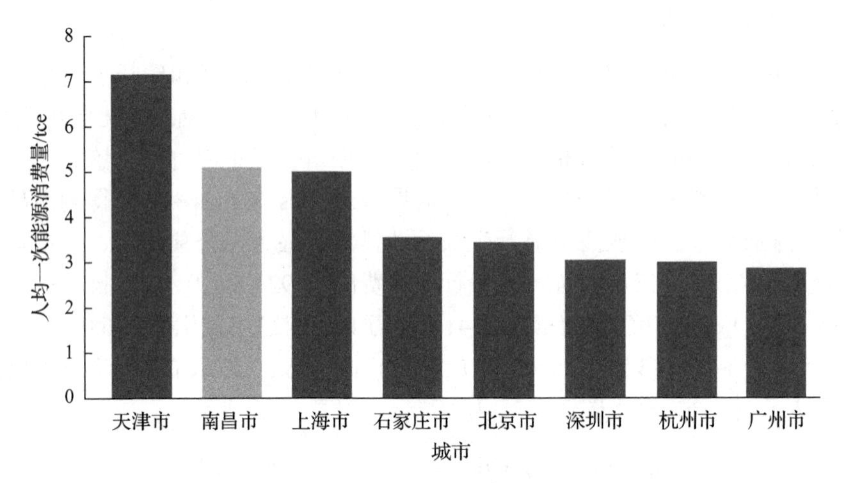


图 3-5　人均一次能源消费量城市对比

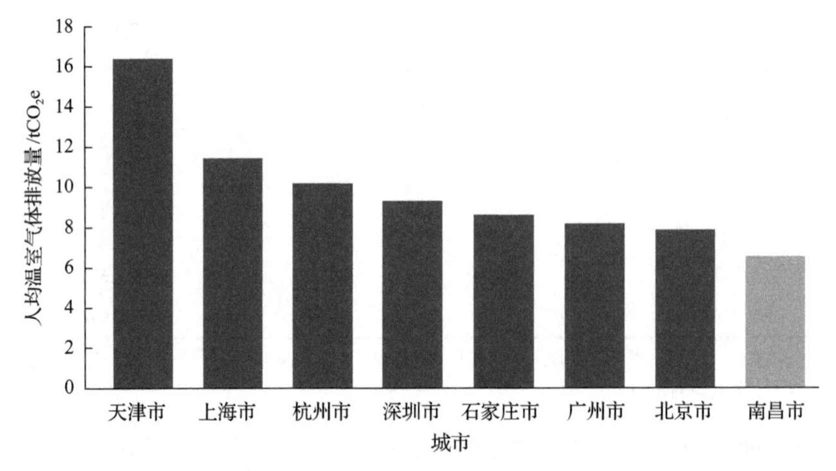


图 3-6　人均温室气体排放量城市对比

图 3-7 和图 3-8 分别对能源强度和碳强度进行城市对比，分析显示：2015 年，南昌市的能源强度为 0.67tce/万元，在所选的 8 个城市中较高，排名第三；但碳强度为 0.88t$CO_2$e/万元，在所选的 8 个城市中较低，排名第六。这说明南昌市的产业属于相对低碳化的产业结构，仅高于广州市、深圳市。

2015 年，南昌市工业能源强度为 0.63tce/万元。因 Best Cities 中仅有其他 7 个城市 2014 年的数据，因此对标数据为 2014 年。图 3-9 对工业能源强度进行城市对比，对比分析显示：2014 年南昌市的工业能源强度为 0.65tce/万元，在所选的 8 个城市中较靠后，排名第五，仅高于北京市、深圳市和广州市。

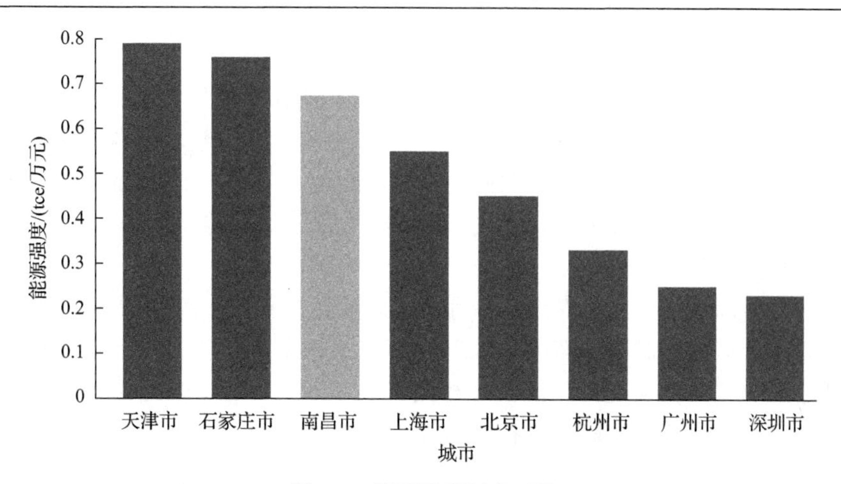


图 3-7　能源强度城市对比

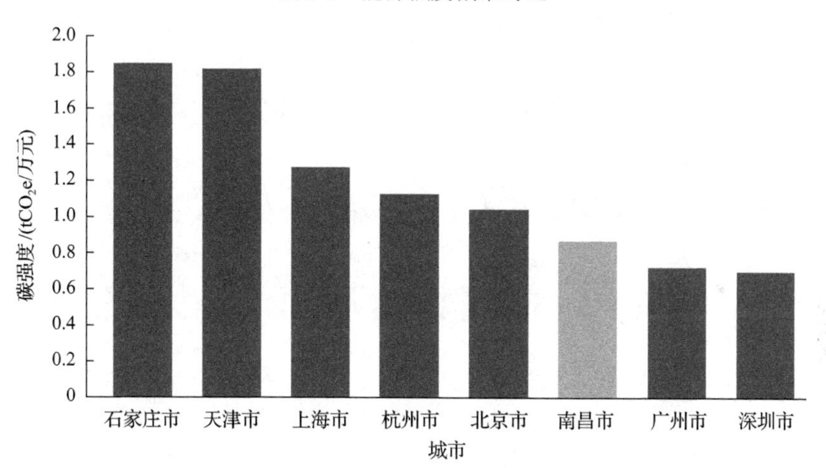


图 3-8　碳强度城市对比

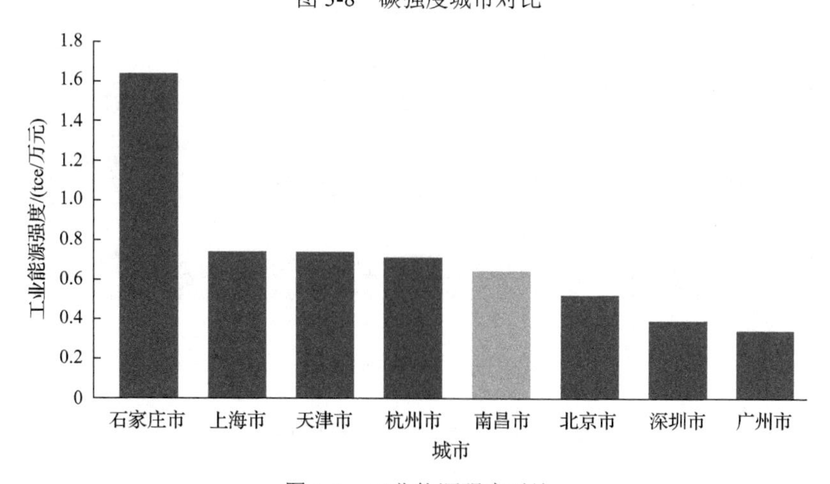


图 3-9　工业能源强度对比

3. 行业优先排序

根据基准化对标模块中的数据库，Best Cities 根据同级别节能减排绩效较好城市的潜力值计算各行业的节能减排潜力。计算结果显示：电力与热力行业提升潜力最大，达 66%；其后依次为公共照明、城市绿地、工业、居住建筑、公共建筑、交通、水和废水、固体废弃物。为对行业进行优先排序，需进一步设置政府对各行业采取减排措施的控制权限。

作者根据调研资料，对南昌市各行业的政府控制权限设置如图 3-10 所示，工业行业的减排措施控制权限较高，公共建筑、水和废水以及固体废弃物的执政权限也可达到 60%。而交通部门因出现权限分散在多个部门，因此相关节能减排工作需多部门合作协调，政府控制权限被设置为 50%。

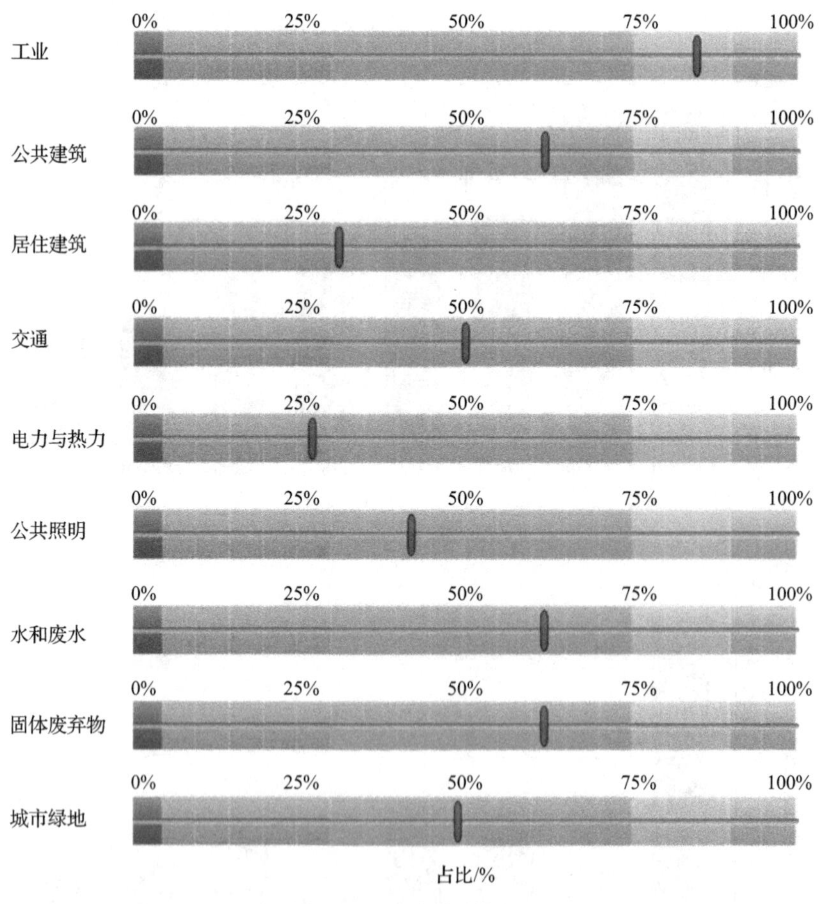


图 3-10　政府控制权限

根据行业二氧化碳排放量、提升潜力以及政府权限的评估情况，依据公式：

行业优先得分=行业提升潜力(%)×|行业二氧化碳排放量|(万 $tCO_2e$)×政府权限

计算得到各行业的行业总分进行优先顺序排序，排序结果如表3-24所示。工业行业排名第一，电力与热力紧随其后，然后依次是公共建筑、城市绿地、居住建筑、交通、公共照明、固体废弃物、水和废水。由此可以确认南昌市前五个优先行业的减排潜力达61%，其中工业减排潜力可达1127万 $tCO_2e$，电力与热力、公共建筑、城市绿地和居住建筑减排潜力分别达836万 $tCO_2e$、68万 $tCO_2e$、60万 $tCO_2e$ 和62万 $tCO_2e$。

**表3-24　行业优先排序**

| 排名 | 行业 | 行业提升潜力/% | 行业二氧化碳排放量/万 $tCO_2e$ | 政府权限/% | 分数 |
|---|---|---|---|---|---|
| 1 | 工业 | 45 | 2503.85 | 85 | 957.72 |
| 2 | 电力与热力 | 66 | 1266.15 | 27 | 225.63 |
| 3 | 公共建筑 | 19 | 356.02 | 62 | 41.94 |
| 4 | 城市绿地 | 50 | –119.63 | 49 | 29.31 |
| 5 | 居住建筑 | 20 | 308.65 | 31 | 19.14 |
| 6 | 交通 | 2 | 207.25 | 50 | 2.07 |
| 7 | 公共照明 | 58 | 6.16 | 42 | 1.50 |
| 8 | 固体废弃物 | 0 | 1.63 | 62 | 0 |
| 9 | 水和废水 | 0 | 21.55 | 62 | 0 |

4. 低碳发展政策分析

Best Cities根据作者所输入的数据、城市能力评估及政策评估，对所选政策的实施速度、减排潜力和政府初始成本进行预估，预估范围是根据工具数据库、城市规模和城市数据输入的数值确定，最终从前6个优先行业筛选出42项适合于南昌市的低碳发展政策。政策评估结果显示：5项优先级别超高的政策为可再生能源与非化石能源目标或配额、能源税或二氧化碳税、领先的地方电器能效标准、汽车二氧化碳排放标准和汽车燃油经济性标准，这5项政策每项均可实现大于250万 $tCO_2e$ 的减排量；燃料转换(工业燃料低碳化)、节能设备与可再生能源技术购置补贴和电力投资补贴与税收奖励(可再生能源项目)3项优先级别较高的政策也可实现每项减排量大于250万 $tCO_2e$，但减排成本大于5000万元，减排成本偏高。各项政策详细的减排特征如表3-25所示。

以上政策减排量及成本数据的输出完全由Best Cities通过城市对标、潜力分析、政府权限之后计算输出，计算方法与依据在软件使用说明中没有详细阐述。因此，作者为核实相关数据，重点针对5项优先级别超高的政策结合南昌市市情做了资金投入需求的分析。

**表 3-25　优先政策减排特征清单**

| 序号 | 优先级别 | 行业 | 政策 | 实施速度 | 碳减排潜力/万 $tCO_2e$ | 初始成本/万元 |
|---|---|---|---|---|---|---|
| 1 | 优先级别超高 | 电力与热力 | 可再生能源与非化石能源目标或配额 | ＞3 年 | ＞250 | ＜500 |
| 2 | 优先级别高 | 电力与热力 | 变压器升级计划 | ＜1 年 | 50～250 | 500～5000 |
| 3 | 优先级别高 | 电力与热力 | 负荷削减奖励/需求响应/可停电电价 | 1～3 年 | 50～250 | 500～5000 |
| 4 | 优先级别高 | 电力与热力 | 电力投资补贴与税收奖励 | 1～3 年 | ＞ 250 | ＞5000 |
| 5 | 优先级别超高 | 工业 | 能源税或二氧化碳税 | 1～3 年 | ＞ 250 | ＜500 |
| 6 | 优先级别高 | 工业 | 基准化分析 | ＜1 年 | 50～250 | ＜500 |
| 7 | 优先级别高 | 工业 | 工业的弹性目标 | 1～3 年 | 50～250 | ＜500 |
| 8 | 优先级别高 | 工业 | 工业差别电价 | 1～3 年 | 50～250 | ＜500 |
| 9 | 优先级别高 | 工业 | 能源管理标准 | ＜1 年 | 50～250 | 500～5000 |
| 10 | 优先级别高 | 工业 | 能源管理师培训 | ＜1 年 | 50～250 | 500～5000 |
| 11 | 优先级别高 | 工业 | 循环经济与副产品协同活动 | 1～3 年 | 50～250 | 500～5000 |
| 12 | 优先级别高 | 工业 | 燃料转换 | 1～3 年 | ＞250 | ＞5000 |
| 13 | 优先级别中等 | 工业 | 工业能效贷款和创新基金 | ＞3 年 | 50～250 | ＞5000 |
| 14 | 优先级别高 | 公共建筑 | 对超越建筑规范的新建筑发放补贴 | 1～3 年 | 50～250 | 500～5000 |
| 15 | 优先级别高 | 公共建筑 | 绿色产品合作采购 | ＜1 年 | 50～250 | ＜500 |
| 16 | 优先级别高 | 公共建筑 | 建筑能效与可再生能源利用目标 | 1～3 年 | 50～250 | ＜500 |
| 17 | 优先级别高 | 公共建筑 | 建筑分布式发电财政奖励 | 1～3 年 | 50～250 | 500～5000 |
| 18 | 优先级别高 | 公共建筑 | 建筑能效标识与信息公开 | 1～3 年 | 50～250 | ＜500 |
| 19 | 优先级别高 | 公共建筑 | 强制性建筑能效审计与能效改造 | 1～3 年 | 50～250 | 500～5000 |
| 20 | 优先级别中等 | 公共建筑 | 既有建筑改造补贴与免税 | 1～3 年 | 50～250 | ＞5000 |
| 21 | 优先级别中等 | 公共建筑 | 合同能源管理与能源服务公司 | ＜1 年 | ＜50 | ＜500 |
| 22 | 优先级别中等 | 公共建筑 | 绿色建筑审批简化 | ＜1 年 | ＜50 | ＜500 |
| 23 | 优先级别中等 | 公共建筑 | 建筑节能公共教育活动 | ＜1 年 | ＜50 | ＜500 |
| 24 | 优先级别中等 | 城市绿地 | 城市林木管理 | ＞3 年 | ＜50 | ＜500 |
| 25 | 优先级别中等 | 城市绿地 | 城市绿色空间 | 1～3 年 | ＜50 | ＜500 |
| 26 | 优先级别超高 | 居住建筑 | 领先的地方电器能效标准 | 1～3 年 | ＞250 | ＜500 |
| 27 | 优先级别高 | 居住建筑 | 节能设备与可再生能源技术购置补贴 | 1～3 年 | ＞250 | ＞5000 |
| 28 | 优先级别高 | 居住建筑 | 建筑能效与可再生能源利用目标 | 1～3 年 | 50～250 | ＜500 |
| 29 | 优先级别高 | 居住建筑 | 新建建筑绿色建筑指南 | ＜1 年 | 50～250 | ＜500 |
| 30 | 优先级别高 | 居住建筑 | 建筑能效标识与信息公开 | 1～3 年 | 50～250 | ＜500 |
| 31 | 优先级别中等 | 居住建筑 | 既有建筑改造补贴与免税 | 1～3 年 | 50～250 | ＞5000 |
| 32 | 优先级别中等 | 居住建筑 | 绿色建筑审批简化 | ＜1 年 | ＜50 | ＜500 |
| 33 | 优先级别中等 | 居住建筑 | 建筑节能公共教育活动 | ＜1 年 | ＜50 | ＜500 |
| 34 | 优先级别超高 | 交通 | 汽车二氧化碳排放标准 | 1～3 年 | ＞250 | 500～5000 |
| 35 | 优先级别超高 | 交通 | 汽车燃油经济性标准 | 1～3 年 | ＞250 | 500～5000 |
| 36 | 优先级别高 | 交通 | 综合交通规划 | ＞3 年 | 50～250 | ＜500 |
| 37 | 优先级别高 | 交通 | 混合用途的城市形态 | ＞3 年 | 50～250 | ＜500 |
| 38 | 优先级别高 | 交通 | 拥堵费和道路收费 | 1～3 年 | 50～250 | ＜500 |
| 39 | 优先级别高 | 交通 | 清洁汽车计划 | 1～3 年 | 50～250 | 500～5000 |
| 40 | 优先级别中等 | 交通 | 通勤计划 | ＜1 年 | ＜50 | ＜500 |
| 41 | 优先级别中等 | 交通 | 自行车道路网 | 1～3 年 | ＜50 | ＜500 |
| 42 | 优先级别中等 | 交通 | 关于交通的公共宣传 | 1～3 年 | ＜50 | ＜500 |

1) 可再生能源与非化石能源目标或配额

可再生能源目标表明城市对壮大可再生能源行业的支持，此类配额有时也称为可再生能源配额制(renewable portfolio standard，RPS)，一般以可再生能源发电量占售出发电量或装机容量的最小百分比表示。南昌市2016年的水电、垃圾发电和光伏发电总量为2.22亿kW·h，仅占全市用电量的1.35%。假设到2024年达峰时提高到10%的目标(国家2020年目标值为15%)，人均用电量达6000kW·h，人口总数达564.59万人。依此预测，2024年南昌市可再生能源装机需发电33.87亿kW·h，需增加可再生能源发电装机容量2966MW(约31.65亿kW·h发电量)。如按分布式能源投资800万元/MW计算，需投资237.28亿元，预计可形成减排量约166.38万$tCO_2e$。

2) 能源税或二氧化碳税

对企业征收能源税或二氧化碳税，预计政府需承担对能源消耗核算或碳排放核算进行管理和监督的成本。需要建立数据监测体系和监管平台，相关设备、信息系统的投入将是不菲的投入。资料显示，一个县级节能监察中心的建设需要投入160万元购买监测仪器设备与执法车辆。加上运营维护、人力资源、信息平台建设等投入，预计省会城市南昌市执行该政策的资金投入不低于500万元。

3) 领先的地方电器能效标准

最低能效标准(MEPS)规定了对电器和设备的最低能效要求。MEPS通过禁止生产、进口和销售能效低于标准的设备，拉升了市场的整体能效。地方政府需指定一个部门或小组负责制定并管理地方电器标准计划，根据节能潜能、技术可行性和经济吸引力确定标准所适用的目标产品，并评估单项技术的经济潜力、总体效益和成本。相关研究的开展、标准的制定等程序，政府需要资金量预计不超过500万元。

4) 汽车二氧化碳排放标准

汽车温室气体排放标准规定的是单位车程内因燃料燃烧而非所消耗的燃料本身所产生的尾气管温室气体排量。虽然大多数城市都没有专门的机构来制定车辆二氧化碳当量的排放标准，但各城市仍可通过实行购买和许可要求、退税或税收奖励或其他措施向本地车辆市场推广低碳车辆。此外，城市可积极建设基础设施，鼓励在南昌市范围内向全市车辆销售低碳燃料。结合南昌市实际，新能源汽车推广补贴及燃气加气站、充电桩建设等工程投入资金即属于该类减排政策的成本。根据新能源汽车推广的补贴标准、充电桩建设的资金投入分析预测该项政策需要的投资如下：

2016年南昌市机动车保有量为86.8万辆，已上牌新能源汽车2000多辆。根据南昌市规划，至2020年全市将累计推广应用31280辆新能源汽车，若以每辆车补贴1万元计算，预计投入31280万元；到2020年，南昌市将建成车桩相随、智能高效、覆盖全市的充电网络，满足4万辆以上新能源汽车充电需求，全市专用充电桩达1110根，公用充电桩达28060根，城市充电站50座，城际充电站30座，根据南昌市充电桩建设规划预计建设成本7.08亿元。以上资金投入合计已大于10亿元。

5）汽车燃油经济性标准

燃油经济性标准可以作为一种手段，鼓励生产商生产节油汽车。南昌市政府可以针对受其管控的车队，包括出租车、公共汽车或地方政府车队等，制定地方标准、市级标准或相似标准，强制规定地方车队每段行程的平均耗油量。这种做法可以直接提升地方车队的平均燃油效率。资料显示：墨西哥市政府规定，使用满8年的出租车须更换为更节油的车。新出租车的燃油效率必须达到12.5km/L。市政府为购买新车的司机提供约 9425 元的补贴。为了使出租车司机能够买得起车，市政府与地方银行建立了合作关系，银行同意向出租车司机提供基本上足够支付购车剩余费用（约 33660 元）的贷款，由一家发展银行作为担保人。如果司机未能偿还贷款，政府将吊销新车的执照（约4年）。该计划已经完成了第一轮工作，共花费资本成本2830万元（C40气候行动计划，2010年）。

2015年南昌市电动出租车总量为960辆，电动出租车2014年及2015年增长率分别为8%及35%，若考虑2015～2020年电动出租车的年均增长率30%，预计至2020年，南昌市电动出租车数量约为3564辆。如每辆车补贴1万元，则需投入2604万元。资料显示，仅购置700辆新能源公交车辆即需投资30000万元。2015年南昌市电动公交车557辆，至2020年，南昌市电动公交车数量约为2996辆，需投入购置2439辆电动公交，资金需求达10.45亿。以上两项资金投入将近11亿元。由于核算内容尚不全面，资金需求尚未包含2017年以后的新能源公交车投入和政府车队投入。

综合以上分析，对5项优先级超高的政策测算的投资成本，有4项政策的投资需求与软件输出结果出入较大，可能的原因是作者核算的边界和范围与软件设计存在较大差异，软件输出结果可能仅考虑了政府制定相关政策需要投入的资金，而不包含活动实施的利益相关方的资金投入，因此该软件输出的减排成本可能没有全面覆盖城市资金投入的核算范围。由于Best Cities是建立在基础设施健全的发达国家城市背景下设计的逻辑结构，不具备灵活的功能设计，研究人员不能对其进行修正、调整以适应地方特点，政策减排成本分析结果只能作为参考。

### （三）工具应用存在的问题

综合作者在南昌市的低碳城市政策选择的研究中，对于Best Cities的应用存在如下突出困难：

（1）城市能力的评估针对性不强。Best Cities在做政策筛选时考虑到城市能力水平的评估，但是9个行业领域的评估指标全部分为项目融资、人力资源和政策、法规与执行三个要素，且每个指标的能力评估分级也一致分为低、中、高三档，没有体现行业特点与区别。

(2)政策评估的成本、减排量等信息的审核缺乏依据。Best Cities集成了全球先进国家和城市的一些低碳政策信息建立了低碳政策库，并依据软件设计按照城市发展水平、城市能力、碳排放情况进行了政策筛选供研究人员审核。审核信息中涉及各种政策的实施速度、减排量和减排成本等信息，但对于这些信息完全由工具直接输出结果，使用者找不到合适的方法学与城市特征相结合，难以审核这些输出结果是否与城市实际相符。作者通过对5项优先级超高的政策的测算，4项政策的投资成本与软件输出结果出入较大，因此Best Cities对于政策的减排成本分析结果只能作为参考。

(3)对标城市的数据更新、全面有待完善。Best Cities为研究者提供各类型城市的数据以供基准化分析，从而测算城市的提升潜力，但很多城市的数据停留在2011年甚至2006年，还有些城市的数据年份未知。这些城市基准化分析结果会产生较大的误差，因此最终的政策评估结果也会产生偏差。

## 第五节　低碳城市规划工具应用建议

### 一、重视低碳城市规划工具的应用

#### (一)加强低碳规划编制组织与实施

南昌市正处在经济快速增长、城市化加速和碳排放日益增加的时期，虽然绿色发展、生态文明的理念日益深入人心，但碳排放与城市建设的矛盾也更加突出。南昌市作为国内首批低碳试点城市，在低碳立法、宣传、能力建设等打下了很好的基础，但在低碳城市的核心内容如市政基础设施的低碳设计和运营，以及新出现的问题如温室气体达峰年份等，尚缺乏系统深入的考虑。城市低碳发展规划是低碳城市建设最为重要的蓝本之一，科学制定规划是保障规划执行、建成低碳城市的关键。南昌市政府应高度重视低碳规划编制，吸收国内外最先进的规划编制理念，采取科学的低碳规划工具，聚集一流的规划编制技术人员，编制高水平的低碳城市规划，指导南昌市低碳城市建设。

城市低碳发展规划的性质和定位普遍共识为综合性专项规划。综合性专项规划涉及的业务领域广泛和城市的主管部门较多。因此，城市在编制其低碳发展规划的全过程中要体现开放式，要与城市已有的各层面上的相关规划相互配合，致使不同规划中需要共享的指标达成一致。城市各主管部门之间要交流、协作与相互支持，为实践多规合一提供平台，逐渐建立起城市低碳发展规划编制支撑平台。

城市的相关主管部门要参与管理，并明确各自责任。例如，在落实规划的实施方案步骤中，城市的一些主管部门需承担负责单位的个人，以保证被列入实施方案中的所有减排项目(工程)得以落实和取得成效。而这个过程将为有针对性地确定规划实施的保障措施提供支持，为城市建立规划实施管理体系和制度奠定基础。

因此，建议由市生态环境局协调发展和改革委员会、工业和信息化局、交通运输局、城乡建设委员会、林业局等相关部门，成立规划编制小组，委托具有相应能力的技术机构开展城市2021～2025年低碳发展规划编制。

### (二)政府高度重视规划编制及规划工具应用

低碳首先是“舶来品”，一开始就以发达国家的先进城市作为标杆，但随着我国碳排放量迅速攀升至世界第一，以及我国综合国力、经济发展水平、城镇化的提升，我国一线城市已具备与国际先进低碳城市看齐的能力。南昌市虽然是二线城市，但南昌市的发展潜力不容小觑，其定位是区域经济中心城市。南昌市未来的城市建设，必然是综合性的、宜居城市。因此，南昌市开展低碳城市试点建设，本身也是城市发展的客观需要。

作为指导低碳城市建设的纲领性文件，低碳规划承担了政府开展低碳城市建设的意图、战略和方法。因此，借鉴国内外最前沿的低碳发展理念，采用先进的模型工具开展低碳研究，是提高低碳规划编制科学性、前瞻性的重要基础。南昌市政府应充分认识低碳规划对于低碳城市建设的重要指导作用，精心组织编制低碳城市规划。培养规划编制人才队伍，稳定经费支持渠道，定期开展规划编制方法学术交流，不断提高规划编制水平。特别是对于模型研究，南昌市目前基础特别薄弱，应组织科技力量攻关，提高低碳模型研究能力和模拟水平，更好地为南昌市低碳城市建设服务。

### (三)合理确定规划编制的程序和步骤

建议南昌市编制未来的低碳规划按如下策略和步骤进行：

1)编制碳排放清单，摸清家底

碳排放核算是城市摸清家底的核心方法，也是编制城市低碳发展规划的第一步。摸清家底步骤的目标是通过编制城市温室气体清单，核算城市温室气体排放总量、排放结构、识别排放的重点部门(领域)和关键排放源、分析影响这些重点排放源的主要因素及其减排潜力等。将编制城市温室气体排放清单常态化，不仅为城市确定降低排放的主要切入点和重点，而且对城市的排放水平现状、历史变化和未来趋势均有一个系统性的了解。因此，南昌市应将摸清家底作为城市碳排放管理的一个重要环节和编制城市低碳发展规划的基础工作。

2) 明确城市定位，突出特点与优势

每个发展低碳的城市都要事先了解自己的优势，选择合适自身的特色低碳发展道路，不能千篇一律照搬其他地方的发展模式。低碳城市发展的基础与优势有产业、经济、交通、能源、技术、自然等多方面。南昌市应该根据自己的城市特点，走自己的低碳发展道路，选择适合南昌市的产业和发展模式。

3) 使用情景分析工具，确定和分解碳排放及减排目标

未来温室气体排放趋势是一个非常复杂的动态系统的产物，主要取决于人口发展、社会经济发展和技术进步等因素，对其进行预测是比较困难的。应选用成熟的模型工具开展情景研究，并充分关注和考虑各类情景设定的各种前提条件，使情景分析的结果作为低碳城市规划的有力支撑。同时还可以勾勒出城市在不同时段，选择、推广应用不同技术和实施不同政策措施，对实现相应低碳发展情景的主要途径及实施路线图。

4) 完善低碳城市建设指标评价体系

建立碳排放量化数据体系和监督体系对于低碳发展是重要的基础工作，常用的低碳城市指标体系包括碳排放总量、达峰年份、单位 GDP 二氧化碳排放、人均碳排放、能源、交通、碳汇以及低碳政策等方面，应在实践中不断完善低碳评价指标体系。

5) 评价和选择减排技术和政策

在确定规划期的碳排放和减排目标后，识别、评价和选择实现规划目标的减排技术和政策，分析这些减排技术和政策对排放和减排目标的贡献及其成本效益，进而明确关键减排技术和政策实施的优先顺序和时序，为下一步制定分规划时段的项目清单和实施方案提供依据。在编制城市低碳发展规划过程中，需根据确定城市碳排放和减排目标所采用的情景分析方法，识别相应的减排政策。

6) 制定重点低碳项目清单

基于规划编制过程中情景分析、减排技术和政策评价过程，进一步制定重点项目清单是实现减排路径，实施和落实低碳发展规划的重点和抓手。这个过程不仅可在不同程度上验证情景分析得出的减排路径中的减排技术的适用性，还可进一步发现更好的减排技术，更新或替代减排路径中的某项减排技术，以保证减排目标的实现或实现更大的减排目标。

7) 制定保障措施

城市在编制和实施低碳发展规划过程中，各种保障措施是极其重要的。基于国内外城市的实践经验，加强组织领导，开展能力建设、制定政策和激励机制、加大资金投入、发挥市场作用、进行跟踪评估等是体现规划编制水平和顺利实施规划的重要保障措施。不同城市在编制和实施低碳发展规划过程中应根据城市本身的需要确定适用的保障措施。

8) 规划的实施和管理

城市低碳发展规划的实施和管理过程中涉及的环节主要有保障管理机制和体制，减排量测量、报告、核查制度、考核体系、评估体系、改进措施等。这些内容应同上一级政府的要求相对应，并对相关条款进行细化。构建保障规划实施的管理机制，加强统筹协调，协同推进，协调解决规划实施中的重大问题，做好产业和行业政策、规划、标准与科技创新的衔接。建立规划实施的过程管理与绩效评估机制，进一步加强规划实施的动态监测和绩效评价，加强规划的中期和末期评估，通过加强规划实施的过程管理，确保规划任务的有效完成。

## 二、提升低碳发展规划

南昌市政府对低碳发展的认识，必须上升到工业化、城镇化中后期城市发展的必然选择，是解决人民群众日益增长的美好生活需求与发展的不平衡不协调矛盾的正确途径，是建设“美丽中国”和“生态文明”的重要内容。作为政府对城市低碳发展的系统部署和工作安排，低碳规划承担了主要纲领文件的职能。因此，制定定位准确、途径清晰、方向正确、任务明确、保障有力的低碳城市规划，对于城市低碳发展的指导作用非常重大。根据前面的分析，南昌市要实现低碳城市发展目标，现有规划的支撑力是不够的，需要在情景分析和低碳发展路径的研究基础上对现有规划进行调整，以确保峰值目标和其他低碳发展目标的如期实现。

低碳发展需要多部门、多规划的协同工作。城市的主要排放部门包括交通、建筑、电力、工业、商业、居民生活等，不同发展阶段的城市具有不同的排放特征。不同行业都有各自的发展规划及组织部门，省市级别在制定低碳规划，落实低碳措施的过程中，需要不同部门的协调和支持。例如，各国家低碳试点城市成立的低碳工作领导小组，一般由地方主要领导任组长，各相关部门负责人任成员，在统筹、协调和推进低碳试点工作中发挥了重要作用。

### (一) 调整低碳规划思路

(1) 规划定位上，既是低碳发展的综合型指导规划，又是低碳城市建设的专项规划。低碳规划的内容涉及方方面面，不可避免地与产业规划、交通规划等交叉重叠。南昌市应给予低碳城市规划以恰当的定位，定位应尽可能高，以方便统领和协调低碳领域如交通、建筑等规划，建议与国民经济和社会发展综合规划同等地位，但规划期限可以更长，以碳排放达峰甚至达峰后一段时间为规划期限。

(2) 规划内容上，要突出碳约束。制约城市发展规模和经济水平的因素，传统上强调农业资源、水资源、土地、人口等方面的限制条件，近年来，环境容量的制约越来越明显。综合更长的城市发展周期，应高度重视“碳约束”。低碳规划的内容，应重点放在“碳约束”上，通过碳的约束，改变产业、交通、建筑等领域的发展方式和目标。在产业规划方面，应统筹低碳产业的发展，并使之居于主导地位。在城市建设和交通规划方面，应特别突出低碳，使之成为设计、施工和运营的关键评估指标之一，避免高碳锁定。

(3) 规划的目标和发展路径，是经过仔细论证和模拟的，是切实可行的。低碳规划是建立在科学的模型模拟基础之上的，对其目标和发展路径是经过情景分析论证过的，其投入产出是经过技术经济成本分析的，因此，其科学性得到充分的体现，其分解的目标也更能支撑低碳总目标的实现。

(4) 规划的成果，要可监测、可评估、可考核。碳排放的相关指标是建立在统计基础之上的，都是可以量化计算、评估和考核的。因此，低碳规划的目标和成果也应做到可监测、可评估、可考核，这样更能体现规划的指导作用和“硬约束”。

### (二) 调整低碳规划目标

#### 1. 温室气体减排目标

作为低碳城市建设的主要指标之一，温室气体减排目标应与碳强度下降指标相匹配。与 2005 年相比，预计到 2045 年南昌市单位 GDP 能源消耗强度下降将达到 81%，单位 GDP 二氧化碳排放强度下降 90%。主要时间节点的温室气体减排目标设定见表 3-26。

**表 3-26　主要时间节点的温室气体减排目标**

| 时间节点 | 温室气体减排目标（以 2005 年为基准年）/% |
|---|---|
| 2025 年 | –70 |
| 2030 年 | –78 |
| 2035 年 | –82 |
| 2040 年 | –87 |
| 2045 年 | –90 |

#### 2. 产业结构调整目标

大力发展服务业、提高服务业在三产中的比重是低碳试点城市目标实现的重要环节。作为国家首批低碳试点城市，南昌市应将低碳产业发展作为产业结构调整的“牛鼻子”，大力发展现代服务业、战略性新兴产业，并对传统产业进行低碳化改造，提高其营利能力和科技水平，同时降低污染性和碳排放。南昌市作为中部省会城市，定位于全省的核心增长极和经济、科教、交通的枢纽，服务业有很大的发展空间，主要时间节点的三产比例目标设定见表 3-27。

**表 3-27　主要时间节点的三产比例调整目标**

| 时间节点 | 三产比例调整目标 |
| --- | --- |
| 2025 年 | 3.5∶45.0∶51.5 |
| 2030 年 | 3.5∶41.0∶55.5 |
| 2035 年 | 3∶37∶60 |
| 2040 年 | 3∶35∶62 |
| 2045 年 | 2∶32∶66 |

3. 非化石能源比重目标

理论上，非化石能源比重应尽可能高，但考虑实际条件，内地核电近期不可能上马的情况，以及水电、风能、太阳能资源有限及开发替代的局限性，近期内南昌市非化石能源比重难以迅速提高。但纵观国际上低碳先进城市（如哥本哈根），可再生能源占据非常高的比例。考虑光伏行业的技术进步，以及地热等其他可再生能源的技术进步，在远期有爆发增长的可能。因此，远期应设置适当高的指标，以助推其发展，主要时间节点的非化石能源比重目标设定见表 3-28。

**表 3-28　主要时间节点的非化石能源比重目标**

| 时间节点 | 非化石能源比重目标/% |
| --- | --- |
| 2025 年 | 15 |
| 2030 年 | 17.5 |
| 2035 年 | 20 |
| 2040 年 | 22.5 |
| 2045 年 | 25 |

4. 低碳交通目标

南昌市作为江西省会城市、长江中下游重要的交通枢纽，未来交通的发展可以向国内一线城市看齐。交通领域的碳排放必将显著增长，在全市碳排放的比重越来越大。大力发展公共交通、提高绿色出行率是南昌市低碳交通的主要发展方向。主要时间节点的低碳交通目标设定见表 3-29。

**表 3-29　低碳交通目标**

| 目标 | 2025 年 | 2030 年 | 2035 年 | 2040 年 | 2045 年 |
| --- | --- | --- | --- | --- | --- |
| 中心城市公共交通出行分担率/% | 60 | 65 | 70 | 75 | 80 |
| 城市交通绿色出行分担率/% | 70 | 75 | 80 | 85 | 90 |

5. 低碳建筑目标

随着南昌市城市化进程的不断深入，城市规模迅速扩大，人口集聚，大量公共建筑和民用建筑必将成为城市重要的能源消费及碳排放来源。绿色建筑、可再生能源建筑等可以从源头减少碳排放，是城市建筑的主要发展方向。主要时间节点的低碳建筑目标设定见表 3-30。

**表 3-30　低碳建筑目标**

| 目标 | 2025 年 | 2030 年 | 2035 年 | 2040 年 | 2045 年 |
|---|---|---|---|---|---|
| 单位建筑面积碳排放下降率（相对于 2015 年）/% | –20 | –30 | –40 | –60 | –80 |
| 绿色建筑占新建建筑比重/% | 50 | 60 | 70 | 80 | 90 |
| 隔热保温环保建材使用率/% | 70 | 80 | 90 | 100 | 100 |
| 可再生能源使用率/% | 5 | 15 | 30 | 45 | 60 |

（三）调整低碳规划任务

南昌市经过近些年的低碳试点建设，在低碳的多个领域取得了显著的成绩，打下了良好的基础。在南昌市的“十三五”相关规划中，低碳融入产业、交通、建筑等多个领域。为了深入开展低碳城市建设，尽早实现城市达峰目标以及其他低碳城市目标，南昌市在各个领域的规划任务还需要进一步调整，调整建议见表 3-31。

**表 3-31　南昌市低碳规划任务调整建议**

| 任务领域 | 低碳规划任务相关内容 | 出处 | 调整方向 |
|---|---|---|---|
| 产业结构调整——大力发展现代服务业 | 重点发展服务业，大力发展工业设计及研发服务、现代物流服务、信息服务及外包、节能和安全生产服务等生产性服务业，将南昌市建成区域性现代金融中心、交通物流中心、创新创意中心、区域性综合消费中心、总部营运中心等“五个中心” | 《南昌市服务业发展倍增行动计划》和《南昌市国民经济和社会发展第十三个五年（2016—2020）规划纲要》 | 无须调整。应继续强化现代服务业在低碳城市规划期内的地位，不断提高其在产业结构中的比重 |
| 产业结构调整——传统工业低碳化改造 | 深入开展工业节能减排，提升重点用能行业能效水平，推动终端用能设备能效提升，加强重点用能企业节能监察管理，推广应用工业节能成熟技术，提升工业企业清洁生产水平，构建工业废弃物利用产业链，建设绿色再制造产业聚集区等 | 《南昌市“十三五”工业节能规划》（洪府厅发〔2016〕16 号）、《南昌市工业转型升级和战略性新兴产业“十三五”发展规划》、《南昌市工业园区和产业集聚区“十三五”发展规划》和《南昌制造 2025》 | 应从碳排放的角度，对碳排放贡献较大的行业如钢铁冶炼、造纸、化工等提出限制产能、生产基地搬迁等大幅降低碳排放的措施 |
| 大力发展战略性新兴低碳产业 | 建设世界级的 LED 产业集群和国家级的航空制造、电子信息、生物医药产业集群，深入打造汽车制造、轻纺工业、机电制造等高附加值低能耗、低排放的产业 | 《南昌工业四年倍增行动计划（2017—2020 年）》、《南昌市工业转型升级和战略性新兴产业“十三五”发展规划》、《南昌市工业园区和产业集聚区“十三五”发展规划》、《南昌制造 2025》、《智慧城市“十三五”发展规划》和《关于打造“南昌光谷”建设江西 LED 产业基地的实施方案》（赣府发〔2015〕61 号） | 无须调整。应在低碳城市规划期内进一步提高其比重，制定加快发展的措施 |

续表

| 任务领域 | 低碳规划任务相关内容 | 出处 | 调整方向 |
| --- | --- | --- | --- |
| 能源结构调整 | 控制煤炭消费总量，发展热电联供和工业园区集中供热，积极推进燃料结构清洁化，实施燃煤锅炉更新替代，提高能源加工、转换和输送效率，发展非化石能源如光伏、太阳能等 | 《南昌市大气污染综合治理工作方案》、《南昌市落实大气污染防治行动计划实施细则》（洪府发〔2014〕18号）、《南昌市“十三五”工业节能规划》（洪府厅发〔2016〕16号）、《南昌市工业转型升级和战略性新兴产业“十三五”发展规划》、《南昌市燃气专项规划》、《江西省“十三五”能源发展规划》和《江西省“十三五”新能源发展规划》 | 限制新建火力发电厂，大力发展光伏等分布式电站，建设智能电网大力推广天然气，切实推进建筑陶瓷等行业的天然气替代工作，减少工业煤炭消费量深入推进工业园区集中供热及余热利用，原则上电厂附近工业园区采用电厂余热 |
| 低碳交通 | 推进“公交都市”建设，大力发展轨道交通，市内快速交通建设，提高自行车和步行等绿色出行率。推广新能源汽车，推进充电桩体系建设 | 《南昌市城市总体规划 2016—2030》、《南昌市城市综合交通规划》、《昌九一体化综合交通发展规划(2013—2020 年)》、《南昌市城市快速轨道交通建设规划(2014—2020)》、《江西省“十三五”综合交通运输体系发展规划》、《南昌市城市绿地系统规划(修编)》和《南昌市城市绿道网规划》 | 应突出交通的低碳属性。大力发展轨道交通、城市公交等公共交通工具，提高其在城市出行中的比重，作为低碳交通建设的主要任务鼓励绿色出行，包括自行车出行、步行、合租合乘等，在城市组团规划、道路规划和建设、制度保障等方面制定措施 |
| 低碳建筑 | 推进建筑节能和绿色建筑标准，完善建筑能耗统计和节能监管体系建设，开展建筑节能技术改造，推进可再生能源在建筑中的应用，推广建筑节能节水材料、产品和技术 | 《南昌市推进绿色建筑发展管理工作实施细则(2017—2020)》（洪建发〔2017〕102 号）和《江西省建筑节能与绿色建筑发展“十三五”规划》 | 随着城市规模的扩张，建筑领域碳排放将显著增长，应在绿色建设标准、建筑设计及施工、绿建评价等方面加大力度，从源头上减少碳排放，避免“高碳锁定”。应制定传统建筑低碳改造的目标、任务及保障措施 |
| 森林碳汇 | 加强生态资源保护，增加林业碳汇能力，提高城市绿地覆盖率 | 《鄱阳湖生态经济区规划》、《江西省生态文明先行示范区建设实施方案》、《南昌市生态环境保护“十三五”规划》和《江西省林业发展“十三五”规划》 | 南昌市在新增造林面积受限的情况下，应突出森林资源保护，提高其碳汇能力。强化城市公共绿地、森林公园、湿地公园等建设，提高碳汇的同时，改善城市人居微环境 |
| 低碳宣传 | 提高低碳意识，开展教育培训，倡导低碳生活 | 《南昌市低碳城市发展规划(2011—2020 年)》和《南昌市国家低碳城市试点工作实施方案》（洪府发〔2011〕40 号） | 无须调整，并应加强 |

### (四)调整低碳政策措施

目前，南昌市以节能减排措施为主，缺少低碳政策措施，并且政策措施的内容和执行还有待完善。为了实现低碳情景目标，需要进一步加强和完善相关低碳政策措施(表 3-32)。

**表 3-32 低碳政策措施调整方向**

| 低碳领域 | 政策措施调整方向 |
|---|---|
| 产业结构调整 | (1)大力发展现代服务业，培育碳排放权咨询服务业<br>(2)推动技术创新，促进低碳技术成果转化<br>(3)鼓励低碳产业发展政策<br>(4)低碳金融政策 |
| 工业低碳化改造 | (1)企业碳盘查、碳排放报告制度<br>(2)建设项目碳排放评估制度<br>(3)企业碳排放许可证制度<br>(4)低碳产品认证制度<br>(5)碳排放权交易体系<br>(6)碳税<br>(7)鼓励企业低碳技术改造补贴政策 |
| 低碳能源 | (1)可再生能源鼓励政策<br>(2)建设智能电网及分布式供电政策<br>(3)清洁能源替代政策<br>(4)更加严格的非化石能源目标<br>(5)电力需求侧管理 |
| 低碳交通 | (1)中心城区拥堵费<br>(2)燃油汽车经济性标准、二氧化碳排放标准<br>(3)电动汽车鼓励政策<br>(4)公共交通补贴政策<br>(5)自行车出行、步行、合租合乘鼓励政策 |
| 低碳建筑 | (1)国家机关办公建筑和大型公共建筑能耗公示和强制能源审计<br>(2)建筑能效标识<br>(3)绿色建筑设计和建设运行标准<br>(4)既有建筑改造、绿色建筑和节能建材补贴政策<br>(5)民用建筑能耗和节能信息统计报表制度 |
| 林业湿地碳汇 | (1)林业碳汇交易<br>(2)森林认证体系和林产品认证体系<br>(3)鼓励建设城市绿地、湿地公园和森立公园并加强保护 |
| 低碳生活 | (1)强制性垃圾分类<br>(2)鼓励绿色出行<br>(3)低碳城市规划<br>(4)低碳社区<br>(5)低碳消费引导政策措施 |

## 三、改善低碳城市规划工具应用的设计

随着低碳城市试点工作的推进，国内各城市基于城市自身的基础、条件使用不同的工具对城市进行了定性、定量化分析，并应用到城市的低碳建设规划编制中。南昌市虽然也应用部分工具开展了研究，但其深度、可行性还有很大的改善空间。在诸多低碳城市规划工具的应用中，研究人员也遇到了各种障碍，作者在研究中的主要体会有以下几点：

(1)统计数据的多年持续性、可靠性及分部门文件资料的可获得性，对于研究工作影响较大。目前我国省级的能源统计数据已经相对比较完善，城市层面缺乏

多年持续性的能源统计数据，城市低碳发展的重点部门的相关数据统计体系亟待建立、完善。部分职能部门的主要职能有其定位，与低碳相关的文件和资料比较杂散、不成体系，因此一些重要的分部门数据获取难度较大。这些数据、文件、资料的可靠性和可获得性极大地影响了研究结果的准确度。例如，分类型建筑面积、分类建筑能耗、交通部门分车辆类型能耗、可再生能源在建筑中的应用比例等统计数据相对比较缺乏，有些数据基本无法获取也无法根据现有统计数据进行推算。在南昌市的能源统计数据中，仅收集得到2010～2015年的能源平衡表。对于预测模型需要更长久的数据支撑构建模型，才能取得更可靠的预测结果。此外，所获得的能源平衡表数据与南昌统计年鉴的部分数据存在不小的差距，这说明城市层面的能源统计数据需要进一步规范统计方法及完善校核。南昌市作为第一批低碳试点城市，应努力引领全省设区市完善城市层面的温室气体统计核算体系。

(2)先进低碳技术、政策等信息传播速度与低碳城市发展需求不匹配，制约了城市预测研究工作的前瞻性。随着应对全球气候变化工作变得越来越紧迫，中国高度重视应对气候变化工作，党的十九大报告提出，“要坚持环境友好，合作应对气候变化，保护好人类赖以生存的地球家园”，中国的低碳发展工作提升到了一个前所未有的高度。然而一些先进低碳技术、政策的资料信息传播、更新速度相对迟缓，相对落后的地区对于未来城市发展的趋势、定位较难有准确预知，在低碳城市发展的研究工作中，尤其对未来发展情景的预测研究将缺乏准确的认知和判断。南昌市应当积极加入全国达峰先锋城市联盟等类似的低碳研究技术联盟，积极参与城市交流活动，拓展城市发展的视野与面向未来的格局，更利于城市更快获取城市发展的新技术、政策及相关资讯。

(3)低碳规划研究工具的简单易学、容易获取以及培训、推广，影响工具应用。各地区低碳研究团队能力水平不一，对于研究工具的获取、掌握程度也相差很大。先进省市得益于信息传播的便捷，对于相关工具的使用相对更早且更熟练。相对而言，可以简便下载获取且简单易学、对使用者能力水平要求相对较低的工具，在城市低碳研究工作中应用更为广泛。例如，LEAP 对我国的科研人员免费使用 2 年，GREAT 模型、Best Cities 的开发机构美国劳伦斯伯克利实验室持续致力于工具的传播与推广工作，因此 LEAP 和 GREAT 模型在国内的应用相对比较普及。应鼓励、支持城市智囊团的专业技术人员、低碳规划部门等相关业务人员积极主动参与各类规划工具的培训及交流活动，提升业务能力和知识技能为南昌低碳发展提供助力。

(4)工具的开放、灵活程度直接影响研究工作的深入程度和精准度。工具设计的越开放、越灵活，就越便于使用者在研究中根据城市的实际情况、特征进行审核、修正，并调整工具的输入、输出，使得成果输出更贴合城市特色，研究工作可以更深入，并大大提高研究成果的精确度。例如，研究人员在 Best Cities 城市能力水平的政策评估的成本、减排量等信息的审核时会比较乏力，因为软件直接输出结果，使用者无法获知这些政策的实施速度、减排量和减排成本等信息是如何与研究城市的碳排放、行业规模等特征相结合，难以审核这些信息是否与城市实际相符。

(5)各城市的信息透明度、软件更新时效性影响城市对标、城市定位分析结果。Best Cities 为研究者提供各类型城市的数据以供基准化分析，从而测算城市的提升潜力，但很多城市的数据停留在 2011 年甚至 2006 年，还有些城市的数据年份未知。这些对城市基准化分析结果产生较大的误差，因此对最终的政策评估结果也会产生偏差。希望更多城市进行低碳发展的信息分享，构建低碳信息共享平台。

针对以上规划评估工具应用存在的困难，为提高南昌市工具应用的水平，加强对编制低碳城市规划的指导作用，进一步丰富完善工具应用，改善工具设计，提出如下针对性的规划工具改善建议。

### (一)加强温室气体排放清单编制和核算能力建设

温室气体核算可以为城市确定降低排放的主要切入点和重点，而且对城市的排放水平现状、历史变化和未来趋势均有一个系统性的了解。通过编制城市温室气体排放清单，可以掌握城市温室气体排放总量、排放结构、识别排放的重点部门(领域)和关键排放源、分析影响这些重点排放源的主要因素及其减排潜力等。因此，温室气体排放清单是编制城市低碳发展规划的第一步。2018 年 10 月，南昌市已完成了 2014 年和 2016 年温室气体排放清单编制工作，对能源活动、工业过程、农业活动、土地利用变化和林业、废弃物处理五个领域进行了全面核算，摸清了城市碳源、森林碳汇的脉络及趋势。下一步，应加强组织协调重点部门(领域)建立完善温室气体统计核算体系，核实相关数据，便于温室气体排放清单编制工作的常态化。积极开展重点企业温室气体排放核算工作，分阶段、分行业、分部门在全市范围内组织温室气体排放核算能力建设，提高全市温室气体排放核算组织建设和整体水平，培育市级技术支撑机构。

### (二)加强低碳城市建设指标评估结论的应用

低碳城市从试点到现在，正逐步从低碳发展理念的引入到全面低碳战略的实施，低碳城市的发展目标和评价体系也逐步建立并完善，从定性为主转变为定量为主。因此，建立科学的、准确的低碳城市评估指标体系，对于指导低碳城市的建设是非常重要的。通过低碳规划工具的应用，低碳城市的发展目标、碳排放趋势、减排潜力和主要任务进一步明确，低碳发展指标得以科学建立，低碳城市的各项建设活动应该围绕低碳发展指标来开展，从而服务于城市低碳目标的实现，推动低碳城市的深化。

（三）加强低碳城市政策选择的应用评估

城市低碳发展政策选择工具 Best Cities 在设计过程中考虑到了中国城市的数据可得性，所以数据的收集工具相对其他工具要容易，适合目前南昌市的低碳相关数据的统计基础。因此可以应用 Best Cities 的数据分析结果，对南昌市低碳发展现状进行城市对标，并考虑行业提升潜力、政府权限、城市能力的情况对未来低碳城市发展的影响，从而对南昌市低碳领域进行优先排序并优选出适合南昌市的低碳发展政策清单。

作者应用 Best Cities 初步完成了南昌市低碳城市的基准化城市对标、行业优先排序以及低碳发展政策分析工作，从前 6 个优先行业筛选出 42 项适合于南昌市的低碳发展政策。建议南昌市相关部门共同参与，进一步审核各行业的“提升潜力”、“城市能力”及“政府执政权限”，使 Best Cities 输出结果更为精确。并利用 Best Cities 研究输出的优先政策特征，综合考虑减排效益、减排成本及实施速度，将相关政策有计划地植入到南昌市低碳发展规划和行动中，并结合低碳城市建设评估指标体系持续评估低碳政策的实施效果，不断反馈到 Best Cities 工具中，帮助南昌市实时调整低碳发展规划，如图 3-11 所示。

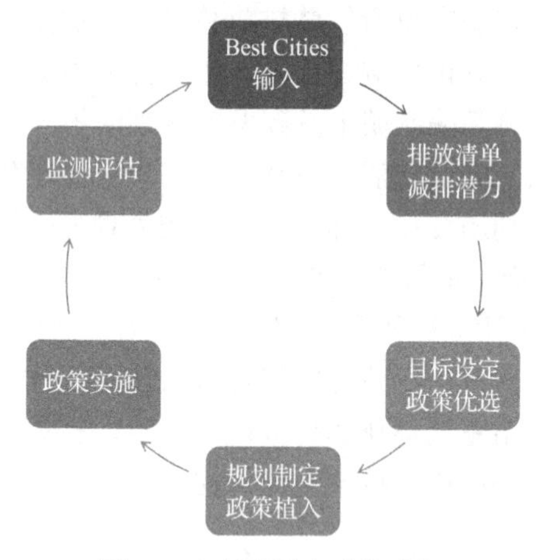


图 3-11　低碳城市政策选择

# 第四章 南昌市低碳城市发展模式与路径选择

我国政府在 2014 年 11 月提出了二氧化碳排放在 2030 年左右达到峰值的目标。考虑到巨大的区域差异，中国的不同地区应当探索各自适宜的低碳发展模式和达峰路径，以实现分步达峰，并最终支持全国峰值的实现。城市达峰是一项系统性的艰巨任务，需要与城市经济、社会、资源和环境各方面工作更紧密地结合起来，在已有的应对气候变化工作基础上进一步强化、提炼和升华，制定更完善的政策、动员更丰富的资源、采取更有效的行动。本章通过采用中国低碳试点城市分类法、低碳城市发展阶段划分法、低碳城市发展模式分类法，全面分析了南昌市低碳发展模式和特征，基于 Kaya 恒等式的碳排放 IPAT 模型，采用情景分析方法预测南昌市碳排放峰值与减排潜力，探讨实现其排放峰值的转型路径，由此制定了南昌市低碳发展路线图，确立了南昌市以低碳立法为引领、以生态为导向，构建以低碳产业、低碳能源、低碳交通、低碳建筑、低碳生活为核心的城市绿色低碳发展模式。

## 第一节 低碳城市发展模式分析

城市作为一种重要的聚落形式，研究其时间序列，分析其从兴起到衰落的发展变化规律，即研究城市生命周期规律，将对城市建设和管理具有重要的意义。低碳城市作为城市实现可持续发展的一个特殊形态，具备城市发展的一般特点，其发展应该有一定的规律。目前学术界对低碳城市还没有一个统一的认识，从理论研究到应用研究，缺乏系统性。究其原因，关键在于每个研究对象(城市)所处的发展阶段不同，而且每个城市经历每个阶段的时间也不尽相同，不同发展阶段的低碳城市特征不同、建设内容不同、影响机理不同(祁巍锋等，2015；中国达峰先锋城市联盟秘书处，2017)。

由于国内外城市发展水平不同，对于低碳城市所研究的内容和重点也有所不同。国外低碳城市研究主要有城市碳排放驱动因素、城市碳循环与碳代谢、低碳城市规划和城市碳管理等方面。国内学者分别从经济、能源、城市规划、低碳交通、低碳技术、低碳生活等角度阐述了低碳城市理论的内涵和外延，从资源、环境、技术创新、结构等方面探寻低碳城市研究的理论基础，构建模型与方法深入剖析低碳城市发展的影响因素[①]。此外，构建低碳城市评价指标体系来指导我国低

① 绿色创新发展中心 2015～2016 年报。

碳城市发展。

国内各试点省市在具体实施过程中进行了大量自发的自主探索和研究，如表 4-1 所示。上海、天津和唐山推行建设示范新城市模式，重庆和吉林推行产业结构低碳转型模式，深圳和保定推行新能源产业主导模式，厦门、杭州和无锡推行打造综合型低碳社会模式(戴彦德等，2016；美国可持续发展社区协会等，2017)。

**表 4-1 国内主要低碳城市建设的自主探索模式**

| 发展模式 | 城市 | 政策重点与特色 |
|---|---|---|
| 建设示范新城市模式 | 上海 | 建设崇明岛东滩生态城、临港新城和虹桥低碳商务区，借助“低碳世博”发挥后续作用 |
| | 天津 | 国家间合作开发建设的生态城市——中新天津生态城 |
| | 唐山 | 在曹妃甸生态新城区重点探索循环经济、节能、节水、节地的高效紧凑发展 |
| 产业结构低碳转型模式 | 重庆 | 降低高耗能产业比重，形成现代服务业和先进制造业为主的产业结构 |
| | 吉林 | 制定《吉林市低碳发展路线图》，探索重工业城市结构调整样本 |
| 新能源产业主导模式 | 深圳 | 打造创新性高新产业基地——光明生态城，发展新能源汽车、太阳能，以及储能产业，使新能源产业成为深圳市的新兴支柱型产业 |
| | 保定 | 以可再生能源产业发展为核心，致力于打造“中国电谷”和“中国光谷”，强调对技术创新能力的提高 |
| 打造综合型低碳社会模式 | 厦门 | 从交通、建筑、生产三大领域探索低碳发展模式，利用资源优势发展可再生能源 |
| | 杭州 | 打造低碳经济、低碳建筑、低碳交通、低碳生活、低碳环境和低碳社会“六位一体”的低碳新政 |
| | 无锡 | 规划建设六个低碳体系，即低碳法规体系、低碳产业体系、低碳城市建设体系、低碳交通与物流体系、低碳生活与文化体系、碳汇吸收与利用体系 |

## 一、低碳试点城市分类法分析

根据全球环境基金“通过国际合作促进中国清洁绿色低碳城市发展”项目 PSC-2 课题组产出的中国低碳试点城市分类法，以人均 GDP+人均碳排放+产业结构比例相结合，对中国低碳试点城市进行城市分类，分类方法主要依据三产比例，详见表 4-2。该方法主要以第一、二、三产业占整个城市产业结构的不同比例作为衡量指标，划分低碳城市发展类型的划分方法及指标。

**表 4-2 中国低碳试点城市分类法**

| 城市类型 | 城市分类方法 |
|---|---|
| 工业型城市 | 第二产业占比超过 50% |
| 服务型城市 | 第三产业占比超过 55% |
| 综合性城市 | 第二产业和第三产业相当，综合占比大于 50% |
| 生态型城市 | 其他第一产业比重较大、第三产业大于第二产业，不属于以上三类城市的 |

根据国务院发展研究中心2013年3月26日发布的《对我国工业化发展阶段的判断》，经济发展过程中，产业结构呈现出一定的规律性变化，即第一产业的比重不断下降；第二产业的比重是先上升，后保持稳定，再持续下降；第三产业的比重则是先略微下降，后基本平稳，再持续上升。工业化进程可划分为前工业化、工业化实现和后工业化三个阶段，其中工业化实现阶段又分为初期、中期、后期。工业化发展阶段指标见表4-3。

**表4-3　工业化发展阶段指标**

| 基本指标 | 前工业化阶段(1) | 工业化实现阶段 | | | 后工业化阶段(5) |
|---|---|---|---|---|---|
| | | 工业化初期(2) | 工业化中期(3) | 工业化后期(4) | |
| 人均GDP(2005年)/美元(PPP) | 745～1490 | 1490～2980 | 2980～5960 | 5960～11170 | 11170以上 |
| 三次产业产值结构(产业结构) | A>I | 20%<A<I | A<20%，S<I | A<10%，S<I | A<10%，S>I |
| 第一产业就业人员占比(就业结构) | 60%以上 | 45%～60% | 30%～45% | 10%～30% | 10%以下 |
| 人口城市化率 | 30%以下 | 30%～50% | 50%～60% | 60%～75% | 75%以上 |

注：A代表第一产业，I代表第二产业，S代表第三产业，PPP代表购买力评价。

图4-1显示的是2006～2015年南昌市经济结构中各产业所占的比例。可以看到，2006年以来，南昌市经济结构稳步调整，三个产业结构比例由2006年的6.5∶54.3∶39.2逐步调整为2015年的4.3∶54.5∶41.2，第三产业稳步加快发展，

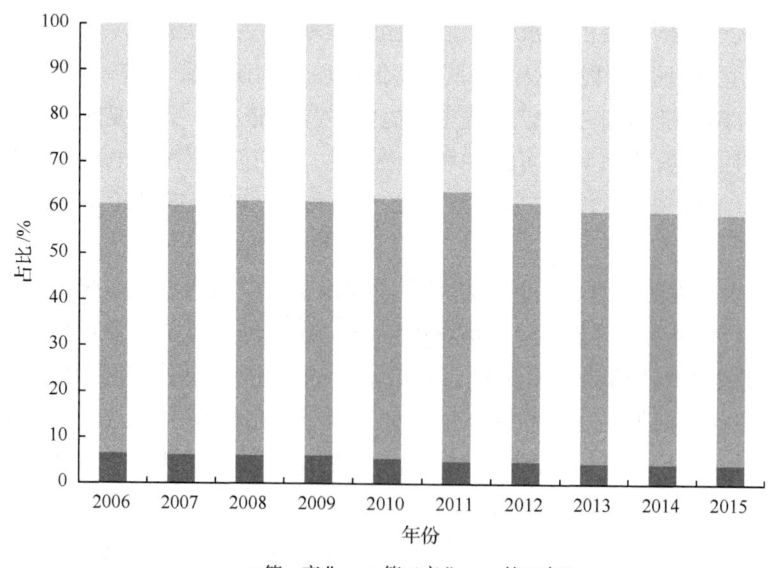


图4-1　2006～2015年南昌市第一、二、三产业占GDP比重

第一产业占比有逐年降低的趋势，但是，第二产业仍然占据主导地位。2006～2015年，第二产业占比在54.3%～58.7%，其中最低的为2006年，最高的为2008年。根据前面低碳城市发展类型的指标划分方法：第二产业比例高于50%的城市为工业型，可以得出南昌市低碳城市类型在2006～2015年都稳定为工业型城市。

表4-4给出了以2005年美元汇率指标(8.192元人民币兑1美元)得出的南昌市2015年工业发展阶段指标。可以看出，2015年南昌市在购买力评价、产业结构、就业结构都已满足工业化后期阶段指标，仅人口城市化率处于工业化中期阶段指标范围，综合来看，2015年南昌市应迈入了工业化后期阶段。

**表4-4　2015年南昌市工业发展阶段指标**

| 序号 | 项目 | 指标值 | 指标范围 |
|---|---|---|---|
| 1 | 人均GDP/元 | 9265(8.192元/美元) | 工业化后期 |
| 2 | 三次产业产值结构(产业结构) | A=4.3%，S<I | 工业化后期 |
| 3 | 第一产业就业人员占比(就业结构)/% | 19.0 | 工业化后期 |
| 4 | 人口城市化率/% | 54.2 | 工业化中期 |

## 二、低碳城市发展阶段划分法分析

### (一)理论基础

阶段划分是地理学重要的研究方法，通过研究低碳城市发展阶段，在诸多不同中探寻城市低碳发展的一般规律，总结低碳城市发展的过程，归纳同一阶段的共同特征，区分不同阶段的根本不同，将低碳城市的研究置于统一的认识框架中，不仅能为准确判断城市在低碳发展中所处阶段提供依据，更重要的是可以使国内外低碳城市的研究成果具有可比性和可借鉴性，并更好地指导低碳城市建设。低碳城市发展阶段划分方法(张志君，2012；路超君，2016)的理论基础主要包括两个方面：

(1)城市发展阶段理论。城市发展阶段理论是有关城市发展、演化和可持续发展研究中最重要的思想支撑，更是城市更新、城市转型、城市空间和城市体系等研究领域的重要思想依据。有关城市发展阶段的论述至少可追溯到20世纪初，英国生物学家盖迪斯把进化论和生态学原理应用于城市研究中，在其1915年出版的*Cities in Evolution*一书中明确提出了城市的生命周期思想和城市进化的概念。L. Mumford在其1938年出版的*The Culture of Cities*一书中提出了7个城市具有周期性和阶段性特征。20世纪50年代以后，有关城市发展阶段的研究在西方发达国家逐渐增多，西方学者从不同层次、不同角度对城市发展阶段进行了探讨。其中，资源型城市发展阶段的研究和应用最为广泛，此外，国内外学者利用经济、技术、产业、人口等与城市生命周期有着内在联系的要素作为划分依据来刻画城市发展阶段，使用单一指标或使用数学方法建立指标体系，对城市发展阶段的划分进行有益的探索。

(2)脱钩理论。当经济增长与物质消耗出现不同步变化时，国际上通常用脱钩指标来反映这一现象。脱钩的含义是随着时间的变化，资源与环境等要素的增长与经济增长开始脱离。“脱钩理论”是由经济合作与发展组织(OECD)提出的，该理论用于描述经济增长与资源消耗或环境污染之间的联系，以“脱钩”这一术语来表示二者关系的阻断，即实现经济增长与资源消耗或环境污染的脱钩发展(薛进军和赵忠秀，2016)。而“碳排放脱钩理论”基本上采用经济增长总量变化、碳排放总量变化以及能源碳排放的GDP弹性三项指标来分析脱钩状态和程度，并根据三项指标的组合状态，定义脱钩的不同情景(鲁丰先等，2012)，如表4-5所示。李效顺等(2008)在对无锡市城乡建设用地变化进行研究时，引入脱钩理论分析法，从而将其应用到土地管理领域。肖翔(2011)在对1996～2008年江苏省碳排放量和经济发展进行分析时，运用Tapio脱钩弹性指标法从时空角度对其进行了分析。彭佳雯等(2011)对中国1980～2008年和各省份2000～2008年经济增长与能源碳排放的关系运用Tapio脱钩弹性指标法进行了实证分析。王云等(2011)对山西省二氧化碳排放量与经济发展的数据运用Kaya恒等式和Tapio脱钩弹性指标法进行了实证研究，并通过LMDI模型做了因果链的分解。徐盈之等(2011)基于DPSIR框架构建了碳排放脱钩指数，对制造业部门碳排放的脱钩效应进行了测度。杨嵘和常烜钰(2012)研究了西部地区1995～2010年碳排放与经济增长的脱钩关系以及驱动因素。王琴梅等(2013)对湖南、河南和湖北三个省的经济增长与碳排放数据运用脱钩法进行了分析，并使用因果链进行了分解。刘其涛(2014)利用弹性脱钩的方法，研究了河南省2000～2010年碳排放和经济增长的脱钩关系，其结果表明河南省碳排放与经济增长大多数年份处于弱脱钩状态。梁日忠(2014)在对2001～2011年上海市产业结构、经济增长和能源消费结构进行分析时，基于Tapio脱钩弹性指标法对三者的脱钩关系及程度进行了实证研究。胡颖和诸大建(2015)用脱钩理论分析了我国建筑业$CO_2$与建筑业产值、能源消耗的脱钩情况，并且利用LMDI分解模型对建筑业$CO_2$排放的影响因素进行了分解。郑凌霄和周敏(2015)使用中国GDP和能源消费总量2000～2013年的数据，通过构建脱钩模型研究了碳排放量与中国经济增长的脱钩状态。

国内外研究表明，经济发展与碳排放关系遵循三个倒U形曲线规律，即随着经济发展，碳排放强度、人均碳排放量和碳排放总量呈现出先升后降的趋势，并分别对应三种脱钩状态，即碳排放强度脱钩、人均碳排放量脱钩与碳排放总量脱钩。

**表 4-5　经济增长与碳排放脱钩关系**

| 脱钩判定依据 | | 负脱钩判定依据 | |
|---|---|---|---|
| 强脱钩 | $\Delta GDP>0$ | 扩张性负脱钩 | $\Delta GDP>0$ |
| | $\Delta Q_c\leqslant 0$ | | $\Delta Q_c>0$ |
| | $\Delta Q_c/\Delta GDP\leqslant 0$ | | $\Delta Q_c/\Delta GDP\geqslant 1$ |
| 弱脱钩 | $\Delta GDP>0$ | 弱负脱钩 | $\Delta GDP<0$ |
| | $\Delta Q_c>0$ | | $\Delta Q_c\geqslant 0$ |
| | $\Delta Q_c/\Delta GDP<1$ | | $\Delta Q_c/\Delta GDP\leqslant 0$ |
| 衰退性脱钩 | $\Delta GDP<0$ | 强负脱钩 | $\Delta GDP<0$ |
| | $\Delta Q_c<0$ | | $\Delta Q_c<0$ |
| | $\Delta Q_c/\Delta GDP\geqslant 1$ | | $0<\Delta Q_c/\Delta GDP<1$ |

注：$\Delta Q_c$ 为碳排放增量，$\Delta GDP$ 为 GDP 增量

### (二)阶段划分与特征分析

城市发展阶段指标选取通常有两种方法，即单一指标法和复合指标法。单一指标法是选择代表城市发展意义最强、便于获取与统计的某一个或某一类指标作为依据，来划分城市的发展过程。这种方法简单明了，能够精确反映城市发展水平，比较适合单一功能城市发展阶段的划分。复合指标法是选用与城市发展有关的多项指标，采用层次分析法、模糊数学法、数据包络、计量模型等方法来综合分析评价城市发展水平。复合指标法综合考虑城市发展的影响因素，具有涉及广泛、考虑全面等优点。

根据人类社会发展阶段划分的城市发展阶段，城市先后经历“农业社会—工业社会—后工业社会”三个阶段。当城市处于农业社会阶段，城市的碳基能源使用处于较低水平，碳排放量处于较低水平。进入工业社会后，随着工业的快速发展，对能源的需求和消耗也随之迅速增加，城市的碳排放量也随之升高。当城市发展到后工业社会后，不仅能源效率提高，同时清洁能源替代碳基能源的出现和使用，使城市的碳排放量出现下降，并最终达到一个较低的水平。已有研究表明，一个地区的碳排放量变化趋势呈先升后降的倒 U 形趋势，且碳排放强度拐点出现在碳排放量之前。因此，总体来看，城市的碳排放发展经历了“低排放—高排放—低排放”的演变趋势。根据这个特点，将低碳城市发展阶段划分为三个阶段，如图 4-2 所示，图中 I 为初级阶段，该阶段碳排放量处于较低水平并平稳上升；II 为发展阶段，该阶段碳排放量先升后降；III为高级阶段，该阶段城市碳排放量在经历了发展阶段快速下降后仍保持缓慢下降，城市完成低碳转型，进入低碳高级阶段。初级阶段和高级阶段尽管碳排放水平都处在较低水平，但这两个阶段的城市形态、内部结构(经济、人口等)、能源需求等方面有着本质区别。

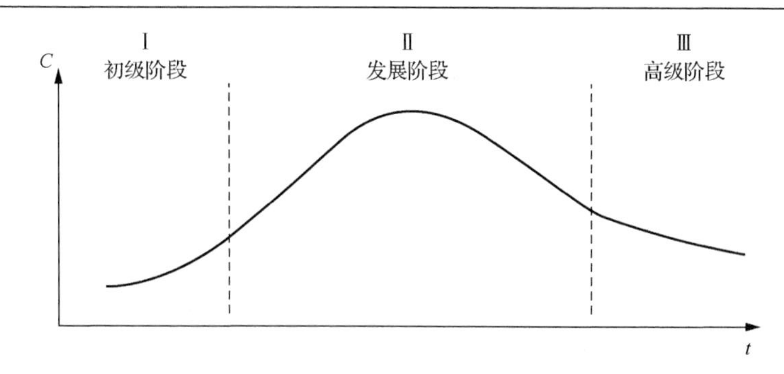


图 4-2　低碳城市阶段划分示意图

发展阶段是个复杂的变化过程，受不同驱动因子影响，城市碳排放量在一个阶段中急速上升，上升到某一点后速率减缓并到达最高点，随后逐渐下降。由此，将发展阶段细分为三个阶段，Ⅱ1 为急速上升阶段，城市扩张，人口迅速集聚，工业部门蓬勃发展，使碳基能源密集使用，碳排放量急速上升；Ⅱ2 为锁定阶段，城市在这个阶段仍将依赖高碳能源或发展高碳产业，尽管经济发展与碳排放量脱钩，但受技术和制度等影响，城市碳排放减速上升，直至碳排放拐点出现，这个阶段城市处于碳锁定状态；Ⅱ3 为解锁阶段，即城市碳排放量峰值被突破，出现拐点呈下降趋势，如图 4-3 所示。

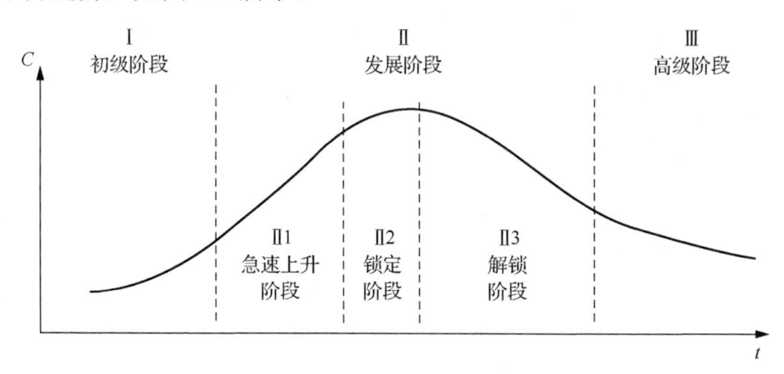


图 4-3　低碳城市发展阶段划分示意图

在城市低碳发展过程中，结构、规模、技术和制度是影响碳基能源排放变化的重要驱动力，在每个阶段，这些驱动因子呈现出不同的特征(表 4-6)，而且影响机理和程度不尽相同，需要进行深入研究。

### (三)南昌市低碳发展阶段分析

表 4-7 给出了 2000～2015 年南昌市每年 GDP、碳排放量及年变化量的情况，图 4-4 给出了 2001～2015 年南昌市碳排放量的年变化图及拟合曲线，图 4-5 给出了南昌市$\Delta Q_c/\Delta$GDP 的年变化图及拟合曲线。由图 4-4 可以看出，南昌市逐年碳

**表 4-6　低碳城市发展阶段特征**

<table>
<tr><th colspan="2" rowspan="3">发展阶段</th><th rowspan="3">碳排放特征</th><th colspan="7">驱动力特征分解</th></tr>
<tr><th colspan="3">结构</th><th colspan="2">规模</th><th rowspan="2">技术</th><th rowspan="2">制度</th></tr>
<tr><th>产业</th><th>能源</th><th>空间</th><th>经济</th><th>人口</th></tr>
<tr><td colspan="2">初级阶段（Ⅰ）</td><td>$Q_c\nearrow$<br>$\Delta Q_c/\Delta GDP\nearrow$</td><td>第一产业为主导</td><td>碳基能源使用</td><td>无序扩张</td><td>增长</td><td>积聚</td><td>—</td><td>—</td></tr>
<tr><td rowspan="3">发展阶段（Ⅱ）</td><td>极速上升阶段（Ⅱ1）</td><td>$Q_c\uparrow$<br>$\Delta Q_c/\Delta GDP\uparrow$</td><td>第二产业为主导</td><td>碳基能源为主</td><td>快速扩张</td><td>快速增长</td><td>快速积聚</td><td>技术进步</td><td>制定实施</td></tr>
<tr><td>锁定阶段（Ⅱ2）</td><td>$Q_c\nearrow$<br>$Q_c>0$<br>$\Delta Q_c/\Delta GDP\downarrow$</td><td>第二产业向第三产业过渡</td><td>碳基能源效率提高</td><td>空间结构优化</td><td>增长</td><td>稳定增长</td><td>低碳技术进步</td><td>调整完善</td></tr>
<tr><td>解锁阶段（Ⅱ3）</td><td>$Q_c\downarrow$<br>$Q_c<0$<br>$\Delta Q_c/\Delta GDP\leqslant 0$</td><td>第三产业为主导</td><td>清洁能源逐步替代</td><td>空间结构优化</td><td>增长</td><td>向老龄化过渡</td><td>低碳技术进步</td><td>完善</td></tr>
<tr><td colspan="2">高级阶段（Ⅲ）</td><td>$Q_c\searrow$<br>$Q_c<0$<br>$\Delta Q_c/\Delta GDP\leqslant 0$</td><td>第三产业为主导</td><td>清洁能源逐步替代</td><td>空间结构优化</td><td>—</td><td>老龄化</td><td>技术成熟</td><td>完善</td></tr>
</table>

注：↗缓慢上升，↑急速上升，↓快速下降，↘缓慢下降，$\Delta Q_c$为碳排放增量，ΔGDP为GDP增量。

**表 4-7　2000～2015 年南昌市每年 GDP、碳排放量及年变化量情况**

| 年份 | GDP/亿元 | $Q_c$/万 $tCO_2$ | ΔGDP | $\Delta Q_c$ | $\Delta Q_c/\Delta GDP$ |
|---|---|---|---|---|---|
| 2000 | 465.14 | 793.20 | | | |
| 2001 | 524.59 | 919.03 | 59.45 | 125.84 | 2.116737 |
| 2002 | 602.00 | 1003.59 | 77.41 | 84.56 | 1.092365 |
| 2003 | 705.44 | 1130.05 | 103.44 | 126.46 | 1.222544 |
| 2004 | 851.11 | 1301.84 | 145.67 | 171.79 | 1.179309 |
| 2005 | 1007.70 | 1395.92 | 156.59 | 94.08 | 0.600805 |
| 2006 | 1183.90 | 1728.89 | 176.20 | 332.97 | 1.889728 |
| 2007 | 1389.89 | 1771.46 | 205.99 | 42.57 | 0.206661 |
| 2008 | 1660.08 | 1430.72 | 270.19 | –340.74 | –1.261113 |
| 2009 | 1837.50 | 1770.36 | 447.61 | –1.09 | –0.002435 |
| 2010 | 2207.11 | 2187.45 | 369.61 | 417.09 | 1.128460 |
| 2011 | 2688.87 | 2429.32 | 481.76 | 241.87 | 0.502055 |
| 2012 | 3000.52 | 2516.34 | 311.65 | 87.02 | 0.279223 |
| 2013 | 3352.71 | 2743.54 | 352.19 | 227.20 | 0.645106 |
| 2014 | 3667.964 | 2838.3 | 315.25 | 94.76 | 0.300587 |
| 2015 | 4000.014 | 2971.43 | 332.05 | 133.13 | 0.400934 |

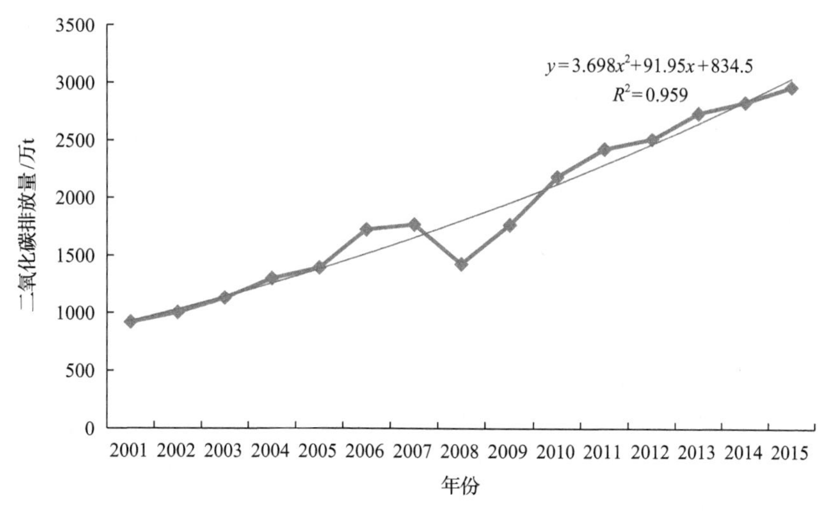


图 4-4　2001～2015 年南昌市碳排放量的年变化图及拟合关系

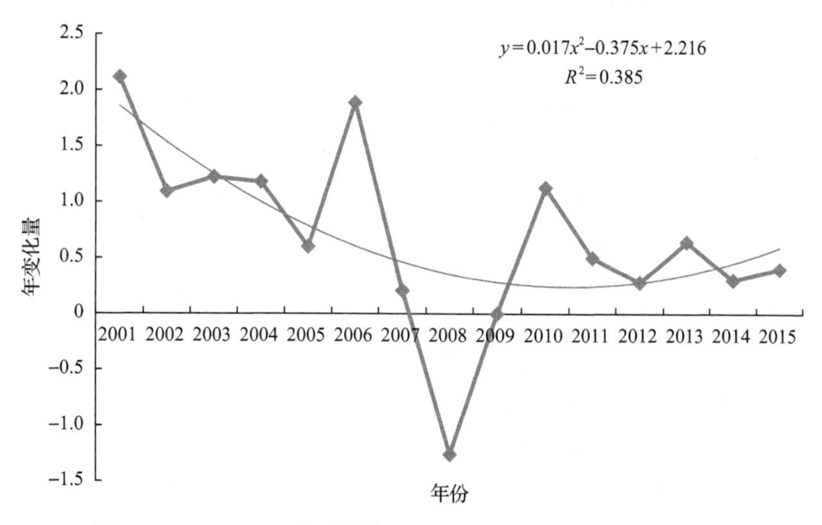


图 4-5　2001～2015 年南昌市$\Delta Q_c/\Delta GDP$ 的年变化图及拟合关系

排放量整体具有逐年上升的趋势(2008 年碳排放量降低现象应是受全球金融危机影响而出现的特殊个例情况，不具整体代表性，故数据分析中剔除了该年数据)。图 4-5 结果显示，2001～2015 年尽管南昌市的逐年碳排放量在上升，但$\Delta Q_c/\Delta GDP$ 处于逐年下降趋势(整体趋势分析时，涉及 2008 年特殊情况的 2008 年和 2009 年数据已选择剔除)。根据低碳城市发展阶段划分方法，南昌市低碳城市发展阶段可以划分为Ⅱ2 阶段，即发展阶段的锁定阶段。

## 三、低碳城市发展模式分类法分析

在低碳经济战略、财税政策软环境促进下，各国主要城市加入低碳城市建设的行列中，通过对这些城市建设资料的分析和总结，主要的低碳城市发展模式及其定义(刘文玲和王灿，2010；王丹丹，2016；刘长松，2016；胡建波和任亚运，2016)如表 4-8 所示。

**表 4-8　主要低碳城市发展模式**

| 发展模式 | 模式特点说明 |
| --- | --- |
| 基底低碳 | 城市能源的低碳化，将高碳能源向低碳能源转变，再将碳基能源转换为氢基能源，就是基底低碳模式的主要思路，如具有日照时间较长优势的城市可以通过建设光伏能源发电厂来减排。例如，丹麦的哥本哈根政府颁布了 7 条转变能源结构的政策，将燃煤发电转化为生物燃料或木屑发电，增加风力发电和地热供热设施，改进垃圾焚烧场的热能效率，升级区域供热体系 |
| 结构减排 | 城市的产业结构和经济发展模式决定了城市的碳排放总量与排碳强度，一般地，以第二产业为主导产业的城市排碳量远高于以第一产业和第三产业为主导产业的城市，因此以高碳产业为减排重点与新能源转变相结合促进产业升级、降低能源消耗、提高能源利用率是进行减排的主要方式 |
| 形态低碳 | 其中的形态指的是城市的组织形态，形态低碳就是从城市空间规划角度对城市进行改造以达到减排的目的，在城市中建构生态网络来增强碳汇有效固碳。哥本哈根的“指状规划”就是形态低碳发展模式，通过改造交通体系降低交通排碳，优化城市道路交通设施，增加城市绿地和园林建设 |
| 支撑低碳 | 通过运用新能源配套技术、建筑节能、碳捕获与封存技术、清洁生产技术为低碳城市的长远发展提供支撑 |
| 行为低碳 | 倡导政府向企业、居民加大宣传低碳知识，降低生产、消费能耗，引导居民的居住调整工作、休闲、出行方式，推广低碳节能家电、碳足迹的运用等 |

根据对南昌市各职能部门的全方位调研工作，作者收集了南昌市能源、国土资源、交通、建筑、工业等方面的资料与数据，按照主要低碳城市发展模式，整理归类了南昌市低碳发展模式情况[①]，如表 4-9 所示。

虽然南昌市在基底低碳、结构减排和形态低碳方面做了不少的工作，在支撑低碳方面也开展了部分工作，但在行为低碳方面的努力相对欠缺。南昌市低碳城市试点工作更多地集中于能源结构调整、产业结构调整、工业低碳技术推广，这与南昌市的资源禀赋、能耗现状相适应；而建筑节能及交通低碳的开展，是对于未来低碳城市的长远发展提供经验累积和探索的过程；城市规划和建设注重低碳绿色的生态理念，则主要围绕森林和湿地碳汇储存开展。

综合来说，南昌市的低碳城市发展呈现出综合型低碳社会模式，同时具备侧重于产业结构低碳转型模式的特点。

---

① 南昌市人民政府. 南昌市国民经济和社会发展第十三个五年(2016—2020)规划纲要，2016；南昌市城市绿道网规划，2017；南昌市城市轨道交通第二期建设规划(2015～2021 年)，2015。

**表 4-9　南昌市低碳发展模式**

| 发展模式 | 相关措施与行动 |
| --- | --- |
| 基底低碳 | 南昌市目前的能源消费结构仍以煤炭为主，约占总能源的 70%，而优质的清洁能源比重偏低<br>(1)在天然气管道建设方面，南昌市燃气城市配气管网实现了双气源保障，不断拓宽天然气应用领域，从传统的城市燃气逐步拓展到天然气厂、化工、燃气空调以及分布式功能系统等领域<br>(2)协调推进车船用加气站建设：截止到 2015 年底，南昌市共有 15 座加气站在正式运行、4 座已经建成在办手续、另有 5 座在建设当中，可以充分满足现阶段加气车辆的需求<br>(3)全力推动地面和屋顶光伏发电项目建设：预计 2016 年底新建成分布式光伏发电项目 37 个，并网容量近 152MW；持续开展全省万家屋顶光伏发电示范工程和全市千家屋顶光伏示范工程，全市已经建成居民屋顶光伏发电项目 1108 户，并网容量 53.78MW；早在 2015 年底即开始筹划实施南昌市光伏扶贫示范工程，首期 1.32MW 计划已完成，受惠贫困村集体 26 户、贫困居民 240 户<br>(4)积极推广沼气利用、垃圾焚烧发电等生物质能利用，提高生物质能发电比重；积极推广固化成型、秸秆气化、生物柴油等生物能消耗方式。昌北麦园垃圾填埋场沼气发电厂装机有 3×957kW；进贤县的泉岭生活垃圾焚烧发电厂装机容量装机 2×12MW，年发电量约 2 亿 kW·h，可网上售电 1.2 亿 kW·h。2016 年生物质能发电量有 1.63 亿 kW·h<br>(5)积极推进浅层地热能的开发利用，推广地源热泵技术，充分利用地表水、地下水、土壤等地热能 |
| 结构减排 | (1)优先发展绿色照明、服务外包、文化旅游等产业，重点发展新能源汽车、现代物流业、航空制造、新能源设备、生物与新医药、新材料等六大产业，构建以低碳排放为特征的新兴产业体系<br>(2)在冶金、电力、造纸、化工等高排放行业和重点用能企业中培育低碳示范企业，开展碳排放监测、温室气体清单编制、能效评估、资源综合利用和清洁生产审核工作<br>(3)加快淘汰冶金、造纸、化工等行业的落后生产能力，推行节能技术改造，实施合同能源管理等节能新机制，鼓励新技术、新材料、新产品的研究和应用。加强资源节约和综合利用，提高能源利用效率。大力推进智能电网建设，逐步建设抽水蓄能水电站、特高压南昌落点和智能化数字变电站。加快应用非木浆碱回收、沼气发电、热电联产系统、余热回收利用、连续蒸馏系统等先进造纸技术，提高能源利用效率 |
| 形态低碳 | (1)把低碳绿色理念贯穿到城市规划和建设的每个环节，对各县区进行差异化的生态规划，重点布局南昌高新技术产业开发区低碳产业示范区、湾里区生态园林示范区、红谷滩新区(含扬子洲区域)生态人居与现代服务业示范区、进贤县军山湖低碳农业和生态旅游示范区等四个不同类型的低碳生态示范区。将南昌高新技术产业开发区作为生态工业园区品牌进行重点塑造，在区内高起点规划建设了占地 2500 亩*的艾溪湖湿地公园，启动了 18km$^2$ 的瑶湖森林公园建设，以及艾溪湖绿道建设，并在湖泊、主干道及企业周边建设了具有生态、绿化、美化功能的绿色走廊，打造了富有生态内涵的森林园区<br>(2)在赣江两岸建成多条城市慢行系统，完成首轮机动车环保检验合格标志核发工作；积极推广新能源汽车的消费市场，并加快充电设施建设，建立完善技术创新体系、产业配套体系、售后服务体系和质量监测体系，推动全产业链发展。围绕低碳交通试点城市建设，分别从基础设施建设、更新运输装备、优化运输结构、完善智能交通等多方面，推进低碳交通运输体系建设，完成了 12 个重点建设项目，包括城市公交天然气应用、光伏屋顶电站、公众出行信息服务和管理系统、南昌市轨道交通、加气站建设等。新建改建 127 个共享单车租赁点，共投放 3400 辆共享单车 |
| 支撑低碳 | (1)在推进低碳建筑方面，推动了《南昌市促进发展新型墙体材料条例》的立法实施；南昌市城乡建设委员会每年进行建造节能专项检查，并发布《南昌市建筑节能与绿色建筑设计指导意见》确保建筑节能、绿色建筑相关工作的顺利开展。在南昌城区积极推广太阳能一体化建筑、太阳能集中供热工程，大力推进建筑节能和可再生能源应用，所有新建建筑均严格执行节能强制性标准<br>(2)积极探索绿色债券创新，为城市低碳建设提供融资平台 |
| 行为低碳 | 定期开展节能宣传周活动，向市民宣传节能、低碳知识，传播低碳理念；开展“低碳日能源体验”等活动，增强能源资源忧患意识，倡导绿色低碳生活 |

* 1 亩≈666.67m$^3$。

## 四、分析结论

采用中国低碳试点城市分类法、低碳城市发展阶段划分法、低碳城市发展模式分类法三种分析方法，比较全面地分析了南昌市低碳发展模式和特征，分析结果如下：

(1) 中国低碳试点城市分类法：2006～2015 年南昌市第二产业比例均高于50%，依据全球环境基金“通过国际合作促进中国清洁绿色低碳城市发展”项目PSC-2 课题组产出的中国低碳试点城市分类法的指标划分方法，可以得出南昌市低碳城市类型在 2006～2015 年都稳定为工业型城市。南昌市 2015 年工业发展阶段指标显示，至 2015 年，南昌市的工业化发展阶段迈入了工业化后期。

(2) 低碳城市发展阶段划分法：在 2001～2015 年，除受全球金融危机影响出现特殊个例情况而不具整体代表性的 2008 年外，南昌市的年碳排放量呈逐年上升趋势，但$\Delta Q_c/\Delta \text{GDP}$(2008 年及其关联年份除外)处于逐年下降趋势，根据低碳城市发展阶段划分方法可以分析得到南昌市低碳城市发展阶段划分为Ⅱ2 阶段，即发展阶段的锁定阶段。

(3) 低碳城市发展模式分类法：南昌市的低碳城市发展呈现出综合型低碳社会模式和侧重于产业结构低碳转型模式的特点。

由此可见，南昌市目前处于工业为主的城市发展阶段，且处于工业化后期。而南昌市的低碳试点工作呈现出综合型低碳社会模式和侧重于产业结构低碳转型模式的特点，试点工作有一定的成效，使得南昌市出现了经济增长与碳排放的弱脱钩，进入低碳城市发展阶段的锁定阶段(Ⅱ2)。需要进一步调整二、三产业结构，以清洁能源替代碳基能源，并持续低碳节能技术创新才能进入发展阶段的解锁阶段(Ⅱ3)，实现碳排放峰值达峰。因此，南昌市要实现碳排放达峰、完成低碳经济转型的工作任务依旧十分艰巨。

# 第二节　碳排放峰值预测与减排潜力分析

## 一、能源消费与二氧化碳排放

### (一) 能源消费现状

随着南昌市经济社会的快速发展，经济体量的不断增长，其所需要的能源供给不断增加，能源消费量也相应地大幅增长。南昌市 2006～2016 年能源平衡表数据显示，近十年能源消费总量不断增加，从 2006 年的 729.49 万 tce 增长到了 2015 年的 1377.84 万 tce，年平均增幅约 7.3%。2016 年，南昌市能源消费总量为 1453.93 万 tce，较 2015 年增加了 5.5 个百分点，如图 4-6 所示。

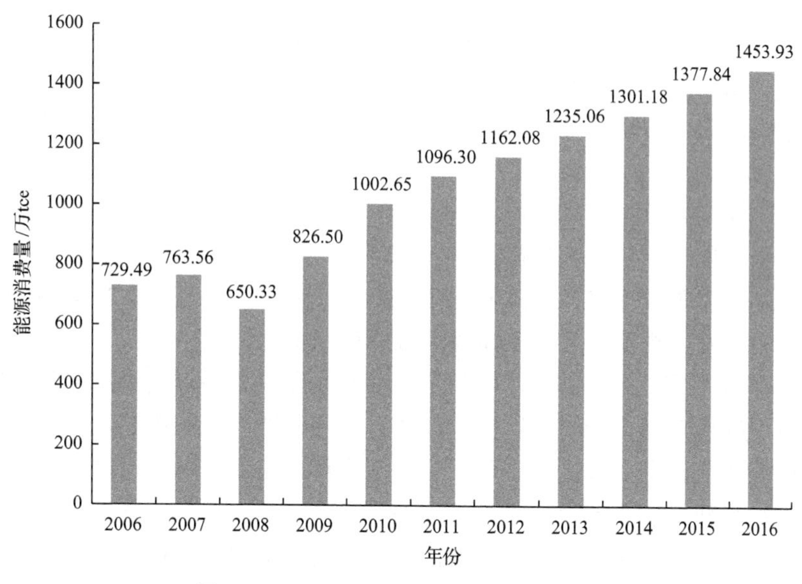


图 4-6　2006～2016 年南昌市能源消费量

自“十二五”以来，南昌市积极调整产业结构，大力提高服务业增加值占地区生产总值比重和高新技术产业增加值占工业增加值比重，优化能源结构，通过多种方式鼓励企业采用清洁能源和可再生能源，同时积极推动淘汰落后产能行动，稳步推进企业节能降耗技术改造工作，从而使得南昌市单位 GDP 能耗稳步降低，从2006年的0.62tce/万元下降到了2016年的0.33tce/万元，累计下降了46.77%（图 4-7），这表明南昌市在节能降耗方面取得了喜人的成绩，为南昌市绿色低碳发展奠定了基础。

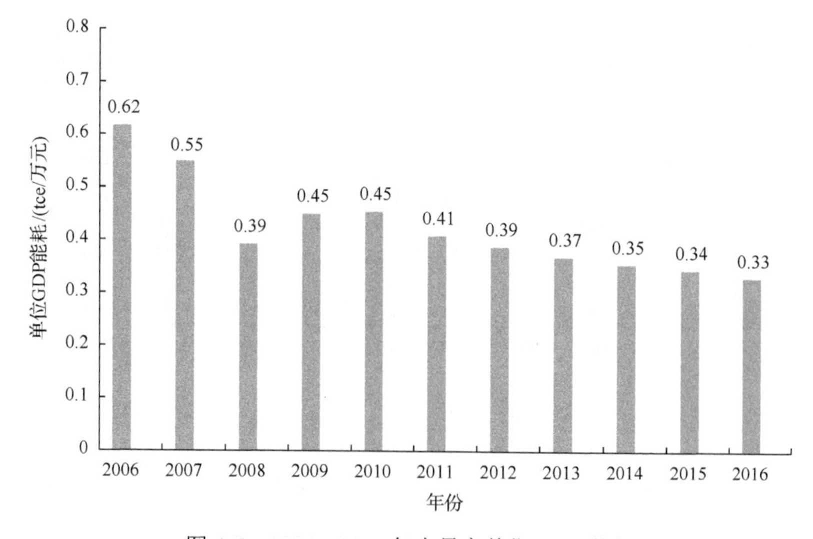


图 4-7　2006～2016 年南昌市单位 GDP 能耗

从工业企业能源消费来看，南昌市目前仍处于工业化的发展阶段，工业发展需求强烈，工业企业能源消费不断增加。根据《南昌统计年鉴 2006—2015》数据（南昌市统计局，2006～2015），2006 年以来南昌市规模以上工业能源消费总量总体呈现出上升趋势，从 2006 年的 624.54 万 tce 增长到 2015 年的 771.85 万 tce，累计增长 23.6%。但 2008 年和 2009 年的规模以上工业能源消费总量较 2007 年有所下降，主要原因在于这期间南昌市对发电厂实行了“上大压小”工程，导致整体工业能源消费总量较往年有所降低，但是随着南昌新昌电厂一期 2×660MW 发电机组的投入运营，规模以上工业能源消费总量稳步增长。

此外，自“十二五”以来，南昌市推动产业强攻战略，加快汽车及零部件、电子信息、绿色食品、新材料、生物医药、航空制造、纺织服装、建材、机电装备九大产业建设，全力打造一批现代制造业集群，与此同时，通过加快产业转型的步伐，加快新旧动能转换，提升工业经济科技含量，逐步完善高端产业体系，促进南昌市工业经济转型升级，使得南昌市规模以上工业企业单位工业产值能耗基本呈现出逐年下降的趋势，从 2006 年的 0.65tce/万元逐步降低到了 2015 年的 0.14tce/万元，累计降低了 78.5 个百分点，如图 4-8 所示。

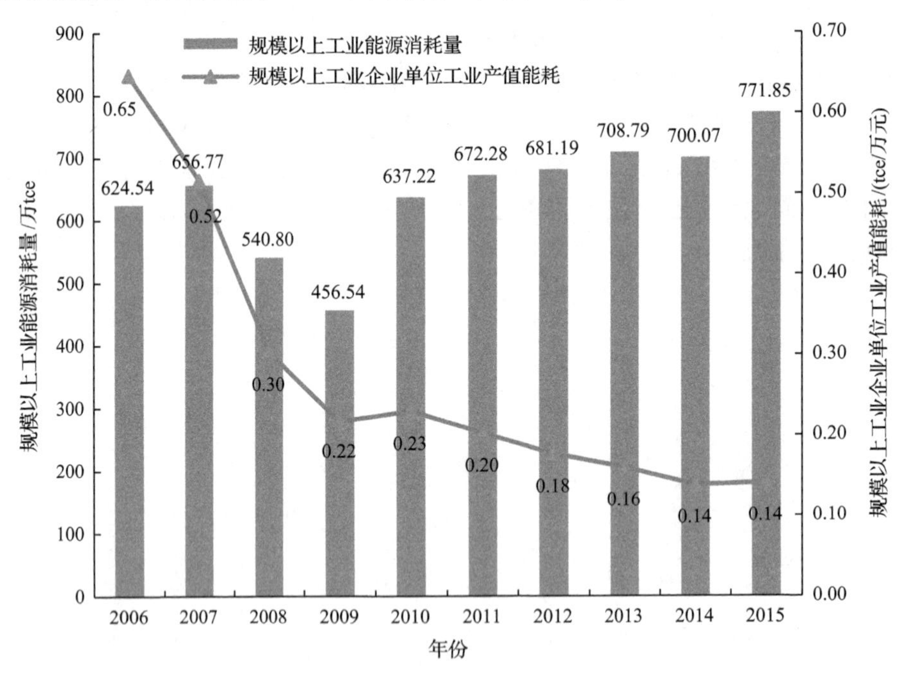


图 4-8　2006～2015 年规模以上工业能源消耗量及工业企业单位工业产值能耗

从工业能源最终需求结构来看，虽然南昌市加大了对清洁能源和可再生能源的推广和利用，并将非化石能源占一次能源比重这一指标列入“十二五”考核内容，但由于南昌市能源资源匮乏的现状，目前南昌市工业能源消费中煤炭(包括原煤、洗精煤、其他洗煤、型煤、焦炭等)始终占据主导地位，《南昌统计年鉴 2006—2015》数据显示，其消费量占规模以上工业能源消费总量的比例始终维持在 60%以上，如图 4-9 所示。近几年，随着“西气东输”政策的惠及，天然气调入量逐年增加，规模以上工业能源消费中煤炭的占比逐渐降低，而天然气等其他种类的能源消费量在逐年增加，这表明南昌市在能源结构调整方面进行了相应的努力。

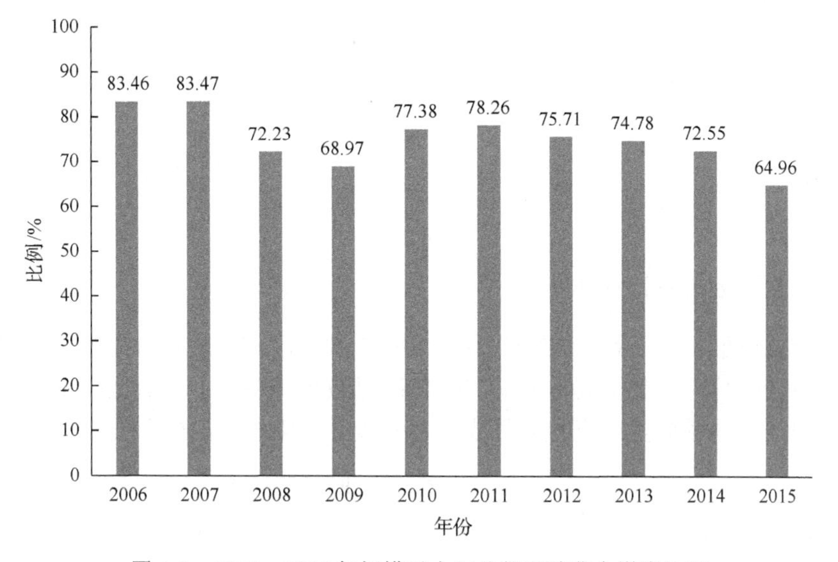


图 4-9　2006～2015 年规模以上工业能源消费中煤炭比例

从重点行业能源消费状况来看，通过对《南昌统计年鉴 2006—2015》数据进行分析，黑色金属冶炼和压延加工业是南昌市最大的能源消耗行业，2015 年能源需求量为 270.51 万 tce，占工业能源总需求的 39.70%，电力、热力生产和供应业是第二大能源消耗领域，占总需求的 33.75%，之后为造纸和纸制品业，占总需求的 7.12%。交通运输设备制造业，农副食品加工业，计算机、通信和其他电子设备制造业，医药制造业及电气机械和器材制造业等科技含量高的高端行业的能源需求量也逐年增加，农副食品加工业和计算机、通信和其他电子设备制造业更是替代了纺织业、化学原料和化学制品制造业，成为南昌市新的能源需求十大重点行业，这说明南昌市在战略性新兴产业和高新技术产业发展方面取得了一定的成绩，产业层级提升取得了一些成效，有利于南昌市绿色低碳城市的发展，如图 4-10 所示。目前，十大重点行业能源需求占规模以上工业能源需求的 93.35%。

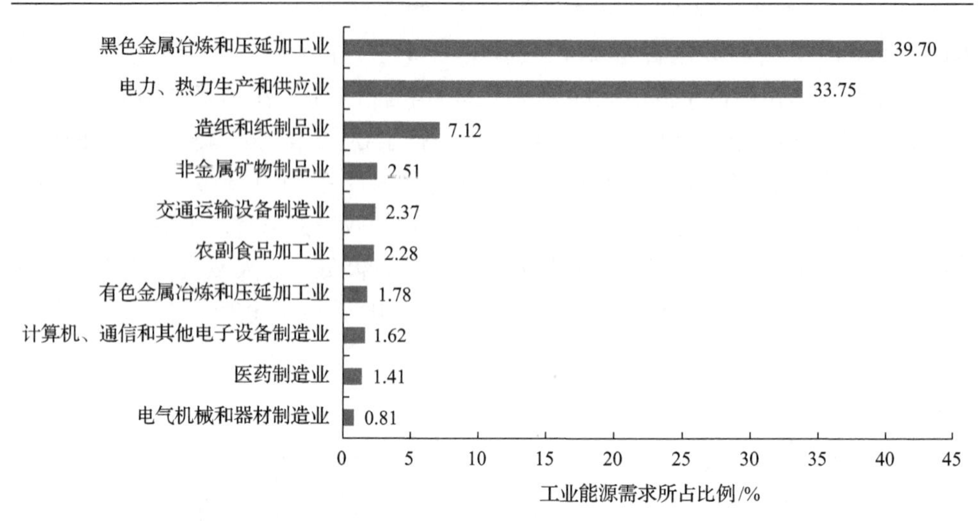


图 4-10　2015 年南昌市十大重点行业能源需求所占份额图

（二）核算方法与排放系数

按照《江西省发展改革委关于开展 2016 年度设区市人民政府控制温室气体排放目标责任评价考核的通知》中的二氧化碳排放核算方法，二氧化碳排放指化石燃料消费产生的排放量及电力调入或调出所蕴含的排放量，核算公式为

二氧化碳排放量=燃煤排放量+燃油排放量+燃气排放量+
电力调入所蕴含的二氧化碳排放量−电力调出所蕴含的二氧化碳排放量

其中

燃煤排放量=当年煤炭消费量×燃煤综合排放因子
燃油排放量=当年油品消费量×燃油综合排放因子
燃气排放量=当年天然气消费量×燃气综合排放因子
电力调出（调入）所蕴含的二氧化碳排放量=调出（调入）电量×
电网供电平均 $CO_2$ 排放因子

能源消费产生的碳主要是指能源在产生热能的过程中，通过燃烧过程排放的碳。单位化石燃料燃烧产生的二氧化碳排放理论上随着燃料质量、燃烧技术以及控制技术等因素的变化不同地区不同年份有所差异，受限于南昌市分燃料品种消耗量历史数据的可得性，鉴于各种能源在不同年份碳排放系数变化率较小以及测度碳排放系数的技术困难，这里假定它们是不变的。综合以上因素，本书将南昌市煤炭、石油和气体燃料的碳排放系数参照江西省“十二五”期间设区市人民政府控制温室气体排放目标责任考核的核算系数；而电力排放系数则采用华中区域电网平均二氧化碳排放因子，参照江西省历年考核办法。因此，南昌市各能源品

种二氧化碳排放系数取值如表 4-10 所示。

**表 4-10　南昌市分能源品种二氧化碳排放系数**

| 能源品种 | 煤炭/($kgCO_2/kgce$) | 石油/($kgCO_2/kgce$) | 气体燃料/($kgCO_2/kgce$) | 电力/($kgCO_2/kW·h$) |
|---|---|---|---|---|
| 二氧化碳排放系数 | 2.64(2016 年为 2.66) | 2.08(2016 年为 1.76) | 1.76(2016 年为 1.59) | 0.5676(2010 年前)<br>0.5955(2011 年)<br>0.5257(2012 年)<br>0.6336(2013 年后) |

根据南昌市的消费平衡表、人口、GDP 等数据，并根据表 4-10 的二氧化碳排放系数，可以计算得到南昌市的二氧化碳排放总量及二氧化碳排放相关指标。经核算，南昌市 2010～2015 年的单位 GDP 二氧化碳排放、人均二氧化碳排放、碳生产率等指标如表 4-11 所示。

**表 4-11　南昌市二氧化碳排放相关指标**

| 相关指标 | 2010 年 | 2011 年 | 2012 年 | 2013 年 | 2014 年 | 2015 年 |
|---|---|---|---|---|---|---|
| 人口/万人 | 502.25 | 504.95 | 507.87 | 510.08 | 517.73 | 520.38 |
| GDP/亿元 | 2207.11 | 2688.87 | 3000.52 | 3352.71 | 3667.96 | 4000.01 |
| 二氧化碳排放总量/万 $tCO_2$ | 2187.45 | 2429.32 | 2516.34 | 2743.54 | 2838.30 | 2971.43 |
| 单位 GDP 二氧化碳排放/($tCO_2$/万元) | 0.99 | 0.90 | 0.84 | 0.82 | 0.77 | 0.74 |
| 人均二氧化碳排放/$tCO_2$ | 4.36 | 4.81 | 4.95 | 5.38 | 5.48 | 5.71 |
| 碳生产率/(万元/$tCO_2$) | 1.01 | 1.11 | 1.19 | 1.22 | 1.29 | 1.35 |
| 单位能源消费排放/($tCO_2/tce$) | 2.18 | 2.22 | 2.17 | 2.22 | 2.18 | 2.16 |

2015 年南昌市能源消耗共产生了 2971.43 万 $tCO_2$，人均二氧化碳排放 5.71$tCO_2$，稍低于国家平均水平 6.6$tCO_2$，见图 4-11。2015 年煤炭消费产生的二氧化碳量最大，达排放总量的 63%，石油和电力调入消费产生的二氧化碳量其次，天然气较小，如图 4-12 所示。

(三)二氧化碳排放特征

从二氧化碳排放结构来看，通过分析煤炭、油品、气体燃料、电力调入调出数据，得到 2010～2015 年南昌市二氧化碳排放结构图，如图 4-13 所示。可以看到，近年来煤炭消费一直都是南昌市二氧化碳排放的主要来源，其产生的二氧化碳排放量占总量的 64%～70%；气体燃料消费产生的二氧化碳排放占比一直维持较低水平，2015 年仅为 2.5%；油品消费产生的二氧化碳排放、电力调入调出所蕴含的二氧化碳排放量分别占总量的 16%～19%、11%～17%，排放比重较为稳定。

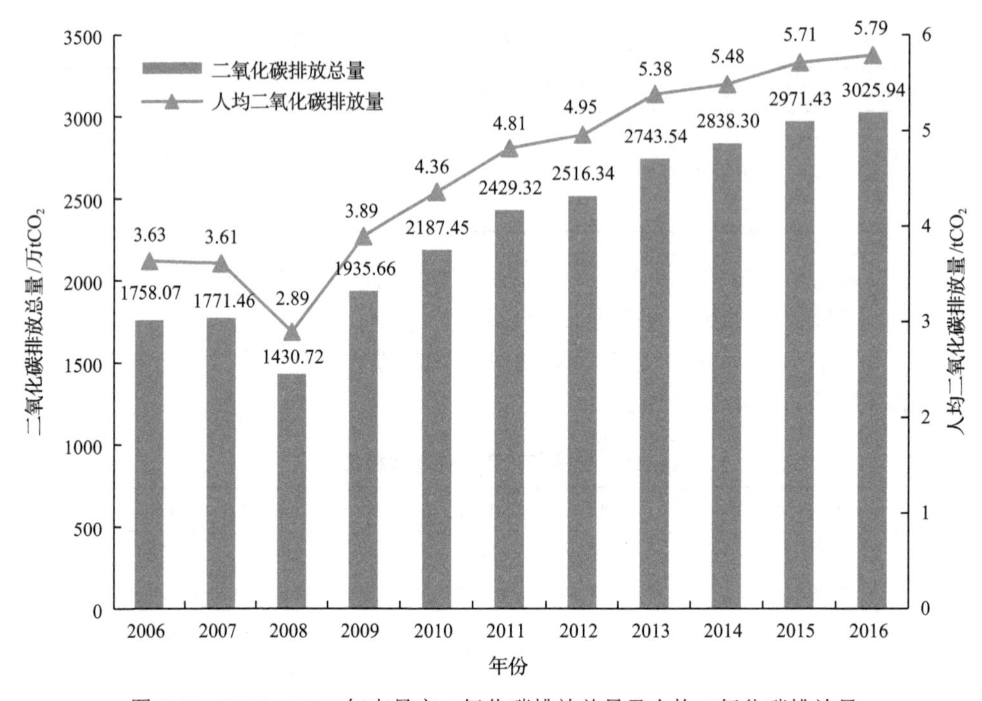


图 4-11　2006～2016 年南昌市二氧化碳排放总量及人均二氧化碳排放量

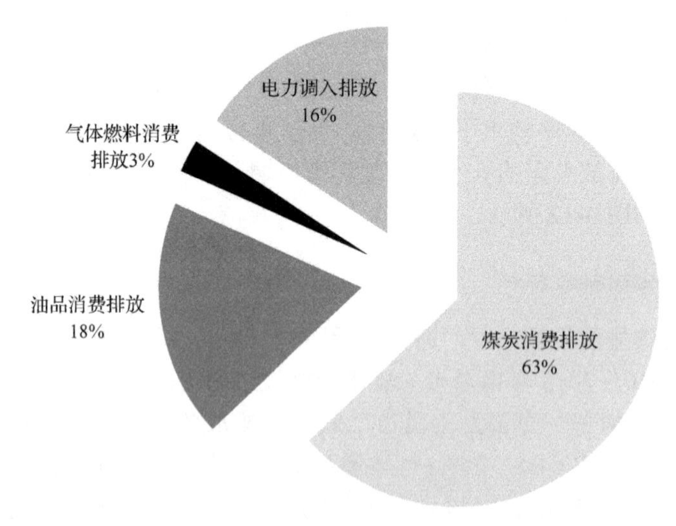


图 4-12　2015 年南昌市二氧化碳排放现状

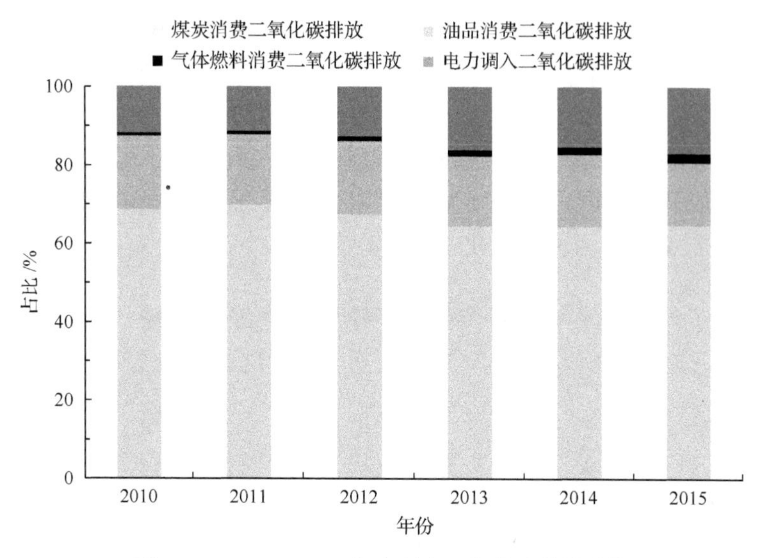


图 4-13　2010～2015 年南昌市二氧化碳排放结构

2010～2015 年，南昌市三产和生活消费产生的二氧化碳排放比例逐年变化不大，无明显趋势，总体排放量以第二产业排放为主。2015 年南昌市二氧化碳排放大部分来自第二产业，总排放量为 1845.59 万 $tCO_2$，占总排放量的 64.41%；其次是第三产业，占 24.07%；生活消费排放为 9.78%，如图 4-14 所示。

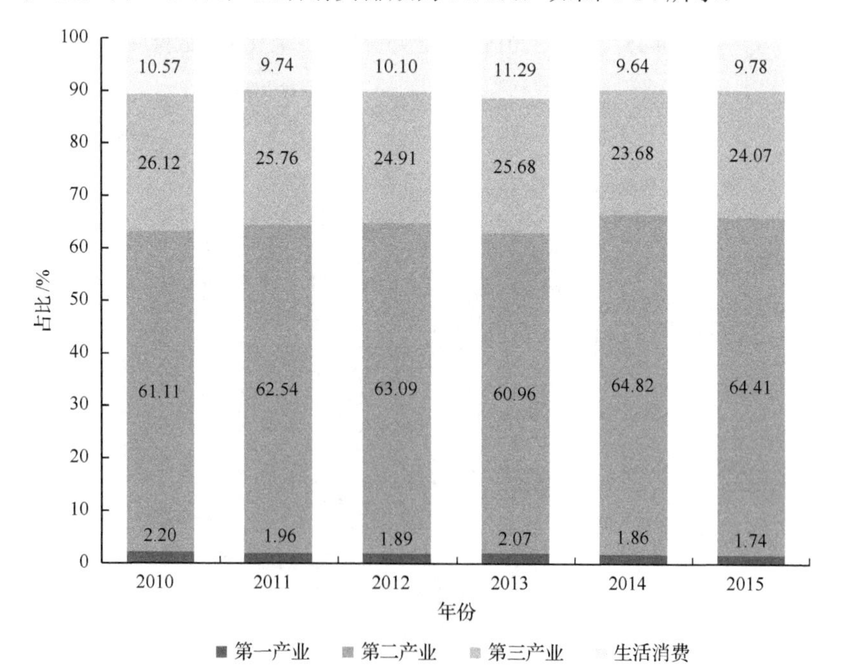


图 4-14　2010～2015 年南昌市分产业二氧化碳排放比例

2010～2015 年，南昌市总体排放量呈逐年上升趋势，分领域的二氧化碳排放量和所占比例如图 4-15 和图 4-16 所示，以工业领域排放为主。2015 年，南昌工业领域排放 1769.64 万 $tCO_2$，占比 62%；交通运输、仓储和邮政业领域排放 356.55 万 $tCO_2$，占比 12%；城镇生活消费排放 201.41 万 $tCO_2$，占比 7%；其他领域(包括农、林、牧、渔业，建筑业，批发、零售业和住宿、餐饮业，乡村生活消费等)排放 537.73 万 $tCO_2$，占比 19%。

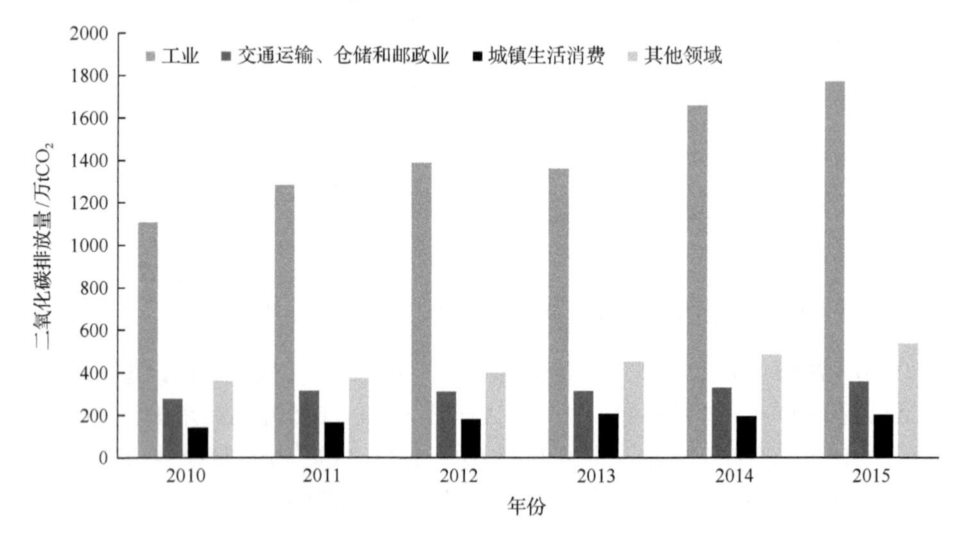


图 4-15　2010～2015 年南昌市分领域二氧化碳排放量

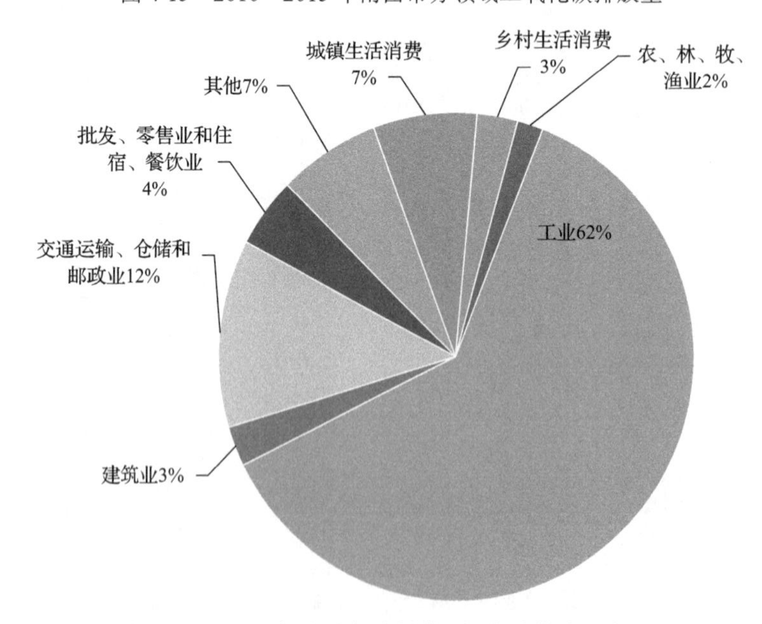


图 4-16　2015 年南昌市分领域二氧化碳排放量占比

从工业行业二氧化碳排放情况来看，根据《南昌统计年鉴2016》中规模以上工业企业能源消费量数据进行核算，南昌市规模以上工业企业排放总量为1360.15万$tCO_2$，占南昌市二氧化碳排放总量的45.8%。其中，黑色金属冶炼和压延加工业，电力、热力生产和供应业，造纸和纸制品业，农副食品加工业，非金属矿物制品业，医药制造业，交通运输设备制造业，有色金属冶炼和压延加工业，饮料制造业，化学原料和化学制品制造业位列南昌市规模以上工业企业二氧化碳排放的前十位，如图4-17所示。

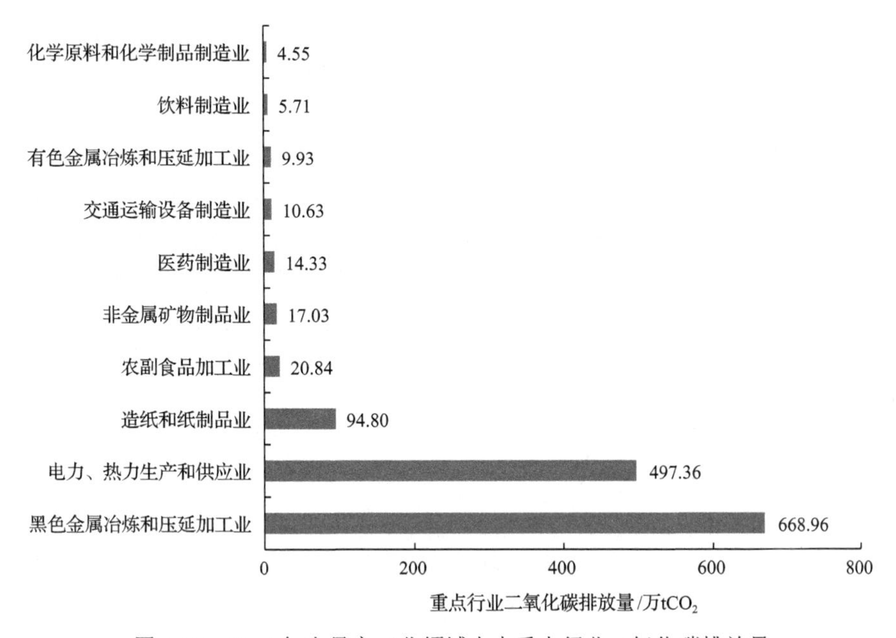


图4-17 2015年南昌市工业领域十大重点行业二氧化碳排放量

黑色金属冶炼和压延加工业产生的二氧化碳排放是南昌市工业二氧化碳排放的主要来源之一，2015年其排放量达668.96万$tCO_2$，占南昌市二氧化碳排放总量的22.5%，占规模以上工业企业二氧化碳排放的49.2%；其次是电力、热力生产和供应业，2015年排放量为497.36万$tCO_2$，占南昌市二氧化碳排放总量的16.7%，占规模以上工业企业二氧化碳排放的36.6%；然后是造纸和纸制品业，排放量为94.80万$tCO_2$，占南昌市二氧化碳排放总量的3.2%，占规模以上工业企业二氧化碳排放的7.0%。这三个行业的二氧化碳排放量之和占整个规模以上工业企业二氧化碳排放的92.8%。而其他如农副食品加工业、非金属矿物制品业、医药制造业、交通运输设备制造业、有色金属冶炼和压延加工业、饮料制造业、化学原料和化学制品制造业等行业二氧化碳排放量则相对少些，这7个行业的排放总量仅为83.02万$tCO_2$，占南昌市二氧化碳排放总量的2.8%，占规模以上工业企业二氧化碳排放的6.1%。因此，在工业领域加强对黑色金属冶炼和压延加工业，电力、热力生产和供应业以及造纸和纸制品业这三个行业的节能减排技术改造，对减少南昌市二氧化碳排放，实施低碳发展具有非常重要的作用。

## 二、碳排放峰值预测

目前国内外对碳排放峰值预测方面的研究主要集中在能源消费的碳排放量峰值方面，研究方法主要集中在运用 STIRPAT 模型、LEAP 模型、MARKAL-MACRO 模型、环境库兹涅茨曲线（EKC）模型、IPAT 模型方面，根据能源消耗量计算碳排放量、根据碳排放强度对碳排放峰值的研究等（陈文颖等，2004；林伯强和蒋竺均，2009；渠慎宁和郭朝先，2010；McPherson and French，2014；朱宇恩等，2016；杨顺顺，2017）。

国家发展和改革委员会能源研究所（2003）利用 LEAP 模型建立覆盖我国所有能源消费部门和包括商品能源和消费商品能源等所有能源消费品种的能源需求模型，得到了中国在可持续发展目标下，到 2020 年各时段全社会能源需求的不同情景。姜克隽等（2008，2009）利用 IPAC 模型对我国未来中长期的能源与温室气体排放情景进行分析。基于调研的结果，南昌市的数据基础较差，2014 年以后的温室气体清单编制的相关工作启动较晚，作者最终选择采用 IPAT 模型的修正模型 ImPAT 等式进行碳排放总量及峰值的预测。

### （一）模型构建

在低碳经济中，Kaya 公式可以帮助研究人员分析人类活动对温室气体排放的影响。在 Kaya 恒等式中，二氧化碳排放量由人口、人均 GDP、能源强度及单位能源碳强度四个决定因素。同时，Kaya 恒等式可帮助人们识别减排潜力和具体措施。

$$\text{二氧化碳排放}=\frac{\text{二氧化碳排放}}{\text{能源消耗}}\times\frac{\text{能源消耗}}{\text{GDP}}\times\frac{\text{GDP}}{\text{人口}}\times\text{人口}\ (\text{Kaya 恒等式}) \tag{4-1}$$

目前，基于 Kaya 恒等式建立的 ImPAT 模型在碳排放研究中广泛应用。根据南昌市 2000～2015 年的各项数据（表 4-12），构建了南昌市碳排放 ImPAT 模型，$I$ 为二氧化碳排放总量，$P$ 为人口，$A$ 为人均 GDP，$T$ 为能源强度，$E$ 为单位能源碳强度，如下式所示：

$$I=aP^b A^c T^d E^e \tag{4-2}$$

对式（4-2）两边取对数，得到下式：

$$\ln I=\ln a+b\ln P+c\ln A+d\ln T+e\ln E \tag{4-3}$$

将表 4-12 的各项数据，在 MATLAB 中构建模型，用最小二乘法进行拟合，得到如下拟合结果：

$$\ln I=1.8489+0.7523\ln P+1.0714\ln A+1.1627\ln T+0.6445\ln E \quad (4\text{-}4)$$

该模型具有实际的经济意义，人口的增大、人均 GDP 的增长都能使得碳排放总量增长，而能源强度的降低、单位能源碳强度的降低会使得碳排放总量降低，这四个变量与碳排放总量都具有正相关关系。

**表 4-12　南昌市 2000～2015 年经济、人口及能源相关数据**

| 年份 | 二氧化碳排放/万 $tCO_2$ | 人口/万人 | 人均 GDP/万元 | 能源强度/(tce/万元) | 单位能源碳强度/($tCO_2$/tce) |
|---|---|---|---|---|---|
| 2000 | 793.19 | 432.55 | 1.08 | 0.661 | 2.580 |
| 2001 | 919.03 | 440.16 | 1.19 | 0.721 | 2.580 |
| 2002 | 1003.59 | 448.85 | 1.34 | 0.689 | 2.430 |
| 2003 | 1130.05 | 450.77 | 1.56 | 0.667 | 2.421 |
| 2004 | 1301.84 | 460.79 | 1.85 | 0.643 | 2.400 |
| 2005 | 1395.92 | 475.17 | 2.12 | 0.580 | 2.380 |
| 2006 | 1728.89 | 483.96 | 2.45 | 0.616 | 2.390 |
| 2007 | 1771.46 | 491.31 | 2.83 | 0.549 | 2.370 |
| 2008 | 1430.72 | 494.73 | 3.36 | 0.392 | 2.320 |
| 2009 | 1770.36 | 497.33 | 3.69 | 0.450 | 2.200 |
| 2010 | 2187.45 | 502.25 | 4.39 | 0.454 | 2.182 |
| 2011 | 2429.32 | 504.95 | 5.33 | 0.408 | 2.216 |
| 2012 | 2516.34 | 507.87 | 5.91 | 0.387 | 2.165 |
| 2013 | 2743.54 | 510.08 | 6.57 | 0.368 | 2.221 |
| 2014 | 2838.30 | 517.73 | 7.08 | 0.355 | 2.181 |
| 2015 | 2971.43 | 520.38 | 7.69 | 0.344 | 2.157 |

2000～2015 年，南昌市二氧化碳排放总量的实际值与拟合值对比见表 4-13 和图 4-18。可以看出，2000～2015 年实际二氧化碳排放量和拟合的二氧化碳排放量之间的拟合程度很好。

**表 4-13　南昌市 2000～2015 年二氧化碳排放模型拟合值与实际值数据对比**

| 年份 | 实际二氧化碳排放量/万 $tCO_2$ | 拟合的二氧化碳排放量/万 $tCO_2$ | 年份 | 实际二氧化碳排放量/万 $tCO_2$ | 拟合的二氧化碳排放量/万 $tCO_2$ |
|---|---|---|---|---|---|
| 2000 | 793.194 | 751.685 | 2008 | 1430.715 | 1430.735 |
| 2001 | 919.026 | 940.692 | 2009 | 1770.363 | 1807.141 |
| 2002 | 1003.587 | 988.182 | 2010 | 2187.450 | 2205.854 |
| 2003 | 1130.046 | 1125.242 | 2011 | 2429.320 | 2423.577 |
| 2004 | 1301.838 | 1300.182 | 2012 | 2516.340 | 2525.08 |
| 2005 | 1395.923 | 1360.898 | 2013 | 2743.540 | 2723.806 |
| 2006 | 1728.889 | 1731.145 | 2014 | 2838.300 | 2823.527 |
| 2007 | 1771.458 | 1780.668 | 2015 | 2971.430 | 2967.305 |

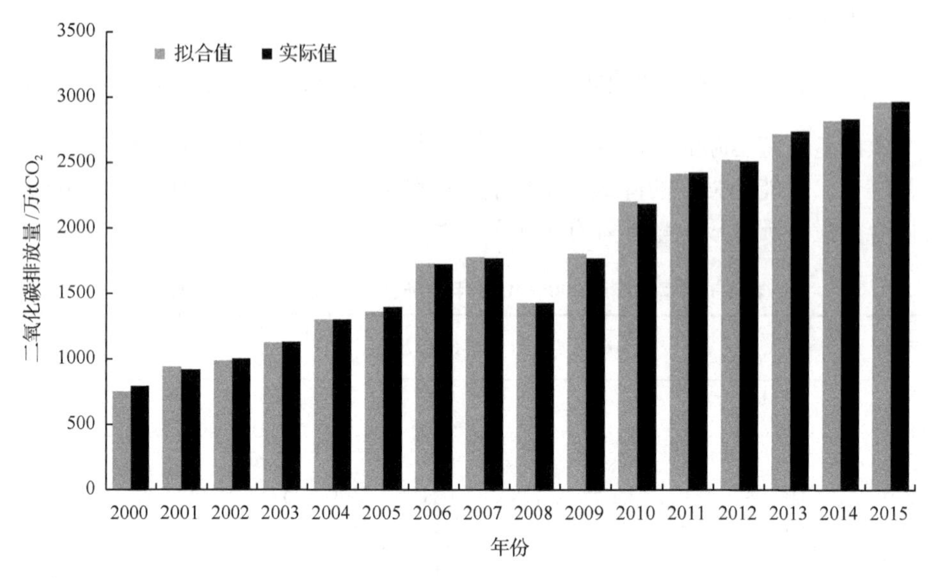


图 4-18　2000～2015 年南昌市二氧化碳排放总量实际值和模型拟合值图

（二）情景设计

课题研究将情景设定为基准情景、节能情景和低碳情景。其中，基准情景是按照目前发展而并不采取任何强制措施进行节能减排的碳排放发展情景；节能情景是指政府和民众有节能减排意识，企业能够适当地提高能源效率，政府在目前能源结构的发展基础上适当地发展清洁能源等在节能条件下的碳排放发展情景；低碳情景是指政府和民众有节能意识，企业投入科研创新减少能源强度，政府大力发展清洁能源，鼓励民众使用清洁能源等低碳发展情况下的碳排放发展情景。从情景的设定来看，节能情景的碳排放量将小于基准情景碳排放量，低碳情景碳排放量将小于节能情景碳排放量。

根据模型设置，要预测未来南昌市二氧化碳排放总量，需要知道未来人口、人均 GDP、能源强度和单位能源碳强度的数值。南昌市人口和人均 GDP 的情景预测参照中国能源和碳排放研究课题组（2009）2010～2045 年中国人口增长率和人均 GDP 增长率，能源强度的情景参考了郭朝先（2010）中对能源强度的三种低模式、中模式和高模式的情景预测，同时参考了中国能源和碳排放研究课题组给出的基准情景、强节能情景和超强节能情景下的能源结构比例情况设置单位能源碳强度。综合上述，表 4-14 给出了南昌市 2015～2045 年各因素的基准情景、节能情景和低碳情景。

**表 4-14　南昌市 2015～2045 年情景设定**

| 情景 | 影响因素 | 2015 年 | 2025 年 | 2035 年 | 2045 年 |
|---|---|---|---|---|---|
| 基准情景 | 人口/万人 | 520.38 | 570.18 | 629.21 | 657.68 |
| | 人均 GDP/万元 | 7.69 | 17.66 | 26.10 | 34.68 |
| | 能源强度/(tce/万元) | 0.344 | 0.248 | 0.186 | 0.145 |
| | 单位能源碳强度/($tCO_2$/tce) | 2.157 | 1.790 | 1.575 | 1.386 |
| 节能情景 | 人口/万人 | 520.38 | 570.18 | 629.21 | 657.68 |
| | 人均 GDP/万元 | 7.69 | 17.66 | 26.10 | 34.68 |
| | 能源强度/(tce/万元) | 0.344 | 0.234 | 0.166 | 0.121 |
| | 单位能源碳强度/($tCO_2$/tce) | 2.157 | 1.726 | 1.432 | 1.217 |
| 低碳情景 | 人口/万人 | 520.38 | 570.18 | 629.21 | 657.68 |
| | 人均 GDP/万元 | 7.69 | 17.66 | 26.10 | 34.68 |
| | 能源强度/(tce/万元) | 0.344 | 0.224 | 0.152 | 0.109 |
| | 单位能源碳强度/($tCO_2$/tce) | 2.157 | 1.682 | 1.346 | 1.117 |

(三)峰值预测

通过表 4-14 中给出的 2015 年、2025 年、2035 年、2045 年能源强度、单位能源碳强度的基准情景、节能情景和低碳情景的具体数据，通过对该数据进行处理并计算，得到每个时间段内的平均增长率，进而得到 2015～2045 年每一年在三种情景下的数据，并根据模型拟合公式可计算未来 2015～2045 年碳排放预测详情见图 4-19 和表 4-15。

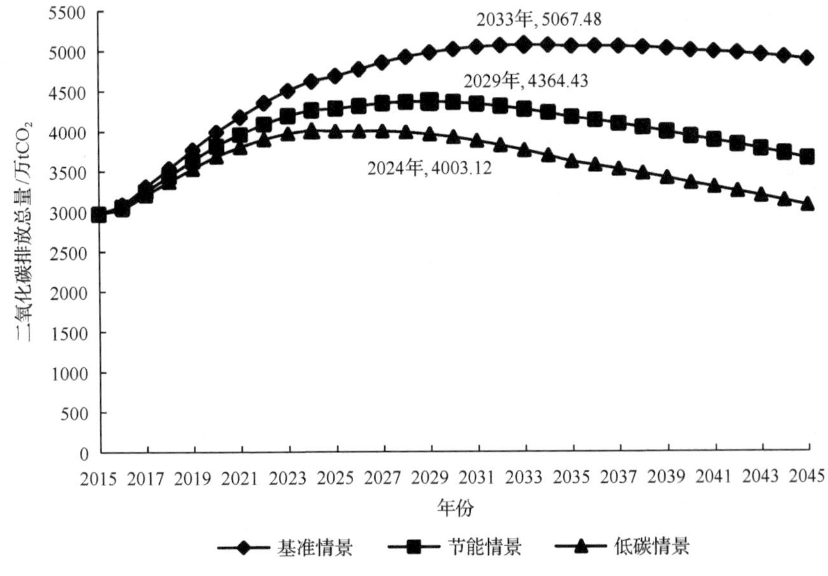


图 4-19　三种情景下南昌市 2015～2045 年二氧化碳排放总量趋势图

**表 4-15　南昌市 2015～2045 年三种情景下各个指标和碳排放预测值**

| 年份 | 人口/万人 | 人均 GDP/万元 | 基准情景 | | | 节能情景 | | | 低碳情景 | | |
|---|---|---|---|---|---|---|---|---|---|---|---|
| | | | 能源强度/(tce/万元) | 单位能源碳强度/($tCO_2$/tce) | 二氧化碳排放量/万 $tCO_2$ | 能源强度/(tce/万元) | 单位能源碳强度/($tCO_2$/tce) | 二氧化碳排放量/万 $tCO_2$ | 能源强度/(tce/万元) | 单位能源碳强度/($tCO_2$/tce) | 二氧化碳排放量/万 $tCO_2$ |
| 2015 | 520.38 | 7.69 | 0.344 | 2.157 | 2971.43 | 0.344 | 2.157 | 2971.43 | 0.344 | 2.157 | 2971.43 |
| 2016 | 522.79 | 8.33 | 0.334 | 2.136 | 3114.77 | 0.333 | 2.136 | 3100.02 | 0.331 | 2.136 | 3084.54 |
| 2017 | 527.97 | 9.25 | 0.322 | 2.078 | 3305.66 | 0.318 | 2.063 | 3246.57 | 0.316 | 2.052 | 3202.22 |
| 2018 | 533.19 | 10.25 | 0.312 | 2.040 | 3531.75 | 0.306 | 2.017 | 3437.48 | 0.302 | 2.002 | 3367.28 |
| 2019 | 538.47 | 11.31 | 0.302 | 2.002 | 3762.47 | 0.295 | 1.973 | 3629.16 | 0.290 | 1.953 | 3530.68 |
| 2020 | 542.78 | 12.45 | 0.292 | 1.965 | 3987.54 | 0.284 | 1.929 | 3811.74 | 0.277 | 1.905 | 3682.88 |
| 2021 | 548.15 | 13.53 | 0.282 | 1.929 | 4178.68 | 0.273 | 1.887 | 3958.58 | 0.266 | 1.858 | 3798.55 |
| 2022 | 553.58 | 14.63 | 0.273 | 1.893 | 4353.34 | 0.263 | 1.845 | 4087.02 | 0.254 | 1.813 | 3894.92 |
| 2023 | 559.06 | 15.72 | 0.264 | 1.858 | 4504.17 | 0.253 | 1.804 | 4190.66 | 0.244 | 1.768 | 3966.31 |
| 2024 | 564.59 | 16.75 | 0.256 | 1.824 | 4618.81 | 0.243 | 1.765 | 4258.74 | 0.233 | 1.725 | 4003.12 |
| 2025 | 570.18 | 17.66 | 0.248 | 1.790 | 4684.51 | 0.234 | 1.726 | 4280.55 | 0.224 | 1.682 | 3996.04 |
| 2026 | 575.83 | 18.54 | 0.241 | 1.768 | 4767.69 | 0.226 | 1.694 | 4312.59 | 0.215 | 1.645 | 3996.30 |
| 2027 | 581.53 | 19.45 | 0.234 | 1.745 | 4851.50 | 0.218 | 1.662 | 4344.12 | 0.207 | 1.609 | 3995.87 |
| 2028 | 587.29 | 20.35 | 0.227 | 1.723 | 4919.93 | 0.211 | 1.632 | 4360.94 | 0.199 | 1.574 | 3981.80 |
| 2029 | 593.10 | 21.23 | 0.221 | 1.701 | 4974.07 | 0.204 | 1.602 | 4364.43 | 0.192 | 1.539 | 3955.64 |
| 2030 | 598.97 | 22.09 | 0.214 | 1.679 | 5014.94 | 0.197 | 1.572 | 4355.89 | 0.184 | 1.505 | 3918.83 |
| 2031 | 604.90 | 22.93 | 0.208 | 1.658 | 5043.52 | 0.190 | 1.543 | 4336.51 | 0.177 | 1.472 | 3872.66 |
| 2032 | 610.89 | 23.75 | 0.203 | 1.637 | 5060.74 | 0.184 | 1.515 | 4307.41 | 0.171 | 1.439 | 3818.34 |

续表

| 年份 | 人口/万人 | 人均 GDP/万元 | 基准情景 | | | 节能情景 | | | 低碳情景 | | |
|---|---|---|---|---|---|---|---|---|---|---|---|
| | | | 能源强度/(tce/万元) | 单位能源碳强度/($tCO_2$/tce) | 二氧化碳排放量/万 $tCO_2$ | 能源强度/(tce/万元) | 单位能源碳强度/($tCO_2$/tce) | 二氧化碳排放量/万 $tCO_2$ | 能源强度/(tce/万元) | 单位能源碳强度/($tCO_2$/tce) | 二氧化碳排放量/万 $tCO_2$ |
| 2033 | 616.94 | 24.55 | 0.197 | 1.616 | 5067.48 | 0.178 | 1.487 | 4269.61 | 0.164 | 1.407 | 3756.96 |
| 2034 | 623.05 | 25.33 | 0.191 | 1.596 | 5064.55 | 0.172 | 1.459 | 4224.09 | 0.158 | 1.376 | 3689.53 |
| 2035 | 629.21 | 26.10 | 0.186 | 1.575 | 5052.75 | 0.166 | 1.432 | 4171.72 | 0.152 | 1.346 | 3616.95 |
| 2036 | 635.44 | 26.85 | 0.181 | 1.555 | 5055.82 | 0.161 | 1.409 | 4132.97 | 0.147 | 1.321 | 3572.13 |
| 2037 | 641.73 | 27.58 | 0.177 | 1.536 | 5051.29 | 0.156 | 1.386 | 4088.44 | 0.142 | 1.297 | 3522.57 |
| 2038 | 648.09 | 28.30 | 0.172 | 1.516 | 5039.72 | 0.151 | 1.364 | 4038.74 | 0.138 | 1.273 | 3468.84 |
| 2039 | 654.50 | 28.99 | 0.168 | 1.497 | 5021.65 | 0.146 | 1.342 | 3984.46 | 0.133 | 1.249 | 3411.50 |
| 2040 | 660.98 | 29.68 | 0.164 | 1.478 | 4997.57 | 0.142 | 1.320 | 3926.14 | 0.129 | 1.226 | 3351.04 |
| 2041 | 660.32 | 30.67 | 0.160 | 1.459 | 4985.19 | 0.138 | 1.299 | 3877.69 | 0.125 | 1.204 | 3299.31 |
| 2042 | 659.66 | 31.67 | 0.156 | 1.441 | 4967.55 | 0.133 | 1.278 | 3825.76 | 0.121 | 1.181 | 3244.92 |
| 2043 | 659.00 | 32.67 | 0.152 | 1.422 | 4945.01 | 0.129 | 1.258 | 3770.74 | 0.117 | 1.160 | 3188.24 |
| 2044 | 658.34 | 33.68 | 0.149 | 1.404 | 4917.93 | 0.125 | 1.237 | 3713.01 | 0.113 | 1.138 | 3129.59 |
| 2045 | 657.68 | 34.68 | 0.145 | 1.386 | 4886.66 | 0.121 | 1.217 | 3652.91 | 0.109 | 1.117 | 3069.29 |

通过图 4-19、表 4-15 可以发现，在基准情景、节能情景和低碳情景下南昌市二氧化碳排放的总量趋势都是经历了先上升后下降的阶段，并且会出现二氧化碳排放总量的峰值，但是由于采取的情景不同，年二氧化碳排放总量的大小不同，而且峰值出现的年份和峰值量不同。基准情景下，南昌市到 2033 年达到峰值，峰值量为 5067.48 万 $tCO_2$；节能情景下，南昌市二氧化碳排放量在 2029 年达到峰值，峰值量为 4364.43 万 $tCO_2$；低碳情景下，南昌市二氧化碳排放量在 2024 年达到峰值，峰值量为 4003.12 万 $tCO_2$。从峰值出现的年份和峰值量来看，低碳情景峰值会比节能情景峰值提前 5 年到达，而且峰值量会降低 361.31 万 $tCO_2$。这也说明了，随着节能的越来越深入，降低每单位二氧化碳排放量所需要投入的技术等资源也会越来越多。综上，预计南昌市二氧化碳排放峰值将在 2024 年左右出现。

预测结果显示：人均二氧化碳排放将于碳排放峰值之前达峰，如图 4-20 所示。低碳情景下，人均二氧化碳排放于 2023 年达峰，峰值为 7.09$tCO_2$，比二氧化碳排放总量早 1 年达峰；节能情景下，人均二氧化碳排放于 2024 年达峰，峰值为 7.54$tCO_2$，比二氧化碳排放总量早 5 年达峰；基准情景下，人均二氧化碳排放于 2029 年达峰，峰值为 8.39$tCO_2$，比二氧化碳排放总量早 4 年达峰。

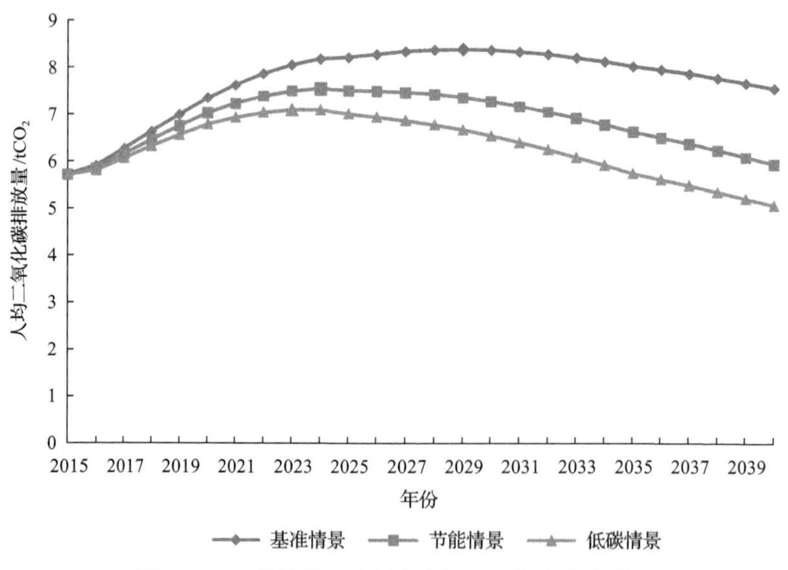


图 4-20　三种情景下南昌市人均二氧化碳排放达峰

## 三、预测结果分析

### （一）强度下降目标可行性分析

根据模型预测结果，在三种不同情景的设置下，可计算得出南昌市每五年的能源强度和单位 GDP 二氧化碳排放强度下降值，如表 4-16 所示。根据国家“十三五”控制温室气体排放工作方案的要求，江西省单位GDP二氧化碳排放强度累计降低目标值是下降19.5%、能源强度下降目标是15%(相比2015年)，在基准情景下即可达到目标要求。因此，从国家近期规划来看，模型的情景设置比较符合实际，是可以实现的目标。

**表4-16　南昌市每五年能源强度和单位GDP二氧化碳排放强度下降值**

| 排放情景下降值 | | 2015～2020年 | 2020～2025年 | 2025～2030年 | 2030～2035年 | 2035～2040年 | 2040～2045年 |
|---|---|---|---|---|---|---|---|
| 单位GDP二氧化碳强度下降值/% | 基准情景 | –21 | –21 | –19 | –19 | –17 | –16 |
| | 节能情景 | –24.04 | –24.67 | –22.54 | –22.85 | –21.21 | –19.99 |
| | 低碳情景 | –26.61 | –27.22 | –25.35 | –25.65 | –22.43 | –21.23 |
| 能源强度下降值/% | 基准情景 | –15.15 | –15.15 | –13.40 | –13.40 | –11.68 | –11.68 |
| | 节能情景 | –17.54 | –17.54 | –15.74 | –15.74 | –14.56 | –14.56 |
| | 低碳情景 | –19.38 | –19.38 | –17.54 | –17.54 | –15.15 | –15.15 |

根据国家发展和改革委员会能源研究所联合美国劳伦斯伯克利国家实验室(LBNL)、落基山研究所(RMI)于2016年完成的《重塑能源：中国面向2050年能源消费和生产革命路线图研究》报道：与2005年相比，重塑情景下，2050年中国能源强度下降87%，单位GDP二氧化碳排放强度下降93%。国家发展和改革委员会2016年发布的《能源生产和消费革命战略(2016—2030)》显示：2021～2030年，单位GDP二氧化碳排放强度比2005年下降60%～65%。在三种不同情景的设置下，可计算得出南昌市能源强度和单位GDP二氧化碳排放强度相比2005年的下降比例，如图4-21、图4-22所示。在低碳情景下，与2005年相比，

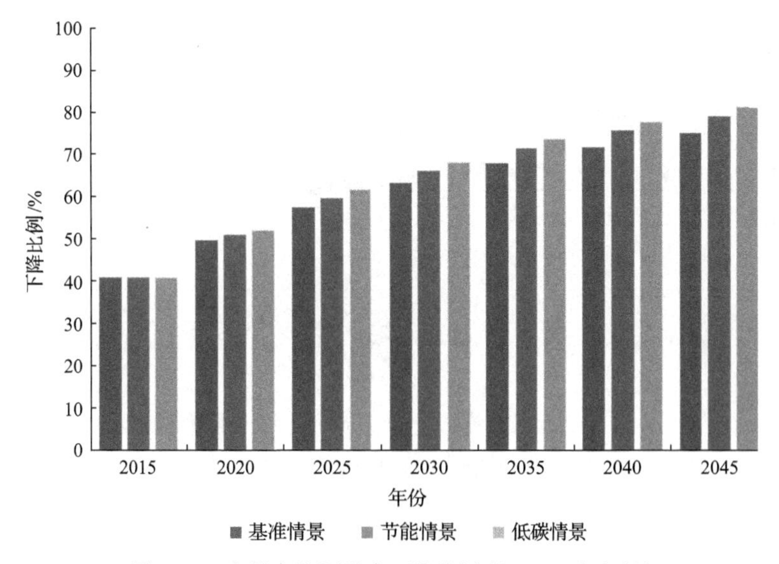


图4-21　南昌市能源强度下降比例(与2005年相比)

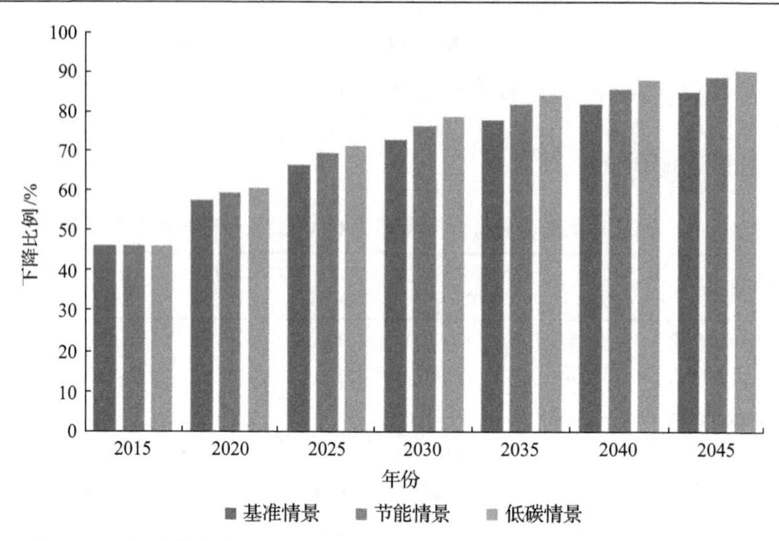


图 4-22 南昌市单位 GDP 二氧化碳排放强度下降比例(与 2005 年相比)

2045 年南昌市能源强度下降 81%，单位 GDP 二氧化碳排放强度下降 90%。因此，从国家的长期低碳发展道路的目标分解与达峰路径来看，本书对于能源强度、单位 GDP 二氧化碳排放强度下降的设置也较为合理。

(二)低碳城市发展阶段分析

结合前面的城市发展阶段分类理论，用预测模型分析南昌市的低碳发展情况，根据预测数据整理得到图 4-23。

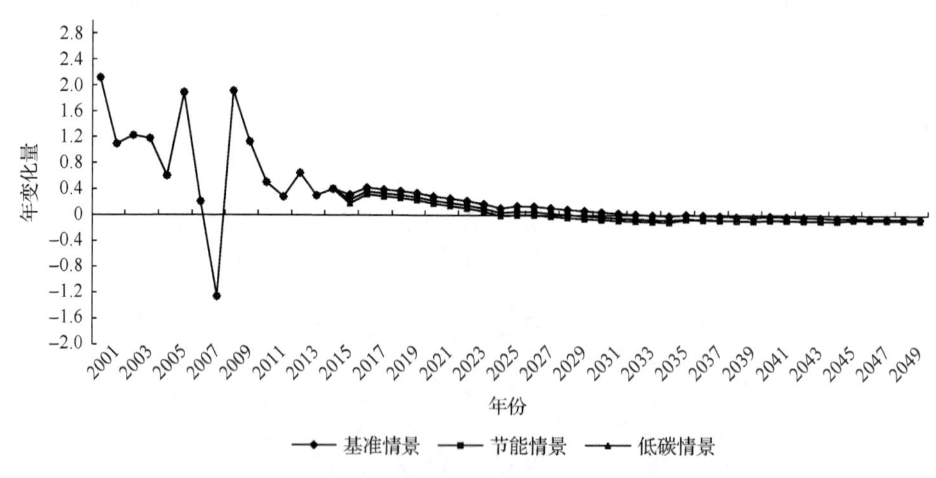


图 4-23 南昌市模型预测下的$\Delta Q_c/\Delta GDP$

从图 4-23 显示的三种情景碳排放曲线图可知：三种情景下，$\Delta Q_c/\Delta GDP$ 均从 2011 年开始小于 1；低碳情景下，$\Delta Q_c/\Delta GDP$ 在 2025 年开始转为负值，正好对应碳排放达峰；节能情景下，$\Delta Q_c/\Delta GDP$ 在 2030 年开始转为负值，正好对应碳排放达峰；基准情景下，碳排放达峰在 2034 年开始转为负值，也正好对应碳排放达峰。$\Delta Q_c$ 也对应在达峰年份后一年开始转为负值，$\Delta GDP$ 在三种情景下则始终大于零。

从以上参数结果，结合南昌市产业结构、能源主体和经济发展的特点分析，可总结得出南昌市的低碳城市发展历程如下：

(1) 南昌市从 2011 年开始呈现出经济增长与碳排放的弱脱钩，进入低碳城市发展阶段的急速上升阶段（Ⅱ1），并逐步向锁定阶段（Ⅱ2）过渡；

(2) 在基准情景下，随着社会经济、科技的发展，碳基能源效率的慢慢提高、技术水平的进步、产业结构的自然转变，至 2033 年清洁能源逐步替代碳基能源、完成第二产业向第三产业的过渡，开始呈现出经济增长与碳排放自然的强脱钩，至此低碳城市发展逐渐从锁定阶段（Ⅱ2）转变为解锁阶段（Ⅱ3）；

(3) 在节能情景下，随着政府实施部分节能措施、科技进步发展，使得碳基能源效率的有效提高、低碳技术的有效进步、产业结构得到合理调整，至 2029 年清洁能源逐步替代碳基能源、完成第二产业向第三产业的过渡，提前出现经济增长与碳排放的强脱钩，从而较快地完成从锁定阶段（Ⅱ2）向解锁阶段（Ⅱ3）的过渡；

(4) 在低碳情景下，随着政府实施更有力的节能措施、大胆实施低碳创新，使得碳基能源效率的大幅提高、低碳技术不断突破、产业结构得以合理优化，至 2024 年清洁能源逐步替代碳基能源、完成第二产业向第三产业的过渡，使南昌市较快出现经济增长与碳排放的强脱钩，从而快速地完成了从锁定阶段（Ⅱ2）向解锁阶段（Ⅱ3）的过渡。

综合上述分析：在基准情景下，自然发展的城市发展模式使得城市低碳化发展的速度相对缓慢，低碳转型历程更为漫长；在节能情景下，政府实施低碳引导的城市发展模式可以使低碳转型的过程大大加速；在低碳情景下，持续、有效的低碳创新作用下的城市发展模式使得低碳转型过程快速完成。

## 四、减排潜力分析

### （一）分产业领域排放预测

根据图 4-24 和图 4-25 模型预测数据显示：节能情景达峰值比基准情景达峰值少排放二氧化碳 703.04 万 t，减排比例达 13.87%；低碳情景达峰值比基准情景达峰值少排放二氧化碳 1064.36 万 t，减排比例达 21%，比节能情景达峰值又减少了 361.31 万 t 的二氧化碳排放量。

从 ImPAT 模型预测结果可知，技术进步、产业结构调整、能源消费结构调整以及适中的城市化发展是控制碳排放峰值量及碳排放峰值时间的主要途径，其中，技术进步（能效提高则能源强度降低）、能源结构调整（即单位能源碳排放强度降低）

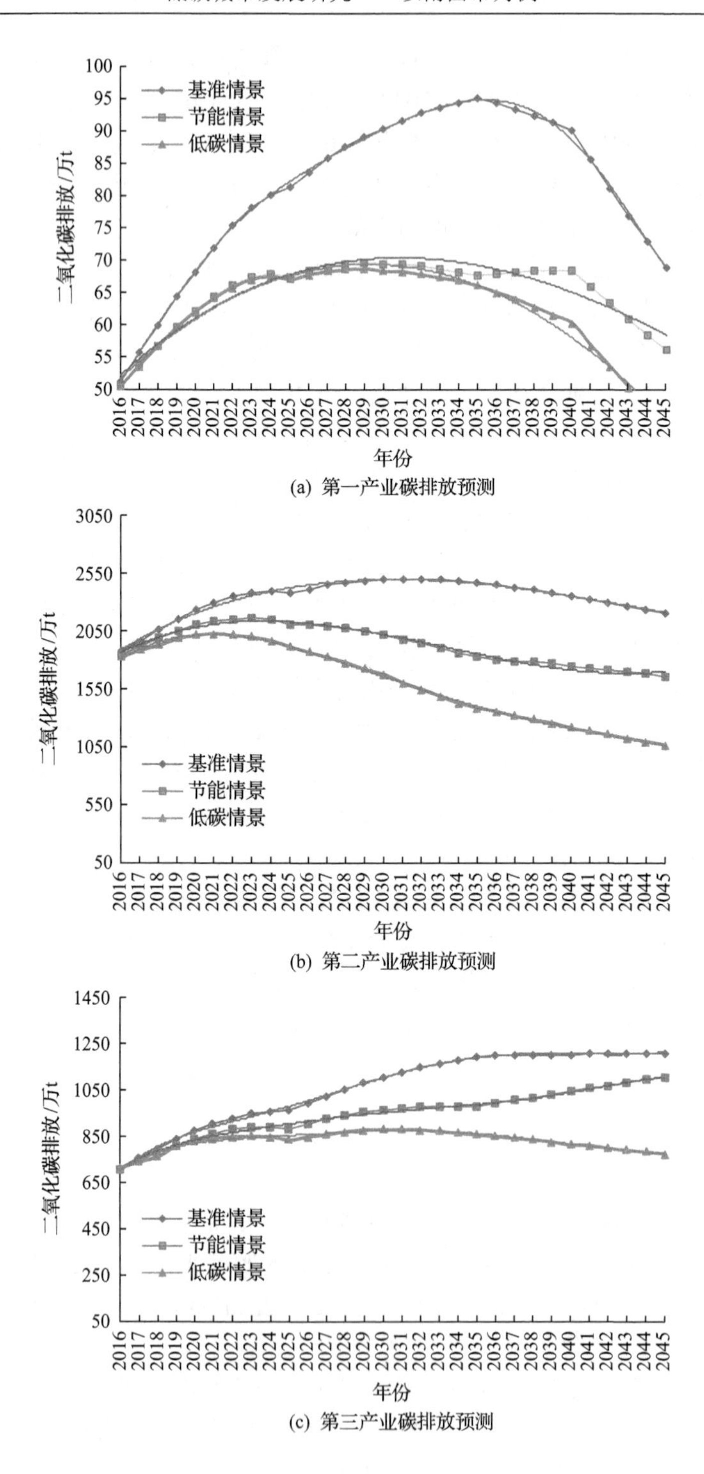


(a) 第一产业碳排放预测

(b) 第二产业碳排放预测

(c) 第三产业碳排放预测

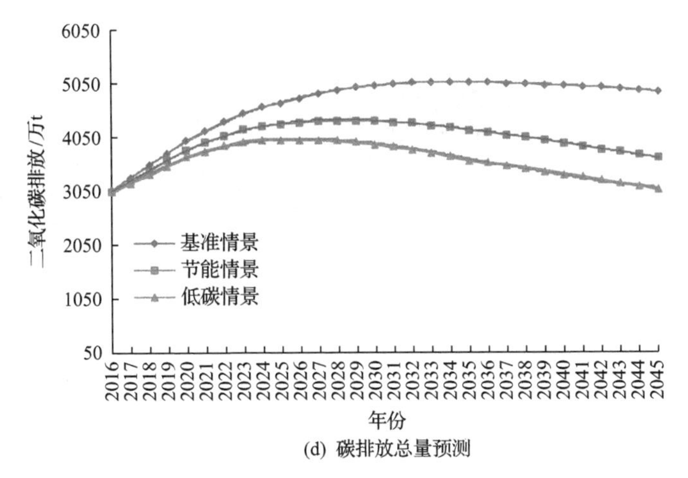


(d) 碳排放总量预测

图 4-24　南昌市第一、二、三产业碳排放预测

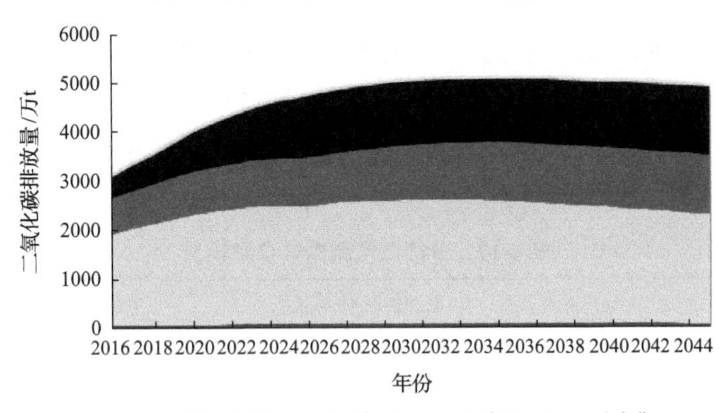


(a) 基准情景

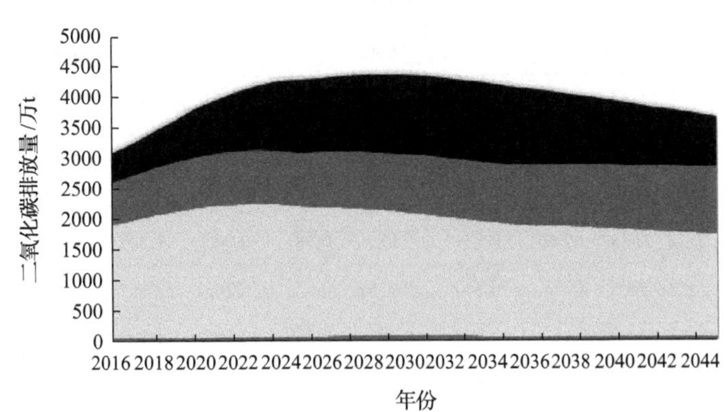


(b) 节能情景

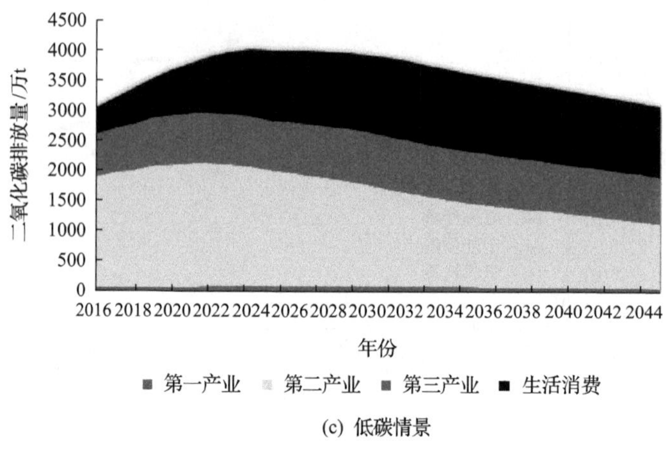


(c) 低碳情景

图 4-25 南昌市分领域二氧化碳排放预测

和产业结构调整调控效果最为显著。为了分析各领域的减排潜力，作者进一步对三产比例、能源强度、单位能源碳强度按照不同产业进行分解(郭朝先，2014)，分别对三个产业的分领域二氧化碳排放量进行分领域建模和预测。分领域预测情景参数设置如表 4-17 所示。

**表 4-17 分领域预测情景参数设置**

| 情景设置 | | 三产比例 | 能源强度/(tce/万元) | | | | 单位能源碳强度/($tCO_2$/tce) | | | |
|---|---|---|---|---|---|---|---|---|---|---|
| | | | 全社会 | 一产 | 二产 | 三产 | 全社会 | 一产 | 二产 | 三产 |
| 基准情景 | 2015 年 | 4.3∶54.5∶41.2 | 0.344 | 0.138 | 0.403 | 0.203 | 2.157 | 2.192 | 2.180 | 2.133 |
| | 2025 年 | 3.5∶47.0∶49.5 | 0.248 | 0.117 | 0.290 | 0.111 | 1.790 | 1.812 | 1.782 | 1.746 |
| | 2035 年 | 2.85∶42.30∶54.85 | 0.186 | 0.106 | 0.234 | 0.087 | 1.575 | 1.604 | 1.592 | 1.562 |
| | 2045 年 | 2.34∶38.00∶59.66 | 0.145 | 0.090 | 0.195 | 0.066 | 1.386 | 1.394 | 1.390 | 1.366 |
| 节能情景 | 2015 年 | 4.3∶54.5∶41.2 | 0.344 | 0.138 | 0.403 | 0.203 | 2.157 | 2.192 | 2.180 | 2.133 |
| | 2025 年 | 3.5∶46.0∶50.5 | 0.234 | 0.107 | 0.271 | 0.102 | 1.726 | 1.741 | 1.732 | 1.716 |
| | 2035 年 | 2.85∶40.50∶56.65 | 0.166 | 0.093 | 0.201 | 0.075 | 1.432 | 1.456 | 1.448 | 1.398 |
| | 2045 年 | 2.34∶35.00∶62.66 | 0.121 | 0.089 | 0.181 | 0.062 | 1.217 | 1.237 | 1.225 | 1.202 |
| 低碳情景 | 2015 年 | 4.3∶54.5∶41.2 | 0.344 | 0.138 | 0.403 | 0.203 | 2.157 | 2.192 | 2.180 | 2.133 |
| | 2025 年 | 3.5∶45.0∶51.5 | 0.224 | 0.100 | 0.256 | 0.096 | 1.682 | 1.716 | 1.702 | 1.666 |
| | 2035 年 | 2.85∶36.50∶60.65 | 0.152 | 0.084 | 0.181 | 0.064 | 1.346 | 1.362 | 1.356 | 1.321 |
| | 2045 年 | 2.34∶32.00∶65.66 | 0.109 | 0.067 | 0.134 | 0.045 | 1.117 | 1.186 | 1.174 | 1.102 |

通过表 4-17 中给出的 2015 年、2025 年、2035 年、2045 年三产比例、各产业

能源强度和单位能源碳强度的基准情景、节能情景和低碳情景的具体数据，通过插值预测得到 2015～2045 年每一年三产分别在三种情景下的数据，并根据模型拟合公式，可计算出未来 2016～2045 年碳排放预测值，模型计算结果见图 4-24 和图 4-25。

由预测结果(图 4-24)可知：在节能情景下，第一、二、三产业的排放峰值分别比基准情景下的排放峰值量减少 25 万 t、339 万 t 和 101 万 t，减排比例分别达到 26.75%、13.47%和 8.4%；在低碳情景下，第一、二、三产业的排放峰值分别比基准情景下的排放峰值量减少 26 万 t、482 万 t 和 328 万 t，减排比例分别达到 27.7%、19.13%和 27.22%。

图 4-25 是南昌市在三种情景设置下的碳排放总量，包括第一、二、三产业和生活消费四个领域。结果表明，在节能情景和低碳情景下，生活消费的二氧化碳排放量相对基准情景更为凸显。分析原因为：①私家车的能耗、居民建筑耗能等将会持续提高，在未来碳排放中呈现显著上升趋势，且在工业减排、产业结构调整、能源结构调整等多重减排措施下，对生活消费领域的影响相对第一、二、三产业的减排影响稍弱。②根据 ImPAT 模型的设置，涉及 GDP 等经济因素对碳排放的影响，而生活消费领域不涉及经济产出，与 GDP 并无直接联系，因此相对而言 ImPAT 模型设置的预测因素对于生活消费领域的影响相对较弱。也因上述原因，说明在生活消费的碳排放将会是未来低碳社会的减排重点，尤其对于私家车的能耗、居民建筑耗能的碳排放控制工作非常重要。

### (二) 工业领域减排重点分析

根据南昌市二氧化碳排放现状，工业领域的二氧化碳排放量约占南昌市总排放量的 62%，因此南昌市要实现碳排放达峰首先要工业领域排放达峰。对于工业领域分行业的单位 GDP 二氧化碳排放强度及单位能源碳强度分析，可为识别工业领域的减排重点领域及潜在的低碳支柱性产业提供重要信息。

根据《南昌统计年鉴 2016》规模以上工业支柱行业工业增加值的数据，2015 年南昌市工业领域的产值排名前十的行业如表 4-18 所示，十大行业工业增加值占比为工业支柱性行业产值的 88.8%。对比南昌市工业行业二氧化碳排放量排名前十的行业名单，二氧化碳排放量占全部规模以上工业排放近 74.67%的三大行业中仅电力、热力生产和供应业进入工业增加值排名的前十，排名第八。

通过对南昌市 2015 年十大支柱行业的单位 GDP 二氧化碳排放强度及单位能源碳强度进行了进一步分析，核算结果如图 4-26 所示，计算机、通信和其他电子设备制造业，纺织服装、服饰业，电气机械和器材制造业，交通运输设备制造业显示为低排放、高附加值特征的低碳产业。

**表 4-18　南昌市 2015 年工业行业产值排名前十名单**

| 排名 | 行业 | 工业增加值/万元 | 产值占比/% |
|---|---|---|---|
| 1 | 农副食品加工业 | 1781892 | 12.27 |
| 2 | 交通运输设备制造业 | 1628863 | 11.22 |
| 3 | 计算机、通信和其他电子设备制造业 | 1321028 | 9.10 |
| 4 | 烟草制品业 | 1247555 | 8.59 |
| 5 | 医药制造业 | 913864 | 6.29 |
| 6 | 纺织服装、服饰业 | 795464 | 5.48 |
| 7 | 电气机械和器材制造业 | 784373 | 5.40 |
| 8 | 电力、热力生产和供应业 | 783187 | 5.39 |
| 9 | 非金属矿物制品业 | 583237 | 4.02 |
| 10 | 化学原料和化学制品制造业 | 557616 | 3.84 |

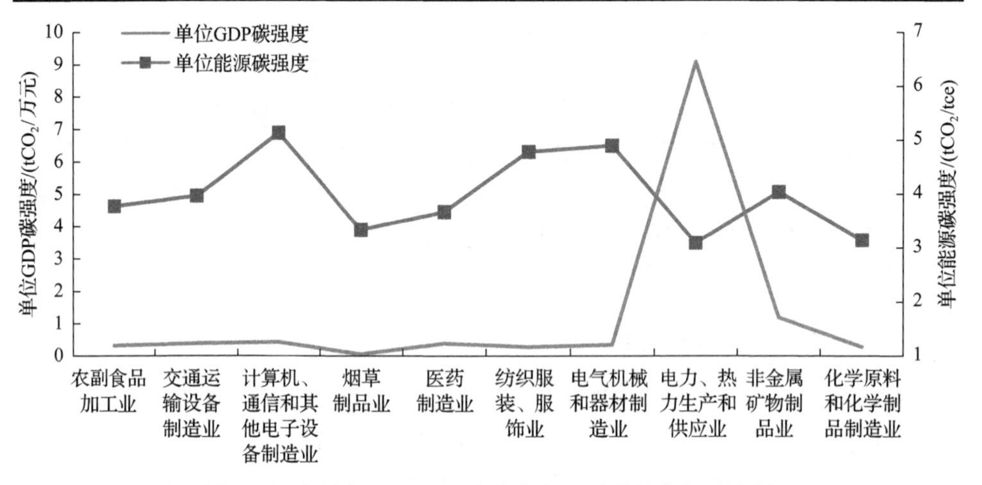


图 4-26　南昌市 2015 年十大支柱行业碳排放指标对比图

综上所述，结合南昌市的产业特点，为实现产业低碳化可从两个方向突破：

(1)着力打造南昌市已有的优势低排放、高附加值的产业成为支柱性产业：重点突破计算机、通信和其他电子设备制造业，纺织服装、服饰业，电气机械和器材制造业，交通运输设备制造业四大行业，培育重点龙头企业、提升产业地位，促使一批低排放、高附加值的产业成为支撑南昌市低碳发展的支柱性产业，如 LED 产业、智能手机产业及汽车制造等。

(2)针对高碳产业调整产业内部结构、推广先进低碳减排技术、提高能源利用效率：重点抓住排放行业，尤其排放总量前三的黑色金属冶炼和压延加工业，电力、热力生产和供应业，造纸和纸制品业，有效推广先进减排技术，并积极寻找替代技术实现产业减排。

（三）重点领域减排贡献分析

从分领域的减排预测分析各产业领域的减排贡献如图 4-27、图 4-28 所示，第二产业和第三产业是南昌市未来减排的重点领域。2029 年节能情景达峰时，节能情景下全市第二产业的减排量约为全社会基准情景二氧化碳排放量的 8.85%，约占社会减排潜力的 72.24%；节能情景下全市第三产业的减排量约为全社会基准情

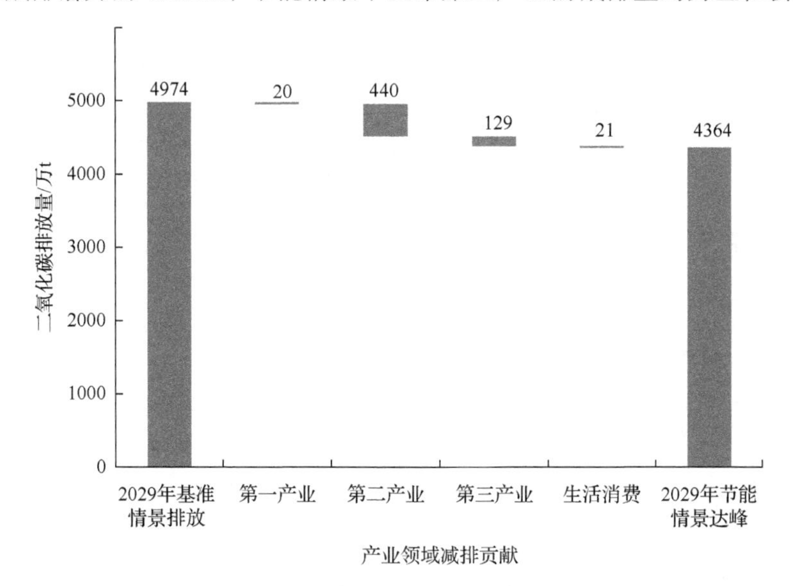


图 4-27　节能情景下分产业领域减排贡献

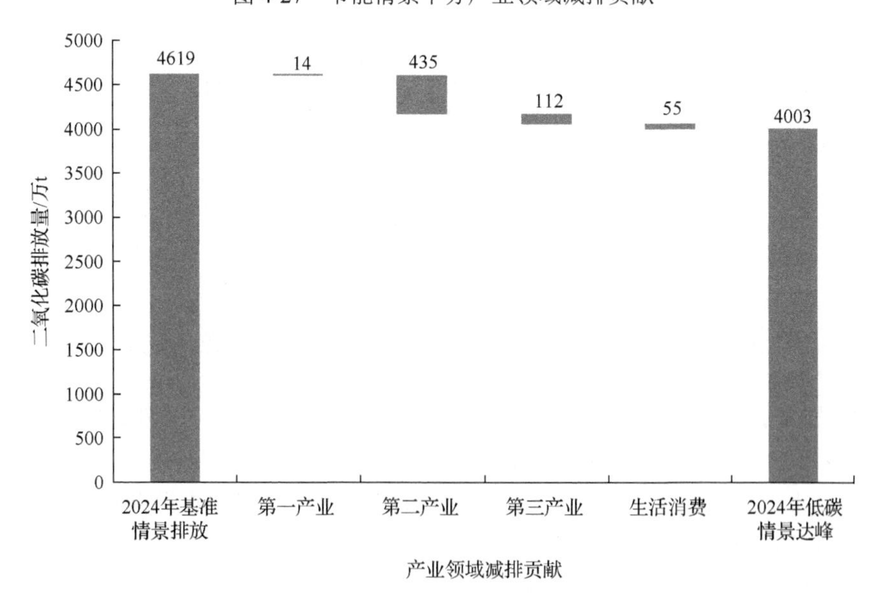


图 4-28　低碳情景下分产业领域减排贡献

景二氧化碳排放量的 2.59%，约占社会减排潜力的 21.11%。2024 年低碳情景达峰时，低碳情景下全市第二产业的减排量约为全社会基准情景二氧化碳排放量的 9.42%，约占社会减排潜力的 70.65%；低碳情景下全市第三产业的减排量约为全社会基准情景二氧化碳排放量的 2.43%，约占社会减排潜力的 18.27%。

二氧化碳减排目标的实现主要依据该地区分领域潜在的减排能力，为了分析南昌市第二、三产业减排的重点领域和方向，进一步对产业内各行业的减排贡献进行分析。根据目前南昌市城市发展水平，减排潜力主要集中在产业结构调整、电力、造纸、医药、建筑、商业、交通等重点领域。以 2015 年为基年的基准情景和低碳情景进行比较，到低碳情景达峰年份 2024 年，南昌市在全社会各产业重点领域将有 616 万 t 的减排潜力，如图 4-29 所示。

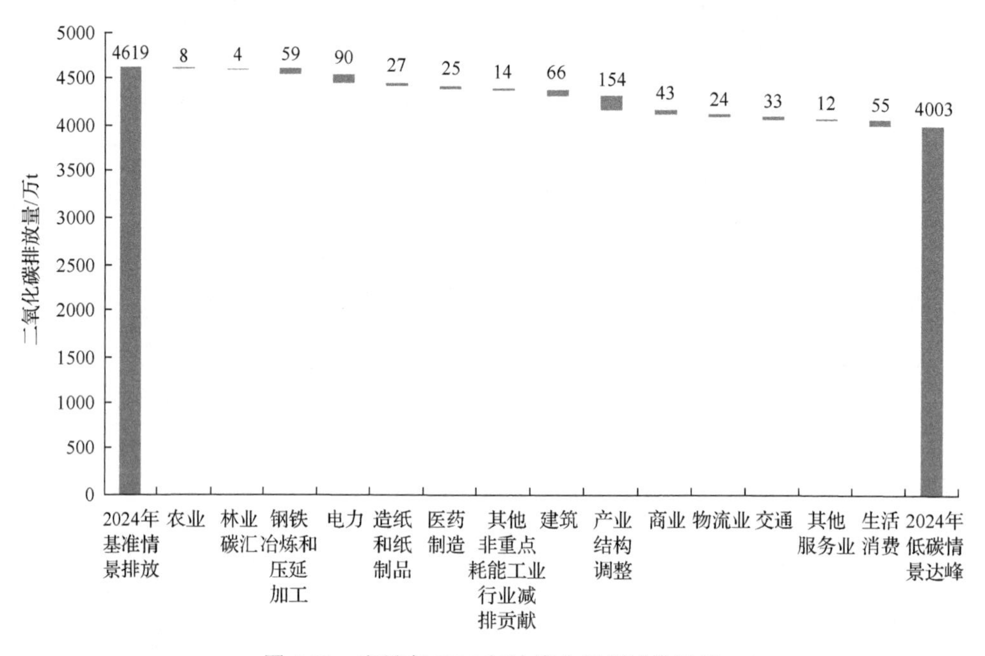


图 4-29　南昌市 2024 年达峰分行业减排贡献

## 第三节　南昌市低碳发展模式与路径选择

低碳城市是一种新的发展模式，以期实现经济增长与碳排放的相对或绝对脱钩。国际上，发达国家普遍处于后工业化时代，凭借领先的科技实力和环保理念，在低碳城市建设方面提供了诸多可供参照的实践经验。如通过长期渐进的能源结构调整政策，德国已基本实现了经济增长与能源消费、碳排放脱钩。作为《京都议定书》的发起和倡导国，日本提出打造低碳社会的构想并制定了相应的行动计划。日本认为，低碳社会应遵循的原则是：减少碳排放，提倡节俭精神，通过更简单的生活方式达到高质量的生活，从高消费社会向高质量社会转变，与大自然和谐共存，保持和维护自然环境成为人类社会的本质追求。国外在低碳发展方面的有益探索，可为世界其他国家的低碳城市建设提供借鉴(刘志林等，2009；宋雅杰，2010)。

我国低碳城市建设主要由政府试点推动，包括综合试点的国家低碳城市试点，专项试点的低碳交通运输体系试点、碳排放交易试点、低碳工业园区试点等。目前，第一批、第二批低碳试点城市已实施多年，取得了很多宝贵的经验，涌现了一批代表性的低碳城市模式。南昌市作为国内首批低碳试点城市，在低碳立法、规划、产业结构调整、体制机制等方面开展工作，取得了一定的成果和经验。南昌市低碳城市建设实践可以归纳为表 4-19。

**表 4-19　南昌市低碳城市建设实践**

| 指标类型 | 模式特点 |
|---|---|
| 低碳城市建设目标 | 2015 年和 2020 年，单位 GDP 二氧化碳排放强度较 2005 年降低 38%和 45%～48% |
| 低碳政策和机制 | 成立低碳城市试点工作领导小组及办公室，安排低碳城市建设专项资金。编制了《南昌市低碳城市发展规划(2011—2020 年)》，出台《南昌市低碳发展促进条例》 |
| 产业结构调整 | 提高三产比重，大力发展现代服务业；发展战略性新兴产业和低碳产业，发展 LED 照明产业，打造“南昌光谷”；改造传统产业，发展循环产业 |
| 清洁能源和可再生能源利用 | 推广天然气、太阳能发电、垃圾发电等清洁能源和可再生能源 |
| 低碳交通 | 推广节能和新能源汽车，建设城市慢行系统；大力发展地铁、BRT 等公共交通，提高公交出行率；鼓励自行车出行，建成智能交通出行信息共享平台 |
| 低碳建筑 | 推广太阳能一体化建筑、太阳能集中供热工程，开展国家可再生能源示范工程评选，组织绿色建筑设计评价标识认证 |
| 碳汇 | 实施“森林城乡、花园南昌”建设 |
| 低碳示范 | 南昌高新技术产业开发区低碳产业园被列为国家低碳工业园区试点名单，满庭春社区荣获“省级低碳示范社区”称号。确定了红谷滩生态居住和服务业中心区，高新技术产业开发区低碳产业高科技园区，湾里森林碳汇生态园林区，军山湖低碳农业生态旅游区等为市级四大低碳示范区 |
| 低碳宣传 | 规划建设低碳绿道网络，通过强调太阳能屋顶、太阳能路灯、立体花园、电动汽车站、绿色建筑、垃圾分类等低碳设施布局，建设可视化低碳城市。每年开展南昌“全国低碳日”主题活动等 |

归纳起来，南昌市低碳实践最典型的特点是以政策引领、开放合作，高标准高起点进行低碳城市规划，自上而下的方式强有力地推动城市低碳建设的各项行动。低碳城市建设试点工作开展集中于能源结构调整、产业结构调整、工业低碳技术推广方面，也兼顾建筑节能和交通低碳，以及围绕森林和湿地碳汇进行减碳。这些与南昌市的资源禀赋、能耗现状相适应，但南昌市建设低碳经济仍需要不断地推进。南昌市仍面临国家顶层政策支持、自身低碳发展政策创新、低碳能源结构转型挑战大、低碳城市规划建设方案实践和低碳城市建设考核模式等许多问题

待解决。因此，提出解决南昌市低碳发展瓶颈问题的低碳发展模式和路线图具有现实意义和迫切性。

## 一、低碳发展模式与路线图

发达国家低碳城市建设往往在总量减排目标的指引下，建立了清晰的减排路线图，细化为各项行动，共同推动低碳目标的实现。南昌市经过多年的低碳城市试点探索，为建设低碳城市打下了坚实的基础(庄贵阳等，2014)。为实现 2020 年二氧化碳减排目标和碳排放峰值目标，全面深入推进低碳城市建设，南昌市应在深入研究的基础上，制定切实可行的低碳发展路线图。结合对南昌市分领域排放建模的减排潜力的分析结果，南昌市低碳发展模式和路线图制定的主体思路是按照问题的主次关系，在各领域发展低碳的同时，有计划、有成效地分时期抓重点、依次突破发展瓶颈：产业结构低碳化—工业低碳化—能源低碳化—交通低碳化—建筑低碳化—居民生活低碳化等。

根据前面对南昌市未来二氧化碳排放的情景分析，低碳情景下，南昌市二氧化碳排放量在 2024 年达到峰值，峰值量为 4003.12 万 t，低碳情景峰值比基准情景峰值少排放二氧化碳 616 万 t，减排比例达 13.34%。低碳情景下第一、二、三产业的峰值分别比基准情景下的峰值减少 26 万 t、482 万 t 和 328 万 t，减排比例分别达 27.71%、19.13%和 27.22%。

通过分析各产业领域的减排贡献，第二产业和第三产业是南昌市未来减排的重点领域。2024 年低碳情景达峰时：南昌市第二产业的减排量约为全社会基准情景二氧化碳排放量的 9.42%，占社会减排潜力的 70.65%；第三产业的减排量约为基准情景二氧化碳排放量的 2.43%，占社会减排潜力的 18.27%。

为了实现低碳情景目标，南昌市应按照“一限两促调结构、工业建筑交通生活齐低碳”的发展模式，即调整产业结构，限制传统高碳产业(如钢铁、火电)产能，促进第三产业和低碳产业发展，推动工业优化升级，推行建筑节能和低碳交通，发展林业碳汇，鼓励生活消费低碳化。从规划、政策、项目、宣传等多方面采取具体措施，推动南昌市低碳峰值目标的实现。

南昌市自开展试点以来到 2016 年，可以作为南昌市低碳城市建设的第一阶段。在这一阶段，南昌市以生态为导向，在低碳立法、体制机制建立、编制低碳城市规划、开展低碳示范和低碳宣传等方面开展了卓有成效的工作。第二阶段，建议以碳排放峰值研究和减排路线图研究为指引，切实开展产业结构转型和能源结构转型，同时大力发展公共交通和推广新能源汽车，开展建筑节能和绿色建筑，争取早日达峰，实现低碳城市转型。第三阶段，基本实现低碳产业、低碳能源、低碳交通、低碳建筑和低碳生活，全面建成低碳城市，以发达国家低碳城市为样板，实现经济发展与碳排放的真正“脱钩”。

通过三个阶段的城市建设，南昌市最终形成“以低碳立法为引领、以生态为导向，构建以低碳产业、低碳能源、低碳交通、低碳建筑、低碳生活为核心的城市绿色低碳发展模式”，低碳城市建设路线图如图 4-30 所示。

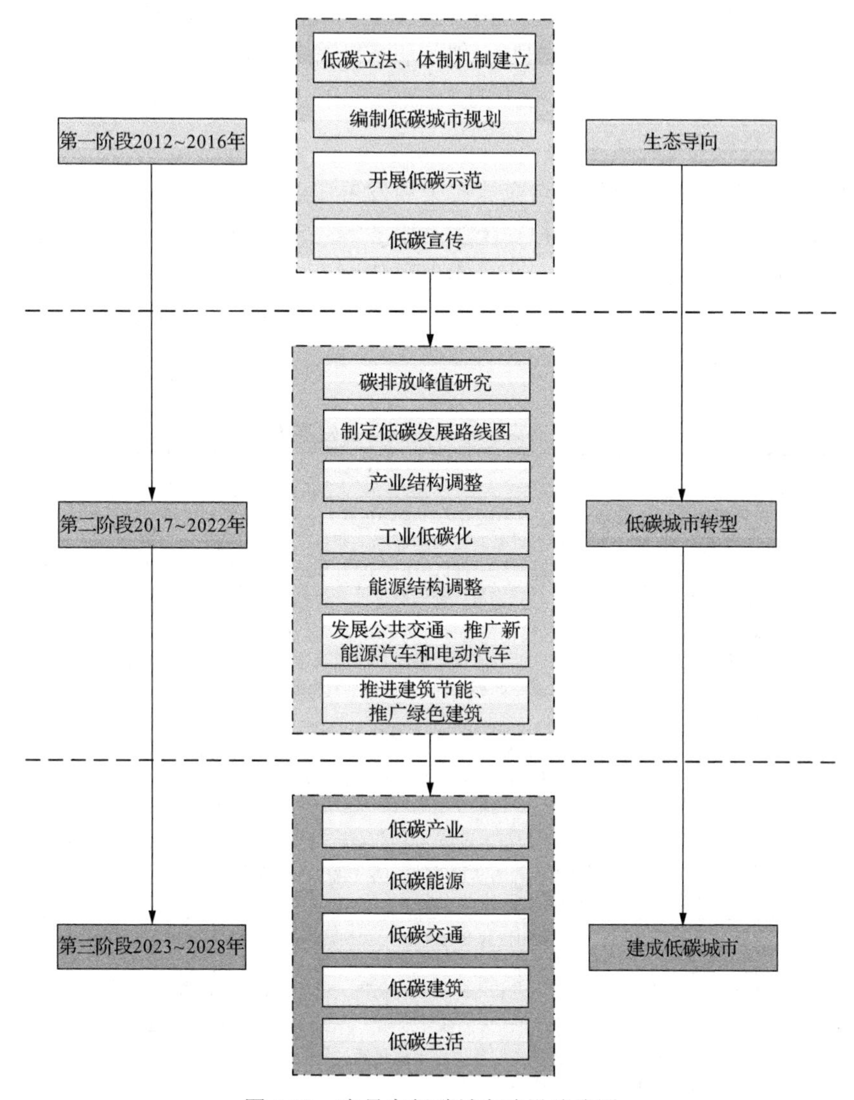


图 4-30　南昌市低碳城市建设路线图

## 二、低碳发展路径选择

（一）产业结构调整

作为江西省的省会，南昌市仍然是一个以工业为主的城市。江西省集中全省资源将南昌市打造为“核心增长极”，具有产业结构调整优化升级的政策、市场、人才等方面的资源优势。南昌市的产业结构调整，重点应放在发展现代服务业、优化第二产业结构、调整产品结构上，从而实现低碳情景下：到2024年，三产比例达到3.55∶45.95∶50.50，产业结构调整实现的减排量约为基准情景碳排放量的3.33%，占全市减排潜力的25.01%；现代服务业二氧化碳减排约为基准情景碳排放总量的18.19%，占全市减排潜力的2.42%。

1. 重点发展现代服务业

南昌市的产业结构调整重点应放在大力发展工业设计及研发服务、现代物流服务、信息服务及外包、节能和安全生产服务等生产性服务业，把现代服务业作为全市经济转型升级的支柱性产业，实现现代服务业创新发展。实施服务业重大项目推进、集聚区创建、龙头企业认定、领军人才培育、品牌创建等工程。南昌市现代服务业发展方向如表4-20所示。

**表4-20　南昌市现代服务业发展方向**

| 发展项目 | 项目说明 |
| --- | --- |
| 建设区域性现代金融中心 | (1)促进全面开放合作。大力引进境内外金融机构，完善金融机构引进激励机制，重点引进全国性股份制银行、外资银行以及有实力的证券、期货、保险机构来南昌市设立分支机构。支持江西银行、洪都农村商业银行等银行机构在香港H股上市，鼓励优质龙头企业赴境内外资本市场上市融资。推动中航证券、国盛证券等法人证券期货公司进一步增资扩股并实现上市 |
| | (2)完善金融市场体系。积极优化信贷市场，引导鼓励金融机构通过市场化方式盘活信贷资源、处置不良资产。加快发展江西省产权交易所、江西联合股权交易中心等金融交易市场。健全保险服务体系，大力发展健康险、养老险、财产险等传统险种，积极发展生产、污染、医疗、食品安全等责任险 |
| | (3)推进区域金融发展。以加快红谷滩全省金融商务区建设为核心，促进驻赣金融机构和监管部门、全国性金融分支机构和高端中介机构集聚。加快建设以瑶湖金融港为重点的金融产业服务园(高新技术产业开发区)。错位发展老城区金融服务机构，构建配套互补的金融业发展格局 |
| | (4)坚持金融创新的方向。促进金融服务实体经济，发展新金融组织，争取搭建区域性的金融类交易市场。结合南昌市作为国家首批低碳试点城市各项基础，加大对绿色、低碳产业的资金支持，创新发展绿色金融 |
| 建设区域性交通物流中心 | (1)建设综合交通枢纽。紧扣快速交通主题，加快提升昌北国际机场航空运输的区域地位，大力发展临空经济。围绕形成星字形高铁交汇架构、铁路和高速公路主枢纽定位，推动重大工程落地，谋划多式联运、无水港和中欧班列等物流大通道建设。促进内河航运向黄金水道转变 |
| | (2)提升物流基础设施。重点建设向塘铁公物流枢纽和陆路口岸，建设南昌北部多种交通方式衔接的物流枢纽。加快建设布局集中、用地集约、产业集聚、功能集成的综合型和专业型物流园区体系，促进社会物流成本降到合理水准 |
| | (3)加快智慧物流建设。构建全市统一的城市物流信息平台和技术体系，推动全市物流资源整合和优化配置，提升物流业运行效率。推动与国内外物流信息网络互联互通，促进跨区域的信息传输和共享，实现整个物流系统的高效率。通过政策引导，鼓励物流企业开展信息化建设，利用信息化技术提高物流管理水平 |
| | (4)培育行业龙头企业。推动一批重点企业做大做强，积极发展专业化、社会化的大型物流企业。大力引入国内外知名物流企业，通过物流供应链资源整合、发展大型第三方物流企业和专业第四方物流平台，推动本地物流企业的转型升级，优化物流企业结构，提升南昌物流产业的行业竞争力 |

续表

| 发展项目 | 项目说明 |
| --- | --- |
| 建设区域性创新创意中心 | (1)促进科技创业创意园区发展。有计划地发展一批创客空间，支持有产业支撑的创客基地建设，有效推动工业设计等制造服务业和科技服务业加快发展，大力推动以新服务、新业态为主导的“南昌慧谷”建设<br>(2)提高服务外包产业基地地位。以金庐软件园、浙大科技园、南大科技园、江西师大科技园、南昌国际软件园、“江西慧谷·用友产业园”为平台和载体，打造集移动传媒、呼叫中心、物联网、云计算、软件研发等于一体的软件与服务外包产业基地。支持高新技术产业开发区软件和信息服务产业发展，着力培育一批在全国具有较强影响力的龙头企业和知名品牌，加快云计算、物联网等新兴产业及业态发展<br>(3)积极推动文化创意产业发展。积极推动实施江西慧谷·红谷创意产业园、八大山人文化产业园、江西出版文化创意产业园、江西樟树林文化生活公园、太酷云介创意产业中心、江西 791 艺术街区、华安 699 文化创意产业园、青山湖 8090 创客产业园、南昌国际动漫产业园、豫章一号文化科技园、文港文化产业园等重大文化产业项目，集中力量打造文化创意和数字创意产业集聚区。鼓励依法利用闲置工业厂房、仓储用房、传统院落、传统商业街和历史文化保护街区，转型建设文化创意和数字创意产业集聚区 |
| 建设区域性综合消费中心 | (1)促进商贸服务业转型。加快推进红谷滩中央商务区和八一广场中山路市级商业中心建设发展，打造九龙湖万达文化旅游城、坛子口王府井城市综合体等若干服务业繁荣区。创建商贸品牌特色，打造一批南昌市级特色商业街，培育一批南昌老字号商业企业。大力发展电子商务，促进实体店和大型批发市场线上线下融合发展。有效培育奢侈品市场和具有南昌本土特色的消费市场。发展夜市经济。积极发展社区连锁便利店、蔬菜直销店、家政服务、快递服务等便民商业网店，完善社区商贸服务体系。加快商贸民生工程建设，完成城区集贸市场升级改造工作<br>(2)培育旅游消费新热点。围绕打造“天下英雄城、历史文化城、山水健康城、时尚动感城”城市品牌，重点推出以八一系列、小平小道为主的红色旅游，以滕王阁、八大山人梅湖景区为主的文化旅游，以南矶湿地、大美湾里为主的生态旅游，增强旅游核心竞争力。积极开发和培育精品旅游线路等旅游产品，不断提升旅游业整体供给和服务的能力和品质。以汉代海昏侯国遗址公园打造成全国有重大影响的文物保护单位和文化景区为契机，将南昌打造成为全国旅游目的地城市。推进大型旅游企业集团化、品牌化、规范化和标准化发展，支持中小旅游企业提升特色化和专业化水平<br>(3)培育大健康产业集群。鼓励和支持江中集团、济民可信等大型医药企业大力发展健康产业，打造健康产业综合体。鼓励南昌大学附属医院、江西省中医院等机构依托技术人才优势，做专做特医疗美容、中医保健、医养结合等服务，支持国内知名民营企业开展健康体检服务，发展多样化、专业化、特色化的健康服务和养老服务产品<br>(4)大力发展教育培训服务。以先进制造业和现代服务业紧缺的技能型人才和高级管理人才为服务对象，建设南昌职业教育园区，构建以高职院校为龙头、中等职业学校为主体、专业建设为纽带的职业教育新格局。延长教育培训服务产业链条，积极发展教育咨询、教育研究、教育出版、教育金融、教育旅游等新兴业态。全面建设国家级人力资源产业园，打造“一园三区的”人力资源产业发展格局 |
| 建设区域性总部营运中心 | 完善城市功能，吸引重点产业的跨国公司、中央企业和国内优秀民营企业在南昌设立区域总部或营销、结算、研发、信息服务等具有总部功能的机构。鼓励具有品牌和规模优势的本地龙头企业在国内外建立生产基地、营销中心和研发机构。重点建设红谷滩中央商务区、东湖区青山湖西岸总部经济基地、西湖区总部经济服务业基地、青云谱区总部经济产业园、青山湖临江商务区、南昌县千亿建筑科技产业园和高新技术产业开发区、经济技术开发区的总部楼宇，打造一批行业集中、特色鲜明的总部集聚区 |

2. 优化第二产业结构

根据南昌市工业二氧化碳排放现状，黑色金属冶炼和压延加工业、化学原料和化学制品制造业等十大行业的排放占南昌市规模以上工业领域二氧化碳排放量的 88.8%以上，而其中黑色金属冶炼和压延加工业的排放占全市规模以上工业领域二氧化碳排放的 39%；黑色金属冶炼和压延加工业，电力、热力生产和供应业，造纸和纸制品业三大行业的排放占全市规模以上工业领域二氧化碳排放量的 74.67%。但这些高排放行业的工业增加值占工业总产值的比重排名并不靠前。因此，为逐步实现产业结构低碳化转型，在第二产业内，应重点淘汰高排放行业落后产能、限制高排放行业产能及规模及优先发展低碳型高端制造业[①]，主要发展措施如表 4-21 所示。

**表 4-21　南昌市优化第二产业结构发展方向和措施**

| 发展方向 | 发展措施 |
|---|---|
| 淘汰高排放行业落后产能 | (1)重点淘汰黑色金属冶炼和压延加工业，电力、热力生产和供应业，造纸和纸制品业等三大行业的落后产能<br>(2)大力推广先进低碳技术实现产业升级 |
| 限制高排放行业产能及规模 | (1)重点限制黑色金属冶炼和压延加工业，电力、热力生产和供应业，造纸和纸制品业三大行业的产能<br>(2)钢铁行业逐步减产，淘汰高能耗产品<br>(3)开发清洁发电项目(太阳能、风能、生物质能等)，从而抑制火力发电的产能 |
| 优先发展低碳型高端制造业 | 积极探索智慧园区建设，在装备制造、生物医药、食品加工等重点领域实施一批数字化、网络化、智能化重点示范工程，建设示范企业、示范园区 |

3. 调整产品结构

南昌市的产业结构调整中不可忽视的产品结构调整主要需侧重两个发展方向：优先开发、生产高附加值产品以及扩展核心部件的制造和终端商品的生产，主要发展方向和措施如表 4-22 所示。

**表 4-22　南昌市调整产品结构发展方向和措施**

| 发展方向 | 发展措施 |
|---|---|
| 优先开发、生产高附加值产品 | (1)优先生产、开发高附加值的低碳产品，降低产品的单位产值碳排放量，如南昌市黑色金属冶炼和压延加工业代表企业为方大钢铁集团公司，应优先生产、开发优质建筑用钢材、汽车用优质钢材和电力能源工业用优质无缝钢管为特色的高附加值钢铁产品，提高产品产出的附加值<br>(2)加快产品创新，以市场为导向，引导企业设计具有自主知识产权、附加值高、竞争力强的新产品 |
| 扩展核心部件的制造和终端商品的生产 | (1)引导企业和高校、科研院所产需对接，建立产业联盟，形成协同创新与产用结合、以市场支持核心基础零部件、先进基础工艺、关键基础材料推广应用<br>(2)引导企业拓展核心部件产品的开发、设计、生产，实现产品高端化生产 |

综上，按照图 4-31 所示的南昌市产业结构调整路径图，建议实施的产业结构调整达峰政策措施清单如表 4-23 所示。

① 南昌市人民政府. 南昌制造 2025, 2016。

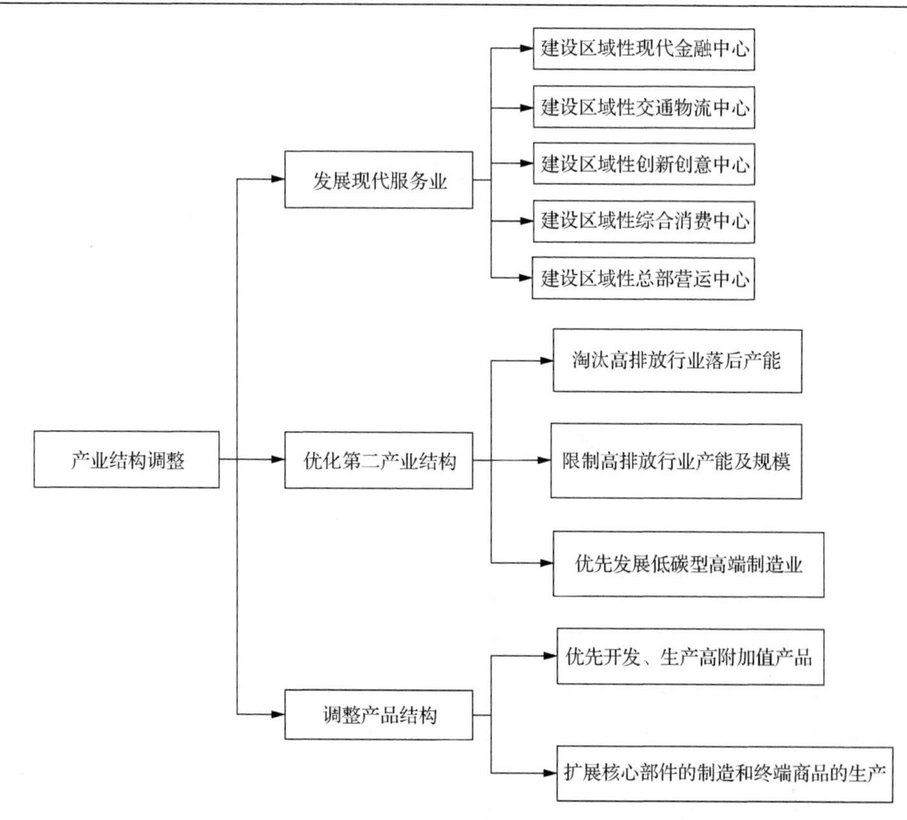


图 4-31　南昌市产业结构调整路径图

**表 4-23　南昌市产业结构调整达峰政策措施清单**

| 政策类型 | 政策措施 |
| --- | --- |
| 普遍推行的政策 | 推进区域现代金融发展<br>加快智慧物流建设<br>推动文化创意产业发展<br>发展电子商务、互联网+商贸模式<br>开发和培育精品旅游线路<br>重点淘汰高排放行业落后产能<br>限制高排放行业产能及规模<br>优先发展低碳型高端产业<br>优先开发、生产高附加值产品<br>扩展核心部件的制造和终端商品的生产<br>建设低碳工业园区 |
| 推荐政策 | 开发绿色低碳旅游<br>引导碳排放权咨询服务业的发展、培育碳资产管理相关机构及企业<br>鼓励企业低碳技术创新、升级<br>开展高附加值产业就业技能培训<br>建设科技集群、创新基地，推动高新技术创新，引导低碳产业集聚效应 |
| 潜力政策 | 实施项目碳排放评估政策<br>制定低碳产业的鼓励性财税政策，加速产业结构低碳化转型 |

### （二）工业优化升级

工业部门是二氧化碳排放比重最大的部门，2015年南昌市工业领域二氧化碳排放量达1769.64万t，占61.76%。工业也是减排潜力最大的部门，工业部门低碳发展主要通过推进传统行业绿色化改造，开展清洁生产，加强资源综合利用水平等，积极推动企业能源管理体系、计量体系和能耗在线监测系统建设，强化节能评估审查和节能监察，开展能源审计和绩效评价，大幅提高能源资源利用综合效益。

#### 1. 抓好传统高耗能行业节能降耗

大力推进工业企业节能降耗，组织开展企业能源审计，实施高耗能企业能效提升行动，推动落后用能设备淘汰更新改造，提升终端用能产品能效水平。

(1)提升高耗能行业能效水平。实施高耗能行业能效“领跑者”制度，推动能源利用领域高效低碳化改造，组织实施钢铁、火电等重点用能行业能效对标达标活动。严格执行单位高耗能产品能耗限额强制性标准，从严控制高耗能、高污染行业上新项目，改扩建项目须与该地区节能减排任务挂钩。

(2)推动终端用能设备能效提升。实施工业终端用能设备能效提升计划，重点实施高耗能设备系统改造，逐步使在用的工业锅炉(窑炉)、电机(水泵、风机、空压机)系统、变压器、内燃机等通用设备运行指标达到国内先进水平。加快推进工业余热余压利用、高压变频调速等节能技改工程，广泛推进工业园区和产业集聚区的分布式能源开发利用、工业能源梯级利用、余热余压尾气综合利用。

(3)加强重点用能企业节能监管。以信息化为支撑，建立全市工业节能监测系统，加强对重点用能企业的节能监管，统筹调度全市工业能源资源利用。加快重点用能企业能源管理，稳步推进企业能源管理中心建设。抓好重点用能企业节能目标评价考核，建立完善企业用能异常现场核查和约谈机制，加大企业节能工作力度。

#### 2. 加快提升工业领域清洁生产水平

全面推行清洁生产，积极推广重大关键共性清洁生产技术，推动企业实施清洁生产改造，建设绿色工业园区。

(1)大力实施清洁生产技术改造。推进工业领域煤炭清洁高效利用，落实工业领域煤炭清洁高效利用行动计划，推广应用循环流化床燃气化技术、新型高效煤粉锅炉系统技术、多通道喷煤燃煤技术等煤炭清洁高效利用技术，重点推动冶金、造纸、化工等重点行业发电机组、工业炉窑、工业锅炉设备煤炭清洁高效利用，大力实施燃煤锅炉节能环保综合提升工程和脱硫脱硝重点工程。加强对企业清洁生产审核的指导和管理，切实提升企业清洁生产水平。

(2)着力创建绿色工业园区。优先选择一批生态基础好、工业基础厚的园区，开展绿色工业园区试点示范创建工作，积极申报国家级绿色工业园区。引导全市工业园区绿色化发展，逐步建立试点示范绿色工业园区验收及监督机制，强化创建前、中、后的监督管理，引导绿色工业园区健康长效发展。

3. 大力推进资源综合利用

全面推行循环型生产方式，促进企业间、行业间、产业间共生耦合，形成循环链接的工业体系，构建循环产业链，推动再生资源产业发展。构建工业固废循环产业链。大力推广煤矸石和粉煤灰生产建材、提取有价成分、生产家居装饰材料等技术，深入推进大宗工业固体废物规模化、无害化、高附加值利用。大力推进绿色再制造。紧紧抓住国家推动再制造产业发展的契机，积极推广应用再制造表面工程、增材制造等技术工艺，鼓励以优势再制造企业为依托建设再制造产业集聚区。

4. 发展先进制造业

坚持低碳取向，积极推动先进技术创新成果转化，建设世界级的LED产业集群和国家级的航空制造、电子信息、生物医药产业集群，深入打造汽车制造、轻纺工业、机电制造和战略性新兴产业共同发力的全国有影响的先进制造业基地，打造全省智能制造示范区。南昌市先进制造业发展方向如表4-24所示。

**表4-24　南昌市先进制造业发展方向**

| 产业 | 发展举措 |
|---|---|
| 航空制造产业 | 依托洪都航空公司，以“主制造商+供应商”模式，提升南昌市航空制造的产业竞争力。主要建设C919大型客机零部件研发与制造厂区，教练机、直升机、固定翼飞机的研发与制造厂区，航空转包生产区，航空设备、材料及零配件加工等配套区，形成航空材料、航空设备、大部件、整机设计制造、国际合作与转包、试飞及航空文化等相对完整的产业集群 |
| 光电产业 | 依托南昌大学硅衬底技术优势，努力打造“南昌光谷”，形成以临空经济区为光电产业集聚区，以南昌高新技术产业开发区、南昌经济技术开发区为核心集聚区，青山湖区、进贤区为扩展区，再梯次分布，最终辐射全国的区域布局 |
| 生物医药产业 | 以南昌高新技术产业开发区、南昌经济技术开发区医药产业园、小蓝经济技术开发区、进贤医疗器械产业园、长埈工业园区、湾里江中药谷等为基地，以济民可信、江中集团、汇仁集团、洪达集团、益康集团、桑海集团等企业为依托，主要发展生物制药、生物医学工程、生物能源、功能食品、中成药和药品物流、一次性医疗器械以及创新药物及技术服务等，形成从现代中药、生物医药到生物医疗器械、生物医学工程、生物农业的完整产业链 |
| 新能源汽车产业 | 推进南昌经济技术开发区新能源汽车城建设，大力发展纯电动乘用车、新能源客车、新能源专用车等各类新能源整车产业；重点突破驱动电机、电控系统、动力电池及电动空调、电动转向、电动制动等电动附件和充换电设备等关键零部件核心技术，形成从关键零部件到整车的完整工业体系和创新体系 |

5. 构建工业绿色发展支撑体系

以互联网+战略实施为契机，充分运用信息技术，建立全市工业能源监察平台，实现对工业能耗数据的动态监控和预警预测。加快建立绿色工业服务平台，出台标准体系，推进绿色制造创新中心建设，引导绿色工业制造。

(1) 建立全市工业能源监察平台。以信息化为手段，建成覆盖全市用能企业的能源管理信息平台，实现对重点用能企业能耗进行网上审核、分析处理、预警预测、能效对标、专家诊断等综合功能，为政府节能管控和企业能源管理提供决策支持，强化精准管理、科学管理，提升全市重点用能企业节能管理水平。

(2) 建立服务平台。建立咨询服务平台，开展第三方服务机构绿色制造咨询、认定等服务。建设一批促进制造业协同创新的公共服务平台，开展技术研发、检验检测、技术评价、技术交易、质量认证、人才培训等专业化服务，促进科技成果转化和推广应用。

(3) 建立绿色制造创新中心。依托南昌市现有国家级工程中心和实验室，充分利用现有科技资源，围绕制造业重大共性需求，采取政府与社会合作、政产学研用产业创新战略联盟等新机制新模式，建立一批绿色制造创新中心，开展关键共性重大技术研究和产业化应用示范。

综上，建议实施的南昌市工业部门达峰政策措施清单如表 4-25 所示。

**表 4-25　南昌市工业部门达峰政策措施清单**

| 政策类型 | 政策措施 |
| --- | --- |
| 普遍推行的政策 | 淘汰落后产能、过剩产能<br>工业节能<br>燃煤锅炉整治<br>电机能效提升<br>推广合同能源管理<br>能耗限额标准<br>节能评估和审查、能源审计<br>企业节能技改补贴 |
| 推荐政策 | 进一步提升资源综合利用和循环经济水平<br>能效“领跑者”制度及能效对标<br>建立企业能源管理体系认证<br>差别电价<br>重点节能技术目录<br>企业碳排放报告制度、碳盘查 |
| 潜力政策 | 碳税<br>低碳产品认证<br>碳排放权交易体系 |

(三) 能源结构调整

南昌市目前的能源消费结构中，煤炭超过 60%，天然气、可再生能源比重较低。为实现低碳情景目标，应大力调整能源消费结构，降低煤炭和石油消费比重，加快推广使用天然气，发展非化石能源。

1. 控制煤炭消费总量

煤炭是大气污染问题的主要来源，南昌市应设置煤炭消费总量以控制煤炭增长或削减煤炭使用。到 2020 年，煤炭消费总量控制在 1000 万 tce，到 2025 年，煤炭消费总量控制在 1250 万 tce，达到峰值。

(1)加强非工业煤炭消费替代，提升煤炭消费终端电力化。强化实施热电联供和集中供热，工业园区应积极实施热电联产或集中供热改造，将工业园区企业纳入集中供热范围。鼓励电力企业实施区域供热，替代小供热机组和燃煤小锅炉。全力支持全省工业园区实施集中供热或清洁能源燃料锅炉供热。提升煤炭消费终端电力化，着力实施电能替代。对于冶金、电力、造纸等耗煤工业的煤炭消费，需要加强终端电力化，以强化实施电能替代。进一步集中耗煤工业煤炭消耗的电能替代，提高电煤消费占比。

(2)煤炭减量替代需区别对待，引导执行分类实施。煤炭消费总量控制应分县区考虑，重点控制区域可以按照 1∶1.5 逐渐实现减量替代，一般控制区域可以按照 1∶1 等量替代，并逐渐向减量替代过渡。在重点控制区的县区，根据煤炭消费分布、环境容量等要求，实行区域差别政策，设置不同区域系数。区别电力行业与非电行业的煤炭总量替代政策，电力行业在等量替代基础上逐步实行减量替代，非电行业耗煤项目煤炭替代总量，可以按照 1∶1.5 实现减量替代。加强非电行业用煤设备源头管理，强力控制和持续压减非电用煤，提高煤炭清洁利用比例。通过煤炭减量与煤炭替代相统一的模式，严格控制煤炭消费总量，加快实施煤炭减量替代。

(3)完善相关产业与经济政策，督促煤炭替代核查与监管。重点区域需要制定标准更严的淘汰落后产能和压缩过剩产能政策，实施燃煤发电机组绿色调度、环保电价、财税支持、差别化排污收费等经济政策，鼓励燃煤机组实施超低排放改造。落实高效锅炉税收优惠政策，加快推进燃煤锅炉节能环保改造。全面出台电力行业与非电行业煤炭减量替代实施办法，促进跨县区、跨行业煤炭消费减量替代，促进煤炭削减替代量优先用于煤炭利用率高、污染物排放少的耗煤行业，强化激励机制，建立和完善煤炭总量控制与节能减排等专项奖励资金政策。加强煤炭减量替代的监督管理力度，在采取实地抽查并结合社会公示的基础上，严禁减煤的重复替代，对未完成煤炭减量目标的县区可以暂缓审批其新建高耗煤项目。

2. 强制淘汰小型燃煤锅炉

根据《关于印发江西省燃煤锅炉大气污染防治专项整治行动实施方案的通知》要求，全面推进南昌市燃煤锅炉大气污染防治专项整治工作，逐步淘汰分散小型燃煤锅炉，对城区以及工业园区内 10t/h 及以下燃煤锅炉实施清洁能源燃料改造、热电联产机组以及集中供热替代或淘汰。

3. 加快推广使用天然气

对于南昌而言，在最终转向以可再生能源为主的能源体系的转型过渡期，天然气将发挥积极的重要作用，提高天然气利用比重也是城市“绿色进程”的重要一步。到 2020 年，天然气占一次能源消费中的比重应达到 8%。到 2025 年，天然气占一次能源消费中的比重应达到 15%。

加快天然气基础设施建设(天然气管网、液化天然气站、应急调峰储备设施等)，保障和增加天然气来源，增加天然气对煤炭和石油的替代。积极推广天然气分布式能源系统的应用，继续拓展天然气在居民燃气供应、交通、发电、供热等领域的应用。加快天然气汽车加气站建设，优先发展天然气汽车。加快工业天然气推广，推进工业燃煤、燃油锅炉的天然气改造，推动重点园区工业用天然气的普及。推行工业用气价格优惠政策，优化天然气价格。

4. 发展非化石能源

根据南昌市的资源禀赋，因地制宜地大力发展太阳能、生物质能、风能、地热能等可再生能源。到 2020 年，非化石能源比重达到 11%。到 2025 年，非化石能源比重达到 15%。

按照设立的非化石能源发展目标并将其进一步分解到各县区加以落实，制定强制性政策促进可再生能源产业发展。在新建建筑和具备条件的既有建筑，如公共建筑、住宅楼等建筑屋顶安装光电、光热系统；在有条件的区域，建设并网型地面光伏电站；在城市道路、市政公园、交通设施以及广场、车站等公共场所，推广使用太阳能 LED 产品。推广使用太阳能光伏光热一体化、光伏发电和风光互补路灯，大力推广新能源示范项目。利用南昌生物质能蕴藏较丰富的优势，加快生物质能多元化利用，合理布局农林生物质直燃式发电项目，推广沼气利用、垃圾焚烧发电、秸秆气化、生物柴油等方式的生物质能利用，到 2020 年实现生物质能发电量达 8 亿 kW·h。推进浅层地热能的开发利用，在具备条件的新建建筑、住宅楼等推广地源热泵技术，充分利用地表水、地下水、土壤等地热能。

5. 提高能源加工、转换和输送效率

提高燃煤电厂和热电厂的发电供热效率，推广应用先进超(超)临界燃煤机组、循环流化床燃煤发电、整体煤气化联合循环(IGCC)等高效燃煤发电技术，推广大规模热电联产机组，鼓励节能改造，提高供热和发电、供电效率，降低厂用电率和碳排放水平。提高电网运行效率，完善和提高高电压等级输电技术，引进利用数字化、信息化和智能化技术，加强电网配网和用户端能源监控监测与智能控制，提高电网运行效率和管理水平，降低线损率，提高输电、配电、变电设备的效率和可靠性，推进传统电网向智能化电网的升级改造。

综上，按照图 4-32 所示的南昌市能源结构调整路径图，建议实施的能源结构调整达峰政策措施清单如表 4-26 所示。

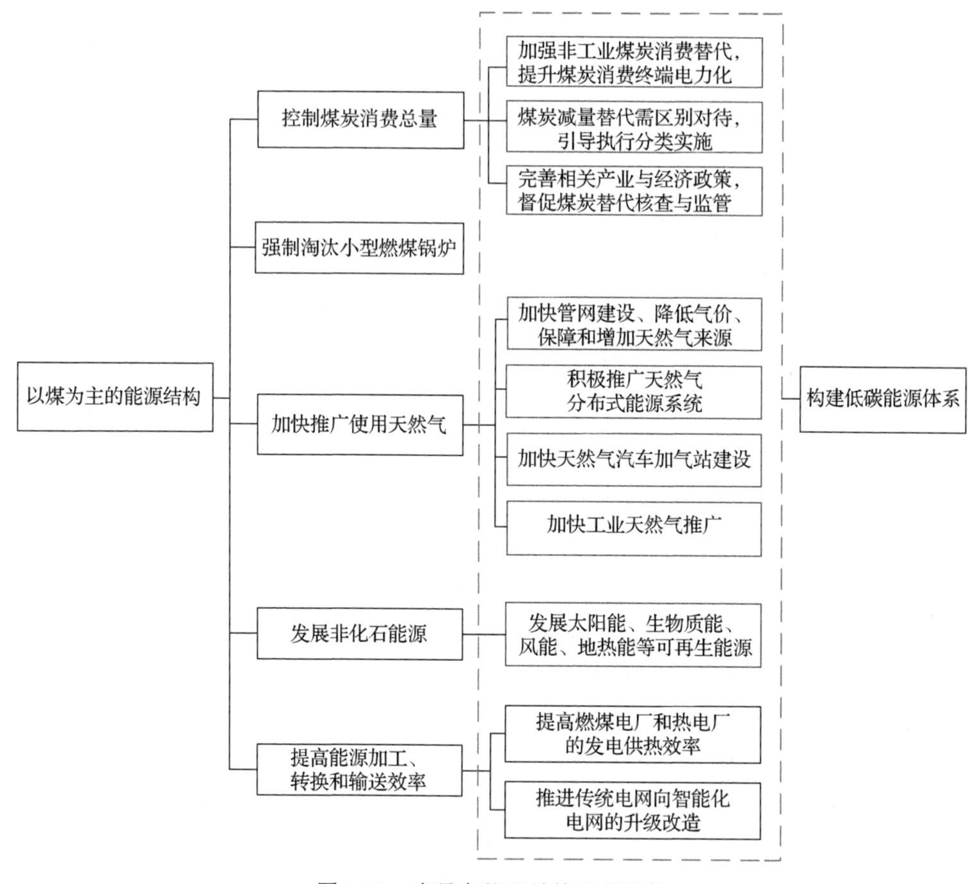


图 4-32　南昌市能源结构调整路径

**表 4-26　南昌市能源结构调整达峰政策措施清单**

| 政策类型 | 政策措施 |
|---|---|
| 普遍推行的政策 | 控制煤炭消费总量<br>强制淘汰小型燃煤锅炉<br>加快推广使用天然气<br>发展非化石能源，开发分布式能源系统<br>提高能源加工、转换和输送效率<br>推广使用太阳能 LED 产品、太阳能光伏光热一体化、光伏发电和风光互补路灯，大力推广新能源示范项目<br>合理布局农林生物质直燃式发电项目，推广沼气利用、垃圾焚烧发电、秸秆气化、生物柴油等方式的生物质能利用<br>推进传统电网向智能化电网的升级改造<br>提高燃煤电厂和热电厂的发电供热效率<br>可再生能源补贴政策<br>煤改气 |
| 推荐政策 | 制定强制性政策促进可再生能源产业发展 |
| 潜力政策 | 电力公司集成服务商业模式 |

（四）交通低碳化

交通部门的二氧化碳排放将在未来增长迅速，根据发达国家的经验，将占据越来越大的份额。南昌市交通领域减排可从推广电动汽车、发展公共交通、提倡自行车或步行出行等方面采取措施。到 2024 年，交通部门预计实现二氧化碳减排为基准情景碳排放总量的 0.71%，占全市减排潜力的 5.36%。

(1) 推广新能源汽车，最终实现纯电动汽车时代。按照《2016—2020 年南昌市新能源汽车推广应用实施方案》，至 2020 年，南昌市将实现公共服务领域每年新增或更新的公务、环卫、物流等车辆中新能源汽车比例不低于 30%。目前，国家已在着手制定燃油机动车禁售时间表，随着电动汽车的技术和产业进步，必将替代燃油机动车。因此，南昌市应从推广新能源汽车逐渐过渡为全面电动车发展规划，创造加速推进电动汽车替代燃油机动车的政策环境。

(2) 发展公共交通。发展智能交通系统，推行公交优先，全面推进城市交通信息化动态管理，推进多种交通方式无缝对接。根据《南昌市城市轨道交通第二期建设规划(2015～2021 年)》，近期建设 1 号线东延工程，2 号线东延和西延工程，3 号线，4 号线一期工程，全长 82.3km。到 2021 年，形成 4 条运营线路、总长 134.9km 的轨道交通网络，南昌市公共交通占机动化出行量比例达到 60%，其中轨道交通占公共交通出行量比例达到 25%。

(3) 鼓励自行车和步行出行。制定共享单车管理办法，保障共享单车企业合法持续运营。新建道路必须配套建设自行车道，对现有道路不合理的非机动车道进行改造。建设连接公园、景区等公共区域的绿道系统。实行低碳交通出行碳积分制度，鼓励市民使用共享单车或步行低碳出行。

(4) 推进充电桩体系建设。截至 2017 年 6 月 30 日，南昌市共计建成投运的充电站 143 座，其中直流充电站 75 座，总容量为 30930kW。目前建设情况基本能够满足南昌市新能源大巴和社会车辆日常充电需求。根据《2016—2020 年南昌市新能源汽车推广应用实施方案》，到 2020 年，南昌市专用充电桩达 1110 根，公用充电桩达 28060 根，城市充电站 50 座，城际充电站 30 座。如在全社会大力推广纯电动汽车，所需充电设施仍需加紧布局。此外，需充分利用停车场、居民小区、商业中心、加油加气站、高速服务区等现有场地，设立他项权利建设充电基础设施，保障充电基础设施用地。将电动汽车充电站规划纳入城市总体规划，预留充电设施用地；跟踪电动汽车产业技术标准，有序推进接口的统一；落实小区停车位和大型公用停车场配套建设充电桩，在已建和在建的住宅小区、大型公共建筑物等停车场通过改造、加装等方式建设充电设施，并不断提高其比例。

(5) 增加汽车燃气站的数量，拓展汽车燃气加气站的供气渠道，并优先保障公共交通的燃气供应。至 2017 年 6 月底，南昌市已建成 18 座天然气加气站并投入运营，但仍无法满足市内新能源汽车的气量需求。根据《南昌市城市燃气专项规划 2015—2030》：到 2020 年，全市燃气汽车加气站数量增加至 40 座；2030 年，全市燃气汽车加气站数量增加至 73 座。

综上，建议实施的南昌市交通低碳化达峰政策措施清单如表 4-27 所示。

**表 4-27　南昌市交通低碳化达峰政策措施清单**

| 政策类型 | 政策措施 |
| --- | --- |
| 普遍推行的政策 | 推广新能源汽车，增加天然气、混合动力、电动汽车的应用<br>鼓励民众购买新能源汽车<br>加紧建设地铁线路<br>优化公交线路，发展便捷、舒适、低价的现代公交系统<br>推进自行车专用道和行人步道网络建设，鼓励绿色低碳的慢行交通出行方式<br>加快充电桩基础设施网络建设，加速快速充电桩建设<br>增加汽车燃气站的数量，拓展汽车燃气加气站的供气渠道<br>合理规划、管理共享单车、电动车市场，规范互联网租赁自行车、电动汽车的发展 |
| 推荐政策 | 拥堵、停车收费<br>城市中心适当控制停车位供应<br>制定财税补贴政策，引导民众购买电动小汽车<br>低碳交通碳积分制度建设<br>加强对“轨道交通+新能源汽车+慢行交通”和“智能驾驶+新能源汽车+共享出行”体系建设 |
| 潜力政策 | 绿色金融<br>推广混合动力、纯电动卡车<br>无人驾驶汽车试点 |

### (五)建筑绿色低碳化

随着南昌市城市人口和城区面积的快速扩张，大量的建筑将拔地而起，成为能源消耗和碳排放重要的增长来源。到 2024 年，建筑部门实现减排量为基准情景碳排放总量的 1.43%，占全市减排潜力的 10.72%。南昌市建筑部门的碳减排可从以下方面采取措施。

#### 1. 推进建筑节能和绿色建筑标准执行及监督管理

严格执行《江西省居住建筑节能设计标准》、《江西省民用绿色节能和推进绿色建筑发展办法》、《江西省绿色建筑评价标准》和国家相关标准及规定。南昌市范围内的国家机关办公建筑，政府投资的学校、医院、博物馆、科技馆、体育馆等建筑，省会城市的保障房、机场、车站等大型公共建筑，以及纳入当地绿色建筑发展规划的项目，应当按照绿色建筑标准规划和建设。同时，鼓励房地产开发企业建设绿色住宅小区，新建建筑面积 10 万 $m^2$ 以上的住宅小区按绿色建筑的标准进行规划设计、建设和管理，鼓励其他民用建筑按照绿色建筑要求进行规划和建设；鼓励金融机构按照国家规定，对既有民用建筑改造、可再生能源的应用、民用建筑节能示范和绿色建筑项目提供信贷支持。

完善公共机构节能标准和管理办法，加大公共机构节能监督力度，积极推进机关办公区能耗动态监测平台建设，加强完善建筑节能和绿色建筑建设补贴鼓励制度。

2. 完善建筑能耗统计和节能监管体系建设

目前，全国各地都迫切需要解决缺乏科学的建筑能耗统计体系问题，南昌市推动建筑节能和绿色节能建设，应把建立完善建筑能耗统计和节能监管体系建设作为关键一环，可从以下方面实施：

(1) 建立建筑节能信息备案程序和能耗统计、能源审计、能效公示等制度，建设统一的建筑能耗在线监测系统。可针对性地建立“民用建筑能耗和节能信息统计报表制度”、“国家机关办公建筑和大型公共建筑能源审计导则”和“国家机关办公建筑和大型公共建筑能耗公示细则”等程序制度。建设国家机关办公建筑和大型公共建筑能耗监测、绿色建筑(低能耗建筑)运行监测、可再生能源在线监测和节约型高校能耗监测等应用系统。

(2) 落实建筑能耗统计制度，研究制定建筑用能定额标准。通过立法，明确各类建筑业主的统计数据上报义务，明确水电气等公共基础设施服务单位的配合义务。每年财政列支建筑能耗统计专项工作经费，保障上报和培训工作的相关开支。每年抽样开展建筑能源审计工作，对能耗统计过程中的乱报错报行为进行处罚。扩大能耗数据公示范围，对超过用能定额指标的高耗能建筑进行通报。研究制定建筑用能定额标准。

(3) 加强国家机关办公建筑和大型公共建筑运行监测，开展高能耗建筑的节能改造。明确新建国家机关办公建筑和大型公共建筑的能耗分项计量监测系统建设要求；以能耗统计数据为基础，从政策和资金扶持上，重点落实既有高能耗建筑的用能监测系统建设和节能改造。对于单位面积能耗超过全市平均值的高能耗建筑而言，一方面需要加强建筑用能运行监测，通过分项能耗计量摸清建筑用能规律，找出高耗能环节；另一方面开源节流，通过可再生能源利用、重点用能设备调优和建筑节能改造等手段，降低建筑运行能耗和运营成本。

(4) 融合建筑节能监管与绿色建筑评价，建立绿色节能监管体系。开展建筑能耗全生命周期统计，推进装配式建筑和绿色建筑发展。在建筑能耗监测基础上开展绿色建筑运营期监测，并规范数据接口技术标准，实现建筑能耗监测、绿色建筑和智慧建筑等项目数据共享。

3. 开展建筑节能技术改造，推进可再生能源在建筑中的应用，推广建筑节能节水材料、产品和技术

(1) 以机关办公建筑和大型公共建筑电器照明设施进行改造为突破口，带动既有居住建筑节能技术改造，结合庭院、危旧房改善等城市更新工程，推动建筑节能一体化的发展，以建筑屋顶、门窗的节能改造为重点，实施建筑节能技术改造(吉琳娜，2018)，提高建筑节能效果。

(2) 以南昌市 2011 年成功申报成为全国第三批可再生能源建筑应用示范城市为契机，推广实施地源热泵建筑应用示范、太阳能光伏光热建筑应用示范、LED

路灯照明示范、绿色建筑屋面生态复合排水呼吸系统应用等建筑节能示范工程，形成可再生能源建筑应用工程示范化导入的态势。通过争取到国家财政补贴，为南昌市建筑节能和绿色建筑示范工程的推广打下更坚实的基础。

(3)鼓励建筑生态设计和生态改造，实施“绿色照明”工程，在全市推广高效节电照明系统。推广新型节水、节能、环保建筑材料、建筑保温绝热板系统、外墙保温及饰面系统、隔热水泥模板外墙系统及外墙、门窗和屋顶节能技术。

4. 加强节能建筑和绿色建筑研究能力及水平

引导高校、科研院所和企业开展绿色建筑相关技术研究和示范，着力形成一批先进适用技术和关键共性技术。前瞻性研究南昌市未来可能面临的冬季建筑集中采暖新情况、新问题，特别是前瞻性研究解决未来集中供热管网维护与升级、热计量等问题。重点提升工程勘察设计水平，完善工程勘察设计招投标制度，突出工程勘察设计质量水平在评标中的主体作用。严格执行国家工程勘察设计收费标准，防止低价无序竞争。加强工程勘察设计人员的培养和管理，建设一支高素质的工程勘察设计队伍，造就一批工程勘察设计大师。

综上，建议实施的南昌市建筑行业达峰政策措施清单如表 4-28 所示。

**表 4-28　南昌市建筑行业低碳化达峰政策措施清单**

| 政策方向 | 政策措施 |
| --- | --- |
| 需求控制 | 结束“大拆大建”的做法<br>要求使用更高质量的建筑材料<br>激励小型住宅 |
| 标准规定 | 绿色建筑导则和绿色通道<br>设计和建设节能标准<br>既有建筑改造、绿色建设、节能产品补贴 |
| 建筑能耗统计体系 | 建筑能效标识和信息披露<br>民用建筑能耗和节能信息统计报表制度<br>国家机关办公建筑和大型公共建筑强制能源审计<br>国家机关办公建筑和大型公共建筑能耗公示 |
| 监督激励体系 | 强制能效升级<br>电器能效标准<br>未来区域集中供热管网维护与升级计划<br>热计量<br>能效投资<br>基于绩效的激励 |

(六)林业和湿地碳汇

林业部门主要通过造林和加强森林资源管理，同时尽量避免林业灾害和人为砍伐，增加林业碳汇。

(1)加强生态资源保护。以主体功能区规划为基础，将集中式饮用水源安全保护区、各级自然保护区及河流、湖泊、湿地等生态敏感区和生态脆弱区划入生态红线保护控制范围。鄱阳湖区天然湖泊保护区域、赣江流域湿地保护区域和城区湿地保护区域范围内，禁止有损主体生态功能的开发建设活动。采用建立湿地自然保护区、湿地公园、省重要湿地等保护方式，严格、有效地保护生态地位重要或具有特殊意义的湿地。

(2)增加林业碳汇能力。继续推进造林绿化工程，建设“森林城乡、花园南昌”，努力建成国家森林城市，提升碳汇能力。推广森林质量改造项目，探索混合林种植技术，扩大对碳吸收率高的阔叶树种的种植规模。

(3)提高城市绿地覆盖率。以建设宜居城市、森林城市、海绵城市等为契机，增加公共绿地面积，加强公园绿地、居住区绿地、道路绿化、风景林地、单位附属绿地、防护绿地的建设，提高城市绿地覆盖面积。

综上，建议实施的南昌市林业部门达峰政策措施清单如表 4-29 所示。

**表 4-29　南昌市林业部门达峰政策措施清单**

| 政策类型 | 政策措施 |
|---|---|
| 普遍推行的政策 | 退耕还林、退湖还田<br>人工植树造林、林分改造<br>林地用途管理<br>自然保护区管理<br>生态旅游<br>林权管理 |
| 推荐政策 | 森林可持续经营政策<br>生物多样性保护 |
| 潜力政策 | 林业碳汇交易<br>森立认证体系和林产品认证体系 |

### (七)生活消费低碳化

实现低碳情景下的目标，除了从产业、能源、交通、建筑等部门减少二氧化碳排放外，市民的生活消费习惯也贡献重要的力量。低碳生活和消费习惯可从以下方面采取措施：

(1)提高低碳意识。充分利用报纸、广播、电视、网络和其他社会渠道进行低碳宣传，使各级政府、企业和公众明确自己的责任和义务，在全社会普及低碳理念，提高社会公众对开展低碳城市试点重要性和紧迫性的认识，建立低碳生产、低碳消费、低碳生活的社会公共道德准则，做到“政府引导，加大投入，公众参与，联动发展”。

(2)开展教育培训。在政府部门、企业、社区和农村中广泛开展形式多样的低碳教育培训活动，如专题讲座、研讨会、经验交流会、成果展示会、典型案例报告会或低碳技术交流会以及活动周、活动日、知识竞赛等。加大对公众的低碳知识普及和教育，编写各种低碳的科普读物和指导守则，将低碳理念和知识纳入全市基础教育内容，增强中小学生对气候变化知识的了解。

(3) 倡导低碳生活。政府率先垂范，引导全社会树立正确的低碳消费观，提倡节俭理性的低碳生活，使公众从自己的生活习惯做起，控制或者注意个人的碳足迹，反对和限制高碳消费，使低碳生活逐步成为市民的自觉行动。通过建立碳积分或碳信用体系，积极引导居民合理购买绿色低碳产品、选择绿色出行方式、无纸化办公、节水节电、垃圾回收，并实施碳积分返现或兑换优惠券或消费折扣等方式，使绿色消费、绿色出行、绿色办公、绿色生活理念成为社会时尚。构建低碳生活指数，评估低碳生活水平，完善配套设施，引导居民生活向低碳方式转型。支持各类服务组织、行业协会、学会等非营利组织向全社会提供有针对性的低碳指导和服务，转变传统观念，推行低碳和绿色消费，在全社会形成健康文明的低碳生活方式。

综上，南昌市生活消费低碳化路径如图 4-33 所示，建议实施的南昌市生活消费领域达峰政策措施清单如表 4-30 所示。

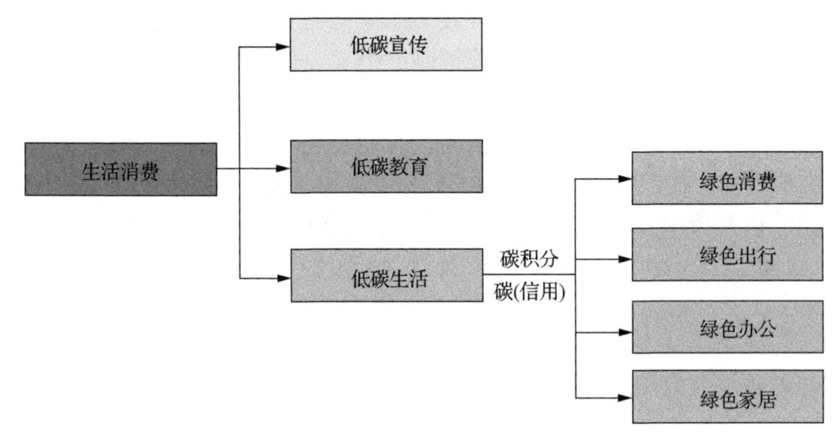


图 4-33　南昌市生活消费低碳化路径图

**表 4-30　南昌市生活消费领域达峰政策措施清单**

| 政策类型 | 政策措施 |
| --- | --- |
| 普遍推行的政策 | 居民阶梯电价、阶梯水价<br>“万家屋顶”<br>节能家电补贴<br>新能源汽车补贴 |
| 推荐政策 | 垃圾分类<br>绿色出行<br>低碳城市规划 |
| 潜力政策 | 碳信用<br>碳普惠<br>碳积分<br>低碳社区 |

# 第五章　南昌市低碳发展政策分析与制度框架建议

在当前国内外积极应对气候变化的大趋势下，我国积极开展控制温室气体排放行动，对外是履行国际义务，树立负责任的大国形象，对内是转变发展方式，实现经济社会可持续发展。在战略布局上，党的十八大报告将生态文明建设纳入“五位一体”总布局中，提出要着力推进绿色发展、循环发展、低碳发展，大力推动低碳城镇化，把应对气候变化和促进低碳发展放在一个全新的战略高度。因此，推进低碳城市建设是关系人民福祉、关乎民族未来的长远大计，是我国各大城市加快转变经济发展方式、调整经济结构、推进新的产业革命的重大机遇。然而，各大城市整个社会与经济发展方式向低碳化的转变并不是自然而然地发生、发展和实现的，需要通过强有力的政策制度引导，促进社会经济转型，帮助人们提高认识，找准低碳发展路径，并将之付诸行动。本章通过分析国内外低碳发展政策，梳理南昌市产业发展、能源利用、工业节能、绿色建筑、低碳交通、生态环境、土地利用、资金保障八个方面的政策，找出了南昌市低碳发展政策的障碍，由此提出了南昌市绿色低碳发展政策制度框架建议。

## 第一节　国内外低碳发展政策分析

### 一、国外低碳发展政策

发达国家将低碳化概念融入国家经济和社会发展战略中，并通过一系列战略、政策的颁布实施，引导社会向低碳发展转型。主要包括以下几个方面：

1. 将低碳发展作为国家战略，全面促进低碳发展

英国是践行低碳经济的先驱，率先于2003年发布《我国能源的未来——创建低碳经济》白皮书，将低碳发展上升为国家战略。英国于2008年成立了能源和气候变化部，成为世界上首个关注气候变化的政府部门。

美国2013年发布《总统气候变化行动计划》，立足于实现能源安全、促进经济增长和应对气候变化三大目标，做出了全面工作部署，并于2014年发布《多元化能源战略》，作为实现能源体系低碳化转型的纲领。

欧盟2009年4月通过的《气候变化行动与可再生能源一揽子计划》旨在带动欧盟经济向高能效、低排放的方向转型，并以此引领全球进入“后工业革命”时代。2011年出台的《欧盟2050低碳经济路线图》提出：欧盟可通过较高的减排目标和适当的政策，在未来取得技术和整个经济的竞争优势。

日本是低碳发展的倡导者。2008 年的“福田蓝图”提出为实现低碳社会的日本而努力，并出台了《日本基础能源计划》、《国家能源新战略》、《建设低碳社会行动计划》和《新经济成长战略》等多个国家层面的规划方案和行动计划，保障其推进应对气候变化与能源发展。福岛核事故之后，日本政府提出了加快可再生能源开发建设和增加天然气供应等应对措施，继续实施其能源低碳化的国家战略。

2. 设立了清晰的碳排放目标，统筹应对气候变化与能源发展

清晰的中长期目标和明确的行动计划有效促进了发达国家和地区的低碳发展，也为其发展绿色能源、促进节能减排提供了有效保障。

欧盟以控制温室气体排放为目标推动低碳化，并致力于能源与气候一体化，逐步提出了“将 2020 年温室气体排放量在 1990 年的水平上减少 20%，可再生能源比重提高到 20%”，“到 2050 年温室气体排放量比 1990 年下降 80%～95%”，以及“2030 年将温室气体排放量较 1990 年水平减少 40%，可再生能源占比至少到 27%，提高能效 30%”的能源转型目标，并通过《欧盟 2020 战略》、《欧盟 2050 能源路线图》和《欧盟 2030 气候与能源政策框架》等一系列的能源与气候一体化战略，明确了实现目标的发展路径。

日本 2008 年发布的“福田蓝图”和“防止气候变暖新对策”提出“到 2050 年温室气体排放量在目前排放水平上减少 60%～80%”的目标，在 2009 年发布的《全球气候变暖对策基本法》中又明确了“以 1990 年为基准，到 2020 年温室气体排放量削减 25%；到 2050 年削减 80%”的中长期温室气体减排目标（罗丽，2011）。日本出台了很多国家层面的规划方案，对其推进应对气候变化与能源发展起到了重要的支撑作用。

3. 健全了法律法规体系，加强低碳发展的保障

发达国家和地区十分注重相关领域的法律体系建设，一方面对现有法律、法规进行调整和修订，适应低碳发展的需求，另一方面扩充和制定专门性法律法规，对低碳发展中出现的新情况、新问题加以规制。

美国于 2007 年通过联邦最高法院将二氧化碳等温室气体认定为空气污染物质（唐双娥，2011），并责令美国国家环境保护局（EPA）尽快制定相关排放标准，还将其他的污染物控制政策工具逐步应用于温室气体排放的控制。

英国于 2008 年通过了全球第一部温室气体减排目标的国内立法《气候变化法案》[①]，将削减温室气体排放、适应气候变化和向低碳经济转型相结合，并从制度、程序和机构方面做出了规范。

---

① 气候变化法案.https://baike.sogou.com/v63556978.htm?fromTitle。

欧盟从2000年起通过了2001/77/EC(关于可再生能源)、2003/30/EC(关于生物柴油)、2003/96/EC(关于能源税收)、2003/54/EC(关于电力市场自由化)和2003/87/EC(关于温室气体排放交易)等一系列指令，构成了系统的温室气体减排法律体系，促进欧盟成员国提高能效和开发利用可再生能源，降低温室气体排放(黄速建，2005)。

4. 重视低碳技术的研究与开发，加大创新投入，积极建立低碳技术体系

低碳时代需要技术体系向绿色发展转变，各国纷纷通过理念和技术创新，促进工业和产业的升级换代。

美国把节能低碳技术的开发和应用视为“绿色革命”的起点，是世界上低碳经济研发投入最多的国家(符冠云等，2012)。通过2009年的《美国复苏与再投资法案》向可再生能源生产领域投入230亿美元，以深化和扩大智能电网科研计划，制定技术路线图，提高风机、太阳能电池、生物燃料和其他可再生能源的技术创新水平，提升先进能源科技装备制造能力和市场竞争力。美国国家环境保护局自2010年起陆续更新了电厂、油气开采、机动车和生物燃油等温室气体排放标准，并针对各个行业建立了全套技术标准指南，推动最新节能低碳技术在排放源的应用。白宫2013年发布的《总统气候变化行动计划》将低碳经济作为未来发展的新引擎，对传统强势产业如能源、汽车产业进行升级，通过财政补贴、税收优惠、政府采购等激励手段实施绿色新政，扩大就业的同时还提高了美国在低碳技术领域的竞争力。

欧盟视低碳经济为新的经济增长点和就业机会的摇篮，并将低碳经济写入欧盟未来发展战略规划，《欧盟2050低碳经济路线图》就是与工商企业界和科研人员共同合作的结果，希望在风能、太阳能、生物能源、二氧化碳的捕获和封存等具有发展潜力的领域大力发展低碳技术。欧盟于2010年3月发表的《欧盟2020战略》提出加大在节能减排、发展清洁能源等领域的投入，将低碳产业培育成未来经济发展的支柱产业。

德国提出了以智能制造为主导的“工业4.0”，并不遗余力地推动其发展，以保持德国工业的国际竞争力[①]。目前，德国在低碳能源技术研究方面形成了一个广泛的能源研究资助体系，在节能与新能源技术领域居于全球领先地位，节能环保产业已成为德国新的支柱产业。

总而言之，目前国外低碳政策的制定重视强制性低碳政策的制定，重视利用市场机制激励企业节能减排，同时还积极制定自愿性低碳政策，从而引导全社会绿色消费意识，促进了社会各阶层观念的转变，为实现各国低碳发展打下了坚实的基础。国外低碳发展主要政策制度如表5-1所示。

① 德国工业4.0的本质与目标. http://intl.ce.cn/specials/zxgjzh/201407/29/t20140729_3252255.shtml。

**表 5-1　国外低碳发展主要政策制度**

| 低碳政策类型 | 低碳政策 | 国家案例 |
|---|---|---|
| 强制性政策 | 战略规划 | 英国《我国能源的未来——创建低碳经济》白皮书；美国《总统气候变化行动计划》、《多元化能源战略》等；欧盟《气候变化行动与可再生能源一揽子计划》、《欧盟 2020 战略》、《欧盟 2050 能源路线图》、《欧盟 2050 低碳经济路线图》、《欧盟 2030 气候与能源政策框架》等；日本《日本基础能源计划》、《国家能源新战略》、《建设低碳社会行动计划》和《新经济成长战略》等 |
| | 法律法规 | 英国《气候变化法案》、美国《低碳经济法案》、德国“二氧化碳捕捉和封存”法规、欧盟关于禁用白炽灯和其他高耗能照明设备的法规和日本《全球气候变暖对策基本法》等 |
| | 制度标准 | 德国、丹麦、英国等国制定严格的产品能耗效率标准与油耗标准；对贸易商品如电冰箱、空调等认定进口的能耗标准；建筑物节能标准等 |
| 激励性政策 | 碳排放税 | 英国大气影响税、日本环境税、德国生态税等 |
| | 财政补贴 | 德国、丹麦等对可再生能源生产、投资补贴 |
| | 碳基金 | 英国节碳基金、亚洲开发银行“未来碳基金” |
| | 碳排放交易 | 欧盟碳排放交易、美国芝加哥碳排放交易市场 |
| 自愿性政策 | 标签计划 | 意大利白色认证、绿色认证等，韩国低碳标签 |
| | 自愿协议 | 日本经济团体联合会自愿减排协议 |
| | 低碳消费 | 发达国家的绿色包装、绿色采购、绿色物流、绿色社区等政策 |

## 二、国内低碳发展政策

### （一）我国低碳发展政策

低碳发展是我国各大城市认清自身发展需求、切实转变经济发展方式、实现可持续发展的必然选择。近年来，我国通过颁布、实施、加强了一系列规划和政策来大力推进各大城市低碳建设工作，减少各大城市温室气体排放，从而实现城市绿色、低碳和可持续发展。

1. 深化了低碳理念，逐步推动了低碳发展

随着经济的发展和国内形势的变化，我国自上而下地将生态文明建设与可持续发展理念进一步深化和明确，并逐步提出了绿色发展和低碳发展：

2004 年，胡锦涛总书记在全国人口资源环境工作座谈会上提出“按照树立和落实科学发展观的要求，始终把控制人口、节约资源、保护环境放在重要战略位置”。

2005 年，在《国务院关于落实科学发展观加强环境保护的决定》（国发〔2005〕39 号）中指出，环境保护工作应该在科学发展观的统领下“依靠科技进步，发展循环经济，倡导生态文明，强化环境法治，完善监管体制，建立长效机制”。

2007 年，党的十七大报告进一步明确提出了建设生态文明的新要求，并将“到 2020 年成为生态环境良好的国家”作为全面建设小康社会的重要要求之一。

2010 年，《国家“十二五”规划纲要》将积极应对气候变化和推进绿色低碳发展作为重要的政策导向，“绿色发展”被明确写入《国家“十二五”规划纲要》并独立成篇。

2012 年，党的十八大报告更加系统化、完整化、理论化地阐述了生态文明的任务，并提出将生态文明建设融入经济建设、政治建设、文化建设、社会建设各个方面和全过程，提出着力推进绿色发展、循环发展与低碳发展。

2013 年，中共中央十八届三中全会决定中提出“紧紧围绕建设美丽中国深化生态文明体制改革，加快建立生态文明制度”[①]。

2013 年 12 月，中央城镇化工作会议上明确提出要着力推进绿色发展、循环发展、低碳发展，大力推进低碳城镇化，把应对气候变化和促进低碳发展放在一个全新的战略高度。

2015 年 3 月，中央政治局会议审议通过《中共中央国务院关于加快推进生态文明建设的意见》[②]，提出“坚持节约资源和保护环境的基本国策，把生态文明建设融入经济建设、政治建设、文化建设、社会建设各方面和全过程。坚持把节约优先、保护优先、自然恢复为主作为基本方针。坚持把绿色发展、循环发展、低碳发展作为基本途径。坚持把深化改革和创新驱动作为基本动力。坚持把培育生态文化作为重要支撑。坚持把重点突破和整体推进作为工作方式，切实把生态文明建设工作抓紧抓好”。

随着生态文明建设理念与内涵的不断丰富，生态文明建设已成为国家重大战略，而低碳发展则是生态文明建设的重大举措。

2. 建立了低碳发展的管理体制

党中央和国务院高度重视应对气候变化和低碳城市建设工作。2007 年，国务院成立国家应对气候变化及节能减排工作领导小组，作为国家应对气候变化和节能减排工作的议事协调机构。国务院总理出任小组组长，副总理和国务委员出任小组副组长，小组成员为各部委部长和主要负责人。领导小组下设国家应对气候变化领导小组办公室，设在国家发展和改革委员会，承担领导小组的日常工作。

国家发展和改革委员会作为负责应对气候变化工作的主要管理协调部门，于 2008 年设立应对气候变化司，承担国家应对气候变化及节能减排工作领导小组有关应对气候变化方面的具体工作，并综合分析气候变化对经济社会发展的影响，组织拟订应对气候变化和低碳发展的重大战略、规划和重大政策。在地方政府一级，31 个省、自治区、直辖市(不含港澳台地区)均成立了以政府行政首长为组长的应对气候变化领导机构，并在地方发展和改革委员会内设立相应的机构，协调

① 中共十八届三中全会在京举行 中央政治局举行会议中央委员会总书记习近平作重要讲话. http://news.12371.cn/2013/11/13/ARTI1384290823679595.shtml。

② 中共中央 国务院关于加快推进生态文明建设的意见. http://www.gov.cn/xinwen/2015-05/05/content_2857363.htm。

各部门开展应对气候变化工作。这一高规格的顶层设计和管理体系的建设，不仅体现了我国政府对应对气候变化的高度重视，也反映出低碳发展对经济民生影响广泛。

3. 形成了层级清晰、较为完整的政策体系

我国低碳发展的政策与管理并非完全独立，而是依托现有的国民经济管理体系、能源和环境管理体系进行构建，并逐步形成了层级清晰、较为完整的政策体系。以“十二五”期间我国出台的一系列应对气候变化相关的政策为例，从宏观的计划和战略到具体的政策工具逐步完善，形成了一个层级清晰、较为完整的框架体系。这个框架体系可分为四个层次：

(1)在生态文明建设国策的框架下，2014 年 9 月颁布的《国家应对气候变化规划(2014—2020 年)》(发改气候〔2014〕2347 号)是我国应对气候变化的中长期纲领性政策，该规划提出了在控制温室气体排放、低碳试点示范、适应气候变化能力、能力建设以及国际交流五大方面的 2020 年目标。

(2)在应对气候变化规划下，减缓气候变化领域有《“十二五”控制温室气体排放工作方案》(国发〔2011〕41 号)规定具体的目标和工作方案，并与相关的节能减排领域的规划和工作方案相配合，在适应气候变化领域则有《国家适应气候变化战略》(发改气候〔2013〕2252 号)。

(3)在减缓气候变化领域，工业、交通、建筑、能源等部门或制定了本部门的应对气候变化的专门性规划，或从其部门的发展规划和节能减排规划中对气候变化的工作加以规定，更加细致地阐述部门的目标和重点任务。

(4)在部门规划之下，各部门进一步颁布了具体的政策措施，如资金补助、强制性标准等，将规划的目标加以落实。

4. 以各领域的排放目标为引领，推动了低碳转型

我国 2009 年首次提出应对气候变化的目标：到 2020 年单位 GDP 二氧化碳排放较 2005 年下降 40%～45%。“十二五”期间，控制温室气体排放的总体目标是单位 GDP 二氧化碳排放降低 17%、非化石能源占一次能源消费比重达到 11.4%。这两个指标都是第一次写入国家五年规划中，标志着我国已从能耗强度单目标控制走向更为严格的能耗与碳排放强度的双目标控制之路。此外，“十二五”期间我国首次引入了能源消费总量目标：到 2015 年，全国能源消费总量和用电量分别控制在 40 亿 tce 和 6.15 万亿 kW·h；到 2020 年，一次能源消费总量控制在 48 亿 tce 左右。

2014 年，我国首次公开提出目标峰值年份，并对排放达峰时间提出了目标，计划 2030 年左右二氧化碳排放达到峰值且将努力早日达峰，计划到 2030 年非化石能源占一次能源消费比重提高到 20%左右。

2015 年 6 月，我国政府向《联合国气候变化框架公约》秘书处提交了应对气候变化国家自主贡献文件——《强化应对气候变化行动——中国国家自主贡献》[①]，提出了二氧化碳排放 2030 年左右达到峰值并争取尽早达峰、单位 GDP 二氧化碳排放比 2005 年下降 60%～65%、非化石能源占一次能源消费比重达到 20%左右、森林蓄积量比 2005 年增加 45 亿 $m^3$ 左右等目标，2020 年后强化应对气候变化行动目标以及实现目标的路径和政策措施，明确了到 2030 年我国控制温室气体的目标。

在国家总体目标指引下，各排放领域的政府主管部门制定了专门性的规划，提出了更为具体的目标，依托图 5-1 所示的规划体系，成为我国各领域促进低碳发展的政策引领。

5. 综合运用了命令与规制、经济激励机制、市场机制、信息公开等多种政策工具

1）法律法规

法律作为调整权力关系和社会关系的行为规范，不仅为低碳经济发展提供激励和保障，也向国际社会展示了中国应对气候变化的决心和履行国际公约的法治进程。目前，我国涉及低碳发展方面的法律大概有 30 部，行政法规有 90 部左右，还有大量的环保标准，为低碳发展提供了初步的法律支持。与我国低碳经济发展保障密切相关的国内法律主要有《节约能源法》、《清洁生产促进法》、《可再生能源法》、《循环经济促进法》、《森林法》、《草原法》和《中华人民共和国环境保护法》等。

在顶层法律法规设计方面，国家发展和改革委员会、全国人民代表大会环境与资源保护委员会、全国人民代表大会常委会法制工作委员会、国务院法制办和有关部门联合成立了应对气候变化法律起草工作领导小组，加快推进应对气候变化法律草案起草工作，目前已初步形成立法框架。与此同时，目前国家正组织研究机构就低碳发展立法开展研究，借鉴地方低碳发展试点的经验为全国范围内的立法提供思路，建立低碳发展制度的立法框架。

2）行政命令

行政命令是我国低碳发展中常用的政策工具，是对政府机构本身、企业以及社会和个人所做出的有关节能减排、降低碳排放的强制性指令。从政策工具来看，主要有强制性标准、强制性任务、行业准入制度等，从内容上来看主要集中在淘汰落后产能、交通、建筑以及绿色政府采购等领域。例如，针对钢铁、有色金属、煤炭、电力、石油石化、化工、建材、造纸、纺织 9 个重点耗能行业，国家发展和改革委员会出台了《万家企业节能低碳行动实施方案》，要求重点企业与地方政府或国家发展和改革委员会签订节能目标责任书，建立能源管理体系，并组织

---

① 强化应对气候变化行动——中国国家自主贡献.http://www.gov.cn/xinwen/2015-06/30/content_2887330.htm。

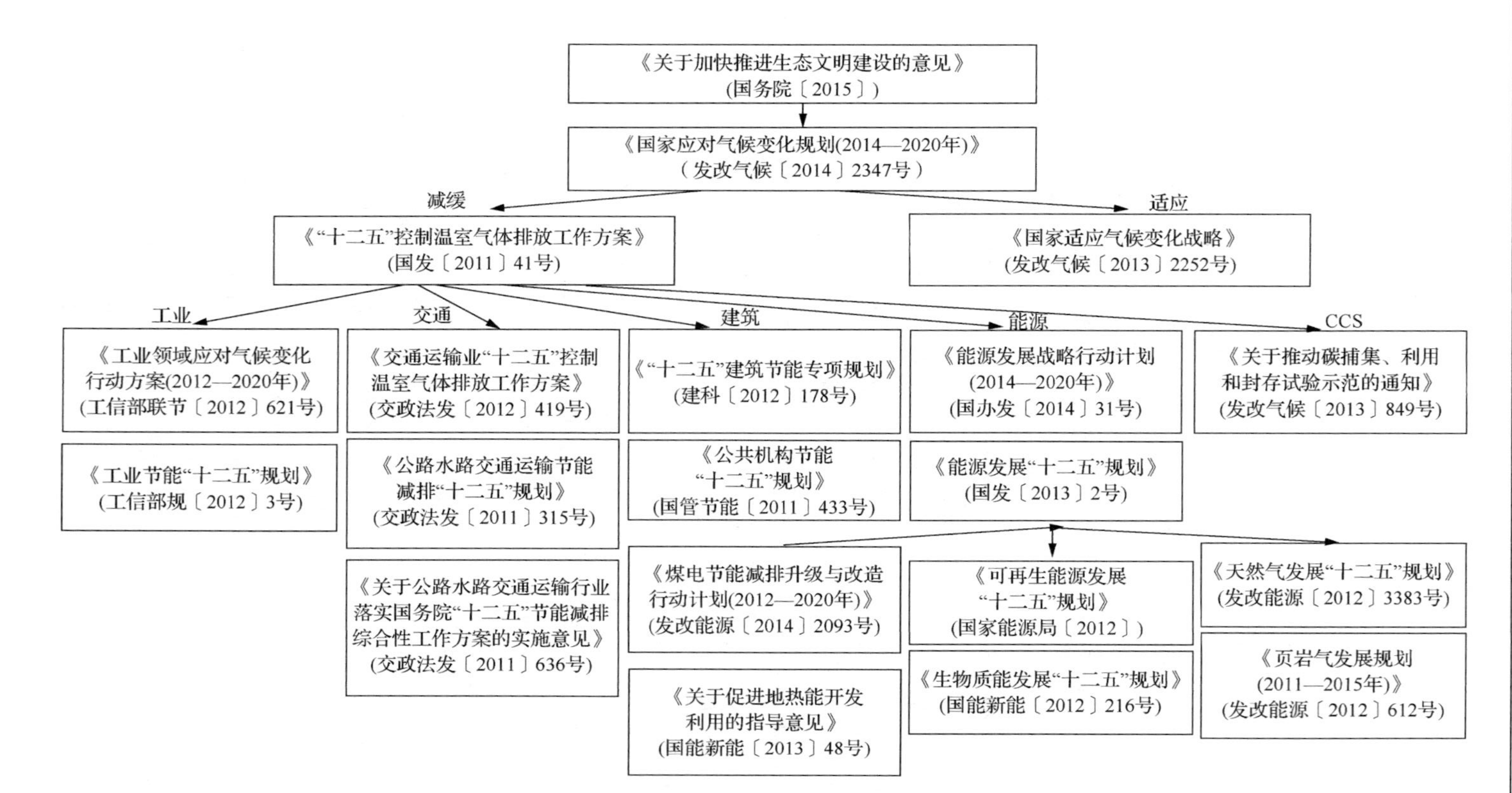


图5-1　我国应对气候变化政策体系

对这些企业进行能源审计。在“万家企业节能行动”中，国家发展和改革委员会发挥主管功能，国家统计局负责跟踪统计企业的能源利用数据，国家质检总局对企业能源计量器具配备情况进行检查，国务院国资委负责考核央企节能业绩，各省节能主管部门负责监督本地区企业的节能进展。

3) 经济激励机制

经济激励机制包括价格工具、税费政策、财政支持性资金等。例如，我国利用价格工具促进高耗能、高碳排放行业的低碳化。2006 年，我国开始对电解铝、铁合金、电石、烧碱、水泥、钢铁、黄磷、锌冶炼 8 个高耗能行业实行差别电价政策。2007 年，国家发展和改革委员会颁布四项政策文件，坚决要求贯彻执行差别电价政策。2010 年，国家发展和改革委员会要求取消国际金融危机爆发后部分地方对高耗能企业的用电价格优惠，继续对以上 8 个高耗能行业实行差别电价政策，并提高差别电价加价标准，对能源消耗超过国家和地方能耗标准的产品实施惩罚性电价。政府通过调整低碳发展相关的税收政策，通过税费引导生产和消费，发展低碳生产和生活方式。目前，政府支持低碳发展采取的税收手段主要包括调节资源税、车辆购置税、消费税、企业所得税、增值税和排污费等。

与低碳相关的财政支持性资金名目繁多，主要的相关激励性资金机制包括城市节能减排财政政策综合示范资金、可再生能源发展相关专项资金、合同能源管理奖励资金、循环经济发展专项资金、节能技术改造财政奖励资金、低碳专项资金、新兴产业发展专项资金、建筑节能补助、交通节能减排专项资金等。例如，为推动十大重点节能工程，国家发展和改革委员会出台《节能技术改造财政奖励资金管理暂行办法》，采取“以奖代补”方式对十大重点节能工程给予支持和奖励，对节能量超过 1 万 tce 的项目，东部地区节能技术改造项目按 200 元/tce 的标准给予奖励，中西部地区按 250 元/tce 的标准给予奖励。

4) 市场机制

碳排放权交易是有效促进低碳发展的市场机制。我国在《国民经济和社会发展“十二五”规划纲要》中首次提出将“逐步建立碳排放交易市场”作为控制温室气体排放的途径之一。《“十二五”控制温室气体排放工作方案》(国发〔2011〕41 号) 中具体提出“开展碳排放权交易试点”，同时提出“制定我国碳排放交易市场建设总体方案”，这预示着我国碳交易政策的启动。我国碳交易政策遵循“先局部试点，再扩大规模”的基本思路。2011 年 10 月，《国家发展改革委办公厅关于开展碳排放权交易试点工作的通知》批准北京、上海等两省五市开展碳排放权交易试点。目前，各试点省市已完成了碳排放权交易的基本制度研究和建立，2013～2014 年先后正式启动碳交易。在各试点经验的基础上，我国加快了全国碳排放权交易市场的建设，并于 2017 年 12 月正式启动全国碳排放交易市场。

5）试点示范

2010 年 7 月 19 日，国家发展和改革委员会发布《国家发展改革委关于开展低碳省区和低碳城市试点工作的通知》（发改气候〔2010〕1587 号），确定首先在广东省、辽宁省、湖北省、陕西省、云南省五省和天津市、重庆市、深圳市、厦门市、杭州市、南昌市、贵阳市、保定市八市开展试点工作；2012 年 11 月 29 日，国家发展和改革委员会发布《国家发展改革委关于开展第二批国家低碳省区和低碳城市试点工作的通知》（发改气候〔2012〕3760 号），确定在北京市、上海市、海南省和石家庄市等 29 个省市开展第二批国家低碳省区和低碳城市试点工作；2017 年 1 月 7 日，国家发展和改革委员会又公布了包括内蒙古自治区乌海市在内的 45 个第三批低碳城市试点名单。至此，总共 6 个省份、81 个城市列入国家低碳试点。通过这样自下而上的试点尝试探索合适的低碳发展模式，可以为我国不同基础、不同特点地区实现低碳发展提供发展模式与实现途径方面的指导和借鉴。

综上所述，可以看到我国在低碳发展政策制度方面同国外其他国家一样，在强制性政策、激励性政策及自愿性政策等方面都制定了相关的政策，如表 5-2 所示，为我国实现低碳、可持续发展提供了政策制度支撑。

**表 5-2　我国低碳发展主要政策制度**

| 低碳政策类型 | 低碳政策 | 案例 |
|---|---|---|
| 强制性政策 | 战略规划 | 《国家“十二五”规划纲要》、《中共中央国务院关于加快推进生态文明建设的意见》（发改气候〔2014〕2347 号）、《国家应对气候变化规划（2014—2020 年）》、《国家适应气候变化战略》、和《“十二五”控制温室气体排放工作方案》（国发〔2011〕41 号），能源、工业、建筑、交通等部门规定了本部门的应对气候变化工作等 |
| | 法律法规 | 《节约能源法》、《清洁生产促进法》、《可再生能源法》、《循环经济促进法》、《森林法》、《草原法》和《中华人民共和国环境保护法》等 |
| | 制度标准 | 《乘用车燃料消耗量限值》、能效标准、建筑节能等强制性标准，行业准入制度等 |
| 激励性政策 | 碳排放税 | 调节资源税、车辆购置税、消费税、企业所得税、增值税和排污费等 |
| | 财政补贴 | 城市节能减排财政政策综合示范资金、可再生能源发展相关专项资金、合同能源管理奖励资金、循环经济发展专项资金、节能技术改造财政奖励资金、低碳专项资金、新兴产业发展专项资金、建筑节能补助、交通节能减排专项资金等 |
| | 碳排放交易 | 北京、上海等两省五市开展碳排放权交易试点 |
| 自愿性政策 | 标签计划 | 清洁生产审核，绿色园区、绿色工厂、绿色产品、绿色供应链认证等 |
| | 自愿协议 | 《强化应对气候变化行动——中国国家自主贡献》 |
| | 低碳消费 | 碳普惠、碳积分、碳披露、碳足迹等 |

## （二）江西省低碳发展政策

### 1. 围绕控温目标，系统推进了低碳工作部署

“十二五”以来，根据国家有关低碳工作的总体安排和江西省“节能优先、

立足国内、绿色低碳、创新驱动”四大战略，江西省紧密围绕控制温室气体排放目标，着力加强低碳工作的系统部署，推动全省有序有效地开展节能降碳工作，为决胜全面建设小康社会、建设富裕美丽幸福江西提供坚实的保障。

1)编制了应对气候变化规划，确定目标举措

自“十二五”以来，江西省为做好应对气候工作，推动江西省绿色低碳发展，促进全省经济发展与人口、资源、环境协调发展，相继出台了《江西省“十二五”应对气候变化规划》和《江西省“十三五”应对气候变化规划》，明确了江西省应对气候变化工作的指导思想和基本原则，确定了江西省减缓气候变化的总体目标，突出了控制温室气体排放和适应气候变化的主要任务，提出了基础能力建设、科技支撑、试点示范工程以及保障措施等重点工作，为江西省开展应对气候变化和促进低碳发展工作做出了系统全面的部署①。

2)制定了控排方案，分解落实具体任务

2012 年，江西省人民政府出台《江西省“十二五”控制温室气体排放实施方案》，2017 年印发了《江西省“十三五”控制温室气体排放工作方案》，明确了江西省“十二五”和“十三五”期间控制温室气体排放的总体要求和主要目标，并把单位 GDP 二氧化碳排放下降目标分解到所辖的 11 个设区市，把重点任务分解到相关部门。控排方案提出了优化产业结构、推进节能降耗和循环经济发展、发展清洁能源、增加碳汇、控制非能源活动温室气体排放、加强高排放产品节约与替代等综合性举措，明确了开展低碳发展试验试点工作、加强统计核算体系建设、探索开展碳排放交易工作、推动全社会低碳行动、加强国际国内合作交流、强化科技与人才支撑等重点任务，并把这些重点举措和重点任务分解到各相关部门，为江西省推进降碳工作做出了科学合理的安排②。

2. 同步推进了节能增效和结构调整，力推能源领域降碳

能源领域是江西省二氧化碳排放的首要领域，也是江西省降碳工作的核心领域。围绕降碳，江西省着重抓好节约能源消费和调整能源结构工作。

1)实行了能源双控，狠抓节能增效

一是强化了能源“双控目标引领”。2012 年，江西省出台了《江西省“十二五”能源发展专项规划》，2017 年又出台了《江西省“十三五”能源发展规划》，明确了江西省能源“双控”的主要目标、主要途径和体制机制建设，强调要鼓励节约用能、限制过度用能，不断提高江西省能源利用效率，并提出要把能源“双

① 江西省发展改革委关于印发江西省“十三五”应对气候变化规划的通知. http://www.jiangxi.gov.cn/art/2017/1/3/art_4984_349626.html。

② 江西省发展改革委关于印发《江西省“十三五”控制温室气体排放工作方案部门分工》的通知. http://www.jiangxi.gov.cn/art/2017/11/21/art_4985_352697.html。

控”目标分解到各地市、各部门和重点行业，根据目标和考核办法，开展对各地市的年度考核。二是强化了工业企业能源节约集约管理。一方面，做好了重点用能企业的节能管理，建立了万家企业的能源利用状况报告、节能目标考核机制，出台了《江西省万家企业节能目标责任考核实施方案》；另一方面，做好了落后产能的淘汰工作，根据工业和信息化部等18个部委《关于印发淘汰落后产能工作考核实施方案的通知》要求，推动了江西省落后产能的有序退出。三是强化了节能政策激励。为鼓励各设区市政府扎实推进节能降耗工作，江西省研究制定了《江西省省级节能专项资金管理暂行办法》，用于支持节能项目建设、推进节能工作。

2）围绕清洁低碳，优化了能源结构

一是严格控制了煤炭消费。制定了《江西省落实大气污染防治行动计划实施细则》，明确制定了煤炭消费总量控制方案，耗煤项目实行煤炭减量替代，力争到2017年，江西省煤炭占能源消费总量比重降低到65%以下，南昌、九江区域实现煤炭消费总量负增长①。二是大力发展非化石能源。为促进江西省可再生能源的开发利用，江西省出台了《江西省“十二五”新能源发展规划》，明确了江西省开发水能、风能、太阳能、生物质能、地热能等非化石能源的扶持政策。

3. 着眼优化提升，控制了交通运输、建筑部门碳排放

交通运输、建筑是二氧化碳排放的主要部门之一，且具有较强的增长刚性。为有效控制交通运输部门和建筑部门的二氧化碳排放，江西省严格标准，着力优化结构，大力推动低碳交通和绿色建筑。

1）着力优化结构，促进交通运输低碳化

一是优化了运力结构，加快老旧车船淘汰。江西省严格执行运输车辆燃料消耗量限值标准制度，限制不符合标准的车辆进入交通运输市场，并加大对黄标等老旧车辆的淘汰力度。二是发展清洁交通，优化了能源消耗结构。江西省积极推广应用新能源汽车，有效提高全省营运车辆天然气气化率。三是优先发展公共交通，推动绿色低碳出行。为加快治理城市拥堵，江西省实施公交优先战略，大力发展城市公共自行车，引导绿色出行。

2）坚持存量整改和增量优化，推动建筑低碳化

一是推进既有建筑节能改造，按照国家关于既有居住建筑节能改造指南，深入推进既有建筑的节能改造。二是严格新建建筑节能标准，制定出台了《江西省发展绿色建筑实施意见》，积极推动绿色建筑试点示范工作。三是加强对公共机构的能耗监管，制定出台了《江西省公共机构节能管理办法》，为开展公共机构节能工作提供了法律依据。

---

① 江西省人民政府关于印发江西省落实大气污染防治行动计划实施细则的通知. http://www.jiangxi.gov.cn/art/2014/1/2/art_4969_213064.html。

4. 坚持统筹整合，创建各具特色的低碳城市试点

能源消耗、二氧化碳排放主要产生在城市，特别是随着城市化进程的推进，城市对二氧化碳排放的影响越来越大。江西省包括南昌市、赣州市、景德镇市、吉安市、抚州市及共青城市 6 个低碳试点城市充分发挥各自优势，统筹整合各类政策资源，形成了各具特色的发展模式和路径，为其他城市的低碳发展提供了不同的经验借鉴。

5. 着力工作基础，建设基础制度体系

扎实的统计考核制度是有效开展降碳工作的前提基础。“十二五”以来，江西省建立健全了低碳统计考核制度体系，着力夯实工作基础。

1) 逐步建立了温室气体统计体系

一是建立统计制度。2014 年由江西省发展和改革委员会、江西省统计局联合主办的“江西省应对气候变化统计核算体系建设工作座谈会暨课题启动会”在南昌市召开，江西省发展和改革委员会应对气候变化处、江西省统计局能源处负责人就江西省应对气候变化统计核算体系建设工作提出了意见，要求各设区市发展和改革委员会、统计局及省直有关部门要完善温室气体排放基础统计和核算工作，建立健全应对气候变化统计管理制度，进一步明确工作责任，落实资金保障，强化能力建设。二是有序推进省市县三级温室气体清单编制。江西省发展和改革委员会应对气候变化处根据《国家发改委办公厅关于开展下一阶段省级温室气体清单编制工作的通知》要求，全面启动了省级、地市级温室气体清单编制工作。

2) 建立企业碳排放报告制度

为摸清二氧化碳排放主体的基本情况，江西省根据《国家发展和改革委员会办公厅关于切实做好全国碳排放权交易市场启动重点工作的通知》的有关要求，出台《江西省落实全国碳排放权交易市场建设工作实施方案》，逐步开展了重点单位企业碳排放报告工作，江西省发展和改革委员会会同江西省统计局、江西省工业和信息化厅、江西省科学院等部门研究确定了省内石化、化工、建材、钢铁、有色金属、造纸、电力、航空八大行业 2013～2015 年中任意一年综合能源消费总量达到 1 万 tce 及以上的企业法人单位或独立核算企业单位[①]，经初步筛选整理后，向国家发展和改革委员会报送我省拟纳入全国碳排放权交易的企业名单。

3) 建立面向各设区市的考核评价制度

为贯彻落实国家发展和改革委员会关于对所辖地市进行碳强度目标分解和考核的要求，加快推进江西省委省政府关于建立设区市碳排放强度下降目标责任考核的生态文明体制改革重点任务，2014 年江西省发展和改革委员会正式印发《江

---

① 江西省落实全国碳排放权交易市场建设工作实施方案. http://www.tanpaifang.com/zhengcefagui/2016/072955075.html。

西省设区市单位地区生产总值二氧化碳排放降低目标责任评价考核办法》，对各设区市降碳工作进行考核评估。

综上，为贯彻落实国家应对气候变化和低碳发展工作安排，以及江西省制定的发展战略，江西省紧扣碳排放总量控制和能源消费总量控制的总体目标，在低碳政策制度方面开展了富有成效的工作，为江西省低碳转型发展提供了保障。

## 三、南昌市低碳发展政策

为实现国家低碳试点城市提出的目标，南昌市委、市政府立足于发展现状，从立法到财税激励政策，在产业发展、能源利用、工业节能、绿色建筑、低碳交通、生态环境、土地利用、资金保障等方面出台了相关的政策、规划、制度以推动南昌市低碳转型，为经济社会发展保驾护航。

### （一）产业发展政策

为推动南昌市产业结构向低碳化转型，2011年，《南昌市国民经济和社会发展第十二个五年规划纲要》经南昌市第十三届人民代表大会第六次会议批准实施。《南昌市国民经济和社会发展第十二个五年规划纲要》中提出南昌市要“积极构建现代产业体系”，按照建设融入世界跨越式发展的产业强市目标方向，把构建“南昌制造”、“南昌服务”、“南昌创造”和“南昌品牌”融合发展的现代产业体系摆在“十二五”发展的显著位置。继续大抓工业，抓大工业，着力突破服务业，不断加强现代农业，超常规发展战略性支柱产业和战略性新兴产业，全面增强南昌市可持续崛起能力和综合竞争力”，要“突出装备制造，提高‘南昌制造’的行业竞争能力”，“加快提升装备制造业份额，把南昌市先进制造业基地建设推向深入。2015年，装备制造业增加值76，占规模以上工业增加值比重提高20个百分点，达到50%以上”。同时，南昌市要“突出现代服务，提高‘南昌服务’的区域领先能力”，“迅速跟进‘南昌制造’打开的服务需求市场，迅速抢占中心城市现代服务业竞争平台，迅速提高服务业在全市发展中的战略地位和经济总量中的比重。依托一批服务业集聚功能区建设，重点发展服务外包、总部经济和楼宇经济、商务会展、金融、物流、文化创意、职业教育、信息和科技服务、旅游休闲、生命健康等现代服务业，推动全市产业结构加快升级”，“争取2015年有100家全球500强和国内主板上市公司在南昌市设立各类总部”。此外，南昌市要“牢牢把握南昌市培育发展战略性支柱产业的历史性机遇和诸多有利条件，集中精力、汇聚资源、敢为人先地促进战略性支柱产业加快发展、迎头赶上，成为推动南昌市经济社会发展上台阶、谋跨越的主要战略力量。通过建设在国内外有一定影响的南昌光伏产业园、LED产业园、动力城、汽车城、航空城、服务外包基地、生物医药基地等‘两园三城两基地’，着力培育汽车及零部件制造业、光伏光电产业、航空及零部件制造业、服务外包、生物和新医药五大产业率先成为千亿产业。”

随后，南昌市人民政府第九次常务会议研究通过《关于加快发展休闲农业与乡村旅游、森林旅游的意见》(洪府发〔2011〕29 号)，明确南昌市要“加快构建休闲农业与乡村旅游、森林旅游产业体系，使休闲农业与乡村旅游、森林旅游真正成为农村经济新的增长点、城市居民休闲消费新的兴奋点、旅游产业发展新的亮丽点，为南昌市绿色崛起和旅游产业大市建设做出积极贡献”，提出南昌市要“通过五年时间，完善休闲农业与乡村旅游、森林旅游基础设施和配套服务设施，建设一批示范景区，培育一批精品目的地，打造一批精品线路，培养一批高素质从业人员，开发一批有地方特色的绿色旅游商品，全面提升南昌市休闲农业与乡村旅游、森林旅游发展水平。力争到 2015 年，全市建成 2 个省级以上休闲农业与乡村旅游示范县(区)，10 个省级以上休闲农业与乡村旅游示范点，10 个 AAA 级以上乡村旅游景区(点)，10 个森林公园(总经营面积达 5 万 $hm^2$)，15 个三星级以上休闲农业与乡村旅游星级企业(园区)，100 个旅游特色村(镇)，1000 个星级农家旅馆(农家乐)，实现乡村旅游年接待人数 1000 万人次，总收入 30 亿元，直接就业 10 万人，间接就业 50 万人。”

2011 年 11 月，《南昌市国家低碳城市试点工作实施方案》印发，明确提出南昌市要“调整产业结构，转变经济发展方式”，“提高国民经济中服务业比重，大力发展生产性服务业，提高金融业、现代物流业、商务服务业、文化旅游业等在服务业中的比重，提升服务业层次与水平；促进第二产业优化升级，积极引导第二产业向集约型、技术密集型、环境友好型转变，加快传统工业改造提升，发展高新技术产业和现代装备制造业，发展绿色建筑业；打造以现代农业为主体的第一产业。争取到 2020 年，服务业占地区生产总值比重达到 48%～50%，高新技术产业占全市规模以上工业增加值比重达到 45%以上”，“优先发展太阳能光伏、绿色照明、服务外包、文化旅游四大产业，重点发展新能源汽车、现代物流业、航空制造、新能源设备、生物与新医药、新材料等六大产业，构建以低碳排放为特征的新兴产业体系”。

2012 年，以南昌市人民政府名义发布《南昌市低碳城市发展规划(2011—2020 年)》，规划中明确表示，未来 5 到 10 年，南昌市要坚持把产业转型升级作为低碳化经济转型的战略重点，加快转型升级，努力形成以新兴产业为先导、现代服务业为主体，大力推动三次产业的低碳化改造，提高产业的竞争力。优先发展太阳能光伏、绿色照明、服务外包、文化旅游四大低碳优势产业，重点发展新能源汽车、现代物流业、航空制造、新能源设备、生物与新医药、新材料六大低碳新兴产业的同时，降低黑色金属冶炼和压延加工业、化学原料及化学制品制造业、非金属矿制品业和造纸及纸制品业四大高碳行业和十大重点耗能企业的二氧化碳排放，构建以低碳排放为特征的产业体系。

之后，南昌市相继编制和出台了《南昌打造核心增长极三年行动计划（2013—2015）大纲》（洪府发〔2013〕15号）、《南昌市支持LED产业的若干政策措施》（洪府厅发〔2013〕72号）、《南昌市2013—2025年物流业发展规划》、《关于进一步促进南昌市现代物流业健康快速发展的实施意见》（洪府厅发〔2014〕132号）、《南昌市人民政府关于加快流通产业发展的实施意见》（洪府发〔2014〕21号）、《南昌市人民政府关于加快电子商务产业发展的实施意见》（洪府发〔2015〕23号）、《南昌市人民政府关于进一步加快服务外包产业发展的实施意见》（洪府发〔2015〕22号）、《关于加快南昌旅游强市建设若干措施的通知》（洪府发〔2015〕24号）、《关于促进LED产业发展的若干政策措施》（洪府发〔2016〕8号）、《关于支持生物医药产业发展的若干政策措施》（洪府发〔2016〕20号）、《南昌市低碳发展促进条例》、《南昌市级高新技术企业扶持办法（暂行）》（洪府发〔2017〕20号）和《南昌市"十三五"都市现代农业发展规划》等一系列促进低碳发展的有关文件，以全面推动南昌市实现传统产业低碳化、低碳产业支柱化。

进入"十三五"以来，南昌市始终坚持产业低碳化发展，在《南昌市国民经济和社会发展第十三个五年（2016—2020）规划纲要》中提出南昌市要"坚持'三二一'三次产业结构导向，将产业实力主要建立在先进制造业和现代服务业上"，明确"先进制造业重在坚持低碳和开放取向，坚持振兴做强定力，坚持跨越升级指向，坚持'抓点、连线、扩面、健体'路径，努力促进若干产业蛙跳式发展，建设世界级的LED产业集群和国家级的航空制造、电子信息、生物医药产业集群，深入打造汽车制造、轻纺工业、机电制造和战略性新兴产业共同发力的全国有影响的先进制造业基地"，"把服务业作为全市经济转型升级的支柱性产业和全面建成小康社会的支撑性产业，围绕区域性金融、物流、创意、消费、营运五大中心建设，实现服务业创新发展、突围发展，特别是加快发展现代服务业，构建高效率生产性服务业、高质量生活性服务业以及均等化的基本公共服务三大服务业体系"，"建设国家大健康产业发展基地、国家大数据产业发展基地和国内重要、国际知名的旅游目的地城市。大力发展都市现代农业，努力将南昌市打造成为全省农业先进要素聚集区、现代农业发展样板区和农业农村综合改革试验区"。同时，《南昌市国民经济和社会发展第十三个五年（2016—2020）规划纲要》中还明确提出未来5年南昌市产业结构调整的目标为"三次产业结构由2015年的4.3∶54.5∶41.2调整为2020年的3.5∶49.0∶47.5，其中工业占比由2015年的40%调整为2020年的36.7%"。

《南昌工业四年倍增行动计划（2017—2020年）》中也明确南昌市要"举全市之力决战工业，用四年（2017～2020年）时间"，"通过明产业方向、优产业布局、晰产业链条、转招商方式、招领袖企业、定产业政策、搭产业平台、筹产业基金、揽产业人才等有力举措，全面推动工业经济跨越发展"，确保实现

“产业发展层次提升，推动产业迈向中高端，到 2020 年，力争战略性新兴支柱产业主营业务收入占全市工业的比重超过 40%”[①]。南昌市低碳产业结构主要政策文件见表 5-3。

**表 5-3 南昌市低碳产业结构主要政策文件**

| 序号 | 政策类型 | 政策文件名称 | 文号 | 出台时间 | 政策文件主要内容 |
| --- | --- | --- | --- | --- | --- |
| 1 | 强制性政策 | 南昌市国民经济和社会发展第十二个五年规划纲要 | 市人大审议通过 | 2011 年 | 按照建设融入世界跨越式发展的产业强市目标方向，把构建“南昌制造”、“南昌服务”、“南昌创造”和“南昌品牌”融合发展的现代产业体系摆在“十二五”发展的显著位置。继续大抓工业，抓大工业，着力突破服务业，不断加强现代农业，超常规发展战略性支柱产业和战略性新兴产业，全面增强南昌市可持续崛起能力和综合竞争力 |
| 2 | 强制性政策 | 关于加快发展休闲农业与乡村旅游、森林旅游的意见 | 洪府发〔2011〕29 号 | 2011 年 | 完善休闲农业与乡村旅游、森林旅游基础设施和配套服务设施，建设一批示范景区，培育一批精品目的地，打造一批精品线路，培养一批高素质从业人员，开发一批有地方特色的绿色旅游商品，全面提升南昌市休闲农业与乡村旅游、森林旅游发展水平 |
| 3 | 强制性政策 | 南昌市国家低碳城市试点工作实施方案 | 洪府发〔2011〕40 号 | 2011 年 | 提高国民经济中服务业比重，大力发展生产性服务业，提高金融业、现代物流业、商务服务业、文化旅游业等在服务业中的比重，提升服务业层次与水平；促进第二产业优化升级，积极引导第二产业向集约型、技术密集型、环境友好型转变，加快传统工业改造提升，发展高新技术产业和现代装备制造业，发展绿色建筑业；打造以现代农业为主体的第一产业。优先发展太阳能光伏、绿色照明、服务外包、文化旅游四大产业，重点发展新能源汽车、现代物流业、航空制造、新能源设备、生物与新医药、新材料等六大产业，构建以低碳排放为特征的新兴产业体系 |
| 4 | 强制性政策 | 南昌低碳城市发展规划（2011—2020 年） | 市政府发布 | 2012 年 | 加快产业转型升级，努力形成以新兴产业为先导、现代服务业为主体，大力推动三次产业的低碳化改造，提高产业的竞争力。优先发展太阳能光伏、绿色照明、服务外包、文化旅游等四大低碳优势产业，重点发展新能源汽车、现代物流业、航空制造、新能源设备、生物与新医药、新材料等六大低碳新兴产业，构建以低碳排放为特征的产业体系 |
| 5 | 强制性政策 | 南昌打造核心增长极三年行动计划（2013—2015）大纲 | 洪府发〔2013〕15 号 | 2013 年 | 找准扩大总量与转型升级的结合点，致力存量促提升、增量优结构，把经济增长转到以现代农业为基础、先进制造业和战略性新兴产业为支撑、现代服务业为突破口的发展轨道上来，加大科技进步，提升产业规模和层次，实现又好又快发展 |

① 南昌工业四年倍增行动计划（2017—2020 年）. https://wenku.baidu.com/view/56d1d35e51e2524de518964bcf84b9d529ea2c02.html。

续表

| 序号 | 政策类型 | 政策文件名称 | 文号 | 出台时间 | 政策文件主要内容 |
|---|---|---|---|---|---|
| 6 | 强制性政策 | 南昌市支持LED产业的若干政策措施 | 洪府厅发〔2013〕72号 | 2013年 | 加快南昌市LED产业突破性发展，成为江西LED产业发展的样板，推动江西LED产业整体发展，成为江西省节能改造的主动力。以南昌市LED产业集群为中心，应用推广覆盖周边省份，打造LED研发、设计、生产和销售集聚中心。通过和国际企业合作，建立LED产品主要出口基地之一。快速做大南昌市LED产业，成为南昌新兴产业的标杆 |
| 7 | 强制性政策 | 南昌市2013—2025年物流业发展规划 | 市政府发布 | 2014年 | 通过推动物流业的转型升级、改革创新，构建以国际圈层、区域圈层和城市圈层，以商贸物流、制造业物流和电子商务物流，以第三方物流、冷链物流、低碳物流、逆向物流和供应链金融为主体的“三大圈层、三大专业领域、五大业态”的物流产业体系 |
| 8 | 强制性政策 | 关于进一步促进南昌市现代物流业健康快速发展的实施意见 | 洪府厅发〔2014〕132号 | 2014年 | 坚持以市场为导向，以企业为主体，以支撑产业发展为核心，以降低物流成本和提高物流效率为目标，优化物流空间布局，加快整合物流资源，培育壮大物流企业，促进长江中游城市群物流战略合作，逐步建立布局优化、技术先进、结构完善、功能齐全的现代物流体系，将现代物流业培育成为南昌市经济支柱产业 |
| 9 | 强制性政策 | 南昌市人民政府关于加快流通产业发展的实施意见 | 洪府发〔2014〕21号 | 2014年 | 围绕鄱阳湖生态经济区建设和打造全省发展核心增长极的战略目标，按照“二三并举”和“双轮驱动”的发展要求，大力实施服务业三年强攻计划，全面促进流通产业区域合作，强力推进流通产业大投入、大建设、大发展，不断发挥流通产业国民经济基础性和先导性产业的作用 |
| 10 | 强制性政策 | 南昌市人民政府关于加快电子商务产业发展的实施意见 | 洪府发〔2015〕23号 | 2015年 | 坚持政府引导、统筹规划、突出重点、注重实效的方针，以深化改革为强大动力，以调整结构为主攻方向，以改善民生为根本目的，大力实施“互联网+”行动计划，着力引进和培育电子商务巨头，推广电子商务应用，营造电子商务发展的良好环境，走出一条既符合电子商务发展规律，又具有南昌特色的创新发展道路 |
| 11 | 强制性政策 | 南昌市人民政府关于进一步加快服务外包产业发展的实施意见 | 洪府发〔2015〕22号 | 2015年 | 坚持改革创新，面向全球市场，加快发展高技术、高附加值服务外包产业，促进大众创业、万众创新，推动从主要依靠低成本竞争向更多以智力投入取胜转变，推进结构调整，形成产业升级新支撑、外贸增长新亮点、现代服务业发展新引擎和扩大就业新渠道 |
| 12 | 强制性政策 | 关于加快南昌旅游强市建设若干措施的通知 | 洪府发〔2015〕24号 | 2015年 | 强化旅游规划引导，推进旅游重大项目建设改造，加大引进重大旅游建设项目的支持力度，积极开展旅游品牌创建，提升南昌旅游形象。加大南昌旅游宣传推广，打造旅游演艺产品，鼓励开发特色旅游商品，完善南昌市旅游交通指示标识体系，打造南昌旅游综合服务中心。加快推进“智慧旅游”建设，加快南昌市旅游强市建设步伐，实现将南昌建成“全省旅游核心集散地和旅游名城”目标 |

续表

| 序号 | 政策类型 | 政策文件名称 | 文号 | 出台时间 | 政策文件主要内容 |
| --- | --- | --- | --- | --- | --- |
| 13 | 强制性政策 | 关于促进LED产业发展的若干政策措施 | 洪府发〔2016〕8号 | 2016年 | 作为国家半导体照明工程产业化基地、国家“十城万盏”半导体照明应用工程试点城市，为顺应当前LED产业发展潮流，进一步完善产业链条，做大产业规模，形成产业集聚，打造“南昌光谷”，力争到2020年实现产业规模500亿元的目标 |
| 14 | 强制性政策 | 关于支持生物医药产业发展的若干政策措施 | 洪府发〔2016〕20号 | 2016年 | 为充分发挥南昌市生物医药产业特别是中成药的优势，抢抓机遇，推动生物医药产业向高端化、智能化、生态化转型升级，实现生物医药产业千亿目标 |
| 15 | 强制性政策 | 南昌市低碳发展促进条例 | 市人大审议通过，省人大批准 | 2016年 | 为加强对温室气体排放的控制和管理，促进经济社会向低碳发展模式转变，保护生态环境，根据有关法律、法规的规定，结合南昌市实际，制定本条例 |
| 16 | 强制性政策 | 南昌市国民经济和社会发展第十三个五年（2016—2020）规划纲要 | 市人大审议通过 | 2016年 | 以大规模、深尺度、高水平、更富有成效的开放，推动建设面向市场、面向国际、面向未来，适应新常态、引领新常态的高新、高端产业体系，努力构建世界级的产业集群，实现产业竞争力明显提升和发展质量明显提高，加快实现产业现代化目标。现代产业新体系建设必须与工业文明、城市文明和生态文明高度契合，充分体现南昌发展阶段性和地域特色，使产业实力与省会中心城市地位匹配 |
| 17 | 强制性政策 | 南昌市级高新技术企业扶持办法（暂行） | 洪府发〔2017〕20号 | 2017年 | 为支持南昌市高新技术产业发展，参照国家扶持高新技术企业发展的相关政策，激励南昌市科技型企业成为国家高新技术企业。根据《中华人民共和国科学技术进步法》和中共南昌市委、南昌市人民政府《关于大力促进实体经济发展的若干措施》，以及《南昌市构建开放型经济新体制综合试点试验实施方案》要求，特制定本办法 |
| 18 | 强制性政策 | 南昌工业四年倍增行动计划（2017—2020年） | 市政府发布 | 2017年 | 以发展新经济、培育新动能为着力点，推动产业链、人才链、政策链、资金链、平台链深度融合，加快壮大战略性新兴产业，促进传统产业转型升级，通过四年努力，实施一批重大项目，培育一批骨干企业，做大一批产业集群，实现南昌工业总量扩张、结构优化、方式转变、效益提升，全面迈向中高端，为南昌经济大发展提供强力支撑 |
| 19 | 强制性政策 | 南昌市“十三五”都市现代农业发展规划 | 市政府发布 | 2017年 | 以农业产业结构调整和转型升级为主线，以农民增收为目标落脚点，努力把南昌市建设成为全国知名的绿色有机农产品供应基地，基本形成产业特色明显、优质高效和持续增长的都市现代农业框架，走出一条产出高效、产品安全、资源节约、环境友好的现代农业强市建设之路，在全省率先实现农业现代化，率先实现全面小康 |

从南昌市在产业发展政策方面的实施效果来看，南昌市产业结构调整速度缓慢，缺乏硬性调整目标和措施，定性目标政策多于定量目标政策，在社会整体发

展规划和工业规划中以定性目标为主，政策执行也有很大压力，处于鼓励产业发展期，只要对经济发展有利的，都会积极引进，对产业结构、产业政策的响应较弱。

(1)产业结构调整。自“十一五”以来，南昌市一直致力于产业结构的调整工作，三产结构比例由2006年的6.5∶54.3∶39.2逐步调整为2016年的4.2∶53.0∶42.8。近些年南昌市第三产业逐步增长，第一产业和第二产业比例缓慢下降，但第二产业仍然占据主导地位，最明显的效果是产业结构有所调整，但调整速度相对缓慢。

(2)传统产业优化升级。在节能考核和碳排放考核的压力下，传统工业的能耗强度和碳排放强度均出现了下降，实施效果较好。但也应该清楚地认识到，目标本身的设置并不高，实现也不难，产业转型升级只是定性的目标，针对传统产业并没有实际的考核指标，政府节能考核也是针对全社会能耗，传统产业仍然是南昌市的支柱产业，因此，南昌市的传统产业转型需要目标更加明确的定量指标。

(3)扶植新兴产业和服务业。相对传统产业的转型升级，南昌市在扶植新兴产业和服务业的力度明显更大。目前，南昌市现代服务业蓬勃兴起，服务经济大踏步发展，对经济增长、地方税收和就业的贡献率提高到2015年的48.4%、75%和43%，对南昌市区域性经济中心城市的地位给予了最有力的支撑。但从数据上看，2015年南昌市战略性新兴产业占GDP比重仅为4.72%，距离国家2015年8%的标准还有一段距离，距离2020年15%的标准相差甚远。三产在过去十年的年均增长量仅有 0.33%。相对于政策制定的力度，政策实施效果显得非常一般，应该是与新兴产业发展基础薄弱，以及产业发展培育周期较长等因素有关，新兴产业的政策扶植效果，在未来较长的时间内才能显现出来。

(4)特色产业培育。这些分布在各行业的特色产业在近几年蓬勃发展，一方面强化了南昌市的产业特色，另一方面取得了较好的政策实施效果。导致这个结果的主要原因在于南昌市在物流业、电子商务、服务外包、特色农林业和旅游等方面制定了针对性的政策，在特色行业做出了积极的政策导向，同时也更为明确地设立了发展目标和支持政策。

可以看到，在产业发展方面南昌市已逐步形成了较为完整的政策体系来引领南昌市产业实现绿色、低碳和可持续发展，也取得了一定的成效，但是还存在一些问题，有待后续进一步改善。

### (二)能源利用政策

在能源利用低碳化方面，2011年，《南昌市国家低碳城市试点工作实施方案》中明确提出南昌市要“优化能源结构，提高低碳能源比重”，“推广可再生能源”，“大力推广太阳能光热利用，在城区推广普及太阳能一体化建筑、太阳能集中供热水工程，在农村和小城镇推广户用太阳能热水器。到 2015 年，太阳能热水器总集热面积达到 60 万 $m^2$，2020 年达到 120 万 $m^2$。发展太阳能光伏发电，在城市建筑物和公共设施尽可能多地建设与建筑物一体化的屋顶太阳能并网光伏发电设施，支持鼓励有实力的企业建设小型光伏电站，作为企业办公用电的补充电源。在道路、公园、车站等公共设施照明中推广使用光伏电源和风光互补路灯照明，建设一批新能源照明示范项目，扩大城市光伏发电的利用规模。建设厚田 10MW 薄膜太阳能并网示范电站。到 2020 年，建成 100 个屋顶光伏发电项目，太阳能光伏发电规模达到 100MW”；“积极推进浅层地热能的开发利用，推广满足环境保护和水资源保护要求的地源热泵技术，充分利用地表水、地下水、土壤等地热能。到 2015 年，浅层地热能应用面积达到 200 万 $m^2$，到 2020 年达到 550 万 $m^2$”；“积极推广固化成型、沼气利用、垃圾焚烧发电、秸秆气化、生物柴油等方式的生物质能利用，逐步改变农村燃料结构，改善农村生活环境。到 2015 年规模化养殖场大中型沼气工程总数达到 140 处，2020 年达到 180 处；全市农村户用沼气总数达到 6 万户，2020 年达到 8 万户。加快推进泉岭垃圾焚烧发电厂、麦园沼气发电厂二期的建设，到 2015 年实现生物质能发电量达 6 亿 kW·h”；“积极引入核电替代煤电，2016 年江西彭泽核电 4×125MW 项目建成后，到 2020 年实现核电占全市电力消费比重达到 29%，实现电力结构优化”；“不断拓宽天然气应用领域，从传统的城市燃气逐步拓展到天然气厂、化工、燃气空调以及分布式功能系统等领域，到 2020 年天然气供应量达到 8 亿 $m^3$”。

2013 年南昌市人民政府印发的《南昌打造核心增长极三年行动计划(2013—2015)大纲》中明确南昌市要“统筹利用市内外资源，增强能源供应能力，加快能源结构调整，构筑清洁高效、保障有力、安全可靠的多元化现代能源体系”，“加快推进 100 万伏特高压输变电工程建设”，“开展智能电网改造工程”，“结合江西省大型炼化项目，进一步完善南昌市成品油管网和加油站布局”，“鼓励扩大城市光伏发电利用规模”，“加快推进浅层地热能的开发利用，积极推广生物质能利用”，“适应低碳城市发展要求，积极开发利用新能源，加快推进 20MW 太阳能光伏电站和军山湖风力发电项目”，“加快推进油气管网建设，扩大覆盖面”。

2016 年实施的《南昌市国民经济和社会发展第十三个五年(2016—2020)规划纲要》中明确提出“十三五”期间南昌市要“积极引入市外清洁能源，谋划建设电力、天然气等新通道和储备设施。科学开发市内能源，突出发展清洁能源和非化石能源，积极发展分布式能源，统筹完善电力、燃气、热力、油品等供应网络，构建智能互动、绿色低碳的能源互联网”，“加快城镇天然气管网、液化天然气(压缩天然气)站等设施建设，因地制宜发展大中型沼气、生物质燃气”，“2020 年供气规模(天然气)为 11 亿 $m^3/a$，在南昌县岗上设置 1 座 30 万 $m^3/h$ 天然气接收门站，增设 3 座高、中压调压站；中心城新建约 500 座燃气调压站，新建高、中压燃气管网 800km”。

此外,《南昌大都市区规划(2015—2030)》中明确南昌市要“完善都市区电源建设，规划新建彭泽核电(4×125 万 kW)电源和引入鄱阳湖区域的风能，规划扩建新昌电厂和黄金埠电厂，积极与抚州电厂对接。加强与华中电网的联系，逐步建成 1000kV 电网，加密 500kV 高压电网，预留 4 条特高压电网走廊，形成环绕都市区核心区的 500kV 环网结构；提高天然气等清洁能源在城市能源供给网络中的使用比例，优化区域能源结构，都市区燃气管网要与江西省天然气管网顺利对接，利用现有的燃气输气干管，逐步接入到都市区各个地区”[①]。

为了贯彻落实上述方案和规划,南昌市又针对性地出台了一系列的相关文件，如《关于鼓励促进南昌市光伏发电应用工作的实施意见》(洪府厅发〔2014〕94 号)、《南昌市光伏扶贫工程实施方案》(洪府厅发〔2015〕126 号)[②]、《南昌市千家屋顶光伏发电示范工程实施方案(试行)》(洪府发〔2015〕30 号)和《南昌市城市燃气专项规划(2015—2030)》(洪府厅发〔2017〕13 号)等，以确保南昌市能源利用朝着清洁化、低碳化、节约化发展。南昌市低碳能源体系主要政策文件如表 5-4 所示。

**表 5-4　南昌市低碳能源体系主要政策文件汇总**

| 序号 | 政策类型 | 政策文件名称 | 文号 | 出台时间 | 政策文件主要内容 |
|---|---|---|---|---|---|
| 1 | 强制性政策 | 南昌市国家低碳城市试点工作实施方案 | 洪府发〔2011〕40 号 | 2011 年 | 大力推广太阳能光热利用，发展太阳能光伏发电，在道路、公园、车站等公共设施照明中推广使用光伏电源和风光互补路灯照明；积极推进浅层地热能的开发利用，推广满足环境保护和水资源保护要求的地源热泵技术；积极推广固化成型、沼气利用、垃圾焚烧发电、秸秆气化、生物柴油等方式的生物质能利用，逐步改变农村燃料结构，改善农村生活环境；积极引入核电替代煤电；从传统的城市燃气逐步拓展到天然气厂、化工、燃气空调以及分布式功能系统等领域 |
| 2 | 强制性政策 | 南昌打造核心增长极三年行动计划(2013—2015)大纲 | 洪府发〔2013〕15 号 | 2013 年 | 统筹利用市内外资源，增强能源供应能力，加快能源结构调整，构筑清洁高效、保障有力、安全可靠的多元化现代能源体系 |
| 3 | 强制性政策 | 关于鼓励促进南昌市光伏发电应用工作的实施意见 | 洪府厅发〔2014〕94 号 | 2014 年 | 优化南昌市能源结构，充分利用可再生能源，推进新能源产业健康发展，根据《江西省人民政府办公厅关于印发加快推进全省光伏发电应用工作方案的通知》精神要求，结合南昌市实际，鼓励支持光伏应用、促进光伏产业健康发展 |

① 南昌大都市区规划公示版(2015—2030). https://wenku.baidu.com/view/40abaa7b9a89680203d8ce2f0066f5335a81679e.html。

② 南昌市人民政府办公厅关于印发南昌市光伏扶贫工程实施方案的通知. http://www.nc.gov.cn/ncszf/szfbgtwj/201806/5511d7a38fc54ecd9e10c24eab895040.shtml。

续表

| 序号 | 政策类型 | 政策文件名称 | 文号 | 出台时间 | 政策文件主要内容 |
| --- | --- | --- | --- | --- | --- |
| 4 | 强制性政策 | 南昌市光伏扶贫工程实施方案 | 洪府厅发〔2015〕126号 | 2015年 | 通过实施光伏扶贫工程，充分利用农村贫困户的屋顶资源，建设家庭分布式光伏发电站，着力开拓扶贫村和贫困户增收渠道，探索一条光伏扶贫的新路子，提升扶贫村和贫困户的自我发展能力，为全市加快实现脱贫目标做贡献 |
| 5 | 强制性政策 | 南昌市千家屋顶光伏发电示范工程实施方案（试行） | 洪府发〔2015〕30号 | 2015年 | 为延续全省万家屋顶光伏发电示范工程形成的良好发展环境，在全市范围内选择有条件的民居屋顶，继续开展建设户用光伏发电示范工程。力争3年内建设1000户，每户不超过5kW，力争完成总量5MW的居民屋顶光伏示范工程。通过示范工程的实施，激发社会特别是城乡居民投资光伏发电工程的积极性，促进光伏产业的健康发展 |
| 6 | 强制性政策 | 南昌市国民经济和社会发展第十三个五年（2016—2020）规划纲要 | 市人大审议通过 | 2016年 | 积极引入市外清洁能源，谋划建设电力、天然气等新通道和储备设施。科学开发市内能源，突出发展清洁能源和非化石能源，积极发展分布式能源，统筹完善电力、燃气、热力、油品等供应网络，构建智能互动、绿色低碳的能源互联网 |
| 7 | 强制性政策 | 南昌大都市区规划（2015—2030） | 市政府发布 | 2016年 | 完善都市区电源建设，规划新建彭泽核电（4×125万kW）电源和引入鄱阳湖区域的风能，规划扩建新昌电厂和黄金埠电厂，积极与抚州电厂对接。加强与华中电网的联系；提高天然气等清洁能源在城市能源供给网络中的使用比例，优化区域能源结构 |
| 8 | 强制性政策 | 南昌市城市燃气专项规划（2015—2030） | 洪府厅发〔2017〕13号 | 2017年 | 加快天然气推广使用，以提高天然气在一次能源消费结构中的比重为发展目标，构建安全可靠、保障有力、运行高效、协调发展的现代天然气产业体系，促进天然气行业健康有序快速发展 |

随着低碳能源体系相关政策的出台和实施，南昌市能源结构调整效果显著。但是，目前南昌市还是没有摆脱以煤炭为主、天然气比例偏低的传统消费结构，石油的使用处于自然增长状态，新能源和可再生能源有较多的鼓励性政策，有明显的偏重（偏重太阳能利用），作为清洁能源的天然气有较多的专项政策和规划，消费占比却一直偏低。总体来说，能源结构调整政策效果显著且还有较大政策潜力，新能源和可再生能源方面政策较多，目标宽泛，政策效果一般。能源结构调整政策只在综合性的规划和政策上定性体现，缺乏煤炭消费的硬性调整目标和措施，天然气在政策设计中受到重视，有单项规划及详细措施，但在天然气价格和管网建设优化等关键问题上缺乏有效应对政策。

（1）能源结构。煤炭、石油、天然气的比例由2010年的73.1∶25.4∶1.5调整为2015年的67.8∶27.5∶4.7，以“十二五”南昌市能源消费结构调整来说，煤炭消费比例下降了5.3个百分点，天然气增长了3.2个百分点，就煤炭和天然气单个目标的下降幅度，政策的实施效果很明显，在绝对目标上，煤炭依然是最大比例，天然气占比与其他省会城市相比低了很多。

(2)新能源和可再生能源的开发利用。南昌市在太阳能的利用方面较为出色，至2015年，“千家屋顶光伏示范工程”首批249户已完工并网，并网量1545kW，2017年可并网用户达到1000户。而风能、地热能和生物质能的发展相对缓慢，并没有达到政策或规划的预期效果。整体来说，可再生能源在南昌市能源消费的占比还比较低，在绿色低碳转型中发挥的作用有待加强。

(3)天然气等清洁能源应用。在“十一五”和“十二五”的十年间，南昌市天然气占总能源的比例未超过5%，鼓励政策效果一般。上游天然气供气条件、南昌市中心城区天然气用户结构、用气需求发生了较大改变，燃气规划已经跟不上社会经济发展的步伐。

总之，南昌市在能源利用方面制定和实施了一些相关的政策，目前有了一定的效果，清洁能源和可再生能源方面比以前有了长足的进步，但是南昌市以煤炭为主的能源消费结构现状依然存在，在能源结构清洁化、低碳化转型方面还有很长的一段路要走。

### (三)工业节能政策

工业的节能减排是南昌市实现低碳发展的重要组成部分，为实现南昌市工业的低碳化、清洁化、节能化发展，2011年，《南昌市国民经济和社会发展第十二个五年规划纲要》中明确南昌市要“坚持开发和节约并举、节约优先的方针，全面推进节能、节水、节地、节材。强力推进工业制造领域节能减排，淘汰工艺落后、污染严重、不能稳定达标排放的生产能力。大力提升资源综合利用水平。”《南昌市国家低碳城市试点工作实施方案》中提出南昌市要“推进节能降耗，提高能源利用效率”，“推行工业节能减排”，“加快淘汰冶金、造纸、化工等行业的落后生产能力，推行节能技术改造，实施合同能源管理等节能新机制，鼓励新技术、新材料、新产品的研究和应用。加强资源节约和综合利用，提高能源利用效率。”《南昌市“十二五”节能减排综合性工作方案》中也明确南昌市要坚持把节能减排作为优化经济结构、推动绿色循环低碳发展、加快生态文明建设的重要抓手和突破口，积极有序地推进各项工作，并提出到“2015年，全市万元地区生产总值能耗下降到0.7056tce(按照2005年价格计算)，比2010年下降16%，比2005年下降33%。2015年，全市化学需氧量排放总量控制在8.442万t，较2010年下降7.2%；氨氮排放总量控制在0.960万t，较2010年下降11.0%；二氧化硫排放总量控制在3.059万t，较2010年下降11.0%；氮氧化物排放总量控制在4.828万t，较2010年下降16.0%”[①]。

2016年，南昌市出台《南昌市“十三五”工业节能规划》(洪府厅发〔2016〕16号)，规划中明确南昌市在“十三五”期间要“以工业绿色低碳转型升级为主

① 南昌市人民政府办公厅关于印发南昌市“十二五”节能减排综合性工作方案的通知. http://www.nc.gov.cn/ncszf/szfbgtwj/201806/8e263822dfd64ddf9b42d8f34761cea4.shtml。

线，以企业为主体，以市场为导向，以改革和创新为动力，以政策为支撑，以大幅度提高能源利用效率为核心，转变发展方式，调整经济结构，突出重点区域、重点园区、重点行业、重点企业、重点产品，健全政策法规，完善技术标准，强化宣传教育，加强执法监管，大力推广节能技术，全面推行清洁生产，大力提升资源综合利用水平，加快技术进步"，并提出"到'十三五'期末，初步建立与市场经济体制相适应的工业节能法制约束体系、节能政策支持体系、节能监督管理体系、节能技术服务体系、节能文化促进体系。具体目标是：全市规模以上工业单位增加值能耗累计下降16%；重点用能企业实现节能量30万tce；主要产品(工艺)单位能耗指标达到全省先进水平。"

《南昌市国民经济和社会发展第十三个五年(2016—2020)规划纲要》中提出南昌市要"推进工业园区、大型企业循环化改造，建设清洁低碳、安全高效的现代能源体系，完善再生资源回收体系，全面节约和高效利用资源能源"，"鼓励园区实现设施共享、企业间副产物交换利用、能源梯级利用、废弃物循环利用、土地集约利用、循环用水"，"引导企业加大对生产过程中产生的废渣、废水、废气、余压余热等的回收利用力度"，"以绿色材料产品、可拆解循环产品、节能节水型产品等为重点，推进以产品生命周期全过程资源节约和环境影响最小为基础的绿色产品生态设计"，"推进清洁生产。规范清洁生产审核工作及验收程序，制定详细的验收规程和评分标准，对化工、钢铁、冶金等重点行业开展强制性清洁生产审核，逐步加大清洁生产审核工作力度。加强对企业开展清洁生产的监督管理，将清洁生产审核结果与排污许可、限期治理等环境管理工作相结合，加大社会公众监督力度，对未按时完成清洁生产审核工作的企业进行整改。"

此外，《南昌工业四年倍增行动计划(2017—2020 年)》中也提到，南昌市要"采用高新技术、先进适用技术和信息技术改造提升食品、纺织服装、材料制造、机电制造等四个特色优势传统产业，更加注重运用市场机制、经济手段、法治办法化解和淘汰部分行业过剩产能"。

为了配合上述方案和规划的落实，南昌市将相关的节能减排任务分解到每年，逐年出台了南昌市工业节能工作指导意见，同时还出台了《南昌市工业节约能源监察条例》，确保将南昌市的工业减排任务落到实处。南昌市工业节能主要政策文件如表5-5所示。

**表5-5　南昌市工业节能主要政策文件汇总**

| 序号 | 政策类型 | 政策文件名称 | 文号 | 出台时间 | 政策文件主要内容 |
|---|---|---|---|---|---|
| 1 | 强制性政策 | 南昌市国民经济和社会发展第十二个五年规划纲要 | 市人大审议通过 | 2011年 | 坚持开发和节约并举、节约优先的方针，全面推进节能、节水、节地、节材。强力推进工业制造领域节能减排，淘汰工艺落后、污染严重、不能稳定达标排放的生产能力。大力提升资源综合利用水平 |

续表

| 序号 | 政策类型 | 政策文件名称 | 文号 | 出台时间 | 政策文件主要内容 |
| --- | --- | --- | --- | --- | --- |
| 2 | 强制性政策 | 南昌市国家低碳城市试点工作实施方案 | 洪府发〔2011〕40号 | 2011年 | 推进节能降耗，提高能源利用效率，推行工业节能减排，加快淘汰冶金、造纸、化工等行业的落后生产能力，推行节能技术改造，实施合同能源管理等节能新机制，鼓励新技术、新材料、新产品的研究和应用，加强资源节约和综合利用，提高能源利用效率 |
| 3 | 强制性政策 | 南昌市“十二五”节能减排综合性工作方案 | 洪府厅发〔2012〕23号 | 2012年 | 把落实责任、健全法制、完善政策、加强管理有机结合，形成有效的激励和约束机制，把调整优化产业结构与推动节能减排技术进步、强化工程措施、加强管理引导相结合，大幅度提高能源利用效率、降低污染物排放总量，加快构建节能减排长效机制 |
| 4 | 强制性政策 | 南昌市2013年工业节能工作指导意见 | 洪府厅发〔2013〕30号 | 2013年 | 抓好责任评价考核，优化工业空间布局，推动产业结构调整，推进节能技术进步，强化企业节能管理，构建新型工业体系，完善节能政策机制，严格执法监督检查，开展节能全民行动 |
| 5 | 强制性政策 | 南昌市2014年工业节能工作指导意见 | 洪府厅发〔2014〕9号 | 2014年 | 组织开展企业节能低碳行动，强化节能管理；建立能源消费总量控制和预警监控机制，大力提高能源利用效率；加大淘汰落后产能力度，组织实施重点节能技术改造，促进产业结构优化和转型升级；开展创建清洁生产工业园区和清洁生产示范企业，促进工业固体废物资源化利用，全面完成工业节能任务，推进南昌市经济实现又好又快发展 |
| 6 | 强制性政策 | 南昌市工业节约能源监察条例 | 市人大审议通过，省人大批准 | 2014年 | 为了规范工业节约能源监察行为，推动合理用能和节约用能，保障节约能源法律、法规的实施，根据根据《中华人民共和国节约能源法》和《江西省实施〈中华人民共和国节约能源法〉办法》等法律、法规，结合南昌市实际，制定本条例 |
| 7 | 强制性政策 | 南昌市2015年工业节能工作指导意见 | 洪府厅发〔2015〕5号 | 2015年 | 紧紧围绕绿色发展、循环发展、低碳发展，编制“十三五”工业节能规划和节能监察计划，加强节能形势分析，强化节能预警和节能执法，抓好清洁生产试点示范，创新能源管理方式，推进资源综合利用，加强政策激励和引导，大力发展节能环保产业，广泛开展节能宣传教育，促进发展方式转变和工业转型升级，推动构建资源节约、环境友好的新型工业体系 |
| 8 | 强制性政策 | 南昌市国民经济和社会发展第十三个五年（2016—2020）规划纲要 | 市人大审议通过 | 2016年 | 推进工业园区、大型企业循环化改造，建设清洁低碳、安全高效的现代能源体系，完善再生资源回收体系，全面节约和高效利用资源能源。鼓励园区实现设施共享、企业间副产物交换利用、能源梯级利用、废弃物循环利用、土地集约利用、循环用水。引导企业加大对生产过程中产生的废渣、废水、废气、余压余热等的回收利用力度。推进以产品生命周期全过程资源节约和环境影响最小为基础的绿色产品生态设计，推进清洁生产 |

续表

| 序号 | 政策类型 | 政策文件名称 | 文号 | 出台时间 | 政策文件主要内容 |
| --- | --- | --- | --- | --- | --- |
| 9 | 强制性政策 | 南昌市 2016 年工业节能工作指导意见 | 洪府厅发〔2016〕1 号 | 2016 年 | 淘汰燃煤锅炉，推行绿色生产，促进资源共享，处置僵尸企业，提升能效水平，组织评估审查，推进技术进步，实施集中供热，完善政策措施，落实目标责任，建立监察平台，强化节能调度，开展培训宣传，深入推进工业节能降耗增效工作，促进南昌市经济社会可持续发展和绿色崛起 |
| 10 | 强制性政策 | 南昌市“十三五”工业节能规划 | 洪府厅发〔2016〕16 号 | 2016 年 | 提升重点用能行业能效水平，推动终端用能设备能效提升，加强重点用能企业节能监管，推广应用工业节能成熟技术，推进煤炭资源清洁高效利用，提升工业企业清洁生产水平，构建工业废弃物利用产业链，建设绿色再制造产业聚集区，大力培育发展节能环保产业 |
| 11 | 强制性政策 | 南昌市 2017 年工业节能工作指导意见 | 洪府厅发〔2016〕147 号 | 2016 年 | 绿色化改造传统行业，专项整治燃煤小锅炉，大力提升电机系统能效，不断提高清洁生产水平，积极推进资源综合利用，推广节能新技术新产品，发挥在线监测平台作用，强化工业节能工作基础，深入推进工业节能降耗增效 |
| 12 | 强制性政策 | 南昌工业四年倍增行动计划(2017—2020 年) | 市政府发布 | 2017 年 | 采用高新技术、先进适用技术和信息技术改造提升食品、纺织服装、材料制造、机电制造等四个特色优势传统产业，更加注重运用市场机制、经济手段、法治办法化解和淘汰部分行业过剩产能 |

从这些政策取得的效果来看，近些年南昌市在节能减排工作方面取得了巨大成效。“十二五”期间，南昌市实现了能耗强度和碳排放强度超预期下降，单位 GDP 能耗从 2006 年的 0.62tce/万元下降到了 2015 年的 0.34tce/万元，累计下降了 45.16%。同时，在历年来的节能考核中，南昌市均表现良好，位居全省前列。南昌市在节能工作方面政策覆盖全、目标明确、辅以考核提供的抓手，较好地实现了节能的初始政策目标，为南昌市的绿色低碳转型提供了一个非常好的基础。

### (四)绿色建筑政策

为推动南昌市绿色建筑发展，2011 年，《南昌市国民经济和社会发展第十二个五年规划纲要》中明确南昌市要“推进建筑节能。发展节能型建筑，新建、改建、扩建的民用建筑严格执行节能 50%的设计标准。到 2015 年，城镇新建建筑施工阶段执行 50%建筑节能强制性标准比例达到 100%，建设一批民用建筑实施节能 65%标准的示范工程。结合旧城更新改造工程，以机关办公建筑和大型公共建筑电器照明设施改造为突破口，带动既有居住建筑节能技术改造，推动建筑节能一体化的发展。推进可再生能源在建筑中的应用，推广新型节能环保建筑材料、建筑保温绝热板系统、外墙保温及饰面系统、隔热水泥模板外墙系统及外墙、门窗和屋顶节能技术。”

为解决绿色建筑规模化发展问题，南昌市城乡建设委员会于 2012 年编制了《南昌市绿色建筑发展中长期规划》，出台了《南昌市可再生能源建筑应用示范工程管理办法》(洪建发〔2012〕95 号)，2013 年以南昌市人民政府的名义印发了《南昌市绿色建筑发展工作实施方案》，随后先后研究出台了《南昌市可再生能源建筑应用示范项目评审办法》(洪建发〔2013〕12 号)和《南昌市可再生能源建筑应用示范项目专项验收暂行办法》(洪建发〔2013〕13 号)等相关引导激励政策，以保证可再生能源建筑应用示范项目的顺利实施，降低运营成本，提供技术保证。

2014 年，南昌市城乡建设委员会与南昌市发展和改革委员会联合印发了《南昌市推进绿色建筑发展管理工作实施细则(试行)》(洪建发〔2014〕1 号)，提出“2014 年 1 月 1 日起，政府投资的国家机关、学校、医院、博物馆、科技馆、体育馆等建筑，保障性住房；单体建筑面积超过 2 万 $m^2$ 的机场、车站、宾馆、饭店、商场、写字楼等大型公共建筑；新建建筑面积 10 万 $m^2$ 以上的住宅小区按绿色建筑的标准进行规划设计、建筑和管理”，对应当按照绿色建筑要求建设的项目，在立项、设计、施工图审查、施工、竣工验收等阶段，提出了具体的要求，明确“到 2015 年，全市力争建立完善的绿色建筑建设及管理体系、咨询服务体系，基本形成完备的绿色建筑发展推广机制；新增 1 个国家级绿色生态城区；全市绿色建筑标识项目超过 35 项；绿色建筑面积占新建建筑面积的 20%以上”的目标，从工作制度上保证了政策的全面实施，建立起了一套针对绿色建筑从立项、规划设计到施工、验收及运营管理各个阶段的监督管理制度，开始全面落实绿色建筑工作要求。

2015 年，南昌市城乡建设委员会印发了《关于加快推进可再生能源建筑应用示范城市工作的通知》(洪建发〔2015〕8 号)，要求所有按照绿色建筑标准设计的项目，建设单位应当选择至少一种以上合适的可再生能源，用于采暖、制冷、照明和热水供应等，进一步加大了对可再生能源建筑应用的实施力度。同年，《南昌市建筑市场管理规定》经南昌市第十四届人民代表大会常务委员会第三十一次会议通过，江西省第十二届人民代表大会常务委员会第二十次会议批准正式出台，将建筑节能和绿色建筑强制的要求列入条款，极大地推动了建筑节能和绿色建筑工作的长效发展。

2016 年，《南昌市国民经济和社会发展第十三个五年(2016—2020)规划纲要》中提出南昌市要“制定建筑物使用年限管理的规范性文件，建立建筑使用全寿命周期管理制度，严格建筑拆除管理。改进工程技术标准，通过广泛应用高强度、高性能混凝土和钢材，提高工程建筑质量，延长使用寿命”，“推广屋顶和墙体绿化。加强城市照明管理，实施城市绿色照明专项行动，创建绿色照明示范城市”，“采用先进的节能减碳技术和建筑材料，因地制宜推动太阳能、地热能、浅层地温能等可再生能源建筑一体化应用。有集中热水供应需求的公共建筑，具备太阳能集热条件的，应当使用太阳能集中供热系统，实现供热系统与建筑一体化。有集中供冷热需求、安装中央空调系统的新建公共建筑，具备相应地下条件的，应当使用地源热泵系统”，“城市新区全部新建建筑、非城市新区公共建筑及一定体量的民用建筑执行绿色建筑标准，严格控制高耗能玻璃幕墙应用和过大的共享空间设计，新建住宅应当一次性装修到位，2018 年起南昌市区禁止销售毛坯房。有计划地对能耗不达标的公共建筑和民用建筑进行节能改造，推广成熟、高效节能的围护结构体系”，“加强公共建筑能耗监测、统计、能源审计、能效公示的节能监管体系建设，推动节能改造与运行管理”，同时，南昌市要“充分运用海绵城市规划理念，结合地形地貌进行设计与建筑布局，建筑设计应当利用日照和通风，体现该市气候特征下的节能要求。建筑、广场、道路周边有条件的，应当布置可消纳径流雨水的绿地，竖向设计应当有利于径流汇入低影响开发设施。海绵城市建设要求应当落实到规划编制、实施管理全过程，雨水年径流总量控制率要为规划刚性控制指标。”

随后，南昌市城乡建设委员会又印发了《南昌市建筑节能与绿色建筑设计指导意见》和《南昌市绿色建筑管理暂行规定》等一系列文件。2017 年，南昌市城乡建设委员会与南昌市发展和改革委员会联合印发了《南昌市推进绿色建筑发展管理工作实施细则(2017—2020)》(洪建发〔2017〕102 号)，明确“政府投资的国家机关、学校、医院、博物馆、科技馆、体育馆等建筑，保障性住房”、“建筑单体或连体面积超过 1 万 $m^2$ 的机场、车站、宾馆、饭店、商场、写字楼等大型公共建筑”以及“新建建筑面积 5 万 $m^2$ 以上的住宅小区”应按照绿色建筑的标准进行规划设计、建设和管理，“红谷滩新区辖区全部范围，高新技术开发区中心城规划范围内新建(改建、扩建)民用建筑全部按绿色建筑的标准进行规划设计、建设和管理”，“单体或连体地上建筑面积超过 5 万 $m^2$，群体超过 8 万 $m^2$ 的大型公共建筑按照二星级绿色建筑的标准进行规划设计、建设和管理”；“建立完善的绿色建筑建设及管理体系、咨询服务体系，形成完备的绿色建筑发展推广机制；到 2020 年，绿色建筑面积占新建建筑面积的 50%以上”[①]。南昌市绿色建筑主要政策文件如表 5-6 所示。

**表 5-6　南昌市绿色建筑主要政策文件汇总**

| 序号 | 政策类型 | 政策文件名称 | 文号 | 出台时间 | 政策文件主要内容 |
|---|---|---|---|---|---|
| 1 | 强制性政策 | 南昌市国民经济和社会发展第十二个五年规划纲要 | 市人大审议通过 | 2011 年 | 推进建筑节能，发展节能型建筑，以机关办公建筑和大型公共建筑电器照明设施改造为突破口，带动既有居住建筑节能技术改造，推动建筑节能一体化的发展，推进可再生能源在建筑中的应用，推广新型节能环保建筑材料、建筑保温绝热板系统、外墙保温及饰面系统、隔热水泥模板外墙系统及外墙、门窗和屋顶节能技术 |

① 关于印发《南昌市推进绿色建筑发展管理工作实施细则》(2017—2020)的通知. https://www.sohu.com/a/203647693_816661。

续表

| 序号 | 政策类型 | 政策文件名称 | 文号 | 出台时间 | 政策文件主要内容 |
| --- | --- | --- | --- | --- | --- |
| 2 | 强制性政策 | 南昌市绿色建筑发展中长期规划 |  | 2012 年 | 提高新建建筑能效与推进既有建筑改造并重，提高建筑能效标准要求与加强过程监管保证标准执行并重，筑牢产业发展基础与强化科技进步并重，控制运营能耗和推广可再生能源建筑应用并重。着眼于建筑的全寿命周期，推进绿色建材、绿色设计、绿色施工、绿色运营，实现建筑节能到绿色建筑的跨越，实现单体建筑的绿色化向绿色生态城区的跨越，不断提升建筑节能和绿色建筑质量 |
| 3 | 强制性政策 | 南昌市可再生能源建筑应用示范工程管理办法 | 洪建发〔2012〕95 号 | 2012 年 | 为推进南昌市可再生能源建筑应用工作，加强和规范可再生能源建筑应用示范工程的管理，根据有关法律、法规的规定，结合南昌市实际，制定本办法 |
| 4 | 强制性政策 | 南昌市绿色建筑发展工作实施方案 |  | 2013 年 | 提高建筑全寿命周期的节能、节地、节水、节材和环保工作水平，充分利用各地的气候条件和自然资源，树立建筑全寿命周期理念，积极有序地推动绿色建筑发展 |
| 5 | 强制性政策 | 南昌市可再生能源建筑应用示范项目评审办法 | 洪建发〔2013〕12 号 | 2013 年 | 为提高可再生能源建筑应用示范项目管理的科学性、公正性，规范示范项目评审工作，根据相关规定，制定本办法 |
| 6 | 强制性政策 | 南昌市可再生能源建筑应用示范项目专项验收暂行办法 | 洪建发〔2013〕13 号 | 2013 年 | 为加强和规范可再生能源建筑应用示范项目的管理，提高可再生能源建筑应用示范项目的示范效应，以我国现行相关标准为依据，结合南昌市实际，制定本办法 |
| 7 | 强制性政策 | 南昌市推进绿色建筑发展管理工作实施细则（试行） | 洪建发〔2014〕1 号 | 2014 年 | 为贯彻落实国务院办公厅《关于转发发展改革委 住房城乡建设部绿色建筑行动方案的通知》（国办发〔2013〕1 号）文件精神，根据《江西省发展绿色建筑实施意见》的具体要求，结合南昌市实际，制定本细则。到 2015 年，全市力争建立完善的绿色建筑建设及管理体系、咨询服务体系，基本形成完备的绿色建筑发展推广机制；新增 1 个国家级绿色生态城区；全市绿色建筑标识项目超过 35 项；绿色建筑面积占新建建筑面积的 20%以上 |
| 8 | 强制性政策 | 关于加快推进可再生能源建筑应用示范城市工作的通知 | 洪建发〔2015〕8 号 | 2015 年 | 鼓励所有新建（扩建、改建）建筑使用可再生能源建筑应用。所有设计应用并已开工的可再生能源建筑应用项目，按照《南昌市可再生能源建筑应用专项资金管理办法》予以奖励补贴 |
| 9 | 强制性政策 | 南昌市建筑市场管理规定 | 市人大审议通过，省人大批准 | 2015 年 | 为了加强建筑市场管理，规范建筑市场秩序，保障建设工程的质量和安全，维护当事人的合法权益 |
| 10 | 强制性政策 | 南昌市国民经济和社会发展第十三个五年（2016—2020）规划纲要 | 市人大审议通过 | 2016 年 | 制定建筑物使用年限管理的规范性文件，建立建筑使用全寿命周期管理制度，严格建筑拆除管理。改进工程技术标准，推广屋顶和墙体绿化，加强城市照明管理，采用先进的节能减碳技术和建筑材料，因地制宜推动太阳能、地热能、浅层地温能等可再生能源建筑一体化应用，加强公共建筑能耗监测、统计、能源审计、能效公示的节能监管体系建设，推动节能改造与运行管理 |

续表

| 序号 | 政策类型 | 政策文件名称 | 文号 | 出台时间 | 政策文件主要内容 |
|---|---|---|---|---|---|
| 11 | 强制性政策 | 南昌市建筑节能与绿色建筑设计指导意见 | 洪建发〔2016〕37号 | 2016年 | 为进一步指导设计单位建筑节能与绿色建筑的设计，加强和完善施工图审查机构的审查作用，特制定本设计指导意见 |
| 12 | 强制性政策 | 南昌市绿色建筑管理暂行规定 | 洪建发〔2016〕47号 | 2016年 | 为加强南昌市绿色建筑的监督管理，推进生态文明建设发展，根据相关规定，结合南昌市实际，制定本规定 |
| 13 | 强制性政策 | 南昌市推进绿色建筑发展管理工作实施细则（2017—2020） | 洪建发〔2017〕102号 | 2017年 | 为贯彻落实国务院办公厅《关于转发发展改革委 住房城乡建设部绿色建筑行动方案的通知》（国办发〔2013〕1号），以及住房城乡建设部《关于保障性住房实施绿色建筑行动的通知》（建办〔2013〕185号）文件精神，根据《江西省民用建筑节能和推进绿色建筑发展办法》的具体要求，结合南昌市实际，制定本细则 |

“十二五”期间，随着多项政策的实施，南昌市获得绿色建筑标识项目达到73个，总建筑面积约875万$m^2$，项目总量与建筑总面积居全省第一位；同时，“十二五”期间，南昌市还落实可再生能源建筑应用面积达350万$m^2$。截至2016年，南昌市累计完成建筑节能工程建设约6500万$m^2$，设计和施工阶段执行建筑节能强制性标准比例均达到100%。此外，由于南昌市在推进绿色建筑和可再生能源建筑方面的工作起步较晚，基础都不是太好，绿色建筑推进的两个指标主要有新建建筑的绿色化，以及既有建筑的绿色化改造。新建建筑的绿色化方面，政策规定了一定面积以上的各类型建筑必须有绿色认证，而且是作为审批前置条件，所以均能较好地完成，可再生能源建筑由于受制于建筑本身客观条件，政策以鼓励性质为主，效果一般；而既有建筑的绿色化改造和可再生能源化改造，虽然政策上有要求，但受制于改造成本和资金支持力度不高，改造率非常低。总的来说，在绿色低碳建筑方面，政策效果呈现出以下特点：有强制政策要求的新建建筑绿色认证实施效果好，鼓励政策性质的新建可再生能源建筑实施效果一般，缺乏资金支持的既有建筑的绿色化改造和可再生能源化改造政策实施效果都不理想。

总之，鉴于南昌市基础条件较差，在绿色建筑领域还需要通过不断完善绿色建筑的体制机制，才能更有效地推动南昌市建筑节能与绿色建筑朝着健康有序的方向发展。

### （五）低碳交通政策

为了实现交通低碳化，发展低碳交通，2011年，《南昌市国家低碳城市试点工作实施方案》中明确南昌市要“机动车严格执行国Ⅳ标准，新增公交车辆执行欧Ⅳ排放标准。扩大市区高污染机动车辆限行范围，鼓励提前淘汰主城区高污染机动车辆”，“加强机动车管理，鼓励购买小排量、新能源等环保节能型汽车，发展低排放、低能耗交通工具，推广使用电动汽车”，“2012 年完成 1000 辆节能与新能源汽车的投放，在公交车、出租车、公务车中推广使用节能与新能源汽车”，“加快轨道交通建设。加快地铁建设，2016 年完成地铁 1 号、2 号线建设，2020 年完成 3 号线建设，形成由 1、2、3 号线组成的轨道交通骨架网”，“抓住国家黄金水道和鄱阳湖生态经济区建设的大好机遇，积极推进南昌港建设”，“推进四县五区公交一体化，加快畅通工程建设，发展智能交通系统，全面推进城市交通信息化动态管理，推进多种交通方式无缝对接。推行公交优先，按照‘总体规划、试点先行、稳步实施、逐渐成网’的原则制定公交专用道规划并加紧推行，建立快速公交系统，采用特定区域限制非公共交通车辆等办法优化交通组织”，“研究提高中心城区路边停车收费水平、重要道路征收拥堵行驶费、高峰期限行等措施，限制传统能源私家车出行。有计划、分步骤实施‘免费自行车’行动，方便市民换乘公共交通，实行积分奖励制度，鼓励市民低碳出行”。

《南昌打造核心增长极三年行动计划(2013—2015)大纲》中明确了南昌市要“着眼于优化道路网络布局、提高路网密度、提升线路等级，推进新一轮铁路、公路建设，提高航道等级，稳步推进机场建设，通过陆、水、空运输网络及配套的港航、车站、公路枢纽建设，共同构筑‘布局协调、衔接顺畅、优势互补、四通八达’的现代化立体交通网络和综合运输体系”。

同时，《南昌市国民经济和社会发展第十三个五年(2016—2020)规划纲要》中明确“在快速交通背景下，提升南昌航空运输的区域地位，形成星字形高铁的交汇架构，建设城市立体快速交通体系，促进内河航运向黄金水道转变，进一步提升南昌在全国的综合交通枢纽地位”；同时，南昌市要坚持“实施公交优先战略，发展轨道交通和大运量的快速公交系统，推广应用智能交通管理技术，2017 年全城淘汰‘黄标车’等高污染、高排放的公共交通工具。积极推广天然气动力汽车、纯电动汽车等新能源汽车。在机场、火车站、客运枢纽站、地铁站等交通集散地逐步形成多种交通方式无缝对接。到 2020 年，中心城区公交出行分担比率超过 65%”，“完善公路交通网络。推广应用温拌沥青、沥青路面材料再生利用等低碳铺路技术和养护技术，推广隧道通风照明智能控制技术，对高速公路服务区等进行节能低碳改造，推广应用电子不停车收费、检测、信息传输系统。重点推进公路集装箱多式联运、甩挂运输等高效运输组织方式。2020 年，单位客运周转量二氧化碳排放比 2010 年降低 5%，单位货运周转量二氧化碳排放比 2010 年降低 13%”，“加强铁路车站等设施低碳化改造和运营管理。积极推动航空生物燃料使用，加快应用节油技术和措施。加强机场低碳化改造和运营管理。”

为了配合实现这些方案和规划，南昌市相继出台了包括《关于贯彻执行〈江西省非机动车管理办法〉实施意见》(洪府发〔2010〕11 号)、《关于对无环保标志或持有黄色环保标志机动车实行交通限行的通告》、《南昌市人民政府关于进一步加快交通运输事业发展的实施意见》（洪府发〔2013〕48号）、《南昌市2014—2015年度新能源汽车推广应用实施方案》（洪府发〔2014〕28号）、《南昌市人民政府关于对无环保标志或持有黄色环保标志机动车扩大交通限行范围的通告》、《南昌市轨道交通条例》、《关于进一步加强本市在用机动车环保治理的通告》、《2016—2020年南昌市新能源汽车推广应用实施方案》（洪车办字〔2016〕1号）、《南昌市电动自行车管理条例》、《南昌市2016年黄标车及老旧机动车淘汰工作方案》（洪府厅发〔2016〕66号）、《促进我市新能源汽车充电设施建设相关工作实施方案》（洪府厅发〔2016〕61号）、《关于研究出租汽车行业意见建议分工方案》（洪府厅发〔2016〕5号）、《南昌市人民政府关于对无环保标志或持有黄色环保标志机动车实施全天交通限行的通告》和《南昌市人民政府关于深化改革推进出租汽车行业健康发展的实施意见》（洪府发〔2017〕17号）等一系列相关文件，从规划和制度上保证了南昌市低碳交通的顺利推动。南昌市低碳交通主要政策文件如表5-7所示。

**表5-7　南昌市低碳交通主要政策文件汇总**

| 序号 | 政策类型 | 政策文件名称 | 文号 | 出台时间 | 政策文件主要内容 |
| --- | --- | --- | --- | --- | --- |
| 1 | 强制性政策 | 关于贯彻执行《江西省非机动车管理办法》实施意见 | 洪府发〔2010〕11号 | 2010年 | 为切实加强南昌市非机动车管理，规范非机动车登记工作，结合南昌市实际，现制定本实施意见 |
| 2 | 强制性政策 | 南昌市国家低碳城市试点工作实施方案 | 洪府发〔2011〕40号 | 2011年 | 严格执行排放标准，加强机动车管理，发展低排放、低能耗交通工具，推广使用电动汽车，加快轨道交通建设，形成轨道交通骨架网，发展智能交通系统，全面推进城市交通信息化动态管理，推行公交优先，建立快速公交系统，有计划、分步骤实施“免费自行车”行动，方便市民换乘公共交通，实行积分奖励制度，鼓励市民低碳出行 |
| 3 | 强制性政策 | 南昌打造核心增长极三年行动计划(2013—2015)大纲 | 洪府发〔2013〕15号 | 2013年 | 着眼于优化道路网络布局、提高路网密度、提升线路等级，推进新一轮铁路、公路建设，提高航道等级，稳步推进机场建设，通过陆、水、空运输网络及配套的港航、车站、公路枢纽建设，共同构筑现代化立体交通网络和综合运输体系 |
| 4 | 强制性政策 | 关于对无环保标志或持有黄色环保标志机动车实行交通限行的通告 |  | 2013年 | 为进一步改善南昌市环境空气质量，有效防治机动车排气对环境造成的影响，保障市民身体健康，根据《中华人民共和国大气污染防治法》、《中华人民共和国道路交通安全法》、《南昌市机动车排气污染防治条例》、江西省人民政府办公厅《关于印发江西省机动车排气污染防治实施方案的通知》（赣府厅字〔2010〕98号）和《南昌市机动车排气污染防治工作方案》（洪府厅发〔2012〕102号）等规定，结合南昌市实际，决定在市区部分区域和一定时段对无环保标志或持有黄色环保标志机动车实行交通限行，特发布本通告 |

续表

| 序号 | 政策类型 | 政策文件名称 | 文号 | 出台时间 | 政策文件主要内容 |
|---|---|---|---|---|---|
| 5 | 强制性政策 | 南昌市人民政府关于进一步加快交通运输事业发展的实施意见 | 洪府发〔2013〕48号 | 2013年 | 以把南昌打造成为长江中游区域交通中心和江西交通中心枢纽为目标，推进公路、铁路、水运、航空各种交通方式一体化协调发展，进一步形成南昌区位交通优势，构建畅通安全、高效便捷的全国重要的综合交通枢纽 |
| 6 | 强制性政策 | 南昌市2014—2015年度新能源汽车推广应用实施方案 | 洪府发〔2014〕28号 | 2014年 | 以新一轮新能源汽车推广应用为契机，以建设和谐、秀美南昌为主线，以汽车产业科技创新为动力，以政策引导与市场经济相结合为主要发展方式，积极开展新能源汽车推广应用，促进南昌市节能减排和城市交通污染治理，推动新能源汽车产业发展 |
| 7 | 强制性政策 | 南昌市人民政府关于对无环保标志或持有黄色环保标志机动车扩大交通限行范围的通告 | | 2014年 | 为进一步改善南昌市环境空气质量，有效防治机动车排气对环境造成的影响，保障市民身体健康，根据《中华人民共和国道路交通安全法》、《中华人民共和国大气污染防治法》、《江西省机动车排气污染防治条例》、《南昌市机动车排气污染防治工作方案》、环保部《关于开展机动车环保检验合格标志分类管理工作的通告》等规定，结合南昌市实际，决定对无环保标志或持有黄色环保标志机动车扩大交通限行范围，特发布本通告 |
| 8 | 强制性政策 | 南昌市轨道交通条例 | 市人大审议通过，省人大批准 | 2015年 | 为了规范轨道交通管理，促进轨道交通建设，保障安全运营，维护乘客的合法权益，根据有关法律、法规，结合南昌市实际，制定本条例 |
| 9 | 强制性政策 | 南昌市国民经济和社会发展第十三个五年(2016—2020)规划纲要 | 市人大审议通过 | 2016年 | 实施公交优先战略，发展轨道交通和大运量的快速公交系统，推广应用智能交通管理技术，全城淘汰高污染、高排放的公共交通工具，积极推广天然气动力汽车、纯电动汽车等新能源汽车，完善公路交通网络，推广应用低碳铺路技术和养护技术，推广隧道通风照明智能控制技术，对高速公路服务区等进行节能低碳改造，推广应用电子不停车收费、检测、信息传输系统，加强铁路车站等设施低碳化改造和运营管理，积极推动航空生物燃料使用，加快应用节油技术和措施，加强机场低碳化改造和运营管理 |
| 10 | 强制性政策 | 关于进一步加强本市在用机动车环保治理的通告 | | 2016年 | 根据《中华人民共和国大气污染防治法》、《国务院关于印发大气污染防治行动计划的通知》(国发〔2013〕37号)及《江西省人民政府关于印发江西省落实大气污染防治行动计划实施细则的通知》(赣府发〔2013〕41号)等法律法规和有关文件规定，现就加强南昌市在用机动车环保治理有关事项发布本通告 |
| 11 | 强制性政策 | 南昌市电动自行车管理条例 | 市人大审议通过，省人大批准 | 2016年 | 为了加强电动自行车管理，维护道路交通秩序，保障道路交通安全和畅通，根据《中华人民共和国道路交通安全法》、《中华人民共和国产品质量法》和《中华人民共和国道路交通安全法实施条例》等法律、法规的规定，结合南昌市实际，制定本条例 |

续表

| 序号 | 政策类型 | 政策文件名称 | 文号 | 出台时间 | 政策文件主要内容 |
|---|---|---|---|---|---|
| 12 | 强制性政策 | 2016—2020年南昌市新能源汽车推广应用实施方案 | 洪车办字〔2016〕1号 | 2016年 | 通过加快新能源汽车推广应用，培育消费市场，壮大整车规模，突破关键性技术，加快充电设施建设，建立完善技术创新体系、产业配套体系、售后服务体系和质量监测体系，优化使用环境，推动全产业链发展 |
| 13 | 强制性政策 | 关于研究出租汽车行业意见建议分工方案 | 洪府厅发〔2016〕5号 | 2016年 | 为了进一步推进南昌市出租汽车行业规范经营，维护城市道路交通市场稳定，保障出租汽车从业人员的合法权益，根据市政府召开的行业稳定工作会议精神，现将从各出租汽车企业驾驶员代表座谈会上收集的建议和意见，特制定本分工方案 |
| 14 | 强制性政策 | 促进我市新能源汽车充电设施建设相关工作实施方案 | 洪府厅发〔2016〕61号 | 2016年 | 为促进南昌市加快新能源汽车推广应用，缓解能源和环境压力，促进汽车产业转型升级，特制定本实施方案 |
| 15 | 强制性政策 | 南昌市2016年黄标车及老旧机动车淘汰工作方案 | 洪府厅发〔2016〕66号 | 2016年 | 为贯彻落实《国务院办公厅关于印发2016年政府工作报告量化指标任务分工的通知》(国办函〔2016〕38号)、《国务院关于印发大气污染防治行动计划的通知》(国发〔2013〕37号)、《江西省人民政府关于印发江西省落实大气污染防治行动计划实施细则的通知》(赣府发〔2013〕41号)以及《江西省人民政府办公厅关于印发江西省2016年黄标车及老旧机动车淘汰工作方案的通知》(赣府厅字〔2016〕75号)要求，加快推进南昌市黄标车及老旧机动车淘汰工作，结合南昌市实际，制订本方案 |
| 16 | 强制性政策 | 南昌市人民政府关于对无环保标志或持有黄色环保标志机动车实施全天交通限行的通告 | | 2016年 | 为进一步改善南昌市环境空气质量，有效防治机动车排气污染，保障市民身体健康，根据《中华人民共和国道路交通安全法》、《中华人民共和国大气污染防治法》、《江西省机动车排气污染防治条例》等规定，结合南昌市实际，决定自2016年8月1日起，对无环保标志或持有黄色环保标志机动车由每天7:00～22:00限行延长为每天24小时交通限行，实行限行的区域、限行的车辆保持不变，特发布本通告 |
| 17 | 强制性政策 | 南昌市人民政府关于深化改革推进出租汽车行业健康发展的实施意见 | 洪府发〔2017〕17号 | 2017年 | 为贯彻落实《国务院办公厅关于深化改革推进出租汽车行业健康发展的指导意见》(国办发〔2016〕58号)，积极稳妥地推进南昌市出租汽车行业改革，鼓励创新，促进转型，更好地满足人民群众出行需求，实现出租汽车行业健康稳定发展，结合南昌市实际，制定本实施意见 |

从政策实施效果来看，作为公共交通最基础的一环，南昌市的公交一直是政策支持的对象，公交线路覆盖面和出行分担率一直都维持在较高的水平，目前公共交通机动化出行分担率达到51%，公共交通站点500m覆盖率已达到90%以上。但是，受到客观条件限制，南昌市的公交专用道和快速公交系统建设水平很一般，

所发挥的效果难以令人满意，公交专用道覆盖路段小，快速公交数量更是稀少。南昌市地铁起步晚，但是政府重视，政策和资金都到位，目前运行的有1号和2号线路，规划的其他线路也在紧锣密鼓地建设，南昌市地铁建设是有市场需求、有政府支持、有资金推动、有组织保障的典型案例，发挥了积极导向型政策效果。

在小排量汽车、新能源汽车和电动汽车的推广鼓励方面，政府主导的公交车、出租车、公务车中实施效果良好，新能源汽车的比例一路攀升，公交系统中，绿色公共交通车辆比例在2016年已达到33.23%，但是私家车推广效果一般，相比沿海一些发达城市对新能源汽车的资金补贴额度，南昌市的补贴吸引力不是特别大，政策效果自然是大打折扣。

此外，作为少数的准二线机动车限行城市，南昌市通过强制行政手段，实施区域限行和限号政策，政策一直在稳定地发挥作用，效果良好。在解决最后一公里问题上，南昌市最早推行的是分批“免费自行车”政策，但是覆盖范围小，使用也不是太方便，基本上被后来居上的共享单车代替，政策目标被技术手段解决了。

可以看到，南昌市作为全国低碳交通运输体系试点之一，在低碳交通政策方面进行了一系列的尝试，取得了较好的效果，但是目前仍然存在很多问题需要解决，需要南昌市再接再厉，争取在低碳交通方面再创佳绩。

### (六)生态环境政策

按照“优化生态环境，做好城市开发，建设花园城市，打造中国水都”的思路，南昌市坚持不懈地推进蓝天、清流、净土三大行动计划，持续地推进重金属、空气、水环境、噪声污染等专项环保整治行动，不断加快推进绿色宜居城市建设。

早在2008年，南昌市为加强工业园区环境保护管理，促进经济、社会和环境的协调发展，根据《中华人民共和国环境保护法》和《中华人民共和国环境影响评价法》等有关法律、法规的规定，结合南昌市实际，制定出台了《南昌市工业园区环境保护管理条例》。2009年，南昌市人民政府印发了《南昌市2009年主要污染物总量减排计划》(洪府发〔2009〕4号)，进一步加强了环境的监督管理。2010年，为加强城市湖泊保护，改善城市生态环境，南昌市出台了《南昌市城市湖泊保护条例》。

2011年，《南昌市国民经济和社会发展第十二个五年规划纲要》中明确南昌市要“实行严格的环境保护”，“坚持防治结合，预防为主的方针政策，加强环境综合整治力度，到“十二五”期末，环境保护总体水平进入全国环境保护重点城市上游行列”，“全面推行大气环境污染物二氧化硫和氮氧化物的总量控制，加强机动车尾气污染的监督管理，深化颗粒污染物污染控制，继续实施高污染燃料禁燃区环境综合整治，‘十二五’期间，中心城区环境空气质量实行国家二级标准，部分特殊保护区空气质量达到一级标准，农村大气环境质量维持 2010 年水平”，“突出抓好重点水域环境整治，开展规模化养殖污染防治，严格企业排污管理，加强城镇和工业园的污水处理基础设施建设，加快城市污水处理的资源化利用”，“加强对工业生产、建筑施工、交通运输和社会生活噪声的监控和防治。到 2015 年，市区及所辖县区域声环境质量达到功能要求”，“加强环境风险防范，加强核与辐射安全监管，防止危险化学品和固体废物污染环境，加强对影响土壤环境的重点污染源监管，加强持久性有机污染物污染防治工作，建立综合防控机制和监管体系，加强重金属污染防治”，“建设完善城乡生活垃圾无害化处置系统，严格控制工业固体废物排放，到 2015 年，危险废物处置率达 100%，城镇生活垃圾无害化处理率达 90%以上，工业固体废物资源化利用率达到 90%以上，规模化养殖场和集中式养殖区粪便综合利用率达到 90%”，“加强城乡生态环境保护与环境监管能力建设。到 2015 年，基本生态控制线和重点生态保护区得到严格保护，金溪湖、军山湖达到省级自然保护区建设标准，国家级自然保护区达到规范化建设要求。”

2013 年，南昌市人民政府印发了《南昌市净土行动计划(2013—2015)》(洪府发〔2013〕51 号)，旨在“摸清南昌市土壤环境现状；形成较为完善的土壤环境保护与综合治理工作机制，建立严格的耕地和集中式饮用水水源地土壤环境保护及土壤环境质量例行监测制度；实现土壤环境监测网络基本覆盖全市，全面提升土壤环境综合监管能力，有序推进典型区域土壤修复试点示范工作；防范被污染土地开发利用的环境风险能力得到加强，重大土壤环境安全隐患得到遏制；切实防止全市主要农产品产地土壤污染，土壤环境质量得到改善。”同年，南昌市相继印发了《南昌市蓝天行动计划(2013—2015 年)》、《南昌市人民政府关于扩大高污染燃料禁燃区的通告》和《2013 年度〈南昌市重金属污染综合防治“十二五”规划〉实施方案》等一系列环境相关的文件，进一步巩固了南昌市生态环境建设成果。

2014 年，南昌市印发了《南昌市落实大气污染防治行动计划实施细则》(洪府发〔2014〕18 号)，提出了“到 2017 年，全市空气质量有所改善，重污染天气较大幅度减少，优良天数逐年提高；可吸入颗粒物浓度比 2012 年下降 20%以上”的主要目标。与此同时，《南昌市“十二五”主要污染物总量减排考核办法》、《关于加强畜禽养殖污染治理工作的实施意见》、《关于认真做好农村水环境治理试点工作的实施方案》(洪府厅发〔2014〕109 号)和《关于在全市开展畜禽禁养区专项整治行动工作方案的通知》(洪府厅发〔2014〕112 号)等一系列环保相关文件的出台，为南昌市 2014 年生态环境保护和治理工作提供了指导。

2015 年，南昌市出台了包括《南昌市 2015 年主要污染物总量减排监测体系建设和运行工作计划》(洪环监测〔2015〕7 号)、《2015 年度南昌市重金属污染综合防治“十二五”规划实施方案》(洪府厅发〔2015〕89 号)、《2015 年度南昌市城市环境十二大专项整治工作推进考评实施方案》(洪府厅发〔2015〕84 号)、《南昌市2015年主要污染物总量减排计划》（洪府厅发〔2015〕53号）、《关于加快推进环境保护重点工作的实施方案》（洪府厅发〔2015〕117号）、《市环保局关于开展全市环境保护大检查专项行动等四个工作方案的通知》（洪府厅发〔2015〕26号）和《南昌市水资源条例》等在内的环境治理相关政策文件。

2016年，作为“十三五”的开局之年，南昌市在《南昌市国民经济和社会发展第十三个五年(2016—2020)规划纲要》中明确要求“实施最为严格的环境保护标准。重点抓源头准入，按照生态品牌城市要求公示环境容量底线和主要污染物总量控制指标，严禁不符合产业政策和‘两高一资’项目落地；抓过程监管，对排放不达标的企业做到依法处罚，做到零容忍；抓专项治理，加大‘治水’、‘治气’、‘治土’力度，持之以恒保持高压态势；抓责任倒查，实施最严格的环境责任制，使环境问责成为常态”，“加大力度，综合整治机动车污染、扬尘污染和工业污染，力克无组织排放与清洁能源改造两大难点”，“进一步彰显南昌市‘清水’和‘亲水’两大水环境声誉，城市江河湖泊在更高水平上保持水体丰沛、水质达标、水生态优越”，“大力净化土壤环境和控制噪声”，“让城乡居民对环境质量更满意。”

随后，《南昌市2016年主要污染物总量减排计划》（洪府厅发〔2016〕46号）、《南昌市水污染防治工作方案》（洪府发〔2016〕7号）、《南昌市畜禽养殖污染专项整治实施方案》（洪府厅发〔2017〕29号）和《南昌市土壤污染防治行动计划(2017—2030年)》（洪府发〔2017〕10号）等相关政策文件的不断出台，为南昌市的绿色生态发展提供了有力的制度保障。南昌市生态环境主要政策文件如表5-8所示。

**表5-8　南昌市生态环境主要政策文件汇总**

| 序号 | 政策类型 | 政策文件名称 | 文号 | 出台时间 | 政策文件主要内容 |
|---|---|---|---|---|---|
| 1 | 强制性政策 | 南昌市工业园区环境保护管理条例 | 市人大审议通过，省人大批准 | 2008年 | 为加强工业园区环境保护管理，促进经济、社会和环境的协调发展，根据《中华人民共和国环境保护法》和《中华人民共和国环境影响评价法》等有关法律、法规的规定，结合南昌市实际，制定本条例 |
| 2 | 强制性政策 | 南昌市2009年主要污染物总量减排计划 | 洪府发〔2009〕4号 | 2009年 | 为进一步加强南昌市污染减排工作，努力实现2009年污染减排目标，按照《国务院批转节能减排统计监测及考核实施方案和办法的通知》(国发〔2007〕36号)和《江西省人民政府批转节能减排统计监测及考核实施方案和办法的通知》(赣府发〔2008〕19号)和原国家环境保护总局印发的《主要污染物总量减排计划编制指南(试行)》，结合南昌市实际，制定本计划 |
| 3 | 强制性政策 | 南昌市城市湖泊保护条例 | 市人大审议通过，省人大批准 | 2010年 | 为加强城市湖泊保护，改善城市生态环境，根据《中华人民共和国水法》、《中华人民共和国水污染防治法》、《中华人民共和国城市规划法》和《中华人民共和国防洪法》等有关法律、法规的规定，结合南昌市实际，制定本条例 |

续表

| 序号 | 政策类型 | 政策文件名称 | 文号 | 出台时间 | 政策文件主要内容 |
|---|---|---|---|---|---|
| 4 | 强制性政策 | 南昌市国民经济和社会发展第十二个五年规划纲要 | 市人大审议通过 | 2011 年 | 全面推行大气环境污染物二氧化硫和氮氧化物的总量控制，积极参与区域大气污染联防联控，突出抓好重点水域环境整治，加强对工业生产、建筑施工、交通运输和社会生活噪声的监控和防治，加强环境风险防范，建设完善城乡生活垃圾无害化处置系统，加强城乡生态环境保护与环境监管能力建设 |
| 5 | 强制性政策 | 南昌市净土行动计划(2013—2015) | 洪府发〔2013〕51 号 | 2013 年 | 摸清南昌市土壤环境现状；形成较为完善的土壤环境保护与综合治理工作机制，建立严格的耕地和集中式饮用水水源地土壤环境保护及土壤环境质量例行监测制度；实现土壤环境监测网络基本覆盖全市，防范被污染土地开发利用的环境风险，遏制重大土壤环境安全隐患，防止全市主要农产品产地土壤污染，改善土壤环境质量 |
| 6 | 强制性政策 | 南昌市蓝天行动计划(2013—2015) | | 2013 年 | 为进一步加强大气污染防治，全面改善南昌市环境空气质量，促进南昌市经济社会和环境保护协调发展，让南昌的空气更蓝，让人民群众呼吸的空气更清新，结合南昌市实际，特制定本行动计划 |
| 7 | 强制性政策 | 南昌市人民政府关于扩大高污染燃料禁燃区的通告 | | 2013 年 | 为了防治大气污染，不断改善空气质量，保障群众身体健康，结合南昌市实际，决定扩大高污染燃料禁燃区范围，特制定本通告 |
| 8 | 强制性政策 | 2013 年度《南昌市重金属污染综合防治“十二五”规划》实施方案 | 洪府厅发〔2013〕83 号 | 2013 年 | 加快推进经济结构调整和产业优化升级，强化环境执法监管，提高健康危害监察、监测和诊疗能力，严格环境准入，依靠科技进步，完善政策措施，扎实做好重金属污染防治工作，维护好、保护好、实现好人民群众的根本利益，确保生态环境安全 |
| 9 | 强制性政策 | 南昌市落实大气污染防治行动计划实施细则 | 洪府发〔2014〕18 号 | 2014 年 | 加大综合治理力度，减少大气污染物排放，调整优化产业结构，推动产业转型升级，提高科技创新能力，加快企业技术改造，加快调整能源结构，增加清洁能源供应，严格节能环保准入，优化产业空间布局，建立监测预警应急体系，妥善应对重污染天气 |
| 10 | 强制性政策 | 南昌市“十二五”主要污染物总量减排考核办法 | 洪府厅发〔2014〕99 号 | 2014 年 | 为贯彻落实科学发展观，推进政府绩效管理，控制主要污染物排放，确保实现全市“十二五”主要污染物总量减排目标，根据相关规定，结合南昌市实际，制定本办法 |
| 11 | 强制性政策 | 关于认真做好农村水环境治理试点工作的实施方案 | 洪府厅发〔2014〕109 号 | 2014 年 | 大力推进生态文明建设，创建水生态文明城市和全面提升秀美乡村水生态环境，切实增强经济社会可持续发展能力，保障人民群众身体健康，开展农村水环境治理试点工作，积极探索农村水环境治理经验 |
| 12 | 强制性政策 | 关于加强畜禽养殖污染治理工作的实施意见 | 洪府厅发〔2014〕110 号 | 2014 年 | 划定并严格执行畜禽养殖“三区”规划，大力实施畜禽养殖污染治理工程，建立畜禽养殖污染防治长效机制 |

续表

| 序号 | 政策类型 | 政策文件名称 | 文号 | 出台时间 | 政策文件主要内容 |
|---|---|---|---|---|---|
| 13 | 强制性政策 | 关于在全市开展畜禽禁养区专项整治行动工作方案的通知 | 洪府厅发〔2014〕112号 | 2014年 | 为了深入推进畜禽养殖污染治理，切实保护水环境，保障人民群众身体健康，根据国务院《畜禽规模养殖污染防治条例》、《江西省畜禽养殖管理办法》、《江西省人民政府办公厅关于加强畜禽养殖污染治理工作的实施意见》和《中共南昌市委、南昌市人民政府关于加强农村水环境治理工作的实施意见》等环保法律、法规和有关文件精神，结合南昌市畜禽养殖业污染现状，特制定本工作方案 |
| 14 | 强制性政策 | 南昌市2015年主要污染物总量减排监测体系建设和运行工作计划 | 洪环监测〔2015〕7号 | 2015年 | 完善国家重点监控企业自行监测及信息发布工作，完成国控企业监督性监测、比对监测及结果发布工作，做好国控企业自动监测数据有效性审核工作，加大减排监测体系培训力度，不断提高监测管理人员的能力水平，加强环境监测能力建设，加快环境监测站标准化建设验收进度 |
| 15 | 强制性政策 | 市环保局关于开展全市环境保护大检查专项行动等四个工作方案的通知 | 洪府厅发〔2015〕26号 | 2015年 | 进一步加强工业污染源监督管理，加强和改进环境保护工作，确保各项环境保护法律、法规及政策有效落实。开展各类工业园区和饮用水源保护区和工业企业、矿山企环境风险隐患大排查，按照“全覆盖、零容忍、明责任、严执法、重实效”的工作要求，对各类突出环境问题查处到位、整改到位，进一步摸清排污单位底数，坚决打击环境违法行为，保障人民群众身体健康，大力推进生态文明建设 |
| 16 | 强制性政策 | 南昌市2015年主要污染物总量减排计划 | 洪府厅发〔2015〕53号 | 2015年 | 进一步深化三大减排措施，把工程减排放在更加突出位置，强化结构减排和管理减排，加快烟气脱硫脱硝、污水处理设施及配套管网等重点工程建设，加强机动车减排，积极开展农业和农村污染减排。严格监管，保障现有治污设施正常运行，稳定发挥减排成效 |
| 17 | 强制性政策 | 2015年度南昌市城市环境十二大专项整治工作推进考评实施方案 | 洪府厅发〔2015〕84号 | 2015年 | 通过十二大专项整治达标，在卫生环境、道路环境、生态环境、人居环境上有一个较大改观，在优美环境、优良秩序、优质服务上有一个明显变化，在居民文明指数、安全指数、幸福指数上有一个大幅度提高 |
| 18 | 强制性政策 | 2015年度南昌市重金属污染综合防治“十二五”规划实施方案 | 洪府厅发〔2015〕89号 | 2015年 | 加大落后产能淘汰力度，加强对重金属污染物排放企业的监管力度，督促企业加强对污染治理设施的维护，严格涉重企业环境准入，严格执行环境影响评价制度，积极推进产业技术进步，大力推进重金属污染物排放企业的强制性清洁生产审核工作 |
| 19 | 强制性政策 | 关于加快推进环境保护重点工作的实施方案 | 洪府厅发〔2015〕117号 | 2015年 | 以全面建立落实一厂一档、清理违法建设项目和网格划分为抓手，深入开展环境保护大检查；以国家减排责任书项目建设为突破口，持续加大工程减排工作力度；以黄标车淘汰、油气回收、餐饮油烟治理为重点，不断提升大气环境质量；通过明确任务、落实责任、考核问责，切实解决环境重点工作突出问题 |

续表

| 序号 | 政策类型 | 政策文件名称 | 文号 | 出台时间 | 政策文件主要内容 |
|---|---|---|---|---|---|
| 20 | 强制性政策 | 南昌市水资源条例 | 市人大审议通过，省人大批准 | 2015 年 | 为了合理开发、利用、节约、保护和管理水资源，发挥水资源综合效益，实现水资源可持续利用，促进节水型社会和生态文明建设，根据《中华人民共和国水法》、《中华人民共和国水污染防治法》、《江西省水资源条例》和其他法律、法规的规定，结合南昌市实际，制定本条例 |
| 21 | 强制性政策 | 南昌市国民经济和社会发展第十三个五年（2016—2020）规划纲要 | 市人大审议通过 | 2016 年 | 实施最为严格的环境保护标准，重点抓源头准入，按照生态品牌城市要求公示环境容量底线和主要污染物总量控制指标，严禁不符合产业政策和“两高一资”项目落地；抓过程监管，对排放不达标的企业做到依法处罚，抓专项治理，加大“治水”、“治气”和“治土”力度，抓责任倒查，实施最严格的环境责任制 |
| 22 | 强制性政策 | 南昌市 2016 年主要污染物总量减排计划 | 洪府厅发〔2016〕46 号 | 2016 年 | 进一步深化三大减排措施，把工程减排放在更加突出位置，强化结构减排和管理减排，加快烟气脱硫脱硝、污水处理设施及配套管网等重点工程建设，加强机动车减排，积极开展农业和农村污染减排。严格监管，保障现有治污设施正常运行，稳定发挥减排成效 |
| 23 | 强制性政策 | 南昌市水污染防治工作方案 | 洪府发〔2016〕7 号 | 2016 年 | 控制污染源排放、保障水生态环境安全等方面，从工业污染、城镇生活污染、农村面源污染、畜禽养殖污染等全方位控制水污染物排放；抓重点地区、重点行业，调整产业结构、优化空间布局，保护生态系统，促进绿色崛起；全力保障饮用水源安全，强化河湖污染控制，整治城市黑臭水体 |
| 24 | 强制性政策 | 南昌市畜禽养殖污染专项整治实施方案 | 洪府厅发〔2017〕29 号 | 2017 年 | 以污染最为严重的生猪产业为突破口，坚持禁养与治理并重、奖励与处罚并举、生产与生态兼顾、治旧与控新结合，综合运用激励引导、执法监督和资金支持等手段，切实解决畜禽养殖污染问题 |
| 25 | 强制性政策 | 南昌市土壤污染防治行动计划（2017—2030） | 洪府发〔2017〕10 号 | 2017 年 | 摸清现状，建立健全土壤环境监测、信息化体系；分类管理，加强农用地保护及安全利用；风险管控，控制建设用地环境风险；强化保护，严控新增土壤污染；加强监管，做好土壤污染预防工作；明确主体，开展土壤污染治理与修复 |

相对于其他领域，南昌市生态环境方面的强制性政策出台最多，实施的效果也比较好。近几年来，南昌市空气质量优良率均超过 80%，在中部省会城市中始终居于前列、主要河流水质达标率也均在 90%以上，集中式饮用水源地水质达标率长期保持在 100%。此外，南昌市生态环境政策在宏观上设置定性目标，在土壤、大气等专项上较多地采用定量目标，由于目前我国生态环境的特殊性，生态环境类政策绝大部分为强制性目标，并设有监测、考核、评审等众多保障手段，如企业环境指标监测、政府生态环境考核、工业建设项目环境影响评价等，可以说南昌市目前已形成了一整套基于环境保护法的综合和专项的法律法规、覆盖较全、

监管有力、实施有保障、目标明确的政策体系，环境污染和生态破坏得到了有效的遏制。但是在追求经济快速发展的同时，也存在着政策实施对象复杂，执行部门众多，政策执行阻力大的困境。

目前，南昌市生态环境政策体系已基本建立，政策强力有效，但面临的政策实施对象复杂、民众呼声压力大、政策效果需要长期坚持等困难，同时还面临生态环境保护与发展经济的双重压力。

### （七）土地利用政策

为了加强对南昌市土地的低碳化利用，2009 年南昌市开展了“森林城乡、花园南昌”建设工作，出台了《关于“森林城乡、花园南昌”建设实施方案》（洪办发〔2009〕20 号），明确提出南昌市要“确保城区当年种植、当年成林，城郊当年种植、三年成林、五年成材，形成树有高度、林有厚度、绿有浓度、特色鲜明、个性突出的城乡一体绿化新体系”的建设总体目标，提出“通过三年奋战，力争到 2011 年，全市森林覆盖率达到 23%以上，城区绿化覆盖率达到 45%、绿地率达到 38%、人均公园绿地面积达到 12m$^2$ 以上，达到国家生态园林城市的标准。”

2011 年，《南昌市国家低碳城市试点工作实施方案》中明确南昌市要“发展生态农业”，“加快农村沼气的应用和推广，建设大中型沼气工程，发展秸秆汽化、固化，加快省柴灶、节能灶和节煤炉的升级换代，推进农业机械节能，替代化石燃料。开展测土配方施肥行动，引导农民转变施肥观念，提高科学施肥水平，减少农田氧化亚氮排放。提升农业种植效率，优化农业种植结构，增加农作物的固碳能力。推广秸秆还田、保护性耕作等措施，增加农田土壤和草地碳汇”，“加快发展碳汇产业，努力建成国家森林城市，提升碳汇能力。继续推进造林绿化‘一大四小’工程，建设‘森林城乡、花园南昌’。加强碳汇林固碳能力的计量与监测研究，为碳汇林的营建提供科技支撑，建立健全各级林业技术推广与服务体系，为林业发展提供人才保障；推广森林质量改造项目，探索混合林种植技术，扩大对碳吸收率高的阔叶树种的种植规模。”

2016 年实施的《南昌市国民经济和社会发展第十三个五年（2016—2020）规划纲要》中提出南昌市要“贯彻落实最严格的耕地保护制度和最节约的用地制度，不断深化改革、开拓创新，构建保障和促进科学发展新机制，以加快土地利用方式转变促进经济发展方式转变，进一步提高国土资源保障能力和保护水平”、“严格落实耕地和基本农田保护共同责任”、“在确保耕地保有量和基本农田保护面积不减少的前提下，继续在适宜的地区实行退耕还林、退牧还草、退田还湖，充分发挥耕地的生产、生活和生态功能”；“在国土资源环境承载力评价的基础上，加强与‘十三五’规划纲要目标的衔接与协调，调整优化全市建设发展空间布局及其结构，实现生产空间集约高效、生活空间宜居适度、生态空间山清水秀的建设目标”；“推进低效建设用地的再开发利用工作，提升土地的综合能力，保障新型城镇化的发展质量”；“尽量减少因产业结构调整而产生新的低效用地。通过完善无用地标准土地的节地评价机制，节约集约利用土地，提升增强城市及产业土地综合承载力”，“加强对建设损毁耕地的复垦，提升生态环境建设水平。”

为了落实上述实施方案和规划中的相关内容，南昌市先后出台了包括《关于加快发展休闲农业与乡村旅游、森林旅游的意见》（洪府发〔2011〕29 号）、《南昌市“矿山复绿”行动实施方案》（洪府发〔2013〕10 号）、《南昌市“千万树木进千村”活动实施方案》（洪府发〔2013〕50 号）、《南昌市铁路沿线造林绿化“百日大会战”行动实施方案》、《2013—2014 年“森林城乡、花园南昌”建设的实施意见》（洪府发〔2014〕20 号）、《南昌绿谷“两区一廊”现代农业与秀美乡村示范工程建设实施方案》（洪府厅发〔2015〕108 号）、《南昌市人民政府关于加快都市现代农业示范园区建设的实施意见》（洪府发〔2015〕1 号）、《南昌市 2016 年营造林工程实施方案》（洪府厅发〔2016〕28 号）、《南昌市绿色生态农业十大行动试点工作方案》（洪府厅发〔2016〕94 号）和《南昌市“十三五”都市现代农业发展规划》等相关文件，以确保南昌市在土地利用方面实现集约化、低碳化、高效化、生态环保化利用。南昌市土地利用主要政策文件如表 5-9 所示。

**表 5-9　南昌市土地利用主要政策文件汇总**

| 序号 | 政策类型 | 政策文件名称 | 文号 | 出台时间 | 政策文件主要内容 |
|---|---|---|---|---|---|
| 1 | 强制性政策 | 关于“森林城乡、花园南昌”建设实施方案 | 洪办发〔2009〕20 号 | 2009 年 | 通道绿化，村庄绿化，滩涂绿化为主的工程造林，县城、乡镇所在地绿化，工业园区绿化，以学校、医院、敬老院等为主的公益性单位绿化，结合农家乐、生态农庄、苗木基地、厂区等基础设施建设的绿化 |
| 2 | 强制性政策 | 南昌市国家低碳城市试点工作实施方案 | 洪府发〔2011〕40 号 | 2011 年 | 发展生态农业，增加农作物的固碳能力，推广秸秆还田、保护性耕作等措施，增加农田土壤和草地碳汇，努力建成国家森林城市，提升碳汇能力，推进造林绿化“一大四小”工程，建设“森林城乡、花园南昌” |
| 3 | 强制性政策 | 关于加快发展休闲农业与乡村旅游、森林旅游的意见 | 洪府发〔2011〕29 号 | 2011 年 | 完善休闲农业与乡村旅游、森林旅游基础设施和配套服务设施，建设一批示范景区，培育一批精品目的地，打造一批精品线路，培养一批高素质从业人员，开发一批有地方特色的绿色旅游商品，全面提升南昌市休闲农业与乡村旅游、森林旅游发展水平 |
| 4 | 强制性政策 | 南昌市“矿山复绿”行动实施方案 | 洪府发〔2013〕10 号 | 2013 年 | 推进矿山地质环境保护工作，加大治理恢复力度，突出治理效果，完成在生产的建筑石料采石场矿山地质环境保护与治理方案编制，完成绝大部分砖瓦黏土矿矿山地质环境保护与治理方案编制，完成所有砖瓦黏土矿矿山地质环境保护与治理方案编制，实现矿山地质环境保护恢复治理保证金覆盖全矿种，做到应缴尽缴，使突出的矿山地质环境问题基本得到整治，矿山生态环境得到初步改善 |

续表

| 序号 | 政策类型 | 政策文件名称 | 文号 | 出台时间 | 政策文件主要内容 |
| --- | --- | --- | --- | --- | --- |
| 5 | 强制性政策 | 南昌市“千万树木进千村”活动实施方案 | 洪府发〔2013〕50号 | 2013年 | 在原有绿化的基础上，对村域内道路、闲置地、庭院、房前屋后和周边空地实施高标准绿化或提升，力争实现“人均新增10棵，户均新增40棵树”的目标，全面改善农村居民生产、生活环境，促进农业产业结构调整，实现农村生态环境的良性循环，形成“一村一品”各具特色的生态文明村 |
| 6 | 强制性政策 | 南昌市铁路沿线造林绿化“百日大会战”行动实施方案 |  | 2013年 | 重点对昌福铁路两侧可视范围高标准实施绿色长廊建设，并对沿线可视范围内的田埂、山、路、村、镇进行综合打造，实现铁路沿线可视范围内绿化全覆盖，努力构筑“层次分明、结构合理、景随路移、环境优美、功能完备”的铁路沿线绿化网络格局，全面提升南昌城市品位和对外形象 |
| 7 | 强制性政策 | 2013—2014年“森林城乡、花园南昌”建设的实施意见 | 洪府发〔2014〕20号 | 2014年 | 实施绿道网规划，长效摆花，对省、市直单位临建违建拆除后的场地科学规划，建绿透绿，提升城市园林绿化品位，丰富城市景观色彩，打造示范区慢行交通，为城市居民提供更怡人、更多彩的休憩空间及生态景观 |
| 8 | 强制性政策 | 南昌市人民政府关于加快都市现代农业示范园区建设的实施意见 | 洪府发〔2015〕1号 | 2015年 | 在农业主导产业相对集中连片的区域，高起点、高标准、高水平建设一批主业突出、规模适度、装备精良、设施配套、技术先进、机制完善、管理科学、效益显著的都市现代农业示范园区，使之成为南昌市“菜篮子”产品的主要供给区、农业先进要素聚集区、都市现代农业示范区、农业多功能开发样板区、农产品物流核心区和农业农村综合改革试验区，进一步提升南昌市都市现代农业水平 |
| 9 | 强制性政策 | 南昌绿谷“两区一廊”现代农业与秀美乡村示范工程建设实施方案 | 洪府厅发〔2015〕108号 | 2015年 | 基本完成“南昌绿谷”总体规划，实现与产业发展规划、土地利用规划、生态环境和文化保护规划、村民建房规划相互衔接。同时规划核心区域范围内基础设施、配套设施及相关重点项目全面启动，初具规模 |
| 10 | 强制性政策 | 南昌市国民经济和社会发展第十三个五年(2016—2020)规划纲要 | 市人大审议通过 | 2016年 | 贯彻落实最严格的耕地保护制度和最节约的用地制度，加快土地利用方式转变促进经济发展方式转变，调整优化全市建设发展空间布局及其结构，实现生产空间集约高效、生活空间宜居适度、生态空间山清水秀的建设目标，加强对建设损毁耕地的复垦，提升生态环境建设水平 |
| 11 | 强制性政策 | 南昌市2016年营造林工程实施方案 | 洪府厅发〔2016〕28号 | 2016年 | 大力推进营造林工程建设，积极探索生态优先、产业支撑、文化引领的林业发展模式，力争走出一条生态与产业共进、保护与建设并举、山上与山下并重、城区与农村互动的林业可持续发展道路 |
| 12 | 强制性政策 | 南昌市绿色生态农业十大行动试点工作方案 | 洪府厅发〔2016〕94号 | 2016年 | 以绿色生态农业“十大行动”为抓手，加快转变农业发展方式，创新发展绿色生态基地，做大做强绿色生态产业，积极开发绿色生态产品，加快创建绿色生态品牌，全面建设绿色生态家园，倡导建立绿色生态制度，打造具有南昌特色的绿色生态农业样板，走出一条产出高效、产品安全、资源节约、环境友好的都市现代农业道路 |

续表

| 序号 | 政策类型 | 政策文件名称 | 文号 | 出台时间 | 政策文件主要内容 |
|---|---|---|---|---|---|
| 13 | 强制性政策 | 南昌市“十三五”都市现代农业发展规划 | 市政府发布 | 2017 年 | 以农业产业结构调整和转型升级为主线，以农民增收为目标落脚点，努力把南昌市建设成为全国知名的绿色有机农产品供应基地，基本形成产业特色明显、优质高效和持续增长的都市现代农业框架，走出一条产出高效、产品安全、资源节约、环境友好的现代农业强市建设之路，在全省率先实现农业现代化，率先实现全面小康 |

近些年来，南昌市在促进农业发展、增加林业碳汇方面，通过现代农业建设以及“森林城乡、花园南昌”建设等一系列计划的实施，有效地促进了农业发展，提高了城市绿化率，增加了森林碳汇，生态文明先行示范区建设走在了全省的前列，达到了政策的预期效果。全市耕地面积从 2006 年的 21.28 万 $hm^2$ 增加到 2015 年的 27.93 万 $hm^2$，林地面积也从 2006 年的 13.2 万 $hm^2$ 增加到 2015 年的 13.9 万 $hm^2$，森林覆盖率从 2006 年的 17.1%增加到 2015 年的 21.96%，活立木蓄积量从 2006 年的 220 万 $m^3$ 增加到 2015 年的 522.1 万 $m^3$，极大地增加了城市森林碳汇量。可以看到，南昌市在土地集约化、低碳化、高效化利用上已迈出了坚实的一步，土地利用政策体系已基本建立，且取得了很大的成效。

(八)资金保障政策

为更好推进南昌国家低碳试点城市建设，建立健全有利于低碳城市发展的体制机制，南昌市设立了低碳发展专项资金，同时出台了《南昌市低碳发展专项资金管理办法(试行)》(洪发改规字〔2015〕28 号)，对市级低碳发展专项资金的使用范围和方式、项目申报条件和程序以及专项资金的管理和监督进行了明确规定，规定资金主要用于“低碳能力体系建设，国家级、省级和市级低碳示范区域、示范基地、示范社区、示范企业的成果奖励，低碳产业、交通、建筑等示范项目相关成果奖励，对因采取降碳技术、措施而提高生产成本的适度补助等支持低碳发展的相关基础性和示范性工作。”

除了低碳发展专项资金外，南昌市在产业发展、能源利用、工业节能、绿色建筑、低碳交通、生态环境、土地利用等各个方面出台了相应的资金补助政策。如出台了《南昌市服务业发展引导资金管理办法》(洪服〔2018〕3 号)，奖励和补助对带动性强的金融保险业、现代物流业、旅游会展业等重点服务业项目的推进和企业的引进、传统服务业改造提升、现代服务业功能区块的建设、农村服务业发展的项目；出台了《南昌市旅游产业发展专项资金使用管理办法》(洪府厅发〔2014〕55 号)，资金用于旅游景区(点)建设扶持补助、旅游产业品牌奖励、旅游发展绩效奖励、旅游宣传促销等旅游产业方面的专项支出。

出台了《南昌市光伏发电项目市级度电补贴资金管理办法》（洪财建〔2014〕64号），对符合规定的新建光伏发电项目，按照其发电量每度电给予0.15元补贴，连续补贴5年。出台了《南昌市工业节能专项资金使用管理办法》（洪府厅发〔2016〕60号），用于补助企业节能技术改造项目和节能产品项目。出台了《南昌市节能专项资金(发改口)管理暂行办法》（洪府厅发〔2014〕123号），对达到绿色建筑评价标准、鼓励更高星级绿色建筑建设。出台了《南昌市可再生能源建筑应用专项资金管理办法》（洪财建〔2013〕7号），对在南昌市区内实施的新建、改建、扩建及既有建筑节能改造等工程项目中的可再生能源建筑应用项目予以补助和奖励。

出台了《南昌市2016年新能源汽车推广应用财政补助方案》（洪车办字〔2016〕2号），对2016年在南昌市范围内购买新能源汽车并在该市范围内登记注册的消费者给予车辆购置补助，对在南昌市范围内登记注册并获得生产资质的新能源汽车整车、关键零部件生产企业给予产品研发补助，对南昌市新能源汽车整车、关键零部件生产企业给予省外销售费用补助，以及对在南昌市内建设的为电动汽车提供电能补给的国产专用和公用充电基础设施建设单位(不含财政资金建设项目)给予充电设施建设补助；出台了《南昌市新能源汽车推广应用专项资金管理暂行办法》（洪府发〔2014〕39号），对新能源汽车推广给予的车辆购置补助、充电设施建设补助、安全监控服务平台建设补助、产品开发补助和省外销售补助等。

出台了《“森林城乡、花园南昌”建设工程项目资金管理办法》（洪府厅发〔2014〕70号），对在南昌市城乡开展的造林绿化活动，具体包括五条绿色长廊、五大森林公园、两条森林景观大道、两条生态花卉大道、六个互通立交、一个外环绿色通道、一个生态片区、朝阳片区的综合绿化、各城区速生树种植等城区生态绿化工程以及通道绿化工程、沿水防护林工程、滩涂原料林建设工程、灾后重建生态修复(改造)工程、生态村镇绿化工程等城郊五大生态绿化建设工程，给予包括租地费、苗木费、施工费和管护费在内工程建设费用支持。

出台了《南昌市农业综合开发大型项目扶持和资金管理暂行办法》（洪财农〔2009〕28号），支持现代农业建设，推进规模农业发展，提高农业综合生产能力和综合效益，设立专项资金对农业资源进行综合开发利用活动予以扶持。出台了《南昌市都市现代农业示范园区考核奖补方案》（洪府厅发〔2016〕133号），对拟打造的市级以上(含市级)都市现代农业示范园区予以财政补助。南昌市资金保障主要政策文件如表5-10所示。

通过资金扶持、补助和奖励，南昌市在各方面均取得了长足的进步，尤其是一些资金支持充裕的领域，设置的相关目标均得以全面实现，体现出了资金保障的重要性。围绕城市低碳发展的各个领域出台了多种多样的资金扶持、补助和奖励政策，以激励和扶持南昌市内各工业园区、企业实施低碳化发展，为南昌市的“科学发展、低碳崛起”提供坚实的后盾。

**表 5-10　南昌市资金保障主要政策文件汇总**

| 序号 | 政策类型 | 政策文件名称 | 文号 | 出台时间 | 政策文件主要内容 |
|---|---|---|---|---|---|
| 1 | 激励性政策 | 南昌市农业综合开发大型项目扶持和资金管理暂行办法 | 洪财农〔2009〕28 号 | 2009 年 | 为吸引工商资本、外商资本、社会资本投入南昌市农业产业建设，做大做强南昌市农业支柱产业，发展农村经济，促进农民就业，市政府设立农业综合开发大型项目扶持资金。为加强项目和资金管理，规范项目申报、资金分配的科学、公正，确保资金安全运行和项目顺利实施 |
| 2 | 激励性政策 | “森林城乡、花园南昌”建设工程项目资金管理办法 | 洪府厅发〔2014〕70 号 | 2014 年 | 为深入推进南昌市“森林城乡、花园南昌”建设，进一步加强南昌市“森林城乡、花园南昌”建设工程项目资金管理，规范项目申报、审核、招投标、验收、资金拨付程序 |
| 3 | 激励性政策 | 南昌市可再生能源建筑应用专项资金管理办法 | 洪财建〔2013〕7 号 | 2013 年 | 为进一步推进南昌市可再生能源建筑应用工作，规范可再生能源建筑应用城市示范专项资金管理，放大专项资金使用效应 |
| 4 | 激励性政策 | 南昌市服务业发展引导资金管理办法 | 洪服〔2018〕3 号 | 2018 年 | 为规范服务业发展引导资金管理，提高资金使用效率，根据相关规定，制定本办法。引导资金主要用于改造提升传统服务业，做大做强现代服务业，开拓发展服务业新领域，培育服务业新技术、新业态、新模式、新产业，促进我市服务业国际化、市场化、社会化和规模化 |
| 5 | 激励性政策 | 南昌市旅游产业发展专项资金使用管理办法 | 洪府厅发〔2014〕55 号 | 2014 年 | 为规范旅游产业发展专项资金的使用管理，充分发挥旅游专项资金的引导和激励作用，根据市委、市政府《关于加快推进旅游强市建设的实施意见》(洪发〔2014〕8 号)精神，特制定本办法 |
| 6 | 激励性政策 | 南昌市节能专项资金(发改口)管理暂行办法 | 洪府厅发〔2014〕123 号 | 2014 年 | 为规范市级节能专项资金管理，提高财政资金使用效益，根据《中华人民共和国节约能源法》、《中华人民共和国循环经济法》、江西省实施〈中华人民共和国节约能源法〉办法》等法律法规，制定本办法 |
| 7 | 激励性政策 | 南昌市新能源汽车推广应用专项资金管理暂行办法 | 洪府发〔2014〕39 号 | 2014 年 | 根据相关规定，2014 年起至 2015 年，设立南昌市新能源汽车推广应用专项资金，用于支持南昌市新能源汽车的推广应用、充电设施建设和技术、产业发展工作。为加强管理，提高资金使用效益，特制定本办法 |
| 8 | 激励性政策 | 南昌市光伏发电项目市级度电补贴资金管理办法 | 洪财建〔2014〕64 号 | 2014 年 | 根据《江西省人民政府办公厅关于印发加快推进全省光伏发电应用工作方案的通知》和《南昌市人民政府办公厅印发关于鼓励促进南昌市光伏发电应用工作实施意见的通知》，制定本办法。光伏发电项目指列入国家能源局和省、市年度建设计划规模的，在南昌市行政区域内建设的分布式光伏发电和独立光伏电站项目，但不含南昌市万家屋顶光伏发电示范项目 |
| 9 | 激励性政策 | 南昌市低碳发展专项资金管理办法(试行) | 洪发改规字〔2015〕28 号 | 2015 年 | 为进一步加强和规范南昌市低碳发展专项资金管理，提高资金使用效益，根据《南昌市国家低碳城市试点工作实施方案》和财政资金管理相关规定，制定本办法 |

续表

| 序号 | 政策类型 | 政策文件名称 | 文号 | 出台时间 | 政策文件主要内容 |
|---|---|---|---|---|---|
| 10 | 激励性政策 | 南昌市2016年新能源汽车推广应用财政补助方案 | 洪车办字〔2016〕2号 | 2016年 | 为促进南昌市新能源汽车推广应用工作顺利实施和产业快速发展，保持政策的连续性，根据相关规定，制定本办法 |
| 11 | 激励性政策 | 南昌市工业节能专项资金使用管理办法 | 洪府厅发〔2016〕60号 | 2016年 | 为加强工业节能专项资金的使用与管理，提高资金使用绩效，充分发挥政府资金的引导作用，进一步推动南昌市工业节能降耗工作，根据《中华人民共和国节约能源法》和《江西省实施〈中华人民共和国节约能源法〉办法》等法律法规的规定，结合南昌市实际，制定本办法 |
| 12 | 激励性政策 | 南昌市都市现代农业示范园区考核奖补方案 | 洪府厅发〔2016〕133号 | 2016年 | 为加强南昌市都市现代农业示范园区的科学发展和规范化管理，充分调动南昌市园区建设的积极性，推进园区建设进度，根据《南昌市人民政府关于加快都市现代农业示范园区建设的实施意见》（洪府发〔2015〕1号）要求，特制定本方案 |

综上所述，目前南昌市已形成了以规划和实施方案为导向、以政策条例及其他相关政策和措施为驱动、以相关的财政资金为补助的较为完整的低碳发展政策体系，为南昌市绿色低碳发展提供了有力的保障。

## 第二节　南昌市低碳发展政策的障碍

不同的政策问题所涉及的范围、问题的复杂程度以及政策问题需要目标群体行为调适量的大小都有较大差异，对政策执行效果也有重要影响。南昌市绿色低碳政策实施障碍总体上可以分为以下三种：①政策制定和其本身的科学性、合理性和适用性；②政策的持续性、稳定性以及与其他相关政策之间的协调性；③政策的执行力度、执行对象、执行环境和执行资源。

### 一、政策架构不合理

#### （一）以强制性政策为主，缺乏配套激励和自愿政策

政策的实质是某一团体为了某种目的而采取的政治措施。一个城市的绿色低碳转型和发展更离不开政府制定的政策。由于低碳发展涉及社会的方方面面，政策问题很少是独立出现的，各种问题处于相互联系中。因此，解决低碳发展问题的政策也是纵横交错在一起的，形成政策问题的网络结构。当其他领域的政策问题处在网络结构的关键点上时，低碳政策问题的解决就依赖于其他政策的实施并以其实施效果为前提条件，即“政策配套”或“政策组合”。绿色低碳发展几乎涉及全社会的各个领域，以《南昌市低碳发展促进条例》为例，制定条例的基本目

的是加强对温室气体排放的控制和管理，促进经济社会向低碳发展模式转变，保护生态环境；为做好低碳发展促进的相关工作，除南昌市发展和改革委员会作为牵头单位外，还涉及规划、城建、工信、交通、财政、统计、环境、科技、林业、园林绿化、城市管理、农业、商务、水务、教育、机关事务管理等众多部门，涉及低碳规划与标准、低碳经济、低碳城市、低碳生活、扶持与奖励、低碳监督与管理等众多领域；作为南昌市绿色低碳发展的综合性法规条例，《南昌市低碳发展促进条例》的实施是南昌市低碳政策创新的典范，作为全国最早发布条例的两个试点城市之一，其造成的影响力非常大，同时也大大增强了南昌市的绿色低碳转型的信心和决心；但要真正让条例达到设定的政策目标效果，仅看条例直接涉及的部门，就多达 20 多个，间接涉及的部门更多，加上所涉及的领域众多，政策的实施变得异常复杂，仅凭条例本身去实现“加强对温室气体排放的控制和管理，促进经济社会向低碳发展模式转变，保护生态环境”的目标非常艰难，必须要在各部门各领域实行更多的配套政策。《南昌市低碳发展促进条例》所体现出来的复杂性是低碳政策缺少配套障碍的一个缩影。

在政策结构方面，南昌市目前出台的绿色低碳发展政策，从调研中所获得的几个行业政策里大约有 120 项，强制性法律法规占了绝大多数，配套的激励性和自愿性政策相当少，激励性和自愿性政策非常缺乏。强制性政策具有目标直接、针对性强的特点，但需要鼓励性政策和自愿性政策互补，让政策更全面，更高效。

### (二)政策之间协调性差

随着社会经济的发展以及绿色低碳转型的要求，低碳政策和其他政策之间的关联度越来越高，低碳政策之间的相互协调是政策制定者和执行者必须关心的重点问题之一，厘清、整合和协调各个低碳政策之间的关系，是管理者面临的新挑战。缺乏协调性的政策，在其执行过程中，会出现政策之间行为规范的矛盾，而政策的合法性导致这种矛盾的行为规范各自都有其合法的依据，使相关政策都无法不折不扣地执行下去，最后使政策目标受损，其受损的不只是一项低碳政策目标，而是整个低碳政策系统相关的系列政策目标，最终成为低碳政策实施的障碍。政策的协调性是由政策的系统性决定的，系统是由诸多要素组成的统一整体。在一个政策系统的内部，政策要素和政策系统之间必须保持和谐的关系，才能使系统的功能得以正常发挥。政策系统作为一个协调有序的整体，就要求各项政策之间的协调，否则就会破坏政策系统的结构，使政策系统功能发生紊乱，并可能导致整个政策系统的崩溃、瓦解。政策的有效执行需要各个政策主体相互配合、相互支持。政策执行体制协调性问题包括上下级政府缺乏协调，政府内部各部门之间缺乏协调，执行者为自身利益而导致“地方保护主义”，等等。

《南昌市国民经济和社会发展第十三个五年(2016—2020)规划纲要》、《南昌市国家低碳城市试点工作实施方案》和《南昌市低碳城市发展规划(2011—2020年)》等对南昌市的非化石能源均提出了目标，而《江西省大气污染防治条例》在特殊情况下对秸秆等生物质的露天焚烧进行限制[①](由于存在煤和生物质混合燃烧的方式，锅炉用生物质在实际执行中也存在被限制的可能)，国家大环境下对内陆核电(江西彭泽核电)的限制，这两个有效提升非化石能源比例的途径被堵住，对南昌市这种缺少水电、风电、地热能等资源，仅有少量太阳能的城市来说，提高非化石能源比例的目标非常有难度，环境和生态保护目标与清洁能源改善目标之间存在不一致，导致系列政策之间的不协调。所以，单一的出台强制性政策，其中指标和政策条款很容易出现矛盾，需要对强制性政策出台相应的激励性政策，协调实施，保障落实。

### (三)目标设置无法精准定位

政策在制定时，都会有一个基本的愿景目标，详细设定目标会从实际出发、充分考虑主客观条件、符合南昌市市情和财力。目标的提出与设定，也需要从政策问题的实际出发，针对政策问题的实质和产生的根本原因，且要考虑政策的目标群体。在政策目标的设定时存在一些因素，使目标设定与愿景出现偏离，如目标设置过高或过低、定性目标与定量目标选择，偏离客观条件设置目标，主要问题包括：①政策目标无法量化；②政策具有多重目标，有些目标之间还存在着矛盾；③政策执行过程中，政策目标因客观环境的变化而发生变化；④政策制定者和执行者对政策目标解释含糊不清；⑤定量目标的设置，涉及需要年终或计划年末考核且与绩效挂钩的目标指标，易偏于保守；⑥需要资金支持或政策倾斜的指标，往往设置偏高。政策目的出现偏误，不但会直接影响政策问题的解决，导致预定政策目标落空，而且会损害政策管理者的形象，削弱管理者权威和公信力，从而为政策的实施造成障碍。

《南昌大都市区规划(2015—2030)》是南昌市一部气势磅礴、眼光长远的规划，提出的许多设想都有非常好的前瞻性和可行性。但有两个发展目标，即“至2020年，大都市区常住人口规模达到1255万人，大都市区常住人口城镇化率达到约65%，城镇人口达到815万人；至2030年，大都市区常住人口规模达到1400万人，常住人口城镇化率达到70%～75%，城镇人口超过1000万人”，和“为防止城市无序蔓延，规定南昌城市开发边界：北至桑海开发区与永修县边界，南至G60沪昆高速公路，东至塘南，西至石埠，边界范围内总用地面积约1516km$^2$”。人口和城市边界都呈飞跃发展，这对经济发展来说是非常好的条件，但是对于南

① 江西省大气污染防治条例.http://jxrd.jxnews.com.cn/system/2016/12/07/015455465.shtml。

昌市的绿色低碳转型来说，所需要的能源消费，在建筑、交通等方面造成的二氧化碳潜在排放是非常惊人的，从绿色低碳转型的角度看，这两个目标都偏激进，人口在未来 10 年内翻番，就算是计算迁入量，在目前中国人才争夺激烈、人口城镇化增速乏力的客观条件下，如此大规模的人口聚集也不合理。

### （四）边界定义含糊，相互重叠

政策问题不但在性质界限上有区别，在空间界限上也会分属于不同层次和部门。对于一个地区来说，存在不同部门的差异；对于同一个部门来说，存在不同层次的差别。因此，政策需要在不同部门、不同层次上存在变通性和特殊性，不然就容易出现界限交叉或者边界模糊。由于宏观管理体制决定，有些政策政出多门，缺乏统筹协调的机构和机制，政策制定主体之间、管理部门之间存在“权力竞争”和“利益冲突”，部分政策交叉重复、相互矛盾。有些政策属于阶段性政策，随着低碳发展的不断深入，社会和经济不断发展变化，政策不连贯或衔接不上，从而会出现政策障碍。同时，政策的含糊不清、模棱两可也会给政策执行主体带来方向上判断不准确，不仅会在实际执行中得不到有效执行，还会导致政策界限不清以及对政策误解，导致政策执行过程中出现一些不必要的漏洞，影响政策的顺利执行，甚至被人利用政策模糊来投机取巧。此外还会给政策的目标群体带来认识上的偏差与分歧，间接地给政策执行造成极为不利的影响，阻碍政策执行的顺利推进。因此，政策含糊不清、模棱两可是政策有效执行中一个不容忽视的障碍。

目前南昌市的碳排放以化石能源消费排放为主，能源控制目标与碳排放控制目标有较大的重叠，节能考核与碳强度考核存在重复考核等；产业低碳转型政策中，高新技术产业、新兴产业等专项性政策在具体边界上较为模糊；同样在制定产业发展规划时，对产业规模的描述都在“千亿级”之类的模糊概念，淘汰落后产能政策，是大部分落在宽泛的行业边界，无法形成精确分明的界限。

## 二、政策延续性不强

政策的稳定性障碍体现在政策在其有效期内难以处于稳定的状态。政策是否稳定在很大程度上关系到政策执行主体及目标群体对政策的认同和接受程度。政策实际上可以被视为管理者与相关目标群体之间的一种契约，当政策合法化后，这种契约就以合法的形式确定下来。这种契约意味着管理者以政策的形式强制规范政策目标群体的行为，当政策目标群体的行为接受了政策的约束并承担了一定的义务时，他们同时获得了相应的权利。政策的稳定性是这种义务、权利平衡的保证，这种稳定性可以使政策制定者、政策执行者与政策目标群体之间建立起持久的忠诚、信任和认同，这种良好、和谐的关系是政策有效执行的保证。政策缺乏稳定性会导致政策体系结构性紊乱，影响政策目标群体的法定权利，导致政策目标群体对执行者不信任和抵触，执行者与政策目标群体关系紧张甚至是对立，最终使政策执行无法达到预期的效果，更为严重的是这种对立极易导致执行者权威的丧失，对未来其他政策的执行也造成极大的障碍。

2009年，首届“世界低碳与生态经济暨技术博览会”在南昌市隆重开幕。大会以“节能减排·绿色生态”为主题，对探索世界及中国低碳与生态经济发展道路，搭建世界各国发展低碳与生态经济的合作平台，发挥江西发展低碳与生态经济的区域示范都显示了非常积极的作用，也是南昌市对外的一个响当当的名片。在举办了三次世界低碳大会之后，博览会变更为“世界绿色发展投资贸易博览会”继续举办，虽然大会继续举行，但是江西省和南昌市花费大量人力物力和资金打造的“世界低碳与生态经济暨技术博览会”品牌在刚刚取得一定影响力后即改弦更张，在一定程度上削弱了南昌市乃至整个江西省推进绿色低碳转型的积极形象，不免让人遗憾，政策的持续性和稳定性问题便是导致遗憾的原因之一。

## 三、政策执行乏力

在政策的生命周期中，政策执行是一个相当关键的环节，它决定了政策产生的直接效果。政策在执行过程中出现偏误，不仅会直接影响政策问题的解决，导致预定政策目标落空，还会损害执行者形象，削弱执行者的权威和公信力。在政策执行过程中存在的“上有政策，下有对策”的现象是政策执行的典型障碍之一。因此，南昌市很有必要出台相应的监督政策，建立健全监督制度体系，强化监督，责任到人，严令禁止执法不严、玩忽职守的情况发生。

### （一）监管机制缺失

政策实施监督不力，会给政策的执行造成障碍。政策执行过程中缺乏科学的监督机制，就无法保证上下级、平级之间的相互监督，更无法保证对政策实施对象群体的有效监督。政策监控是政策执行中不可缺少的环节和手段。在政策执行过程中，需要建立行之有效的风险预警机制和政策监控机制，对政策执行情况及时监督控制。政策监控机制不健全，不仅仅表现在政策执行过程中缺乏政策的监督，还体现在政策执行效果缺乏明确的考核，以及政策执行结果缺乏必要的赏罚措施。另外，有监督但是监督不力同样会造成执行障碍，主要体现在监控制度的表面化与抽象化、监控方法的非科学化。就政策执行而言，其目标责任制度、责任追究制度等是政策有效执行的制度保证，执行中出现的政策歪曲、政策截留甚至政策抗拒等现象，则是缺乏这种“刚性”的责任制度的表现。

在既有建筑绿色改造和可再生能源改造政策实施过程中，缺乏监管机制的弊端尤为明显，《南昌市推进绿色建筑发展管理工作实施细则(试行)》(洪建发〔2014〕1 号)提出“2014 年 1 月 1 日起，政府投资的国家机关、学校、医院、博物馆、科技馆、体育馆等建筑，保障性住房；单体建筑面积超过 2 万 $m^2$ 的机场、车站、宾馆、饭店、商场、写字楼等大型公共建筑；新建建筑面积 10 万 $m^2$ 以上的住宅小区按绿色建筑的标准进行规划设计、建筑和管理”，对应当按照绿色建筑标准建设的项目，在立项、设计、施工图审查、施工、竣工验收等阶段，提出具体要求，由于可以通过竣工验收来监管核实绿色建筑的实施情况，新建绿色建筑的政策目的得到了非常好的支持，但是对既有建筑的绿色改造和可再生能源改造，因为缺乏监管机制，即需要改造的建筑，无论改还是不改，政府在末端都无法采取有效的监管措施加以应对，加之缺少资金支持，改造执行力度非常弱。

### (二)执行主体不力

由于低碳政策涉及领域非常广，涉及的部门众多，庞大的政策执行群体容易滋生“交叉执法”问题，即所谓的“九龙治水”，导致的执行主体不力也是政策执行障碍之一。“交叉执法”问题大致有两种：其一“多层执法”，如同一行政执法部门对同一违规事项，不仅有辖区的市一级行政执法部门可以管，没有辖区的县市和区一级行政执法部门也同时执法；其二“多头执法”，如同一级下属的不同部门，对同一事项同时行使执法权。执行主体不力导致的政策执行障碍，有以下几类：

(1)政策前松后紧，敷衍塞责，消极执行，致使政策在执行中难以达到预期效果，有时甚至会出现负面效应。

(2)“断章取义，为我所用”选择性执行，执行主体对上级政策指令或命令进行过滤，只执行符合自己利益的部分，不符合自己利益的部分就不执行，这类执行状况在很大程度上妨碍了政策目标的实施。

(3)“土政策”附加性执行，在政策的执行中，执行主体为了自身利益在原政策的基础上自行设置“土政策”，打着因地制宜的旗号另搞一套，从而导致政策执行变形。

(4)“上下不一”抵制性执行，政策执行者对政策不认同、不接受，从而产生抵制情绪，使政策不能够执行到位，达不到预期的效果。

执行主体间的沟通与协调不畅也是政策执行障碍之一。沟通是政策执行过程中各级组织人员进行信息交流传递的过程，是对于政策目标及相关问题获得统一认识的方法和手段。有效的沟通是政策执行成功的重要条件之一，政策执行主体之间沟通或协调不畅必然成为政策执行障碍之一。

（三）政策缺少实施效果反馈

在政策执行中，畅通的信息渠道和丰富的信息来源是政策有效执行的必要条件。政策方案要保证政策执行者有畅通的信息渠道和丰富的反馈信息来源，否则无法对政策执行过程实施必要的控制，也无法从政策目标群体获得足够的政策效果反馈，从而造成政策失误和困难。政策效果反馈是执行者调整政策细节、合理选择政策阶段的重要参考信息，缺乏反馈将会使得政策实施失去适应性，无法因地制宜和与时俱进。如鼓励产业绿色低碳发展转型的资金补贴型政策，在政策之初，确实是达到了促进产业发展、壮大行业的效果，但是到了后期，产业壮大甚至饱和后，如果得不到反馈继续补贴，一是浪费宝贵的财政资金，二是造成该产业产能过剩反而伤害整个产业链。缺乏政策实施效果反馈是一个不容忽视的障碍。因此，在政策构建时必须考虑反馈机制。

（四）执行资源短缺

许多的政策执行效果受到政策涉及的地理位置、气候条件、资源状况、社会经济发展程度，以及其他一些客观条件的影响，不同政策类型呈现出不同的特点，政策的执行应体现其针对性。在现行管理体制下，区域差别化的低碳政策很难实施，政策在客观条件受到限制时，客观条件的缺陷就会成为政策障碍，其执行效果就会打折。政策执行需要充足的资源，这主要包括经费、人力资源、信息资源和权威资源，如果缺乏这些资源，政策的目标很难实现。低碳政策目标无论多么明确，规划无论多么精细，方案无论多么具体，如果负责执行的机构和人员缺乏足够的用于政策执行的资源，执行结果就不可能达到政策规定的要求。在对政策执行资源的投入过程中，基于成本效益原则，以最小的投入获得最大的产出，才能在有限的资源条件下达到政策效果的最佳化，否则就会因为资源不足导致政策目标执行无果或效果差。

南昌市属于欠发达地区，政策执行的资源相对不足，特别是资金保障资源不足已经成为政策执行的障碍之一。一方面，南昌市目前还是处于经济快速发展期，以工业为主的产业结构、以煤炭为主的能源消费结构并未改变，政府整体环境营造还是围绕经济产业的发展，而低碳政策的开展，或多或少的都会对产业和经济产生一定的影响，虽然南昌市低碳发展的理念深入人心，但当经济发展与低碳政策在实施过程中发生碰撞时，低碳政策的执行力自然就受到影响。另一方面，在资金保障上，相对沿海发达城市的比重来说比较低，绝对资金量更是无法与沿海城市相比，这对南昌市开展低碳园区、社区试点示范，产业低碳转型，绿色建筑改造等急需资金的政策非常不利，同样的政策在沿海城市和内陆城市执行效果差别明显，执行环境的差异、保障资金的不足让南昌市部分低碳政策执行过程困难重重。

## 第三节　南昌市绿色低碳发展政策制度框架的建议

南昌市现行低碳发展法律法规、制度规划等在促进与保障低碳发展方面还存在诸多不足，难以承担起向低碳化发展方向转型的重任。因此，有必要在合理的制度选择的基础上，结合南昌市实际情况，围绕南昌市低碳发展战略，完善相关领域立法，形成具有南昌市特色的、符合南昌市未来低碳发展的政策制度框架，为南昌市的低碳发展提供坚实的后盾。

基于此，参考国内外已经制定实施的低碳发展政策，本着“协调统一、延续稳定、普遍适用、强力执法、强化监督”的基本原则，结合南昌市的基本情况，建议南昌市构建如图 5-2 所示的低碳发展政策制度框架。该政策制度框架由强制性政策、激励性政策和自愿性政策三大类政策结合保障机制四部分组成，其中强制性政策包括法律法规、相关控制与排放标准、规划技术指南、碳排放强度考核制度等；激励性政策包括税费政策、碳交易政策、补贴政策及其他经济政策；自愿性政策包括低碳消费引导政策、清洁能源消费政策、信息公开政策等；保障机制包括政策执行保障机制、政策监督保障机制、政策反馈机制以及能力建设和技术支撑保障机制。

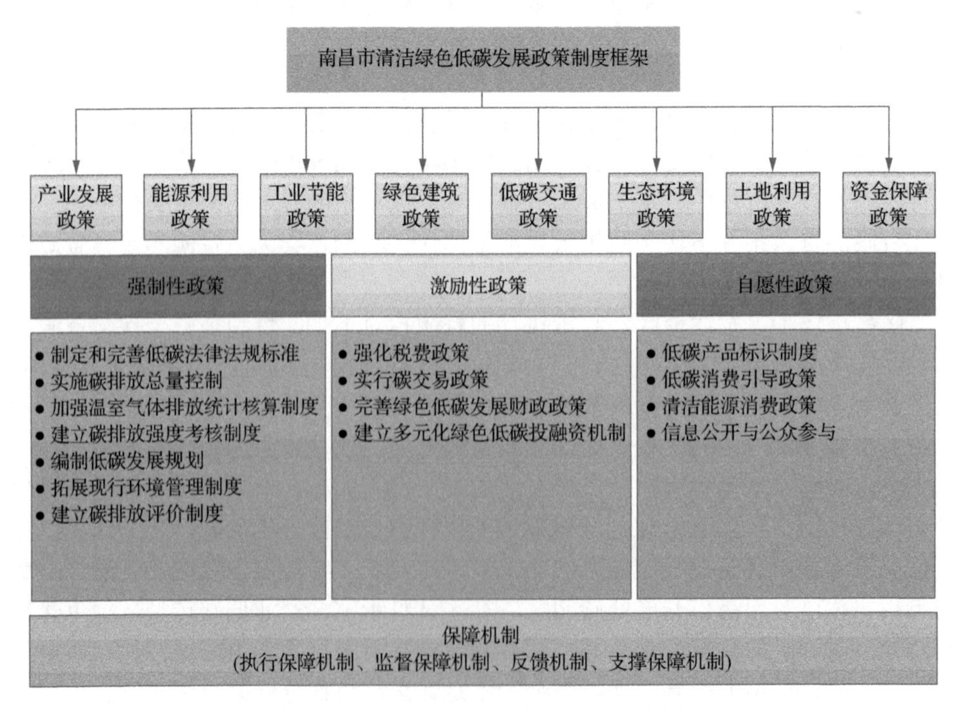


图 5-2　南昌市清洁绿色低碳发展政策制度框架

## 一、完善低碳发展强制性政策

### （一）制定和完善低碳法律法规标准

建议南昌市政府向国家申报成为征收能源税或二氧化碳税的试点城市，针对南昌市的工业领域节能减排，制定《能源税法》或《二氧化碳税法》等政策法规，将能源税或碳税纳入税收体系，以强制性的税务措施来推动高耗能、高排放企业进行节能技术改造，采用各行业先进技术，提高企业技术水平和能效水平，促使企业不断改进自身运营，投资节能设备，改善和提高企业能源管理水平。此外，为了确保能源税法或二氧化碳税法等政策法规的实施，建议南昌市政府出台《能源税法管理办法实施细则》或《二氧化碳税法管理办法实施细则》，以指导能源税法或二氧化碳税法具体如何实施，其内容应主要包括能源税法或二氧化碳税法的主管责任部门、征税的对象主要针对哪些行业企业、对哪些燃料征税、征税标准、奖惩措施等，再由市政府指定的相关责任部门负责实施此项政策，或成立新的委员会监督政策的实施；《能源税法》或《二氧化碳税法》等政策法规的制定可由相关的责任部门根据我国和江西省的法律法规制定出初步的文稿后，再寻求外部专家及社会各界的相关意见，然后开展详细研究修改，确定成本和效益水平，并根据每增加一个排放单位产生的社会边际成本和每减少一个排放单位带来的社会边际收益来确定税率；根据最新的边际成本和减排带来的边际收益来定期调整税率；根据实际情况由负责部门制定和修订征税方案。

制定低碳强制性标准。根据国家和江西省的相关规定，结合南昌市对全市企事业单位的摸排情况，制定更为严格的、各行业各部门需要共同遵守的地方低碳强制性标准，并出台相应的实施方案或者细则，以指导相关的责任部门落实该标准。针对工业领域节能减排，建议制定南昌市能源管理标准，分别通过制定能源管理规划，到编制实施方案，再进行核查步骤，并最终形成标准，指导工业设施管理人员在组织设施运营时，如何能够持续确定、把握能效改善机遇。结合南昌市建筑领域情况，制定《南昌市地方电器能效标准》，并出台《南昌市地方电器能效标准管理办法细则》，控制高能耗电器的销售，严令禁止各大商场、专卖店销售高耗能电器。由南昌市政府指定一个部门或小组负责制定并管理地方电器标准计划，根据节能潜能、技术可行性和经济吸引力确定标准所适用的目标产品，并评估单项技术的经济潜力、总体效益和成本。标准计划中采用的电器标准能效等级的测试方法可由中国标准化研究院等国家机关确定。

完善低碳经济法律法规。完善《南昌市低碳发展促进条例》，制定具有强操作性的配套规范性文件，并进行立法研究。立法研究主要包括明确立法目标、指导思想、适用范围、生产者的责任方式、政府职能及监督管理体制。对低碳经济进行立法研究有利于从整体上、动态上系统地理解和把握调整低碳经济的各种法律手段，指导低碳经济立法。同时，结合南昌市实际情况，对于涉及能源、生态、环境、资源等方面的法律法规作进一步修订，增加低碳经济的内容，如《南昌市落实大气污染防治行动计划实施细则》（洪府发〔2014〕18 号）等，抓紧修订节约用电管理办法、节约石油管理办法和建筑节能管理条例等，强化低碳经济的法律地位。

### （二）实施碳排放总量控制

建立南昌市碳排放总量控制管理体系。运用碳排放全流程管理的理论和方法，建立覆盖项目层面、生产层面以及产品层面的全覆盖碳排放管理体系。在项目建设初期通过行业准入标准的方式拒绝高能耗、高排放项目的建设；在生产过程中，建立行业排放标准；在产品层面实施低碳标识及认证制度。建立和完善总量控制法律基础、排放数据报告、监测核查、立法、监测、统计、评价和考核等配套制度。

制定《南昌市碳排放总量控制方案》。从南昌市当前的碳排放水平出发，针对碳排放总量控制目标要求，本着“分阶段、分步骤、分行业”的总体思路，制定碳排放总量控制时间表和路线图，确定分阶段的碳排放总量和削减量，遵循控制—削减—再控制—再削减的程序，将碳排放总量逐步削减到预期目标，实现能源结构变革和绿色低碳转型。

制定《南昌市碳排放总量控制实施细则》。确定南昌市主要行业碳排放总量控制目标，根据区域产业结构特点和发展阶段进行目标分解。在生态脆弱的区域和有淘汰落后产能需求的区域，必须严格控制碳排放总量控制目标。由南昌市政府成立领导小组，实施碳排放考核制度，保障碳排放控制措施落到实处，对高耗能产业和过剩产业实行能源消费总量控制强约束，其他产业按先进能效标准实行强约束。鼓励企事业单位和居民使用可再生能源，增加可再生能源发电装机容量，支持分布式能源站项目建设，到 2025 年实现非化石能源使用比重提高到 15%的目标。

### （三）强化温室气体排放统计核算制度

建立并完善南昌市碳排放统计平台，加强市、县（区）两级和重点行业碳排放统计能力建设。建立和完善企业能源管理体系和能源审计制度，加强碳排放统计核查基础建设，逐步建立和完善碳排放第三方核查体系，构建可测量、可报告、可核查碳排放统计核算体系。分行业定期公布碳排放数据，加强预警监测，合理调控，切实控制碳排放总量。

强化南昌市温室气体排放统计核算制度。第一，形成报告制度，在现有统计制度的基础上，将南昌市温室气体排放基础统计指标纳入政府统计指标体系，建立健全南昌市温室气体排放基础统计报表制度；第二，建立核算制度，根据数据来源公正权威、核算方法科学合理、核算过程透明的原则，采用江西省温室气体排放清单核算方法，核算南昌市温室气体排放量以及温室气体排放强度降低目标完成情况，包括单位 GDP 二氧化碳排放年度降低目标和累计进度目标；第三，建立审核与评估制度，由市生态环境局牵头，由市直相关部门和科研机构组成南昌市温室气体排放统计指标数据审核与评估小组，对统计指标数据进行审核与评估后，报市政府确认；第四，建立数据发布与管理制度，经市政府确定后的应对气候变化统计指标数据由市统计局、市生态环境局以公报形式视情况择机发布，并报送省生态环境局和省统计局。

### （四）建立碳排放强度考核制度

建议南昌市开展温室气体清单编制、碳排放峰值路线图、低碳发展技术路线图等研究，制定南昌市控制温室气体排放目标责任评价考核制度和办法。针对目前考核制度现状，可从以下三个方面着手建立碳排放强度考核制度：

(1)控制能源强度指标，提高能源利用效率。由南昌市发展和改革委员会、工业和信息化局、统计局共同督办，建立能源消耗统计体系。南昌市管辖范围内的企业都必须提交年度能源消耗报表，内容包括能源种类、消耗总量、企业生产总值等，由南昌市发展和改革委员会、工业和信息化局根据年度规划对生产企业能源强度指标进行考核，督促企业提高能源利用效率，强化能源强度约束，推动经济的节能、低碳发展。

(2)优化能源结构，提高非化石能源的消费比重。由南昌市发展和改革委员会制定南昌市能源发展规划和非化石能源的消费比重目标。由南昌市发展和改革委员会、工业和信息化局出台化石能源替代政策，鼓励南昌市加快技术改造，使用太阳能、生物质能等非化石能源，对落后传统工艺实施强制性淘汰，并根据政策考核非化石能源利用和消费比重，以更好地推动南昌市碳排放强度的下降。

(3)制定碳排放强度考核体系。由南昌市生态环境局制定碳排放强度控制政策，明确南昌市碳排放强度控制指标。再由市工业和信息化局根据企业每年上报市统计局能源消耗报表，考核能源消费强度、非化石能源的消费比重和碳排放强度，对未达标的企业进行技术改造建议或停业整顿处罚。

### （五）编制低碳发展规划

编制《南昌市低碳发展规划(2021—2025 年)》，南昌市作为全国第一批低碳试点城市，试点实施方案只规划到了 2020 年的目标任务，而且很多发展内容急需更新。为了体现与时俱进精神，保持科学发展观，南昌市应该将低碳城市发展的中长期规划进行制度化，建议每五年进行一次规划编制和更新。将进一步优化产业和能源结构，强化低碳观念，构建各领域清洁绿色低碳发展框架，包括低碳产业、低碳交通、低碳建筑、低碳能源、低碳生活等领域的发展路径和实施举措，建立健全低碳发展法规保障体系、政策支撑体系、技术创新体系和激励约束机制，实施一批清洁绿色低碳发展的重点支撑项目等内容纳入低碳发展规划中，并结合南昌市当前的实际情况，提出南昌市中长期低碳发展的战略目标。

围绕《南昌市低碳发展规划(2021—2025 年)》，编制工业、能源、建筑、交通、产业、环境等领域的专项规划，建立资金保障制度和监督考核制度。在工业领域，制定工业差别电价发展规划和能效考核制度，根据淘汰类、限制类、允许类和鼓励类对南昌市各行业企业进行详细分类，对各类企业实行差别电价；在能源领域，制定太阳能光伏利用发展规划、生物质能(沼气和成型燃料)利用发展规划、风能、地热能等新能源发展专项规划，以及变压器更新升级计划；在建筑领域，制定光热、地热被动采暖式建筑发展规划，发展建筑一体化可再生技术；在交通领域，制定综合交通规划，优先向低碳类运输方式和基础设施拨付资金，推动非机动化交通；在产业领域，优先发展十大战略性新兴产业，制定生物医药产业发展规划和先进装备制造业发展规划；在环境领域，修订大气污染防治规划。

### (六)拓展现行环境管理制度

环境管理机制是环境管理机构管理权限的分配、职责范围的划分及运行和协调的机制。拓展环境管理制度关键在于强化管理、保护和改善环境、发展环境保护事业，是实现环境法律制度目的的重要途径。建议南昌市从以下几个方面拓展环境行政管理制度：

强化市政府各部门职责分工。提高市生态环境局层级，建立合理的环境职能分工，实现部门间的职能优化；由南昌市低碳发展办公室，负责协调部门间政策的实施性。

优化权力机构监督机制的建设。完善南昌市人大城乡建设环境保护委员会的职责，强化环境审计制度，加强对政府职能部门履行环境职责方面的监督和指导，促进政府低碳发展理念的转变，保证政府主导性功能的实现。

设立独立性的环境咨询机构。由南昌市政府组建独立性的环境咨询机构，或者授权给已经具有雄厚实力的科研机构，在提高环境研究多方参与的基础上，增强环境决策依据的科学性和客观性。同时，对环境咨询机构建立扶持机制，保障科研的基本经费，为优化环境研究、评估、咨询等社会服务体系的构建提供良好基础，进而为提高环境治理的公众参与度做好准备。

构建司法监督机制。由南昌市政府授权的第三方机构研究国外环境公益诉讼等新型诉讼，兼顾低碳经济发展的司法保障需求，再将研究成果提交南昌市政府司法部门，由南昌市构建符合低碳经济发展的司法保障机制。

### （七）建立碳排放评价制度

成立南昌市低碳城市建设评估小组。由南昌市低碳试点办牵头，邀请应对气候变化和低碳领域的专家，对城市规划不同阶段的碳排放进行测算评估。

建立规划碳排放评价制度。通过南昌市城市发展规划和专项发展规划进行碳评估，根据不同规划节点测算的碳排放情况，结合国家碳排放管理相关政策、研究报告以及打造低碳、零碳排放示范区等相关要求，提出南昌市减少或者避免碳排放的替代措施建议，分析措施的可行性。对造成较高碳排放的、与国家低碳发展预期不符的规划予以调整或增加碳减排措施。通过探索低碳城市规划制度的建设，将低碳规划评估中的成功经验提炼，形成较为可行、有效的低碳评价制度。

建立项目碳排放评价制度。在南昌市项目建设之前，通过对其碳排放情况进行评价，设置一定的排放准入标准，进而实现对碳排放“增量”的有效管理。在控制排放总量的前提下，对南昌市的新增项目碳排放进行管制，推动已有项目的优化调整，南昌市政府可以通过碳排放置换的方式促使企业加快技术更新。对新建设项目实行碳排放评价制度，不仅可以分析评价重大建设项目的碳排放影响，还有利于促进低碳技术的推广与应用，吸引公众参与，强化社会监督。

另外，由于项目碳排放评价制度是在建设项目前端对排放量进行测算，理论测算与企业实际运行情况存在较大差距，通常也没有对企业工艺技术和管理规范制定明确要求，所以需将碳排放评价制度和排放许可证制度结合起来，确保排放许可审核必须在建设项目审批的前端进行，如果企业没有碳排放许可证，就不得开工建设，将企业总量审核和碳排放评价工作结合起来，才能实现对新建项目碳排放的有效控制和管理。

## 二、建立低碳发展激励性政策

### （一）强化税惠政策

建议南昌市修订《资源税征收管理暂行办法》，并设置高起点，调高资源税税率，通过税率的差别化及税目细化引导绿色消费。完善资源税减免实施细则，对新能源企业、发展循环经济的企业、环保绿化的企业实行减免税、费用扣除、加速折旧、投资抵免和提取投资风险基金等税收优惠政策。

适时出台能源税法或二氧化碳税法的配套政策，由责任部门将税收用于资助、扶持、补贴以及奖励能效项目或减碳项目，对达到指定节能目标或减排目标的企业给予财政退税，或追加政府财政预算，或是几种用途相结合。该政策还可与其他工业节能政策结合使用，如能源审计、工业节能行动计划、低碳工业园投资和燃料转换项目投资。

出台《可再生能源减免税实施方案》，鼓励企业生产可再生能源，鼓励用户消费可再生能源。减免税政策可从投资、生产、消费三个阶段进行制定：①投资税减免政策。对投入太阳能、地热能、生物质能、风能等可再生能源技术研发方面的资金，可以在当年的所得税中抵扣。对于制造、研发、安装、重置符合条件的可再生能源设备项目投入的资金，都可以给予投资税抵免。②生产税抵免政策。生产税收抵免根据发电量计算，制定风电、封闭式生物质能发电和地热能发电的扣除标准，同时延长可再生能源的生产税抵减期限。③消费税抵免政策。支持发展清洁能源技术，对购买清洁能源产品的国内公众给予直接或可转换税收减免优惠。

### （二）实行碳交易政策

运用市场机制推进实现南昌市碳减排工作。按照国家制定的交易规则与交易系统，鼓励南昌市重点企业积极参与碳市场，强化认证管理，落实第三方核查制度，严格交易监督，规范碳交易市场秩序。

运用政策杠杆推动形成交易需求和交易环境，采用碳排放自愿市场交易与约束市场交易组合的方式落实碳交易工作。号召和倡导部分企业在自愿基础上购买配额，从而实现企业社会责任、品牌建设、社会效益等非营利性目标。待条件成熟后，逐步开展约束市场交易，约束市场主要以市政府为主导，受法律约束，参与主体必须参加碳交易。

严格交易管理，明确生产、交易、计量标准，制定市场交易规则，强化认证管理，落实第三方核证制度，设计科学有效的路径，推进碳交易有效执行。由南昌市政府相关部门根据各自职能分工协助碳交易管理机构对碳交易进行监督，并在交易后负责监测与报告。

在省政府部门对碳交易市场进行宏观引导、市政府进行有效监管下，保障碳交易顺利进行，维护市场秩序。成立由政府监管部门、碳交易市场管理机构和交易平台组成的三级监管体制。南昌市政府部门参照国家碳交易管理办法实施，对碳交易进行管理、调控和监督；碳交易市场监督管理机构对碳交易的协调和监管；交易平台制定交易环节、结算环节、交割环节和违约处理等方面的制度等。

### （三）完善绿色低碳发展财政政策

当前，南昌市主要依靠中央的一般转移支付来支持地方低碳经济发展。但是，随着南昌市环保投入力度的加大，政府财力根本不足以支撑低碳产业的进展和新能源技术的研发。因此，南昌市政府应积极向中央财政申请低碳专项资金或者节能减排专项资金，以支持南昌市的低碳发展和节能减排工作。同时，南昌市政府加大对绿色低碳发展的财政补贴力度，一方面可对资源循环利用项目和企业增加低息或贴息贷款额度，支持节能项目顺利开展，另一方面也可对基础设施和公共建筑的节能改造进行补贴，扩大政府补贴范围。

南昌市政府应加大对工业企业、工业能效贷款和创新基金的投入力度。由南昌市政府与银行或独立的非营利公司协商，针对节能技术和措施提供低利率贷款，由银行或独立的非营利公司发布申请指南和标准，在确定设备或措施是否具备资格或发布合格技术清单之后，向具备资格的设备和措施提供能效贷款和创新基金。申请者只需要提交必要的申请文件，经过考察核实后，就可以获得相应的能效贷款和创新基金。由南昌市政府联合银行或独立的非营利公司成立专门的监察机构，监测已经发放的贷款或基金使用情况，并积极跟进申请者的节能改造工作进度，同时开展定期评估活动，确保贷款和基金的高效利用。

对南昌市满足或高于建筑标准的新建筑发放补贴，对能效标准高于现行建筑能效标准的新建项目可以享受多项补贴，通过这种补贴可以引导和鼓励建筑开发商和业主采用节能型设计、技术和方法，使用节能型设备、电器、材料和产品，在建筑的设计、施工和运行阶段实施节能型运行和管理规范。

### (四)建立多元化绿色低碳投融资机制

低碳经济的发展离不开大量资金投入，因而需要建立健全投融资机制保驾护航。目前低碳经济投融资渠道是多元化的，主要有政府财政资金、金融机构贷款、企业自筹资金、CDM(清洁发展机制)项目融资等。

健全政府主导的投融资机制。在南昌市政府主导下，制定完善的投融资法律体系和连贯的政策措施，充分发挥财税政策的调控作用。第一，加大低碳经济的财政投资；第二，建立地方绿色税收制度，鼓励企业增加节能减排投资；第三，建立地方政府低碳经济发展基金，支持低碳环保项目、环境监管信息系统建设；第四，创新财政贴息贷款模式，鼓励银行支持低碳经济项目和碳排放权交易发展。

鼓励绿色信贷融资。银行信贷是我国资金配置的主要渠道，加强银行信贷支撑对于低碳经济发展具有基础性作用。南昌市政府可以与相关银行协商，让银行部门加大政策性银行的融资力度，重点支持低碳经济基础设施建设等；贯彻落实国家绿色信贷政策，扩大商业银行绿色信贷业务，建立节能减排贷款绿色通道；加强低碳投资产品及金融服务创新，如以排污许可证作为抵押品进行融资、为CDM 项目提供资金清算服务等，通过开发新的金融工具降低节能减排项目的融资风险。

积极拓宽商业融资渠道。南昌市政府可以考虑通过政府多边基金、银行以及多边组织为 CDM 项目融资；充分利用国际市场融资，争取国际金融机构贷款，争取外商投资设厂；合理运用项目融资方式，鼓励发展风险投资基金，在加强政府监管的基础上，积极吸引民间投资。

完善低碳经济投融资激励机制。南昌市政府要充分发挥财政资金贴息的杠杆作用，通过实行财政贴息等政策，加大对低碳产业的信贷扶持力度。此外，南昌市政府可以与银行管理相关部门进行协商，将支持低碳经济的因素纳入商业银行业绩评价体系。同时，积极构建支持节能减排的税收体系，通过税收调节，提高高能耗产品的成本；对生产低碳环保设备及使用低碳环保技术的企业，给予税收优惠或财政补贴；通过税收优惠，鼓励民间资本投资绿色产业。

## 三、构建低碳发展自愿性政策

### (一)低碳产品标识制度

根据国家发布的《节能低碳产品认证管理办法》以及江西省的相关规定，制定《南昌市低碳产品认证与评价管理办法》，明确低碳产品认证目录、认证规则、认证证书的制定发布主体，低碳产品认证的实施程序，对认证证书和标志的管理等内容。通过低碳产品认证的手段，促进南昌市相关产业低碳化发展，吸引企事业单位和个人在生产和消费环节积极参与到低碳发展中来，引导和鼓励市民选择经过南昌市低碳产品认证的低碳产品，从而促使产品生产企业积极开发低碳产品生产技术，最终达到减少温室气体排放的效果。

建立与南昌市工业产品相结合的低碳产品系列地方标准(即认证规则的标准化)，促进南昌市相关产品生产企业积极向有资质的认证机构申请低碳产品认证，如智能手机元件、LED电子器件、高效节能电机、副食品等产品低碳标准。并在实施低碳产品认证的基础上，进一步探索产品碳足迹标识制度，通过碳足迹核算产品全生命周期的温室气体排放，帮助相关企业发现其产品高环境代价的环节并进行改善，为企业发现降低财务成本和环境成本的潜力。

### (二)低碳消费引导政策

建立绿色税收政策。对所有产品征收碳税，并按照碳排放量高低设置差额税收标准，引导消费者购买低碳类型的产品；对低碳技术开展减免税优惠政策，南昌市政府可以对可再生能源领域投资、环境影响小、节约能源的新产品的开发投资、能降低能耗的新工艺开发的企业给予资助，对生物质能源系统给予优惠，对高效率工业电机减免税收，对高效率家电减免税收等；鼓励消费者使用节能设备和购买节能建筑，对新建节能建筑实施减税政策。

在制定《南昌市低碳产品认证与评价管理办法》的基础上，以低碳产品认证制度来促进南昌市企业技术产品结构升级和节能减排，引导公众绿色消费意识，推进南昌市经济向低碳经济模式转型，为南昌市实施低碳产品认证制度提供法律依据。

制定政府“低碳采购”政策，通过行政干预下级各级政府机构的采购行为，促进在政府采购中优先考虑对环境负面影响较小的低碳环境标志产品。要求审计机关对各级政府机构购买的产品情况进行检查，制定针对政府采购行为的相关管理办法和惩罚措施。

制定低碳产品消费鼓励政策，对低碳产品采取政策和税收方面的优惠，鼓励消费者购买，从而降低单位产品的生产和使用能耗。

### (三)清洁能源消费政策

完善天然气消费机制。降低天然气价格，减少供气中间环节，尽量压缩天然气供应中间环节，减少供气层级，有效降低各环节输配费用；深化天然气价格改革，完善居民用气定价机制，加强天然气管道运输和配气价格监管，制定南昌市天然气监督制度，建立健全成本监审制度，推行成本信息公开，强化社会监督，对能效合格的用户取消阶梯气价制度；完善天然气多联产发电价格机制，积极争取中石油、中石化等上游天然气销售企业支持，给予门站价格优惠，完善气电价格联动机制，积极采取财政补贴等措施疏导天然气发电价格矛盾，研究推行非居民用户季节性差价、可中断用户气价、应急调峰储气等价格政策。

制定差异化的可再生能源财税政策。政策应结合各行业能源替代率现状，促进各行业可再生能源消费平衡发展；政策应根据南昌市的资源禀赋，因地制宜，基于全生命周期定量评估各种类型可再生能源消费的成本和效益，多元化发展。完善可再生能源发展基金的管理，制定适合可再生能源发展的财政税收政策，减少挤出效应。支持和鼓励技术扩散，与欧盟开展可再生能源技术合作，充分发挥规模和学习效应。

### (四)信息公开与公众参与

建立和实施南昌市重点企业碳披露制度，建立统一的碳披露规则，促进南昌市重点企业建立碳排放管理制度，增强重点企业碳排放信息的透明度。发挥重点企业的先行示范作用，引导更多企业积极主动参与市政府的碳减排政策，培养企业碳排放规划与管理的意识和能力，变减排约束力为提升企业低碳发展水平的驱动力。

发布《南昌市关于碳普惠制核证减排量管理办法》，运用“互联网+低碳”的模式，创建南昌市“碳普惠制”机制，为市民和小微企业等节能减碳行为进行减碳激励。以南昌市政府引导、市场运作、全社会参与的方式，鼓励社会公众践行低碳行为实现减排。在南昌市设立碳普惠公共服务平台和微信公众号，并进行推广。在碳普惠平台的注册用户节约水电气、乘坐公交车等低碳行为可通过平台计算出减碳量，换算成“碳币”或“碳积分”奖励给用户用于实际消费或换取优惠，实现对市民低碳文明生活方式的客观记录、自动积累和有效激励。

## 四、制定政策保障制度

### (一) 建立健全执行保障机制

建立一套切实可行的政策执行保障机制。本着“公开、公平、公正”的执法基本原则，从立法、明确责任主体制度、落实责任人制度、成立协调工作组、考核评估机制以及奖惩制度等多个方面，建立完整的执行保障机制体系，确保各项政策能落到实处。

制定南昌市政策执行相关条例，根据条例“具体化，细则化”的思路，明确制定条例的因由、条规及实施说明，明确各方权力关系和责任分工，提高政策执行过程中的信息透明度，严厉政策执行的责任追究制度，明确独立的政策执行监督机构，让政策执行人员在执行政策法规的过程中有法可依、有据可查。明确政策执行责任主体制度，强化责任意识，明确各政策的具体执行实施主体，避免在落实和出现问题时找不到责任主体，出现互相推诿的情况。层层传导压力，形成主要责任人抓全面负主要责任，负责分解政策落实所需的各项资源，其他分管人员负责确保各方面政策落实的工作责任机制，确保落实责任时可以明确到个人。

成立协调工作组，从南昌市政府下属各机构中抽调人员组成专门的协调工作组，主要负责政策执行过程中组织协调各部门的资源，切实解决政策执行过程中出现的涉及多个部门责任的问题，确保政策执行中需要哪个机构出面解决问题就能找得到相关机构的负责人员。

全面实施政策执行考核评估机制，对照政策规定的工作目标或标准，成立咨询机构、专家学者及社会各界代表组成的考核评估工作小组，采用书面汇报、经验总结、工作汇报、座谈研讨以及现场考评等多种多样的考核评估方法，考核评估政策执行工作任务完成情况、相关责任单位责任人员工作职责履行程度，并将考核评估结果上报给南昌市政府。

完善政策执行奖惩制度，对政策执行过程中表现优秀的责任单位和个人予以经济上、政治上、荣誉称号上等精神上和物质上的奖励，对政策执行过程中存在明显问题、互相推卸责任的责任单位和个人予以处罚甚至追责，从而在政策执行中呈现“你追我赶、不甘落后”的态势。

### (二) 完善政策监督保障机制

制定《南昌市政策实施监督保障条例》，促进政策实施相关行政机关能积极、主动地履行好南昌市政府出台和制定的各项政策措施，增强政府工作的透明度，从法律法规基础层面确保对政策实施开展监督工作的合理性和合法性。

制定低碳资金使用管理办法，确保各项低碳发展资金能切实落到实处，加强低碳项目和低碳发展资金管理，规范项目申报、资金分配的科学、公正，确保资金安全运行和项目顺利实施，放大专项资金使用效应，提高资金使用效率。

实施领导监督、部门监管机制，配合责任主体制度和责任人制度，督促各主体责任单位及主要负责人提高责任意识，加强监督，从而实现层层落实，层层监管，层层追责，全方位落实南昌市政府出台的各项政策法规。

公众监督，通过社会宣传、舆论监督以及公众举报等多种方式，充分发挥社会民主的监督作用，准确反映问题，切实推动工作落实，曝光政策执行过程中出现的违法违纪、不作为等行为。充分肯定人民群众在监督工作中的重要地位，重视人民群众监督的热情和斗志，建立健全人民群众参与监督的机制，督促各级政府机构把自己的事情做好、做扎实、做透明、做阳光，体现出政府机构的胆量、魄力和公信力。

### （三）构建政策反馈机制

构建政策反馈机制，建立政策制定、政策执行、政策监督全覆盖的政策反馈机制体系，充分发挥社会各界人士的智慧和力量，听取社会各阶层人士的建议和意见，从而实现高质量、高标准的制定政策、执行政策、监督政策实施。

在政策制定阶段，建立政策制定反馈机制，出台相关的意见反馈办法或者方案，提高政策制定的民主化程度，充分整合各方利益，使执行机构的价值取向与政策的价值趋向尽可能的一致，提高政策的可操作性，减少政策执行弹性，提高政府的权威性，加大政策执行的控制力度。同时，还要提高政策决策者的素质，增强决策理念的科学化水平，尽量避免出于震慑和煞风形式的政策。

政策执行过程中，建立宣传监督反馈机制，出台相关的反馈方案或办法，加强宣传，保证宣传到位，没有死角。同时，明确各方权力关系和责任分工，提高政策执行过程中的信息透明度，严厉政策执行的责任追究制度，明确独立的政策执行监督机构。此外，政策执行过程中也要给民众提供多渠道的参与途径，从而使得各方在利益和价值互动中了解与认同政策。

政策监督方面，利用网站或者其他平台，解决政策实施监督过程中暴露出来的政策问题，综合各方面的意见，群策群力，问政于民，利用群众的智慧来解决政策出现的各种问题，并及时修订相关的政策法规，让政策法规顺应时代潮流。

此外，每隔一段时间要全面清理南昌市各级政府机构出台的各项工作制度和规定，对一些过时的政策法规要予以废止，对一些不适应新情况、新形势、新任务的政策法规要及时予以完善和修订，以适应南昌市低碳发展的需求。

(四)能力建设和技术支撑保障机制

制定《南昌市低碳发展能力建设实施意见》，界定能力建设范畴，明确能力建设培训对象、培训内容、培训目标及考核方式，强化社会各界人士对低碳发展的意识，在政府部门、企业、社区和农村中广泛开展形式多样的低碳教育培训活动，如专题讲座、研讨会、经验交流会、成果展示会、典型案例报告会或低碳技术交流会以及活动周、活动日、知识竞赛等。

建立合作交流机制，制定出台相关的合作交流办法，为合作交流提供后勤保障。与国内外先进的低碳城市和低碳相关机构进行合作交流，组织政府机构相关人员、企业代表、专家学者采用走访、座谈、听取汇报等方式交流学习国内外优秀的低碳发展经验。

制定低碳技术人才和低碳技术团队培养规划，出台低碳人才和低碳专业团队引进管理办法，加大战略性新兴产业领域科技人才的培养力度，培养和引进低碳领军人才和低碳专业团队，设立人才专项资金。加强科研机构、高校与企业的交流合作，培养与开展低碳城市试点工作相关的专业技术人才和管理人才。

充分调动低碳试点城市专家咨询组的积极性，出台低碳试点城市专家团管理办法，及时引进国内外各界低碳专家加入南昌市低碳试点办专家团队，提供相应的平台，让专家团的人员能够充分的表达对南昌市低碳发展的建议和意见。同时，可以仿照人大、政协工作制度，制定低碳试点城市专家团参政议政制度，让专家团的意见和建议能真正进入南昌市委、市政府高层的耳中。

# 第六章　南昌市低碳城市建设实践案例分析

我国正处在新型城镇化快速发展的阶段，城市是经济发展和区域增长的重要引擎，也是绿色低碳发展道路的主要探索者和实践者。低碳城市是以低碳的理念重新塑造城市，城市经济、市民生活、政府管理都以低碳理念和行为特征，用低碳的思维、低碳的技术来改造城市的生产和生活，实施绿色交通和建筑，转变居民消费观念，创新低碳技术，从而达到最大限度地减少温室气体的排放，实现城市的低碳排放，甚至是零碳排放，形成健康、简约、低碳的生活方式和消费模式，最终实现城市可持续发展的目标。作为国家首批低碳试点城市，南昌市通过建立低碳发展的体制机制、构建低碳产业体系、推进低碳重点领域建设、倡导绿色生活等措施，初步形成了以低碳立法为引领、以生态为导向，构建以低碳产业、低碳能源、低碳交通、低碳建筑、低碳生活为核心的城市绿色低碳发展模式。目前，低碳城市建设工作已深入推进，工业、交通、建筑等重点领域碳排放控制取得初步成效，城乡低碳发展基础能力逐步增强，低碳重点项目建设稳步推进，碳汇能力有所提升，支持低碳发展的政策法规体系基本建立，技术创新体系和激励约束机制、控制温室气体排放的体制机制趋于完善，低碳消费理念和行为方式成为全社会共识。本章主要介绍低碳立法、LED 产业发展、清洁能源利用、低碳示范园区建设等案例，对南昌市低碳城市建设进行实践分析，为未来南昌市低碳城市建设提供参考和指导。

## 第一节　南昌市低碳立法实践

2016 年 4 月，南昌市人大审议通过了《南昌市低碳发展促进条例》，并于当年 9 月施行。条例共 9 章 63 条，包括总则、规划与标准、低碳经济、低碳城市、低碳生活、扶持与奖励、监督与管理、法律责任和附则，其立法目的聚焦于依法构建城市低碳发展的体制机制，依法巩固城市低碳试点好的做法与经验探索，依法拱卫南昌“森林大背景、空气深呼吸、江湖大水面、湿地原生态”的生态文明建设成果，为城市低碳发展提供法律保障。

### 一、制定低碳条例的必要性

气候变暖是全人类面临的共同挑战，向低碳发展转型，是我国应对气候变化、转变增长方式的必然选择，是建设资源节约型和环境友好型社会的重要内容。低碳发展是一种以低耗能、低污染、低排放为特征的可持续发展模式，对经济和社会的可持续发展具有重要意义。南昌市探索低碳发展道路一直走在全国前列，2010年，南昌市被国家列为第一批低碳试点城市。低碳发展已经成为南昌具有国际影响力的城市品牌，世界低碳与生态经济大会暨技术博览会已经在南昌市成功举办了三届，得到了国家部委的高度重视和大力支持，清水、森林、湿地已经成为南昌城市核心资源。制定《南昌市低碳发展促进条例》，通过制度设计和顶层设计，对破解南昌市资源环境约束，进一步转变发展方式，拓展绿色发展和可持续发展的道路，实现经济社会的全面、协调和可持续发展，具有显著的现实必要性。

一是深入推进国家低碳试点城市的要求。南昌市被列为第一批国家低碳试点城市后，国家明确要求，南昌市要通过开展国家低碳城市试点工作，全市二氧化碳排放强度明显下降，经济发展质量明显提高，产业结构和能源结构进一步优化，低碳观念在全社会牢固树立，低碳发展法规保障体系、政策支撑体系、技术创新体系和激励约束机制建立完善，形成具有南昌市特色的低碳城市发展模式，创建全国低碳发展示范城市。以此为指导，有必要开展地方低碳立法固化南昌市低碳发展好的做法，倡导全社会共同努力创建有全国影响的低碳示范城市。

二是推进生态文明建设的要求。党的十八大将生态文明建设提升到中国特色社会主义事业五位一体的总体布局高度，要求着力推进绿色发展、循环发展、低碳发展。中共中央政治局2015年3月审议通过的《中共中央国务院关于加快推进生态文明建设的意见》中更是明确要求，要坚持把绿色发展、循环发展、低碳发展作为基本途径。2014年，江西省被国家列为生态文明先行示范区，定位为中部地区绿色崛起先行区、大湖流域生态保护月科学开发典范区、生态文明体制机制创新区。省委十三届十一次全体(扩大)会议要求全省要把思想行动统一到习近平总书记的重要指示精神上来，深刻认识绿色崛起的重要性和紧迫性，制定绿色规划、发展绿色产业、实施绿色工程、打造绿色品牌、培育绿色文化，实现经济发展、环境增值、生态提升、社会和谐、人民幸福。推进地方低碳发展立法，是南昌市全面落实党中央、省委关于生态文明建设要求的具体行动，也是南昌市在加快推进南昌市生态文明先行示范区建设的一大战略举措。

三是转变发展方式，实现南昌市可持续发展的要求。在低碳发展的世界潮流中，谁先掌握低碳技术、低碳品牌和低碳标准，形成较低成本的低碳产业，生产被消费者认可的低碳产品，谁就抢占了新的市场制高点，拥有了新的竞争优势，形成了可持续的竞争力。与沿海经济发达城市相比，南昌市经济欠发达，但发展速度较快，生态环境优势明显。在工业化、城市化快速发展进程中，要保持又好又快发展态势，必须进一步转变发展方式，拓宽绿色发展和可持续发展的道路。加快南昌市低碳发展立法，有利于锁定绿色发展模式，构建支撑南昌市持续崛起的战略产业，促进经济结构和产业结构调整升级，同时优化能源结构，提高资源、能源利用效率，实现经济与生态更大的双赢。

## 二、条例起草过程

2014年南昌市人大常委会批复同意将《南昌市低碳发展促进条例》立法调研项目，并由南昌市发展和改革委员会负责起草，同年10月市人大财经委会同南昌市发展和改革委员会及市法制办赴苏州、无锡、宜兴学习调研。2015年正式列入市人大常委会立法建议项目。2015年南昌市委将《南昌市低碳发展促进条例》立法列为市委中心工作。南昌市发展和改革委员会于2014年12月开始着手起草，为做好条例的起草工作，南昌市发展和改革委员会开展了大量调查研究，成立起草小组，邀请专家开展立法技术咨询，多次赴江苏、深圳、吉林、晋城等全国低碳试点城市开展学习考察和立法调研，并与市内有关园区和企业代表进行多次座谈。在多次征求专家学者、市直有关部门意见与建议的基础上，南昌市发展和改革委员会于2015年7月形成初稿并报市政府。市法制办进行了多次修改，并征求市直有关部门意见。2015年9月召开了专家论证会，根据调研和征求意见的情况，反复修改，经南昌市人民政府第20次常务会议通过。最后经南昌市十四届人大常委会第三十六次会议通过，江西省十二届人大常委会第二十五次会议批准，于2016年9月1日正式施行。

## 三、低碳条例主要特色

### （一）突出倡导加约束

一是推行总量控制。根据国家温室气体排放峰值年限和排放强度降幅要求，结合南昌市资源环境承载力的市情实际，突出了温室气体排放的总量控制要求，明确市和县区人民政府应通过低碳规划、低碳发展年度计划和低碳发展行动计划明确减排目标、任务、项目、措施和责任单位，南昌市发展和改革委员会定期对全市温室气体重点排放单位分配排放额度，为全市温室气体排放划定了总量红线，同时鼓励其他单位自觉开展温室气体减排行动，有利于倒逼社会各主体推动低碳发展。

二是设定政策促进。为了倡导和促进全社会各主体共同推进全市低碳发展，《南昌市低碳发展促进条例》设置了专章进行政策促进，从扩大政府采购低碳产品、提供金融支持、人才引进支持、设立低碳发展专项资金等各类政策支持。同时《南昌市低碳发展促进条例》还结合南昌市低碳发展的阶段实际，提出了严于、高于全国和全省标准的一些规定，如绿色建筑等，为南昌市在全国引领低碳示范发展提供了强力保障。

三是注重考核评价。把政府推动低碳发展的责任凸显出来，强化低碳发展的目标绩效考核，明确南昌市实行低碳发展和温室气体减排目标行政区域首长责任制。同时，要求建立温室气体排放统计指标核算体系，通过科学的指标设置，评估考核政府低碳发展的成效，使政府发展责任不落空、发展成效有参考、发展激励有保障。

### （二）着力解决发展中出现的重大问题和新问题

一是结合南昌市实际明确低碳发展方向。南昌市的低碳发展经过多年的努力，已经具有国际国内影响。结合南昌市已有基础以及世界可持续城市发展方向、国家低碳试点要求，《南昌市低碳发展促进条例》选择了八个方向进行促进。即推动提高产业活动中的能效、推动低碳生态农业发展、构建可持续和安全的城市交通、推广绿色建筑和建设绿色市政基础设施、加强水资源管理、加强固体废物管理、提升生态保护中的碳汇能力和引导居民低碳生活。

二是推动产业低碳转型。在“十三五”经济新常态下，国际需求不旺、国内产能过剩将挤压南昌市工业化中期制造业发展的空间和回旋余地，人口红利减退和要素空间布局边缘化将降低南昌市追赶型发展模式的目标期待和城市竞合话语权，产业升级转型，走低碳发展道路抢占未来发展制高点将是南昌市唯一出路。对此，《南昌市低碳发展促进条例》从产业体系、清洁生产、服务经济、项目引进等方面予以了明确的要求。

三是重视信息平台建设。低碳经济的实质是以低碳技术为核心、低碳产业为支撑、低碳政策制度为保障，通过创新低碳管理模式和发展低碳文化实现社会发展低碳化的经济发展方式。低碳技术研发投入低，创新能力弱，先进适用低碳技术开发不足，具有自主知识产权的高效低碳技术和产品少。低碳服务体系薄弱，缺乏成果鉴定和认证能力，缺少权威、稳定的低碳信息交流与合作平台，已经成为制约我国低碳发展的重要因素。《南昌市低碳发展促进条例》充分考虑到低碳发展实践中低碳排放信息和低碳技术信息对接不畅形成的制约，顺应“互联网+”和“两化融合”的发展趋势，明确提出建设低碳发展重大项目库和综合性公共服务平台及温室气体排放监测预警系统。

四是注重用低碳理念规划设计城市。城市规划在建设低碳经济有重要角色。作为可以影响城市发展中土地、资源、建筑、交通等范畴的专业，对城市化过程中合理资源分配和使用都有协调和调整能力。南昌市正在筑造现代大都市的发展新格局，用低碳理念进行城市规划设计，是南昌市城市功能再造的方向。《南昌市低碳发展促进条例》明确了要建设紧凑型城市形态，要充分运用海绵城市和低影响开发规划理念，在公共交通、城市绿道、城市排水、园林绿化和城市管理等各方面都做了技术要求，引导城市与自然生态系统融合，建设更加符合国际潮流的城市形态。

五是注重生活领域减量化。针对居民物质生活富裕后文明素质的提升，引导居民承担社会责任，注重节约利用资源能源，形成简约适度、绿色低碳、文明健康的消费行为；宾馆不免费提供一次性洗漱用品和一次性拖鞋，加强低碳文化教育、宣传和低碳培训等一系列规定要求。

### （三）不断夯实立法共识

一是立法需求上重视沟通。立法初期，南昌市立法机构对低碳发展立法的重要性认识不到位，对低碳发展条例立法的可行性把握不准，对低碳发展目标是否会约束地区经济增长和产业发展存在担忧。南昌市发展和改革委员会作为条例起草部门，在立法过程中与相关立法机构和政府职能部门进行了充分沟通，对国内低碳试点地区进行了广泛调研，并组织经济专家、法律专家和能源专家反复论证，认为低碳立法对于优化经济结构、促进产业转型具有积极作用。南昌市法制办也先后牵头组织召开了 3 次座谈会，对条例内容进行反复修改。江西省人大常委会法制工作委员会也牵头组织了多次意见征求会，按照立法规范严格把关。在各方努力下，2015 年，《南昌市低碳发展促进条例》被列为市人大立法计划和市法制办“调研论证项目”，2016 年被列为“年内提请市人大常委会审议的立法项目”，并最终顺利出台。

二是立法内容上求同存异。在立法过程中，起草部门通过反复修改条例内容，协调几个政府主要部门，逐步取得了立法内容上的共识，并妥善解决了省市人大和企业代表关注的问题。在确保立法核心要素的前提下，对立法争议较大的内容进行了适当删减。对涉及环保、能源等相关领域的内容，起草部门主要吸收相关部门意见，以进一步充实条例，包括实施清洁能源计划、执行建筑节能标准、推广新能源汽车、鼓励低碳生态农业等内容。同时，根据立法部门要求规范执法后果等相关的规定，采纳了市人大的意见，在条例最后部分增加了罚则，使之更加符合立法规范。

三是立法步骤上循序渐进。《南昌市低碳发展促进条例》从列入立法计划开始，就在江西日报、新华网等主流媒体上进行了专题报道，广泛宣传低碳发展的必要性，广泛征求公众对立法的意见和建议，为开门立法和科学立法造势。考虑到公众对低碳发展意识的接受程度和对一部新法的知晓需要一定的过程，南昌市人大也将条例出台后的一年定位为“宣传年”，南昌市发展和改革委员会还组织召开新闻发布会，对条例进行全面解读，并在南昌日报上将条例进行全文登载，使条例列为政府年度宣传重点。

### 四、条例实施面临的挑战

一是条例中的重大制度落地尚待时日。《南昌市低碳发展促进条例》出台时间不长，缺乏执法实践，目前还无法从司法、执法和法律监督方面评判该条例产生的社会影响。条例提出的重大低碳发展制度中，尚有部分内容仍处在研究和探索之中，并未开展实质性工作，急需抓好顶层设计，做好深化落实。

二是条例中的执法基础尚需夯实。由于目前地方碳排放数据基础比较薄弱，地方统计局有关温室气体排放的基础统计制度尚处在建立和完善之中，地方发展改革部门有关企业温室气体核算和报告制度及信息披露制度也处在推进之中，尚未形成系统的数据管理制度和工作基础，难以作为法定采信的碳排放数据依据，急需加快企业层面温室气体排放数据统计、监测和核查体系建设。

三是条例中的惩罚措施尚无经验。作为新生事物，由于国内低碳试点城市对于处罚性的执法尚没有先例，条例中对于国家机关及工作人员、温室气体重点排放单位和其他社会主体的法律责任，在执法主体、执法权划分、处罚裁量权等相关问题方面都需要未来做进一步探索。

## 第二节　南昌市LED产业发展案例分析

### 一、国内LED产业发展形势

#### （一）发展前景广阔

LED照明，因具有高效、节能、环保、寿命长、易维护等特点，被公认为21世纪最具发展前景的绿色光源和节能技术。在历经10年年均30%的高增长之后，中国LED照明的市场渗透率大幅度增加，在景观照明、道路照明、商业照明等领域得以推广使用，并加速向家用照明渗透，2015年我国LED照明产业整体规模达到4245亿元，基本确立了LED在我国照明产业中的主导地位。相关部门预计，随着LED照明产品由对白炽灯、节能灯等的替代应用，进而向按需照明、超越照明的迈进，2020年我国LED照明产业产值将超过10000亿元。目前已经形成了珠江三角洲、长江三角洲、环渤海地区、闽赣地区和两湖一带等中西部地区五大产业集群，85%以上的LED企业分布在这五个区域，每一区域都拥有比较完整的产业链。同时，国家半导体照明工程批准上海市、厦门市、大连市、南昌市、深圳市、扬州市和石家庄市为七大产业化基地。

中国当前从事LED产业的企事业单位超过8000家，已经形成包括外延及芯片制造、封装、应用等环节的完整产业链。其中LED外延芯片领域竞争力相对较弱，封装领域具有比较竞争优势，下游应用渗透能力逐步提升。2013年以来，随着企业兼并重组和整合，中国LED芯片市场集中度提升，产能过剩得以缓解，上游外延芯片规模大幅度增长。2014年，随着LED照明市场的快速增长，LED芯片市场需求量进一步提升，中国LED芯片的产值为142亿元，比2013年增长35.24%。2014年中国LED中游封装产业规模为484亿元，同比增长20%，2010～2014年的复合年均增长率为14%，规模增长趋稳。LED照明封装市场为产业规模增长的主要动力，小尺寸背光领域和小间距显示屏并未对整个封装市场产生太大影响。由于新兴应用领域不断涌现，下游LED应用产值规模快速增长。2014年产业规模达到2493亿元，较2013年的2068亿元增长21%，市场规模增长明显(中国电子信息产业发展研究院，2015)。

### (二)技术三足鼎立

LED属于技术密集型产业。长期以来，以日本日亚公司为代表的蓝宝石衬底技术和以美国科锐(Cree)公司为代表的碳化硅衬底技术垄断了国际LED照明市场，两者相加占据了全球99%的市场份额，其中蓝宝石居于绝对优势地位，占95%左右。2006年，以南昌大学江风益教授团队为核心、以晶能光电(江西)有限公司为代表的硅衬底LED技术路线另辟蹊径，成功解决硅衬底与氮化镓材料之间因晶格常数和热膨胀系统不匹配而导致的裂纹问题，在硅衬底上研制出当时全球最高亮度的蓝光LED芯片，硅衬底LED技术才真正意义上的取得里程碑式突破。目前已申请或拥有硅衬底LED技术国际国内专利232项，实现了外延芯片和核心部件每一层的专利保护，具有完整自主知识产权，打破了西方国家长期以来对LED技术的垄断。业界普遍认为，硅衬底技术与蓝宝石衬底、碳化硅衬底技术三足鼎立之势在LED产业已初步形成。随着技术不断完善，硅衬底技术的发展空间更大。专家预测，随着碳化硅衬底成本下降和硅衬底技术瓶颈的解决，未来碳化硅和硅衬底可能将与蓝宝石衬底形成强有力的竞争局面[①]。

相较于另外两条技术路线，硅衬底LED除了具备良好的导电性、导热性、热稳定性外，其最大的优势是可以在更大尺寸(如6～8in[②])上制作LED器件，适于采用集成电路生产工艺和设备来制作芯片，有利于提高生产线的自动化程度，生产效率可以提高11～12倍，产品综合成本可以降低20%～30%。2in的硅晶片为26元/片，同等大小的蓝宝石晶片单价为40元/片，而碳化硅约为300元/片；4in硅晶片为70元/片，蓝宝石晶片为160元/片；而6in蓝宝石衬底价格大约在900元左右，相比之下，6in硅衬底只要160元，8in的价格差距更大。

以硅作为衬底适合制作大尺寸的LED，大尺寸的硅衬底LED具有更高的性

① 江西省科学院能源研究所. 关于加快LED产业发展，迅速做大做强南昌晶能光电，进而打造“南昌光谷”的调研报告, 2016。

② 1in=2.54cm。

价比。首先，大尺寸硅衬底的材料成本比同等大小的蓝宝石衬底的成本要低很多，蓝宝石衬底的尺寸越大，单位面积的价格反而会升高；其次，大尺寸硅衬底LED芯片的生产效率，以6in为例，远高于基于2in蓝宝石衬底的生产模式。大尺寸衬底可以在每个MOCVD中制作更多的芯片，对衬底材料的利用率远远高于100%，6in衬底的表面积是2in衬底的9倍，但是芯片数量却是2in衬底的10.9倍；最后，由于硅衬底LED单面出光，光线容易管控，其出光的方向性和均匀性优于多面出光的技术路线，电光转换效率高达60%，远远大于其他电光源的转换效率，有明显的性能优势，以流明作为单价单位来看，同时也具有明显的性价比优势。对于碳化硅来说，由于其衬底的价格本就比硅衬底高出数倍，因此其在经过后续的加工生产中以碳化硅作为衬底产品价格同样也会很高。硅衬底、蓝宝石衬底和碳化硅衬底制作薄膜LED芯片的制造成本比为1∶1.3∶3.6。

蓝宝石衬底成品率在90%～95%，代表企业有元亮科技有限公司、同人电子有限公司、协鑫光电科技控股有限公司、浙江上城科技有限公司、九江赛翡蓝宝石科技有限公司等。碳化硅衬底材料性能良好，但成本较高，主要应用于高端产品，目前只有美国科锐(Cree)公司采用，形成了其一家独大的局面，其成品率为90%～95%。硅衬底主要是晶能光电有限公司采用，目前其产品的成品率达到90%。

三种衬底材料参数对比见表6-1。

**表6-1　三种衬底材料参数对比**

| 材料 | 硅衬底 | 蓝宝石衬底 | 碳化硅衬底 |
|---|---|---|---|
| 晶格差异/% | −16.9 | 16 | 3.5 |
| 热膨胀系数/($10^{-6}$/K) | 2.59 | 7.5 | 4.2 |
| 热膨胀系数差异/% | 54 | −34 | 25 |
| 电阻率/(Ω · m) | $2.5\times10^{-4}$ | 1011 | $1.5\times10^{-3}$ |
| 导热系数/[W/(m · K)] | 149 | 35 | 490 |
| 导电性 | 佳 | 无 | 佳 |
| 化学成长环境 | 稳定 | 稳定 | 稳定 |
| 吸收可见光 | 是 | 否 | 否 |
| 2in单片价格/元 | 26 | 40 | 300 |
| 4in单片价格/元 | 70 | 160 | — |
| 应用 | 占市场1% | 占市场95% | Cree独用 |
| 成品率 | 90%左右 | 最高可达95% | 最高可达95% |

（三）市场重新洗牌

在前几年快速增长的大背景下，我国不少LED企业纷纷上项目，盲目扩产能，累积到2015年均深陷产业链低端和同质化竞争陷阱，产业发展开始进入“寒冬”。无论是上游的外延片、芯片，还是中下游的封装和应用领域，2015年产值和价格均呈大幅度下降趋势，目前仍未见好转。为此，一大批企业因技术落后或经营不善而沦为“僵尸企业”，让人痛定思痛。另须注意的是，一些拥有核心竞争力的龙头企业却在产业“寒冬”中展开了大规模的企业并购，资本运作暗流涌动，让人触目惊心。2015年，我国LED行业共发生46起重要的并购整合交易，其中6起为跨国并购，目前披露的交易金额接近400亿元。通过并购整合做大做强，增强核心竞争力，已成为新时期我国LED产业发展的重要特征。

## 二、南昌市LED产业发展现状

（一）发展概况

南昌市作为“国家半导体照明工程产业化基地”、国家“十城万盏”半导体照明应用工程试点城市，LED产业起步较早，在国内半导体照明产业中占有重要地位。南昌市现有半导体照明企业30余家，2016年实现主营业务收入65亿元，仅为全国LED产业的1.2%。目前，初步形成了高新技术产业开发区重点发展硅衬底LED芯片和MOCVD设备等关键核心技术产业化，同时配套发展生产设备、原材料、支架、光学器件等中下游产品。南昌经济技术开发区重点发展MO源等LED产业关键配套材料。青山湖区、进贤县重点发展器件封装、应用产品，打造器件封装基地和应用产品生产基地。形成以南昌高新技术产业开发区、南昌经济技术开发区为核心集聚区，青山湖区、进贤县、南昌县为扩展区的区域布局。

（二）产业发展特点

技术水平迈向高端。2016年，继“硅衬底高光效氮化镓基蓝色发光二极管项目”荣获国家技术发明奖一等奖后，南昌市硅衬底LED技术突破黄光技术，使硅衬底黄光LED电光转换功率达到了21.5%，远高于国外最高水平9.6%，从而在全球范围内达到“局部领跑”地位。此外，下一代无荧光粉LED照明以及新型MOCVD高端装备等方面均取得新的突破；基于五基色LED合成的下一代LED技术已达到实用化水平；江西佳因光电材料有限公司拥有自主知识产权的高纯度金属有机化合物(MO源)，产品纯度达7.5N，通过了国家权威部门组织的鉴定和验收，产品总体质量已处于世界同类产品先进水平。江西晶和照明股份有限公司运用自主创新的“非对称蝙蝠翼形配光透镜”技术研制出“百变系列”LED路灯新产品，填补了国内空白；江西联创光电科技股份有限公司建设的江西省半导体照明封装工程技术研究中心，在全省领域范围内占据主导优势。

产业链条全面覆盖。目前，南昌市已初步形成了以晶能光电有限公司、江西联创光电科技股份有限公司、南昌凯迅光电有限公司等企业的外延片、芯片，为上游产品，江西省晶瑞光电有限公司、江西联创光电科技股份有限公司、江西兆驰半导体有限公司、江西鸿利光电有限公司等企业的芯片封装为中游产品，江西晶和照明股份有限公司、江西申安亚明光电科技有限公司等企业的光源、灯具、LED显示屏、背光源等为下游产品，江西佳因光电材料有限公司的MO源，南昌黄绿照明有限公司的外延炉(MOCVD)，南昌宏森高科光电有限公司的LED支架为配套产业的一个较为完整的产业链。产业分工涉及LED外延片、芯片制造、芯片封装、LED显示屏及照明、专用切割刀具等各个生产环节。

产业发展后劲增强。南昌市目前新建的LED项目数量较多，产业发展后劲增强。为支持LED企业快速做大，南昌市“产业五人小组”对重大项目进行一事一议。江西东海蓝玉光电科技有限公司年产200万片大尺寸蓝宝石衬底晶片项目、深圳市科瑞普光电股份有限公司项目总投资5亿元，用地约100亩，项目分两期建设，一期投资2亿元，已于2016年9月开工建设，达产后将形成年产5000万套LED照明产品及配套产品的生产能力，年产值将超过2亿元，5年内实现年产值5亿元。江西芯诚微电子有限公司LED驱动集成电路产业化项目由上海芯地信息科技有限公司投资建设，总投资约6亿元，用地约134亩，总建筑面积约11万$m^2$。项目集大规模集成电路芯片设计、生产和应用为一体，建设内容包括LED驱动芯片设计、年产30亿颗集成电路封装测试、年产6000万台LED驱动电源产业化等。该项目是江西省第一个完整集成电路封装制造基地，将打造成为世界一流、中国最大的LED驱动产业化基地。伴随着南昌市新建LED项目的陆续建设投产，有望形成持续爆发的产业集群态势。

## 三、发展举措

### (一)制定发展规划，引导产业有序发展

南昌市按照高起点、高标准、跨越式发展的思路，出台了《中共南昌市委南昌市人民政府关于打造“南昌光谷”的决定》(洪发〔2016〕9号)，制定了《南昌市2016—2020年打造“南昌光谷”行动纲要》，明确了“南昌光谷”重点发展LED产业、移动通信终端产业，兼顾发展其他光电领域。同时，在建设“南昌光谷”的总框架下，建设LED产业园、应用电子产业园等多个园区，规划了“一

谷多园”的产业布局[①]。

### (二)开展招商引资，推动产业集聚发展

大力实施精准招商。南昌市以LED、光电子元器件等领域为重点，围绕现有企业产业生态链开展定向招商，面向国内外产业发达地区进行定点招商，瞄准国内外知名企业实施定策招商，加快引进大企业、大项目落户。2016年，江西华夏光彩显示技术有限公司、江西艾立特光电科技有限公司、深圳市江西电子科技有限公司等企业相继开工建设，江西东海蓝玉光电科技有限公司、南昌凯迅光电有限公司等企业相继投产。

大规模建设标准厂房。2016年南昌市建设了200多万平方米的标准厂房、邻里中心、职工倒班房等，让企业拎包即可入驻、装机便能生产，从而压缩花费在非生产性建设上的投入和时间，将人、财、物等生产要素更多地投入到研发、生产和营销等主业中去，提高项目净资产回报率。南昌临空经济区，第一期建设30万$m^2$电子信息类标准厂房，目前还在实施50万$m^2$的标准厂房建设。青山湖区采取工业地产模式、标准厂房建设、轻资产招商的发展新路径，该区LED产业创新示范园一期建设标准厂房约20万$m^2$，配套用房约4万$m^2$。目前已有江西联创宏声电子股份有限公司、江西华夏光彩显示技术有限公司等30家企业签约入驻。

实施“全球合伙人计划”。2016年6月，由金沙江创投、洪城资本、文信投资发展有限公司等机构投资成立了南昌光谷集团有限公司。12月2日，南昌光谷集团联合相关协会和南昌市政府正式发布全球LED事业合伙人计划，向全球招募事业合伙人，共同将硅衬底LED产业的技术优势加速转化为市场优势。该计划围绕硅衬底LED原创技术进行产业布局，通过建设开放的技术平台、资本平台、物理空间、柔性制造生产线四大平台搭建资本融资平台，吸引全球企业和个人来到南昌创新创业，加快打造出规模化硅衬底LED产业链，培育新型高端光电产业集群。

强强联手深度融合。北京申安投资集团与上海飞乐音响股份有限公司实行重大资产重组，旨在推动国有企业改革的同时，共融于混合经济体的平台上，以打造国内外LED最大产业为目标，充分发挥飞乐音响的品牌和资本优势，以及北京申安投资集团在全国布局的七个产业基地优势、市场资源优势，强强联手，双方很好地形成优势互补，共同推动LED照明产业的技术升级和节能减排工作的顺利开展。这些举措为北京申安投资集团江西基地的发展提供了更大的平台和机会。

---

① 江西省人民政府印发关于打造南昌光谷建设江西 LED 产业基地实施方案的通知. http://www.jiangxi.gov.cn/art/2018/2/5/art_5006_403413.html。

### （三）出台扶持政策，支持产业快速发展

2016 年，南昌市对《南昌市支持 LED 产业的若干政策措施》（洪府厅〔2013〕72 号）进行了修订，出台了《关于打造“南昌光谷”，促进 LED 产业发展的若干政策措施》，对 LED 研发、生产、销售等环节和公共服务平台建设方面给予资金扶持，支持现有企业快速发展，同时吸引外地的光电企业落户南昌。例如，在补链环节方面，对生产 LED 应用配套的企业，按照其 LED 应用配套产品本地年销售的 20%给予奖励；对生产硅衬底 LED 产业链上游环节产品（衬底、外延、芯片制备、大功率封装）的企业，按照其硅衬底 LED 产业链上游环节产品年度主营业务收入的 30%给予奖励；2016～2020 年，市财政每年安排 5000 万元用于扶持南昌市 LED 企业的重要技术开发，其中 4000 万元专项用于扶持硅衬底 LED 技术的优化和应用开发，1000 万元优先用于扶持 MO 源的技术开发[①]。

在资金引导方面，南昌市设立了重点产业投资引导资金，截至目前，资金规模已超过 100 亿元。同时，以引导资金为母基金，先后与金沙江创投、联升资本、浦发银行等金融、投资机构合作，设立了洪城资本、联昌基金、博看基金等多个子基金，基金总规模超过 50 亿元；采取股权投资和股权质押的方式，撬动项目投资 200 多亿元。在平台服务方面，南昌市积极申报国家级 LED 制造业创新中心，加快建立国家级光电检测中心、光电产业研究机构、MOCVD 产业化研究平台、硅衬底技术推广应用平台等专业化服务平台。加快完善光电产业投融资平台、资本股权交易平台、金融租赁平台、职业教育平台、用工对接平台、政策咨询平台等综合性服务平台，为 LED 企业提供“一站式、全方位”服务。

## 四、问题与挑战

### （一）LED 产业链发展不平衡

南昌市目前 LED 产业链发展不平衡，配套基础薄弱，产业中上游与下游的产品配套不够紧。LED 产业是典型的“雁阵模式”，LED 上中下游产业链企业布局比例大概按照 1∶4∶20 的结构组成，南昌市在上游芯片环节有 4 家企业，实力比较雄厚，但中、下游相关企业较少，数量远远没有达到企业布局比例，并且下游产业多为中小企业，产业规模和技术能力有限[②]。且 LED 产业配套企业少，为 LED 企业配套的生产设备、原材料、支架、胶水、荧光粉等企业缺乏，同时 LED 产业服务体系不完善，缺少国家、行业认可的公共检测平台，当地配套能力较薄弱。

---

① 南昌市发展和改革委员会. 关于打造“南昌光谷”、促进 LED 产业发展的若干政策措施, 2015。

② 江西省科学院. 做大做强江西省 LED 产业分析报告, 2015。

硅衬底 LED 的协同研发平台还没有完全建立，硅衬底 LED 资本孵化平台还有待在产业发展当中逐步建立。目前采用硅衬底技术生产的上游企业仅晶能光电有限公司 1 家，与晶能光电有限公司协同生产的中下游企业不足 10 家，“曲高寡合，应者寥寥”是硅衬底技术产业化当前面临的最大问题。再从晶能光电有限公司本身看，目前该企业仅有外延炉 MOCVD(用于生产和研发的关键设备)22 台，占国内总量的 1.5%，是蓝宝石技术龙头企业安徽三安光电有限公司的 8%。与国内经济较为发达的城市相比，南昌市 LED 产业企业数量仍然太少，企业的规模和产值存在一定差距，企业缺乏做大做强的市场和资金。

### (二)硅衬底中下游产品开发创新亟待加强

南昌市拥有自主创新的硅衬底技术，虽然在硅衬底技术研究中取得极大突破，上游产品有优势，但中下游产品没有优势，急需加强；如果市场大规模量产，很多企业面临设备变更、工艺的改变及其产品成品率有待进一步提高等问题。虽然晶能光电有限公司拥有完整的产业链，如需做大，需相关下游企业进行设备变更和工艺流程的改造，很多企业面临转型，缺乏资金和设备的支持。大部分企业在 LED 产业技术上需要更多的创新，尤其是中下游产品的开发创新。

### (三)硅衬底 LED 技术持续协同创新机制尚未建立

发挥硅衬底 LED 技术优势需要持续不断的协同创新，硅衬底 LED 大尺寸芯片、装备以及全光谱光源等技术研究仍需进一步突破，然而目前南昌市 LED 产学研用并未真正形成合力，制约了硅衬底产业进一步发展。一方面，协同创新的深度不够。尽管南昌大学硅衬底 LED 原创技术研发团队与晶能光电有限公司在蓝光硅衬底 LED 技术领域取得了阶段性成果，并共同获得了 2015 年国家技术发明奖一等奖，但由于南昌大学已将蓝光硅衬底 LED 技术和专利全部转让给晶能光电有限公司，自 2011 年“国家硅基 LED 工程技术研究中心”成立后不久，该研发团队陆续从晶能光电有限公司撤离，并依托硅基技术研究中心创立南昌黄绿照明有限公司，开始主攻硅基黄光、绿光技术和外延炉(MOCVD)等高端设备的研制，走上了与晶能光电有限公司差异化发展的技术创新道路。晶能光电有限公司研发团队目前主要侧重蓝光硅衬底 LED 技术产品与应用研究，双方持续深度合作意愿和动力不足，严重影响了蓝光硅衬底 LED 技术的持续创新，产业化进程技术瓶颈约束明显。而南昌黄绿照明有限公司虽然在技术研发上有所突破，但产业化举步维艰，收效甚微。与此形成鲜明对比的是，日本日亚、德国欧司朗等采用蓝宝石技术的国际大公司开始处处设防、招招抢先，在市场和技术的各个环节针对硅基技术展开了全面遏制战略；韩国三星、美国普瑞、剑桥大学等国外企业和研究机构也重启对硅基技术的研发，开始了对中国优势的赶超战略。逆水行舟，不进则退，面对国际大公司的“堵”和“追”，如何聚焦破解“协同创新”难题在当前显得更为急迫。另一方面，协同创新的宽度不够。虽然晶能光电有限公司已经打通了硅衬底 LED 技术全产业链，但缺乏中下游企业的协同创新，严重影响了硅衬底 LED 全产业链的技术创新。

### (四)硅衬底 LED 产业开放合作共赢格局尚未形成

硅衬底 LED 产业目前仅有晶能光电有限公司完成了全产业链，尚未形成众多企业共同参与合作共赢的发展局面。由于企业产业化时间不长，形成的硅衬底 LED 市场规模还比较小，掌握的硅衬底 LED 核心技术和专利与产业发展成熟度面临着相互的矛盾。一方面，从企业利益角度考虑，目前硅衬底 LED 市场发展状况还未达到共享硅衬底 LED 核心技术和专利的最佳时机。另一方面，有意参与的其他企业难以掌握硅衬底 LED 生产技术，使得硅衬底 LED 产业链团结不到更多的支持者，导致硅衬底 LED 技术引领作用和辐射效应不能得到发挥和释放，难以抢夺蓝宝石衬底的市场份额。因此，产业开放度不高严重制约了硅衬底 LED 产业的快速发展。

## 五、对策与建议

南昌市硅衬底 LED 产业发展目前正处在关键时期，加快发展势在必行。同时，硅衬底 LED 产业发展目前处在危险时期，既要面对日亚化学、欧司朗、飞利浦等以蓝宝石衬底为代表的国际巨头的竞争压力，又要面临韩国三星、美国普瑞、剑桥大学等国外大企业或研究机构加大对其技术研发的步伐，可谓“前有堵截，后有追兵”，产业发展形势非常紧迫。业内专家曾深表担忧地表示：“纵观全国前沿技术，离国际最近的就是硅衬底 LED 技术”，“国外大企业正在追赶，如不抓紧，就有可能起个大早赶个晚集。”南昌市硅衬底 LED 产业能一路发展起来实属不易，应充分利用“天时，地利”的优势，抓住产业发展上稍纵即逝的机遇，快速将具有完整自主知识产权的硅衬底 LED 技术转化成生产力，抢占市场制高点。

### (一)推动硅衬底 LED 产业发展上升为国家战略

积极推动硅衬底 LED 产业发展上升为国家战略，促进国家、江西省、南昌市加大对硅衬底 LED 技术的研发支持，继续保持硅衬底 LED 技术的领先优势，统筹有关专项资金全力支持和推进。在国务院领导下，组建专项领导小组，具体由工业和信息化部牵头，各部门协同，形成合力，重点推进。在国家“十三五”产业相关规划和方案中，明确将硅衬底 LED 技术作为 LED 产业重点发展方向，在硅衬底 LED 产业链建设上给予政策支持，建议科学技术部将硅衬底 LED 技术列入国家重大研发计划，工业和信息化部设立“硅衬底 LED 产业发展基金”，重点支持硅衬底 LED 技术升级和产业做大规模。

（二）出台《南昌市促进 LED 产业发展条例》

整合南昌市各部门资源制定出台《南昌市促进 LED 产业发展条例》，对行业标准体系制定、关键技术研发、政府优先应用、鼓励市场应用等方面做出详细规定，明确相关部门要出台相应的财政、税收、补贴、政府采购等方面激励政策和措施，进一步加大对 LED 产业扶持力度，促进 LED 产业应用领域快速发展，推动 LED 产业在新一轮国际产业发展的竞争中抢占先机、赢得主动。条例要将硅衬底 LED 示范工程列入专项，给予补贴，并由市政府出台总体实施方案。

（三）加速硅衬底 LED 技术产品的推广应用

充分利用国际国内两种资源、两个市场，顺应 LED 生产、消费和市场需求结构变化，加速硅衬底 LED 技术产品的推广应用，升级 LED 产业结构，促进 LED 产业供给侧改革。支持硅衬底 LED 纳入“一带一路”倡议，通过国家开发银行、中国进出口银行等政策性银行提供出口信贷，扩大硅衬底 LED 技术产品出口，在对外援助项目中优先选用硅衬底 LED 照明产品。发挥国家高技术开发专项和节能专项补贴等政策引导作用，在城市道路改造、高速公路和港口码头等财政性资金支持建设项目中，鼓励同等条件下优先选用硅衬底 LED 照明产品。鼓励和引导国内汽车企业使用硅衬底 LED 技术及车用产品，拓展硅衬底 LED 产品应用领域。

（四）加快推进 LED 产业集聚发展

坚持硅衬底和蓝宝石技术“双轮驱动、硅基优先”战略，加强技术协同创新，打造“南昌光谷”，推进产业集聚发展，推动 LED 产业迅速做大做强。构建以南昌高新技术产业开发区、临空经济区为核心，南昌经济技术开发区、青山湖区、进贤县为扩展区，其他地区因地制宜发展配套和应用产品，梯次分布、辐射全国的区域布局。大力发展 LED 外延材料、芯片制造和器件封装，全面推进应用技术和产品开发，不断增强配套能力，推动上中下游企业建立有机联系，打造基于硅衬底 LED 原创技术的完整产业体系。建立南昌市 LED 产业联盟，促进上下游企业协作配套，抱团发展。

（五）全力扶持龙头企业做大做强

晶能光电有限公司是硅衬底 LED 技术核心专利的所有者，是全球首家硅衬底技术产业化的实践者，目前每年安排 8000 万经费专注于硅基技术的研发。依托

LED龙头企业组建光电产业研究院和国家级检测认证中心，设立核心装备产业化和硅衬底推广应用平台。支持龙头企业开展“全球合作伙伴计划”，采取以硅衬底LED技术合作、专利共享换产业发展的模式，通过专利授权、兼并重组、资本注入等方式，促进硅衬底LED芯片制造、器件封装技术及产品向全国扩散，在财政、金融等方面给予政策倾斜。支持龙头企业参与并购国内外LED著名品牌等优质资产，参与国际分工合作，进一步提升与国际接轨的程度，促进企业发展和产业升级，迅速有效地提升企业核心竞争力，提升硅衬底LED技术的国际地位和影响力。

## 第三节　南昌市清洁能源利用案例分析

《巴黎协定》确立了2020年后国际气候治理新机制，我国在发布的《强化应对气候变化行动——中国国家自主贡献》文件中也明确提出了到2030年的自主行动目标。城市是人类社会经济活动的聚集中心，也是应对气候变化的主力单元，是能源消费和温室气体排放的主要场所（绿色低碳发展智库伙伴，2016）。目前，全球城市人口消费所有能源的75%，温室气体排放量占全球总排放的80%左右。因此城市是落实温室气体减排政策行动的主体，需要为国家和区域的总体目标完成做出主要贡献。

南昌市作为国家第一批低碳试点城市，自2010年试点工作启动以来，低碳城市建设取得了一定成效，但能源消费结构以煤炭为主，能源消费高碳化始终没有得到根本改变。尽管南昌市供气能力较大，但供气规模偏小，气化率低，天然气消费比重仅占全市能源消费总量的4%左右。能源消费结构相对单一、对外依存度过高、清洁能源利用率偏低的现状严重制约了南昌市绿色低碳发展。加快推进南昌市天然气利用，提高清洁能源利用率，促进能源结构向绿色低碳转型对南昌市低碳城市建设具有重要的战略意义。

### 一、天然气利用现状

江西省油气资源匮乏，无常规天然气，省内天然气主要由国家天然气长输管线输入，省级天然气管网建设、运营、管理由江西省天然气（赣投气通）控股有限公司具体实施。南昌市目前的主要气源包括长输管道天然气、压缩天然气（CNG）及液化天然气（LNG）。长输管道天然气为南昌市主要气源，气源为川气东送、西气东输二线经江西省天然气管道有限公司输送的天然气；LNG主要作为应急、调峰气源[①]。此外，液化石油气为辅助气源，以瓶装形式供应，主要供应天然气管道暂时不能覆盖区域。目前全市仅进贤工业园、新建区樵舍镇和西山镇、南昌县向塘镇、安义县石鼻镇、进贤县温圳镇、李渡镇和文港镇未通气。

---

① 2016年江西省天然气发展情况. http://gas.in-en.com/html/gas-2566475.shtml。

（一）天然气供应现状

2010 年 8 月开始，南昌市接受江西省管网转输的中石化川气东送的高压管道天然气，结束了南昌市焦炉煤气的时代。南昌市城区目前拥有接受川气东送的门站 1 座，即西山门站。此外南昌市建有 2 座供应急调峰用的 LNG 气化站，储罐总容积为 1400m$^3$（1 座建有 8 台 150m$^3$ LNG 低温储罐，另一座建有 2 台 100m$^3$ LNG 低温储罐），储罐总储量为 75.6×10$^4$Nm$^3$，两个站气化能力分别为 10000m$^3$/h 和 4000m$^3$/h。中压管网已覆盖南昌市中心城区，南昌县莲塘镇、向塘镇及新建区长堎镇、乐化镇和望城镇等外围组团。

南昌市燃气行业起步于 20 世纪 80 年代初，经过 30 多年的发展，南昌市燃气行业形成了“一大多小”的格局。在 2010 年以前，南昌市管道燃气以焦炉煤气为主。焦炉煤气输配管网供气区域主要在昌南地区和南昌县莲塘镇，原老城区主要为中、低压两级系统，采用区域调压站和调压箱相结合的供气方式；新城区（高新技术产业开发区和南昌县莲塘镇）主要为中压一级系统。共有近 1000km 城市中低压燃气管网及 500 多座调压设备，在全市形成一主干管、二大环管、四大支管的中低压管网布局，昌南主城区管网覆盖率达到 85%①。

从江西省管网分输站来的高压天然气由高压管道输送至西山门站，高压天然气在门站内过滤、计量、加臭，进入城市高压管道。由门站出来的高压天然气，沿 320 国道向东敷设至石埠调压站后调至 0.35MPa 中压管道后进入昌北中压管网，在昌南老城区经过中压调压至 0.07MPa 后进入老城区中压管网。西山门站后中压 A 主管口径为 DN600 及 DN500，老城区管网主要为中压 B，口径以 DN300、DN200 为主。新区管网设计压力 0.4MPa，主城区部分中压管网运行压力为 0.35MPa，其余部分运行压力为 0.1MPa。到 2015 年底，日高峰供气量已超过 80×10$^4$Nm$^3$，南昌市中心城区和南昌县及新建区的主要镇区管道天然气用户已达 70.7 万户，气化率已达 57.1%，年供气量达 2.18×10$^8$Nm$^3$。南昌市城区近 5 年天然气供气量如表 6-2 所示。

**表 6-2 南昌市城区 2011～2015 年天然气供气量表** （单位：10$^4$Nm$^3$）

| 序号 | 用户名称 | 2011 年 | 2012 年 | 2013 年 | 2014 年 | 2015 年 |
|---|---|---|---|---|---|---|
| 1 | 居民 | 2466 | 3009 | 4343 | 5493 | 6997 |
| 2 | 公建商业 | 2739 | 3379 | 4682 | 5178 | 6357 |
| 3 | 工业生产 | 1453 | 2310 | 5095 | 6580 | 8478 |
| 合计 | | 6658 | 8698 | 14120 | 17251 | 21832 |

① 南昌市能源局. 2017 年南昌市天然气发展现状。

2015 年南昌市城区居民、公建商业和工业生产天然气用气量所占比例分别为 32.3%、26.3%和 41.4%。南昌市城区现有液化石油气储配站 27 座，其中中心城区 7 座，南昌县 18 座，新建区 1 座，湾里区 1 座。总储量能力为 3413m$^3$，瓶装气供应服务点 136 个，瓶装供应居民 53.1 万户。

（二）天然气用气结构

2015 年南昌市累计用天然气总量 33720 万 m$^3$，按气源分类为长输管道天然气用量、CNG 用量、LNG 用量。其中，长输管道天然气用量 27185 万 m$^3$，比重为 81%，主要为川气和西二线气，分别为 23699 万 m$^3$ 和 3486 万 m$^3$（图 6-1）。可以看出，川气是南昌市最主要的气源，占总用气量的 70%。

按用户分类（图 6-2），可分为居民用气、工业用气、CNG 汽车用气、LNG 汽

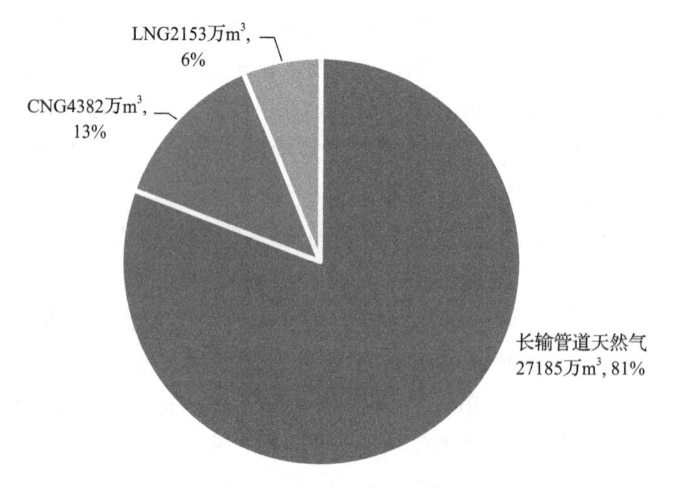


图 6-1　按气源分类的用气结构

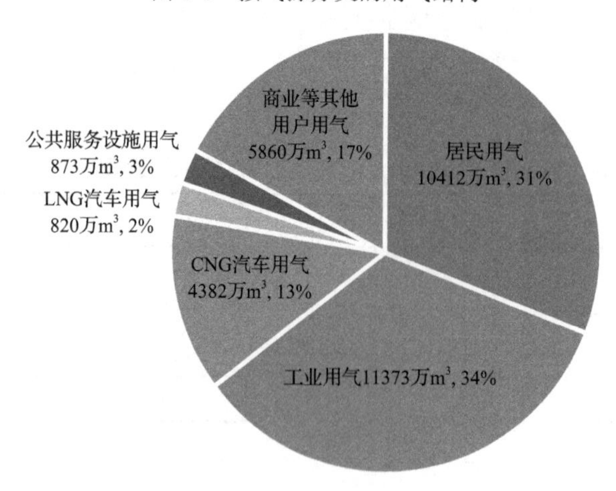


图 6-2　按用户分类的用气结构

车用气、公共服务设施用气、商业等其他用户用气，所占比重分别为 31%、34%、13%、2%、3%和 17%，工业用气比重偏低。

CNG 汽车用气包括 CNG 公交车用气、CNG 出租车用气、其他 CNG 汽车用气，2015 年其用气量分别为 1322 万 $m^3$、3051 万 $m^3$、9 万 $m^3$。LNG 汽车用气包括 LNG 公交车用气、LNG 客运车用气、LNG 货运车用气、其他 LNG 汽车用气，2015 年其用气量分别为 373 万 $m^3$、127 万 $m^3$、301 万 $m^3$。2015 年公交车和出租车的用气量为 4746 万 $m^3$，占南昌市总用气量的 14%。

### （三）主要天然气经营公司

目前南昌市主要有南昌市燃气集团有限公司、南昌公用新能源有限责任公司、安义中油燃气有限责任公司等 8 家经营天然气公司，2015 年累计供气 33720 万 $m^3$，其中南昌市燃气集团有限公司天然气供气量比重占 65%，其他 7 家经营公司供气总量占比 35%，主要天然气公司 2015 年供气量如图 6-3 所示。

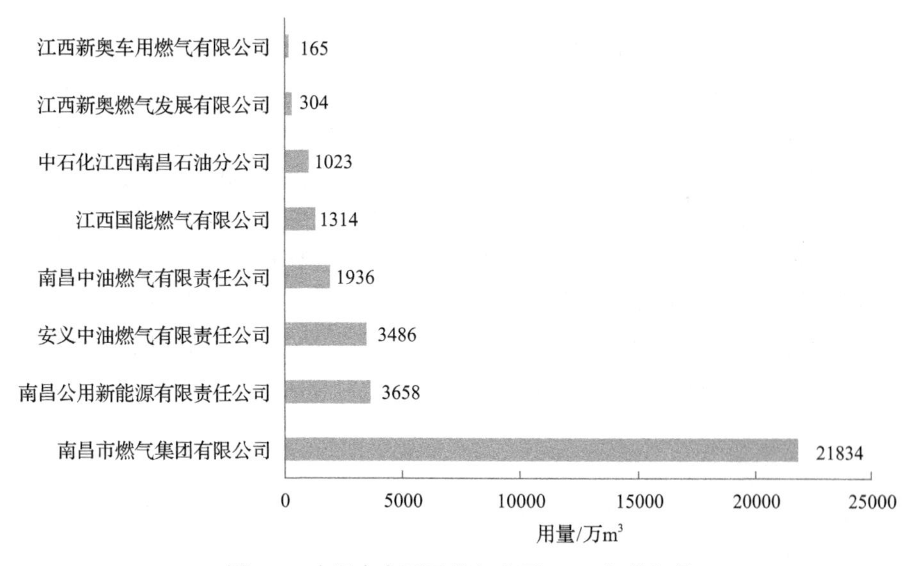


图 6-3　南昌市主要天然气公司 2015 年供气量

南昌市燃气集团有限公司由南昌市政公用集团（持股 51%）与华润燃气集团（持股 49%）于 2011 年 3 月合资成立，2014 年 12 月组建南昌市燃气集团，2015 年 3 月变更为南昌市燃气集团有限公司，2016 年 3 月股东变更为江西洪城水业股份有限公司（持股 51%）与华润燃气集团（持股 49%）。南昌市燃气集团有限公司是集设计、施工、输配、销售为一体的专业燃气公司，拥有南昌市主要行政区域内 30 年燃气特许经营权，是江西省用户规模最大的城市燃气运营商，经营范围东起麻丘航空城，西至新建县西山，北达桑海开发区，南至南昌县向塘镇，铺设的天然气管网跨越赣江两岸，长达 2700 余公里。天然气气源主要来源于中石化川气东送线，2016 年 10 月在南昌县富山门站完成与西气东输二线对接，实现双气源供应，2015 年天然气年供气量 $2.18\times10^4Nm^3$，供气区域内年销售气量 $1.93\times10^4Nm^3$，转供销售气量 $2561\times10^4Nm^3$，气化居民用户 60.6 万户，公建用户 1287 户，商业用户 1081 户，工业用户 217 户，居民气化率为 67.4%。

## 二、问题与挑战

### (一) 天然气设施建设薄弱

南昌市供气能力较大，但供气规模偏小，特别是工业用气比例不高，大型管道燃气工业用户只有洪都航空和江铃汽车，大多企业炉窑仍以煤炭、燃油和谷糠为燃料。2015 年底气化率为 57.1%，低于全国大中城市(特别是省会城市)的 60%～80%的管道气气化率的下限，与省会一级的大城市相比气化率偏低。管道燃气设施处于未充分利用的状态。

城市天然气管网建设进度整体较慢，有些较远的地区和企业虽有用气积极性，但用气量小，投资回报少，造成中石油、中石化等企业对投资建设长输管道向这些地区供气的积极性不高。城区加气站建设进度远低于建设预期，市政管网建成里程短，加气站建成与规划数量少。同时，天然气应急调峰储备能力较弱，目前南昌市的调峰设施只有 1 座储配站(青云谱储配站现已报废)，已建 2 台 5.4 万 $m^3$ (实际储量只有 7.5 万 $m^3$)低压湿式气柜，以及约 38.2km(实际储气只有 30.2km)的 DN600 高压管道，调峰量有限，近远期高峰时不能满足南昌市的调峰需求。审批中的华电示范区分布式能源站供气量相当大，目前现有供气系统供气难度很大，需要科学解决气源保障和供气方式等问题。

### (二) 天然气价格压力过高

当前国家给江西天然气的门站进价为 1.91 元/$m^3$，南昌市居民用天然气价格为 3.2 元/$m^3$。通过比较全国各地市天然气价格(报价时间为 2016 年 8 月 29 日)，可以发现，民用天然气定价比南昌市高的只有广州市、南宁市、福州市和沈阳市，定价相当的有海口市和贵阳市，重庆市、西安市和兰州市等的定价偏低可能是由于处于气源地附近区域，但是与其他中部地区和沿海地区相比，无论是从地理位置上看，还是从消费能力上看，南昌市的民用气价都是属于定价偏高的地区。然而，工业用气定价比发达城市低得多。由于南昌市用气时间晚、存量气少、转输成本高，气价高位运行，加上经济发展水平偏低，大部分工业企业技术水平不高、气价承受能力差，影响企业用气积极性(表 6-3)。

**表 6-3　全国部分地市天然气价格一览表**　（单位：元/m³）

| 地区 | 民用天然气 | 工业用气 | 商用 | 地区 | 民用天然气 | 工业用气 | 商用 |
|---|---|---|---|---|---|---|---|
| 北京 | 2.28 | 3.65 | 3.65 | 杭州 | 2.4 | 4.84 | 4.84 |
| 上海 | 3.05 | 3.79 | 无 | 南京 | 2.2 | 3.65 | 无 |
| 天津 | 2.4 | 3.25 | 3.25 | 济南 | 2.7 | 4.14 | 4.14 |
| 重庆 | 1.72 | 2.84 | 2.78 | 石家庄 | 2.4 | 3.8 | 3.45 |
| 海口 | 3.15 | 3.73 | 3.3 | 郑州 | 2.25 | 3.23 | 3.53 |
| 广州 | 3.45 | 4.85 | 无 | 太原 | 2.26 | 3.6 | 无 |
| 南宁 | 3.86 | 4.2 | 无 | 沈阳 | 3.3 | 3.9 | 无 |
| 贵阳 | 3.2 | 4 | 无 | 哈尔滨 | 2.8 | 4.3 | 无 |
| 昆明 | 2.98 | 无 | 无 | 长春 | 2.8 | 无 | 无 |
| 成都 | 1.89 | 3.25 | 无 | 西宁 | 1.48 | 1.7 | 无 |
| 南昌 | 3.2 | 3.44 | 无 | 西安 | 1.98 | 2.3 | 无 |
| 合肥 | 2.33 | 3.6 | 3.6 | 兰州 | 1.7 | 2.64 | 无 |
| 武汉 | 2.53 | 3.41 | 4.08 | 乌鲁木齐 | 1.37 | 2.11 | 无 |
| 长沙 | 2.45 | 3.88 | 3.88 | 呼和浩特 | 1.82 | 2 | 无 |
| 福州 | 3.65 | 3.42 | 无 | 拉萨 | 1.2 | 无 | 无 |

（三）体制机制尚未理顺

2016 年 6 月，国务院发布《国务院关于同意设立江西赣江新区的批复》（国函〔2016〕96 号），正式批复同意设立江西赣江新区，江西赣江新区建设上升为国家战略，成为全国第 18 个、江西省首个国家级新区。赣江新区主要范围为南昌经济技术开发区、南昌临空经济区（含桑海开发区）、永修县城、永修云山经济开发区、共青城市城区、共青城经济技术开发区，规划面积 465km²，其中南昌市境内 267km²。赣江新区包括经开组团、临空组团、永修组团和共青组团四个组团[①]。目前，赣江新区内主要由南昌市燃气集团有限公司与江西昌九港华燃气有限公司经营赣江新区规划区域燃气供应。经开组团、临空组团处于南昌市燃气集团有限公司下设子公司南昌临空燃气有限公司、南昌市新建区燃气有限公司经营范围，而永修组团、共青组团处于江西昌九港华燃气有限公司经营范围。赣江新区成立后，四个组团内的天然气特许经营权问题尚未明确，直接影响了天然气管网建设和利用。此外，分布式能源站的建设要求之一为高压或者次高压气源，通常只有省级管网的天然气才能达到高压或者次高压水平，如未来要在赣江新区内建立分布式能源站，省天然气公司也可能将介入赣江新区的天然气市场。因此，尽快明确赣江新区内天然气特许经营权、理顺南昌市天然气管理体制机制等相关问题至关重要。

① 国家发展改革委关于印发江西赣江新区总体方案的通知. http://www.gov.cn/xinwen/2016-07/04/content_5088089.htm。

### （四）天然气需求不足

随着南昌市宏观经济发展步入"新常态"，经济增长速度日趋放缓。工商业用户一直以来是天然气的主要消费群体，然而随着产业结构的调整，新增工商业用户的数量在不断减少。多数用气行业面临效益下滑、产能过剩等问题，天然气利用投资积极性不高，并且对气价更加敏感。在国际油价和煤价连续大幅下跌的情况下，天然气的经济性优势被大幅削弱甚至丧失，市场对气价下调政策的反应尚需时间，用户用气成本相对燃煤、燃油价格偏高，致使大部分企业用气意愿不强，甚至出现"气改煤"和"气改油"逆替代现象，导致有效需求萎缩。

虽然政府部门加大了环境治理的力度，但由于经济下行压力不断加大，由此带来的就业、财政和社会稳定问题直接影响了对企业环保、煤改气问题的关注。同时，企业的环保达标和节能减排压力也并非离不开天然气，有的企业采取窑炉烟气脱硫、循环利用、清洁生产改造等措施，也可以达到环保和节能减排的要求，从而在客观上降低了对天然气的需求。

### （五）天然气利用鼓励政策有待加强

根据《江西省居民生活用天然气实行阶梯价格方案》，南昌市居民生活用天然气自 2016 年 1 月 1 日起实行阶梯价格制度，将居民用气量分为三档，各档气量价格实行超额累进加价，第一档气价为 3.2 元/$m^3$，第二档气价为 3.52 元/$m^3$，第三档气价为 4.16 元/$m^3$，阶梯气价以年度为周期执行，气量额度在周期之间不累计、不结转[①]。2017 年 6 月江西省出台了《关于进一步加快天然气发展的若干意见》，提出了完善天然气基础设施、加大工业领域天然气用能替代力度、发展天然气分布式能源等主要举措，针对该意见南昌市相关部门目前还未制定符合本地区的推进及鼓励天然气使用的政策法规。同时，为加大工业企业天然气用气量，南昌市在天然气管网建设中降低管道转输成本，降低工业用气价格，增强工业企业用气意愿等方面采取的应对措施所取得的效果有限，出台的优惠政策力度不大，制定的强制性措施难以有效实施。

## 三、对策与建议

### （一）加强组织管理

按照统一规划、统一组织、统一实施、统一运营，统一管理的一体化发展战略，建立一个覆盖南昌市的统一的天然气组织、管理、运行机构，将南昌市内经

① 江西省发展改革委关于印发《江西省居民生活用天然气实行阶梯价格方案》的通知. http://drc.jiangxi.gov.cn/art/2015/12/15/art_14654_615888.html。

营天然气的各个企业纳入到一个统一的管理体系，实现各个区域天然气经营统一化、各个天然气工程建设标准化、全市天然气输配系统信息传输和监控高效化、各类天然气用户发展制度化。

加大与中石油、中石化的协调力度，增加并保证给南昌市商品气供应量，协调好上游天然气资源供给公司和下游天然气经营公司的职能分工，建立南昌市有序、畅通的天然气管理格局，以达到统筹上游资源，平衡下游市场需求，科学、合理利用和配置天然气资源。

### (二)强化政策支持

南昌市级政府部门要加快天然气利用项目审批进程，抓好项目核准权限下放后的事中事后监管；争取中央预算内、专项建设基金对天然气设施项目扶持，争取各方面资金投入；支持项目单位采取租赁、划拨、协议出让、招标、拍卖、挂牌等多种方式，利用工业、基础设施和公共服务设施用地等各种性质的土地建设加气站；支持城市天然气管网企业利用自身储备设施建设加气站；在保证安全、消防、环保等前提条件下，有序推进现有加油站改建油气合建站，支持新建油气合建站；加强企业节能减排考核，对目前使用煤和油用户加大监管力度对其产生的污染加大惩罚力度，鼓励实施煤改气、油改气工程。

### (三)加快天然气设施建设

完善天然气管网系统及相关设施建设是提高天然气使用量的前提条件。逐步完善天然气输送总干网，实现国内多气源联网供气；建立完善配套的地区性天然气输送网、天然气输配站、调压计量站、地下储气库系统和沿海城市液化天然气接收站。加强南昌市主管网、城市管网和加气站等设施的规划与建设，提高区划内的管道天然气覆盖率。健全城镇配套管网，南昌市已使用天然气的县、区，要进一步加快城镇天然气管网建设，逐步向有条件的住宅小区、工业园区、乡镇农村等地区延伸，不断扩大管网覆盖面。鼓励用气量较大的区域，建设城市高压输气环网，提升供气保障和供应能力。尚未使用天然气的区域，应加快建设以管道天然气、液化天然气(LNG)或压缩天然气(CNG)为气源的天然气管网。尚未接通省级天然气管道，但有接通条件的区域，要加强与省级天然气管道建设规划衔接，按照“同步建设、同步供气”的原则，尽早实现与省级天然气管道互联互通。

### (四)优化天然气价格

发挥价格杠杆作用，积极争取中石油、中石化、省天然气公司等上游天然气销售企业支持，给予天然气价格优惠。建立市级天然气管道和城镇供气企业气价联动机制，努力降低用气成本。严格执行天然气分布式能源电力并网上网程序、准入条件。按照国家天然气价格政策，理顺天然气与可替代能源的比价关系，研究推行非居民用户季节性差价、可中断用户气价、应急调峰储气等价格政策。逐步优化用气价格，减少其他能源使用或者其他方式替代。

（五）加大天然气替代力度

加大工业领域天然气用能替代力度，积极引导和督促工业企业加快利用天然气等清洁能源替代传统工业能源。除必要保留的以外，南昌市辖区城市建成区基本淘汰 10t/h 及以下的燃煤锅炉(2015 年南昌市在用的锅炉大部分均在 10t/h 以下)。南昌市辖区城市建成区禁止新建 20t/h 以下的燃煤锅炉，其他地区不允许再新建 10t/h 以下的燃煤锅炉。逐步淘汰分散燃煤小锅炉和现有水煤气设施。在热负荷相对集中的开发区、工业聚集区、产业园区等地区，鼓励新建和改扩建天然气集中供热设施，鼓励供气企业积极发展可中断用户。

落实民用燃煤锅炉技术改造，重点关停宾馆、酒店的燃煤热水锅炉，采用集中供气的方式，解决区域的用能问题。加快城市天然气利用进程，积极推进水上船舶 LNG 清洁能源推广应用。以城市天然气设施为基础，以 LNG、CNG 先行引导培育和开发天然气市场，逐步完善城市天然气和水上 LNG 基础设施，为燃煤锅炉实施天然气改造提供气源保障。

（六）积极发展天然气分布式能源

分布式能源是未来燃气利用的发展趋势，在国家、江西省政策范围内，加快天然气分布式能源项目建设，探索发展天然气与光伏发电等可再生能源结合的多能互补分布式能源项目。在全市范围内具备条件的区域适时开展天然气热电联产或天然气分布式能源系统替代燃煤供热机组及供热锅炉试点。

## 第四节　南昌市低碳示范园区建设实践

### 一、园区概况

南昌高新技术产业开发区国家低碳工业园区于 1991 年 3 月创建，1992 年 11 月被国务院批准为国家级高新技术产业开发区，是江西省首家国家级高新技术产业开发区。高新技术产业开发区位于南昌市东大门，区域面积 231km$^2$，辖区人口 50 万人，下辖昌东镇、麻丘镇、艾溪湖管理处，目前已开发产业区面积约 70km$^2$，全区集聚各类企业 6000 余家。南昌高新技术产业开发区积极践行“创新、协调、绿色、开放、共享”新的发展理念，紧紧围绕“打造中部一流生态科技新城和中国最美高新技术产业开发区”的总目标，强力推进“产业、科技、城市、生态”四位一体融合发展，发展速度和效益全面提升，已成为江西省创新活力最强、科技含量最高、发展速度最快、产业集聚效应最显著的龙头区域。2016年园区主营业务收入1911.1亿元，增长8.2%；地区生产总值496.66亿元，增长9.7%；规模以上工业增加值392.36亿元，增长9.8%；固定资产投资543.48亿元，增长15.6%；财政总收入77亿元，增长7.8%。

## 二、园区经济发展和产业基础

2012～2016年，南昌高新技术产业开发区园区生产总值分别为315.94亿元、348.46亿元、417.78亿元、454.53亿元、496.66亿元，生产总值年均增长11.1%（相对于2012年）。近年来，高新技术产业开发区紧跟世界高新技术产业发展趋势，始终聚焦高端、前端、深端产业升级，打造了以航空、光电、生物医药等为主导的产业集群，成为全省战略性新兴产业集聚地，主导产业保持蓬勃发展势头。航空产业不断壮大，2016年实现主营业务收入73.85亿元。航空城北区建成，并完成搬迁投产。瑶湖机场正式开工建设，鸿鹄航空、华夏九州通航等项目开工建设，洪都、昌飞牵头组建了省通用航空协会。生物医药产业加速升级，2016年实现主营业务收入466亿元。江西中科九峰智慧医疗科技有限公司、南昌生物医药公共实验室、尚华医药集团南昌科创中心、金域检测等项目建成运营。五元生物、迪安诊断检测、瑞吉科干细胞制备存储等项目迅速落地开工。“南昌光谷”建设成绩喜人，电子信息产业2016年实现主营业务收入353亿元，增长30.3%。诺思芯片、联智集成电路等15个项目全面开工，投资总额近160亿元。与德通信产业园及振华智能终端产品项目建设正在推进，标志着高新技术产业开发区手机整机产业链实现零的突破。新材料产业不断做大，江西省江铜耶兹铜箔有限公司等企业抓住市场回暖机遇，大力实施技术改造，不断延伸产业链，产销两旺，发展态势良好。新能源汽车产业实现零的突破，观致新能源汽车整车制造、奇瑞新能源汽车生产基地、海博瑞德新能源汽车零部件等项目落地开工，有望带动数百亿的产业投资，形成新的产业集群。智能装备制造产业初具规模，2016年实现主营业务收入87亿元。省级智能制造产业基地已获批，江西宝群电子科技有限公司、江西比太科技有限公司、洪都智能研发中心、江西中机科技产业有限公司等一批骨干企业建成集聚。

## 三、低碳示范园区建设成效

南昌高新技术产业开发区打造低碳示范园区从突出产城融合为特点，从空间形态入手，以瑶湖为中心，打造圈层式产业新城空间形态，全面提升高新技术产业开发区低碳发展品质和水平。第一层为临瑶湖 100～500m 区域，规划为环湖生态景观及休闲区。第二层为近湖区域，重点布局研发、总部及 2.5 产业园。第三层为远湖区域，规划为商业配套设施、人才公寓、体育运动中心等。第四层为产业区域，规划布局战略性新兴产业，重点打造光伏光电、新材料、生物医药、航空制造、软件服务外包等低碳产业集群。为大力发展低碳产业，南昌高新技术产业开发区以打造中部地区低碳发展示范引领区为目标，抢抓机遇培育发展航空制造、光电、软件服务外包、生物医药等环境友好型的低碳经济及战略性新兴产业，目前已初具规模。

一是航空产业蓬勃兴起。高新技术产业开发区航空城北区 50 万 $m^2$ 厂房已竣工并投产，南区全面开工建设，洪都航空承接的 C919 大飞机前机身和中后机身，已率先交付给中国商用飞机有限责任公司；瑶湖机场已全面开工建设。高新技术产业开发区依托江西洪都航空工业集团有限责任公司、江西洪都航空工业股份有限公司、江西洪都商用飞机股份有限公司等企业，引进落户了北航(南昌)航空航天产业基地、江西鸿鹄航空有限公司 6t/9 座以下通用飞机制造项目、华夏九州通用航空有限公司运营基地建设项目等航空发动机零部件、通用航空配套产业项目，初步形成了以大飞机制造研发为主要支撑、航空航天科研和公共服务等配套为补充的航空产业基地格局。

二是光电产业扬优成势。目前，高新技术产业开发区初步形成了以晶能光电有限公司、江西联创电子有限公司、南昌欧菲光科技有限公司等为龙头，以光电、通信、微电子等为主要特色的产业集群。高新技术产业开发区是全国首批国家半导体照明产业化基地之一，作为“南昌光谷”核心示范区，拥有国家硅基半导体照明工程技术研究中心等国家级平台，已集聚晶能光电、联创光电、晶和照明等 LED 企业及相关配套企业 70 多家，初步形成了从衬底材料、外延片、芯片制造到封装及应用的完整产业链。同时，为进一步集聚高新技术产业开发区光电产业资源，增强光电产业上、中、下游的有机联系及资源整合，加快打造产业集群，推进光电产业健康有序可持续发展，南昌高新技术产业开发区组建成立了光电产业联盟。通过产业联盟的建设，实现企业抱团发展，进一步集聚产业资源，增强产业上、中、下游的有机联系及资源整合，加快打造产业集群，推进产业健康有序可持续发展。晶能光电有限公司、中节能晶和照明有限公司与南昌大学联合研发的“硅衬底高光效 GAN 基蓝色发光二极管”成果获得 2015 年度国家技术发明奖一等奖，成功地开辟了全球第三条 LED 技术路线，为高新技术产业开发区打造“南昌光谷”核心区抢占了世界产业发展的制高点。全球最大的触摸屏生产企业深圳欧菲光科技股份有限公司在高新技术产业开发区已陆续建设了指纹识别项目、摄像头模组项目、MEMS 项目、欧菲智慧项目等 5 个项目，项目总投资达 50 亿元，全部投产后预计产值将超过 100 亿元。

三是生物医药产业优势凸显。南昌高新技术产业开发区是全国第二家“国家医药国际创新园”，中成药产业被列为国家创新型产业集群试点。区内聚集了江中集团、济民可信、梅里亚等60余家生物医药企业，新落户项目16个，已开工项目11个，项目总投资超50亿元。跨国医药巨头尚华集团已落户，将建设区域研发总部，推动生物医药联合研究院建设。中国科学院组建移动医疗与分子影像创新研究院，并打造移动医疗医学影像中心。目前，高新技术产业开发区医药产业形成了医药产品、医疗器械及医疗保健品研发、生产、物流配送和营销的完整产业链。

四是新材料产业颇具规模。依托江铜产业园，大力推动以江铜为龙头的高档电解铜箔，高精度铜板带、精密铜管、冷媒漆包线及相关下游产业的发展，形成铜资源深加工产业链。依托江钨浩运及百利精密刀具，初步形成从钨粉及稀土金属、钨棒到硬质合金、精密刀具等产品的一条完整钨产品深加工链，成为江西钨工业重要的深加工基地。此外，以方大新材料有限公司和江西泓泰企业集团有限公司为龙头的铝资源深加工，新日光太阳能电池、台玻动力电池、先材纳米电池隔膜、江西蓝宇膜分子筛、赣电集团钒矿深加工等项目正在快速推进。

五是新一代信息技术产业一枝独秀。近年来，南昌高新技术产业开发区新一代信息技术产业发展步伐加快，产业集聚效应明显，并被授予“中国服务外包产业示范区”、“国家现代服务业产业化基地”和“中国软件与信息服务外包最具发展潜力园区”等多块“金字”招牌。先后建设了南昌高新国家软件科技园、昌大瑞丰产业园等4个服务外包示范园，已落户服务外包企业400多家，进驻美国微软、戴尔、甲骨文、德国贝塔斯曼、日本日立、华为、上海施耐德物联网等世界500强及台湾百大企业英华达、国内软件百强东软集团、用友软件、东华软件等一批国内外软件及服务外包知名企业，园区内软件和服务外包企业数约占南昌市总数的90%、全省的85%，这些企业的落户为促进高新技术产业开发区服务外包产业的发展发挥了重要的作用。

六是智能装备制造产业方兴未艾。在智能机器人领域，已经涉及工业机器人和服务机器人，涌现出洪都航空、宝群电子等一批骨干企业；在智能化成套装备领域，已经涉及智能化纺织机械、汽车及其零部件装配生产线、智能化发电机组成套设备、智能化环保成套设备、智能化食品包装机械、智能化电气设备、空气压缩机生产线等诸多领域，涌现出洪都数控机械、洪都国际机电、泰豪科技、怡杉环保等一批有较强核心技术和优势产品竞争力的企业；在智能装备与部件领域，已经涉及3D打印、新型传感器、高档数控机床、智能仪器仪表、智能控制及系统集成、汽车电子及智能系统、智能化温控设备等智能装备与部件细分领域，涌现出奈尔斯-西蒙斯-赫根赛特中机、日月明铁道设备、江西科晨、江西众加利等一批实力较强的骨干企业。

同时，依托着一江相邻、三湖相间的独特生态优势，2007 年南昌高新技术产业开发区毅然决定结合艾溪湖 4.6km$^2$ 的水面，大手笔打造了艾溪湖东岸 2600 亩湿地作为森林湿地公园，为南昌城东留一方美丽的净土，为赣江母亲划一道生命的保护带。建设过程中，高新技术产业开发区管委会秉承“生态重于景观”的理念，摈弃了大兴土木、搭建亭台楼阁的思路，因地制宜，还原自然生态，将一处处荒丘、池塘精心修饰；保护原有生物，用一株株乡土树种、花草着意装点；坚持原土护坡，缓处草坡入水，陡处生态绿格网保护。走进湿地，满目葱茏，回归乡野，曲径通幽处，寂静中鸟啼虫鸣清晰可闻，漫步时野鸡野兔偶或可见。湿地公园现已栽种乔木 8 万余株，竹子 4 万余杆，堆筑岛屿 30 余个，种植树木品种有 160 余种，片片桃树、樱花、梨树、枇杷、柿子等，春天桃红柳绿、姹紫嫣红，秋天彩叶斑斓、硕果累累，吸引了越来越多的鸟儿在此嬉戏。2012 年底，根据江西省委省政府出台的《关于实施“森林城乡、绿色通道”建设的意见》和南昌市开展“森林城乡、花园南昌”建设的总体部署，依托艾溪湖湿地中心打造了全长 15km 的全省第一条示范性样板绿道“艾溪湖绿道”，实现了“环湖一条路、沿湖一片绿、依湖一片景”的景观特色，使之成为南昌市城东地区的一颗璀璨的明珠。“南昌高新技术产业开发区坐落在艾溪湖风景区，风景区在南昌高新技术产业开发区里面”已成为高新技术产业开发区招商引资的一张闪亮名片。为营造良好的候鸟生活、栖息自然环境，艾溪湖湿地中心在 2015 年建设了鹤园，引进了 12 种鹤 88 只，7 种天鹅 50 只，6 种大雁 50 只，旨在打造最具特色的候鸟乐园，建设自然现代的候鸟文化科普馆、独具一格的百鹤园、别具风味的天鹅湖等，以候鸟观光为主体，集科普教育、文化旅游、摄影写生、影视拍摄、休闲购物等于一体的产业园，使艾溪湖湿地中心成为“人的乐园、鸟的天堂”。

继艾溪湖湿地公园之后，2011 年高新技术产业开发区又围绕 20km$^2$ 的瑶湖水面，规划了全国一流的滨水景观森林公园——占地 18km$^2$ 的环瑶湖森林公园，不仅突出了工业园区的可持续发展主题，还为市民增添了一个郊游、娱乐、休闲、运动的好去处。2012 年占地 1km$^2$ 的瑶湖郊野森林公园启动建设，该公园本着生态和可持续发展原则，因地制宜，建设了一个充满游趣、乐趣、探索和发现的城市郊野公园。它以大面积的森林、草地、特色观赏植物、水系、湿地作为主要景观背景框架，建设完善的车行、自行车及人行道路系统，建设一些园中园、精品园、特色标志节点，进行文化诠释科普教育，让市民能在园内郊游、娱乐、休闲、运动，同时建成后的郊野公园提升了南昌东入城口门户的形象，为瑶湖生态科技城的建设添上了一笔浓墨重彩。公园绿化以“绿色、生态、自然、野趣”为主题，实现了项目生态效益、社会效益和经济效益的统一。

2016 年，为积极响应江西省委、省政府在航空产业推介会上关于大力发展通用航空产业的号召，落实“旅游强省”和“航空强省”的发展战略，高新技术产业开发区与华夏九州通用航空公司强强联合，在瑶湖郊野森林公园一、二期内建成了南昌市直升机通航服务项目，该项目占地面积约 20 亩，投资金额约 4000 万元，以飞行体验、通航旅游为切入点，积极拓展通航作业飞行、通航公益飞行、通航通勤飞行、通航会展等通航运营业务，并积极联动航空金融服务、通航旅游代理等相关产业企业，打造通航运营产业链。未来，还将重点打造以环瑶湖森林公园区域作为发展航空航天旅游产业发展的主阵地，并分阶段、快节奏、大手笔、高标准打造以航空航天为主题的高端旅游、休闲娱乐、科普教育为一体的主题公园。

截至目前，高新技术产业开发区建成区绿地面积 1352$hm^2$，建成区绿化覆盖率达 41.2%，每年新增绿地面积都在 40 万 $m^2$ 以上。火炬大街、昌东大道、天祥大道都已是备受市民赞赏的林荫景观路，在城市绿化中还十分注重乔灌木的种植，控制单纯草坪的种植比例，切实提高城市绿化质量和效果，同时在增加绿量的前提下，也注意了开花树种与彩叶树种的道路绿化运用，使得高新技术产业开发区处处鸟语花香，树影婆娑。

## 四、可推广的经验总结

南昌高新技术产业开发区通过大力发展光电、航空、生物医药等低碳主导产业等，构建低碳可循环的经济产业链，产业布局和结构得到优化调整，园区经济健康可持续发展水平进一步提高。同时，通过对瑶湖、艾溪湖等水体水质的保护和改善，大大减少了用于水污染控制和治理的费用。水环境质量的改善将减少对湖体的损害作用，降低水利设施的维护费用，同时水环境的改善提高了人们对滨湖、滨江地区景观的游憩欲望。区域生态环境的改善极大提升了南昌高新技术产业开发区的整体形象，提高了南昌高新技术产业开发区的品牌价值和知名度，进而优化了招商引资环境，构建了高新技术产业开发区低碳、和谐、优美的发展环境。

# 参 考 文 献


陈飞, 诸大建. 2009. 低碳城市研究的内涵、模型与目标策略确定. 城市规划学刊, (4): 7-13.

陈文颖, 高鹏飞, 何建坤. 2004. 用 MARKAL-MACRO 模型研究碳减排对中国能源系统的影响. 清华大学学报(自然科学版), 44(3): 342-346.

戴彦德, 田智宇, 朱跃中, 等. 2016. 重塑能源: 中国面向 2050 年能源消费和生产革命路线图研究. 经济研究参考, (21): 3-14.

邓立. 2017. 温室气体排放核算工具. 西安: 西安交通大学出版社.

符冠云, 白泉, 杨宏伟. 2012. 美国应对气候变化措施、问题及启示. 中国经贸导刊·资源环境, (15): 38-40.

付允, 刘怡君, 汪云林. 2010. 低碳城市的评价方法与支撑体系研究. 中国人口·资源与环境, 20(8): 44-47.

郭朝先. 2014. 中国工业碳减排潜力估算. 中国人口·资源与环境, 24(9): 13-20.

郭朝先. 2010. 中国碳排放因素分解: 基于 LMDI 分解技术. 中国人口·资源与环境, 20(12): 4-9.

国家发展和改革委员会能源研究所. 2003. 中国可持续发展能源暨碳排放情景分析综合报告.

国家应对气候变化战略研究和国际合作中心, 等. 2017. 中国低碳省市试点进展报告. 北京: 中国计划出版社.

何建坤. 2015. 中国能源革命与低碳发展的战略选择. 武汉大学学报(哲学社会科学版), 68(1): 5-12.

胡建波, 任亚运. 2016. 国外低碳城市发展实践及其启示. 贵州社会科学, (4): 127-133.

胡颖, 诸大建. 2015. 中国建筑业 $CO_2$ 排放与产值、能耗的脱钩关系. 中国人口·资源与环境, 25(8): 50-57.

黄速建. 2005. 欧盟发展可再生能源的主要做法及对我国的启示. 经济管理·新管理, 370(10): 4-11.

黄伟光, 汪军. 2014. 中国低碳城市建设报告. 北京: 科学出版社.

吉琳娜. 2018. 建筑节能技术选择及其政策研究. 西安: 西安建筑科技大学.

姜克隽, 胡秀莲, 庄幸, 等. 2009. 中国 2050 年低碳情景和低碳发展之路. 中外能源, 14(6): 1-7.

姜克隽, 胡秀莲, 庄幸, 等. 2008. 中国 2050 年的能源需求与 $CO_2$ 排放情景. 气候变化研究进展, 4(5): 296-302.

李效顺, 曲福田, 郭忠兴. 2008. 城乡建设用地变化的脱钩研究. 中国人口·资源与环境, 18(5): 179-184.

梁日忠. 2014. 上海市经济增长与能源结构、产业结构关联状况的评价研究. 华东经济管理, 28(1): 42-46.

林伯强, 蒋竺均. 2009. 中国二氧化碳的环境库兹涅茨曲线预测及影响因素分析. 管理世界, (4): 27-36.

刘海猛, 任建兰. 2011. 低碳城市评价指标体系构建研究——以北京、济南和兰州为例. 山东师范大学学报(自然科学版), 26(4): 61-65.

刘其涛. 2014. 碳排放与经济增长脱钩关系的实证分析——以河南省为例. 经济经纬, 31(6): 132-136.

刘文玲, 王灿. 2010. 低碳城市发展实践与发展模式. 中国人口·资源与环境, 20(4): 17-22.

刘长松. 2016. 国外城镇化低碳发展的经验与启示. 中国物价, (11): 72-75.

刘志林, 戴亦欣, 董长贵, 等. 2009. 低碳城市理念与国际经验. 城市发展研究, 16(6): 1-7.

鲁丰先, 王喜, 秦耀辰, 等. 2012. 低碳发展研究的理论基础. 中国人口·资源与环境, 22(9): 8-14.

路超君. 2016. 中国低碳城市发展阶段与路径研究. 开封: 河南大学.

罗丽. 2011. 日本《全球气候变暖对策基本法》(法案)立法与启示. 上海大学学报(社会科学版), 18(6): 58-68.

绿色低碳发展智库伙伴. 2016. 中国城市低碳发展规划峰值和案例研究. 北京: 科学出版社.

马军, 周琳, 李薇. 2010. 城市低碳经济评价指标体系构建——以东部沿海 6 省市低碳发展现状为例. 科技进步与对策, 27(22): 165-167.

美国可持续发展社区协会, 上海环球可持续研究中心, 湖南联创低碳经济发展中心. 2017. 长沙市温室气体排放达峰研究.

南昌市统计局. 2017. 南昌市 2016 年国民经济和社会发展统计公报(2017-03-22)[2020-2-15]. http: //www. tjcn. org/tjgb/14jx/35025. html.

南昌市统计局. 2006～2015. 南昌统计年鉴 2006—2015. 北京: 中国统计出版社.

南昌市统计局. 2016. 南昌统计年鉴 2016. 北京: 中国统计出版社.

潘家华, 庄贵阳, 郑艳, 等. 2010. 低碳经济的概念辨识及核心要素分析. 国际经济评论, (4): 88-101.

彭佳雯, 黄贤金, 钟太洋, 等. 2011. 中国经济增长与能源碳排放的脱钩研究. 资源科学, 33(4): 626-633.

祁巍锋, 王德利, 宋吉涛. 2015. 低碳城市的空间规划策略研究. 杭州: 浙江大学出版社.

渠慎宁, 郭朝先. 2010. 基于 STIRPAT 模型的中国碳排放峰值预测研究. 中国人口·资源与环境, 20(12): 10-15.

任福兵, 吴青芳, 郭强. 2010. 低碳社会的评价指标体系构建. 科技与经济, 23(2): 68-72.

宋雅杰. 2010. 我国发展低碳经济的途径、模式与政策选择. 特区经济, (4): 237-238.

孙菲, 罗杰. 2011. 低碳生态城市评价指标体系的设计与评价. 辽宁工程技术大学学报(社会科学版), 13(3): 258-261.

谈琦. 2011. 低碳城市评价指标体系构建及实证研究——以南京、上海动态对比为例. 生态经济, (12): 81-84, 96.

唐双娥. 2011. 美国关于温室气体为“空气污染物”的争论及对我国的启示. 中国环境管理干部学院学报, 21(4): 1-5.

王丹丹. 2016. 低碳城市建设模式与实现路径研究. 生态经济, 32(9): 47-51.

王琴梅, 赵阳阳, 刘卫波. 2013. 华中三省碳排放与经济增长脱钩分析——基于 LYQ 框架的实证. 华东经济管理, 27(7): 54-57.

王伟光, 刘雅鸣, 巢清尘, 等. 2017. 应对气候变化报告(2017)坚定推动落实《巴黎协定》. 北京: 社会科学文献出版社.

王赢政, 周瑜瑛, 邓杏叶. 2011. 低碳城市评价指标体系构建及实证分析. 统计科学与实践, (1): 48-50.

王云, 张军营, 赵永椿, 等. 2011. 基于 $CO_2$ 排放因素模型的“脱钩”指标构建与评估——以山西省为例. 煤炭学报, 36(3): 507-513.

魏一鸣, 刘兰翠, 廖华, 等. 2017. 中国碳排放与低碳发展. 北京: 科学出版社.

吴晓青. 2008. 关于中国发展低碳经济的若干建议. 环境保护, (3): 22-23.

吴优. 2015. 气候变化背景下江苏低碳经济发展模式与路径研究. 南京: 南京信息工程大学.

肖翔. 2011. 江苏城市 15 年来碳排放时空变化研究. 南京: 南京大学.

辛玲. 2011. 低碳城市评价指标体系的构建. 统计与决策, (7): 78-80.

徐盈之, 徐康宁, 胡永舜. 2011. 中国制造业碳排放的驱动因素及脱钩效应. 统计研究, 28(7): 55-61.

薛进军, 赵忠秀. 2016. 中国低碳经济发展报告. 北京: 社会科学文献出版社.

杨嵘, 常烜钰. 2012. 西部地区碳排放与经济增长关系的脱钩及驱动因素. 经济地理, 32(12): 34-39.

杨顺顺. 2017. 基于 LEAP 模型的长江经济带分区域碳排放核算及情景分析. 生态经济, 33(9): 26-30.

张林. 2011. 城市低碳转型路径探索. 科学时报·区域周刊, 2011-06-01(B1).

张庆阳. 2017. 气候变暖 人类健康杀手. 防灾博览, (1): 64-69.

张志君. 2012. 中国低碳城市发展模式研究——以青岛市为例. 青岛: 中国海洋大学.

郑凌霄, 周敏. 2015. 我国碳排放与经济增长的脱钩关系及驱动因素研究. 工业技术经济, (9): 19-25.

中国城市科学研究会. 2009. 中国低碳生态城市发展战略. 北京: 中国城市出版社.

中国达峰先锋城市联盟秘书处. 2017. 城市达峰指导手册.

中国电子信息产业发展研究院(工业和信息化部赛迪智库). 2015. LED 产业发展白皮书(2015 年版).

中国科学院可持续发展战略研究组. 2009. 中国可持续发展战略报告: 探索中国特色的低碳道路. 北京: 科学出版社.

中国能源和碳排放研究课题组. 2009. 2050 中国能源和碳排放报告. 北京: 科学出版社.

朱宇恩，李丽芬，贺思思，等. 2016. 基于 IPAT 模型和情景分析法的山西省碳排放峰值年预测. 资源科学，38(12)：2316-2325.

庄贵阳，朱守先，袁路，等. 2014. 中国城市低碳发展水平排位及国际比较研究. 中国地质大学学报(社会科学版)，14(2)：17-23.

庄贵阳，朱仙丽，赵行姝. 2009. 全球环境与气候治理. 杭州：浙江人民出版社.

庄贵阳. 2007. 中国：以低碳经济应对气候变化挑战. 环境经济，(1)：70.

Chin S H, Wee K F. 2007. Planning for low carbon cities: the case of Iskandar development region. Sungkyunkwan University, Toward Establishing Sustainable Planning and Govemance II, Seoul, Korea: SUDI, (11): 11-15.

Gomi K, Shimada K, Matsuoka Y. 2009. A low-carbon scenario creation method for a local-scale economy and its application in Kyoto city. Energy Policy, 7(26): 1-14.

Crawford J, French W. 2008. A low-carbon future: spatial planning's role in enhancing technological innovation in the built environment. Energy Policy, (12): 4575-4579.

McPherson M, Karney B. 2014. Long-term scenario alternatives and their implications: LEAP model application of Panama's electricity sector. Energy Policy, 68: 146-157.

Phdungsilp A. 2010. Integrated energy and carbon modeling with a decision support system: Policy scenarios for low-carbon city development in Bangkok. Energy Policy, 38(9): 4808-4817.

Rhee H C, Chung H S. 2006. Change in $CO_2$ emission and its transmissions between Korea and Japan using international input-out-put analysis. Ecological Economics, 58(4): 788-800.

Rose A, Liao S Y. 2005. Modeling regional economic resilience to disasters: A computable general equilibrium analysis of water service disruptions. Journal of Regional Science, 45(1): 75-112.